Borne/Quint · Die Angelfischerei

17. Auflage

Die Angelfischerei

Begründet von Max von dem Borne

Unter Mitarbeit von

Heinrich Bielefeldt, Norbert Eipeltauer, Günter Grebenstein, Siegfried Gliewe, Erwin Hoff, Dr. Günter Jens, Harald Koops, Dr. Wolfgang Quint, Rudolf Sack, Dieter Schicker, Carl Werner Schmidt-Luchs, Dr. Friedrich Wilhelm Tesch, Ekkehard Wiederholz, Bruno Wigam

Herausgegeben von

Dr. Wolfgang Quint

17. Auflage
95.–105. Tausend

Mit 425 Einzeldarstellungen in 282 Textabbildungen und 42 Tafeln mit 120 Abbildungen, davon 70 farbig

Verlag Paul Parey · Hamburg und Berlin

Erscheinungsjahre, Buchtitel und Bearbeiter der 1.–16. Auflage

1. Auflage 1875

Illustriertes Handbuch der Angelfischerei

von Max von dem Borne

2. Auflage 1882

Taschenbuch der Angelfischerei

von Max von dem Borne

3.–5. Auflage 1892, 1904, 1914

bearbeitet von Dr. Horst Brehm

6. Auflage 1922

bearbeitet von Karl Fliege

7.–8. Auflage 1933, 1942

Die Angelfischerei

bearbeitet von Karl Fliege

9. Auflage 1951

bearbeitet von Karl Fliege und Fritz Kostenbader

10.–13. Auflage 1956, 1961, 1965, 1967

bearbeitet von Prof. Dr. Hermann Aldinger

14.–16. Auflage 1974, 1976, 1981

Unter Mitarbeit zahlreicher Autoren herausgegeben von Dr. Wolfgang Quint

CIP-Kurztitelaufnahme der Deutschen Bibliothek
Borne, Max von dem
Die Angelfischerei / unter Mitarb. von Heinrich Bielefeldt . . . hrsg. von Wolfgang Quint. – 17. Aufl. – Hamburg, Berlin : Parey, 1988.
ISBN 3-490-02514-8
NE: Quint , Wolfgang [Bearb.]

 Anschriften: Spitalerstraße 12, D-2000 Hamburg 1; Lindenstraße 44–47, D-1000 Berlin 61. Printed in Germany by Westholsteinische Verlagsdruckerei Boyens & Co., Heide/Holst. Umschlag- und Einbandgestaltung: Jan Buchholz und Reni Hinsch, Hamburg, unter Verwendung eines Photos von Ekkehard Wiederholz. Den größten Teil der Abbildungen im Text zeichnete Erwin Staub jun.

ISBN 3-490-02514-8

Geleitwort zur 17. Auflage

Die 16. Auflage der „Angelfischerei" ist vergriffen, und so erscheint hiermit die 17. Auflage in unveränderter textlicher und bildlicher Fassung. Ob es um Geräte, Köder, Angelmethoden, Pachtungsratschläge oder Angelboote geht – hier erfährt jeder Angler und Fischer, Anfänger wie Fortgeschrittener, was er wissen will und wissen muß, um am Fischwasser erfolgreich zu sein.

Seit Erscheinen der 16. Auflage im Jahre 1981 bis heute ist die Zahl der Angelfischer in der Bundesrepublik Deutschland weiter auf etwa 1,3 Millionen gestiegen. Eine erfreuliche Zunahme, wenngleich damit an vielen Gewässern bei steigender Nachfrage und nicht vermehrbarem Angebot engere Fangbegrenzungen und -beschränkungen die zwangsläufige Folge gewesen sind. Vieles ist auch sonst in unserer schnellebigen Zeit geschehen.

Der Gedanke des Gewässerschutzes, zunächst von uns Fischern allein immer wieder fordernd und mahnend in die Öffentlichkeit getragen, ist inzwischen gesellschaftspolitisches Allgemeingut geworden; Gewässerverunreinigung ist kein „Kavaliersdelikt" mehr, nach dem man einfach zur Tagesordnung übergehen kann. Viele engagierte Bemühungen und kostenintensive Leistungen haben Bund, Länder und Gemeinden zur Säuberung und Reinhaltung der Gewässer überall in unserem Lande erbracht. Sie sind positiv zu würdigen und anzuerkennen. Sehr negativ sieht die Bilanz jedoch noch an den großen Strömen, z. B. an Rhein und Elbe, unseren besonderen „Problemflüssen", aus, die auch durch die Länder unserer europäischen Nachbarn fließen und dort zum Teil erheblich mit Schadstoffen belastet werden.

Hier sind noch viel Überzeugungsarbeit und erhebliche gemeinsame Anstrengungen nötig. Für die Nord- und Ostsee gilt dies in mindestens ebenso dringlichem Ausmaß. Solange diese beiden für uns lebenswichtigen Meere im Norden unseres Landes von europäischen Anliegern als Müllkippen für teilweise hochgiftige chemische Abfälle benutzt werden, die Fauna und Flora zerstören, bleibt im Bereich des Umweltschutzes noch Entscheidendes zu tun.

Fischer und Jäger sind seit jeher engagierte Naturschützer und Tierheger gewesen. Sie waren es schon lange vor anderen, die heute meinen, auf diesem Gebiet alles besser zu wissen und die Ausübung von Fischerei und Jagd einseitig kritisieren zu müssen. Doch Sachkenntnis ist besser als Vorurteil. Wir sollten uns energisch wehren.

Das allgemein gestiegene Natur- und Tierschutzbewußtsein, das in neuen gesetzlichen Bestimmungen seinen Niederschlag gefunden hat, hat naturgemäß zwangsläufig Überlegungen zur Ausübung der Fischerei ausgelöst bzw. intensiviert, die an vielen Gewässern bereits in die Praxis umgesetzt worden sind. Sie betreffen die Zulässigkeit von Ködern, Geräten und Fangmethoden. Die Verwendung von Setzkeschern, die Köderung mit lebenden Fischen oder anderen Tieren oder die Ausübung des Wettfischens sind in der Bundesrepublik Deutschland durch extensive Auslegungen des Tierschutzgesetzes in Frage gestellt worden. Einzelne, für uns Angler besorgniserregende Urteile unterer Instanzen sind bereits ergangen. Es bleibt abzuwarten, wie der allgemeine rechtliche Entscheidungsprozeß zu diesen Fragen weiterverlaufen wird. Auf die an den einzelnen Gewässern jeweils etwa geltenden einschränkenden Vorschriften, getroffen durch die betreffenden Besitzer, Pächter und Vereine, sowie auf aktuelle Veröffentlichungen in der Tagespresse und der Angler-Fachpresse sollten alle Fischer jedenfalls sorgfältig achten.

Für die freundliche Unterstützung bin ich Herrn Dr. HANS COLAS wiederum zu Dank verpflichtet.

Allen Fischern und Freunden des Fischwassers gilt mein herzliches Petri Heil!

München, im Frühjahr 1988 WOLFGANG QUINT

Geleitwort zur 16. Auflage

Die 16. Auflage der neuen „Angelfischerei" hat den bewährten Aufbau ihrer beiden rasch vergriffenen Vorgängerinnen behalten. Der springende Hecht auf dem Titelbild ist diesmal allerdings kein norddeutscher, sondern zur Abwechslung einmal ein süddeutscher Esox. Im Inneren erfuhren jedoch fast alle Kapitel zum Teil beträchtliche Ergänzungen und Erweiterungen, auch photographisch. Ob Geräte, Köder, Angelmethoden oder Gewässerschutz, Pachtungsratschläge, Angelboote – alles ist auf dem neuesten Stand fischereilicher Erkenntnis und wird jedem Sportfischer, Anfänger wie Fortgeschrittenem, beste Dienste leisten. Eine ganz besondere Bereicherung stellen die Fischfarbtafeln dar.

Der Herausgeber gedenkt an dieser Stelle zweier Mitarbeiter. Dr. ERNST DE LAPORTE und OTTO VILSER, zwei begeisterte Fischer und hervorragende Schriftsteller, sind nicht mehr unter uns.

Die Zahl der Sportfischer in der Bundesrepublik Deutschland überschritt 1980 die Millionengrenze. Es wird enger werden an unseren Flüssen und Seen. Maßvolle Begrenzung und Beschränkung der Fischereiausübung wird nötig sein, denn unser Schuppenwild ist – bei vernünftiger Besatzbewirtschaftung unserer Gewässer – nicht beliebig vermehrbar. Andererseits: Immer mehr Gewässer, z. B. Baggerseen und manche Flüsse und Bäche, die früher infolge totaler Verschmutzung verödet waren, enthalten wieder Fische – eine gute Nachricht. Im Rhein sollen 1979 gar Lachse geschwommen sein. Jedenfalls, wer die Fangmeldungen und Photos in Zeitungen und Zeitschriften liest und sieht, stellt fest, daß es nicht nur in den Rekordfischparadiesen Kanada, Alaska und Gran Canaria, sondern auch in unseren schönen, heimischen Wassern sehr große Fische gibt – schwerste Aale, dickste Karpfen und kapitale Hechte.

Herr Dr. FRIEDRICH GEORGI hat diesem Traditionsbuch des Verlages Paul Parey wieder beste verlegerische Unterstützung zuteil werden lassen. Besonders dankbar bin ich auch Herrn Dr. HANS COLAS für die stets freundlich gewährte fachlich redaktionelle Hilfe.

Im Namen aller Mitarbeiter, denen ich hier ebenfalls herzlich danke für wiederum stets gutes und reibungsloses Zusammenwirken, wünsche ich jedem Leser, Gewinn aus diesem Buch zu schöpfen – und viele glückliche Stunden am Fischwasser!

München, im Frühjahr 1981 WOLFGANG QUINT

Aus dem Geleitwort zur 14. Auflage

„Angeln nennt man das Fangen von Fischen mit einer Schnur und einem mit Köder versehenen Haken. Obgleich es jetzt mehr des Vergnügens wegen geschieht, so war es doch in früheren Zeiten eine unentbehrliche Beschäftigung, die der Mensch betrieb, um seinen Lebensunterhalt zu finden."

Mit diesen Sätzen leitete der neumärkische Rittergutsbesitzer MAX VON DEM BORNE einst sein „Illustriertes Handbuch der Angelfischerei" ein. Sein Anliegen erläuterte der Verfasser so: „Nach Quellen und nach eigenen Erfahrungen habe ich mich bemüht, das bewährte Gute und Neueste aus dem Gebiet der Angelfischerei zusammenzustellen."

MAX VON DEM BORNE betrat mit seinem Buch in Deutschland Neuland. Man angelte hierzulande zwar genausoviel und so gern wie in England und Frankreich, nach Meinung unserer Nachbarn aber recht klobig und wenig elegant, worüber diese des öfteren die Nase rümpften. Schrifttum über den Angelsport gab es in Deutschland weniges, was der umfangreichen Literatur in England und Frankreich gleichkam. Diese Lücke wollte VON DEM BORNE schließen. Er hatte die Absicht, unter Verwendung der bisher erschienenen wichtigsten, vor allem ausländischen Bücher und Zeitschriftenaufsätze, die er in der Einleitung anführte und im Text teutonisch gründlich wie in einer wissenschaftlichen Arbeit zitierte, den Deutschen endlich ein umfassendes Sachbuch über den Angelsport in die Hand zu geben. BORNES großes Vorbild war zweifellos IZAAK WALTON, der schon im Jahre 1685 in England seinen „Complete Angler" veröffentlicht hatte und den BORNE ehrfürchtig den „Vater der Kunst des Angelns" nannte.

Das „Illustrierte Handbuch der Angelfischerei", 380 Seiten stark, mit 195 in den Text gedruckten Abbildungen von Fischen, Geräten und Ködern, das im Verlag von Wiegand, Hempel und Parey in Berlin erschien, wurde in Deutschland ein ganz großer Erfolg. Die „Bemühungen" VON DEM BORNES wurden also aufs schönste belohnt. Eine zweite Auflage des Buches folgte schon im Jahre 1882 unter dem etwas geänderten Titel „Taschenbuch der

Angelfischerei". Dieser Titel wurde in den nächsten Auflagen beibehalten, die in rascher Folge 1892, 1904, 1914 und 1922 erschienen. Die Herausgabe der 3. bis 5. Auflage übernahm nach VON DEM BORNES Tod Dr. HORST BREHM, die der sechsten KARL FLIEGE. Der Zeitgeist beflügelte die Popularität und Verbreitung des Buches. Als diese Auflagen erschienen, schrieben der Zoologe Professor ALFRED BREHM, der Vater Dr. HORST BREHMS, und die beiden großen Heimat-, Natur- und Tierschriftsteller HERMANN LÖNS und LUDWIG GANGHOFER in Deutschland ihre Bücher, in denen auch die Fischwaid immer wieder eine große Rolle spielte. Ihre Geschichten wurden nicht nur von den Anglern begeistert gelesen. Sie weckten bzw. verstärkten bei einer breiten Allgemeinheit das Interesse am Wasser und seinen Bewohnern. HERMANN LÖNS' Erzählung „Die Großmutter" zum Beispiel, die Geschichte des Lebensweges einer kapitalen Bachforelle, oder seine Angelgeschichten „Am Wildbach", „Südsüdwest", „Am Äschenwasser" sind so instruktiv und unterhaltsam, daß sie auch heute noch sicher jeden interessieren werden, der sich ein Herz für die Natur bewahrt hat.

In den 20er Jahren erschienen dann, parallel zur „Angelfischerei", die ersten großen Angelerzählungen in Deutschland, wie z. B. HANNS FECHNERS schönes Erlebnisbuch „Aus Nöckelmanns Reich", welches das Leben in und am Wasser mit liebevoll romantischer Feder beschrieb und ein hohes Lied auf das Sportangeln sang. „Es gibt wohl keinen anderen Sport", meinte FECHNER, „der sowohl dem hochgebildeten als auch dem einfachen Manne größere Anregung, höhere Freuden bringen, ihn vertrauter mit der Natur machen könnte."

MAX VON DEM BORNES Sachbuch war zu diesem Zeitpunkt schon so etwas wie ein „Klassiker" der Angelsportliteratur geworden. Es erschien 1933 in 7. Auflage, wiederum bearbeitet von KARL FLIEGE, und erhielt nun den Titel, der ihm über die weiteren Auflagen in den Jahren 1942, 1951, 1956, 1961, 1965 bis zur nunmehrigen 14. Auflage geblieben ist: „Angelfischerei". Herausgeber der letzten drei Auflagen (11., 12. und 13. Auflage) war Professor Dr. HERMANN ALDINGER. Er betonte in der Einleitung der letzten Auflage, wie „gewaltig vermehrt" sich die Zahl der Sportfischer nach dem letzten Krieg habe und konstatierte: „Wo früher ein Dutzend Angler fischten, schwingen heute Hunderte die Angelrute."

Heute darf man das Wort „Hunderte" getrost durch „Tausende" ersetzen. Nahezu täglich wächst die Zahl derer, die ihr Herz für das Angeln entdecken, um am Ufer von Bach, Fluß und See auszuspannen vom Streß des Alltags, Erholung zu suchen vom Lärm der Städte, die zu immer menschenfeindlicheren Betonwüsten werden. Angesichts dieses enormen Drangs zum Wasser ist man fast versucht zu sagen: Wir sind dabei, ein Volk von Freizeit-Fischern zu werden. Neben den Angelfachgeschäften hat heute fast jedes größere Kaufhaus eine Sportfischereiabteilung, in der man von der Rute bis zum Köderfisch alles erhalten kann. Die Zeit, als Angler von vorbeispazierenden Nichtanglern noch manchmal als besondere Individualisten oder gar ein wenig kauzige Einzelgänger betrachtet wurden – was HANS KÖSTER zu dem Rat veranlaßte: „Seid nett zu den Nichtanglern, es sind so arme Leute!" –, diese Zeit ist vorbei. Heute ist der Wunsch, in der Freizeit Fische zu fangen, so groß und allgemein, daß manche der fast zweitausend Angelvereine in Deutschland einen „Zulassungsstopp" einführen mußten. Stellenweise müssen Bewerber auf eine mehrjährige Warteliste, ehe sie die Chance bekommen, als Mitglieder aufgenommen zu werden. Etwa zwei von drei Anglern sind heute Nichtorganisierte, die auf die Gastfreundschaft anderer Fischwasserbesitzer bzw. Pächter angewiesen sind. Diese geben im Interesse ihres Wassers aber oft auch nur ein begrenztes Kontingent von Gastkarten aus. Neuerdingst springen deshalb auch immer häufiger Teichwirte in die Bresche. Manche beliefern nicht nur mehr die Gewässer der Vereine mit Fischbrut und Setzlingen, sondern haben sog. Angelzentren eingerichtet, mit fangfähigen Fischen besetzte Teiche oder Seen, in denen gegen entsprechendes Entgelt gefischt werden darf. „Angelsupermärkte" erfreuen sich eines zunehmend lebhaften Zuspruchs.

Wer sich das Angeln als Freizeitbeschäftigung wählt, sollte sich bewußt sein, daß Angeln kein Spiel- und Sporthobby im üblichen Sinn ist. Clevere Werbemanager greifen neben Golfspielern oder Segelfliegern neuerdings mit Vorliebe auf Sportfischer zurück, wenn sie beneidenswert moderne Menschen zeigen wollen, die „im Stil der neuen Zeit" zu leben wissen, eine ganz bestimmte sportliche Zigarette rauchen, ein besonderes Getränk trinken oder ein sehr männliches Rasierwasser benutzen. Nichts gegen Golfspielen und Segelfliegen. Aber Angeln unterscheidet sich von ihnen zumindest dadurch, daß der Angler nicht mit Bällen, Schlägern oder Flugzeugen, sondern mit Kreaturen zu tun hat, mit Lebewesen aus Fleisch und Blut und mit Sinnesempfindungen. Angler werden sollte deshalb nur der, der sich dieser Tatsache von Anfang an stets bewußt und gewillt ist, es so zu lernen und auszuüben, daß die Kreatur fair und schonend behandelt wird.

Angeln ist sicher viel mehr als bloß Fischefangen, aber das Hauptziel des Anglers bleibt doch ein schöner Fang. Wie man zu einem solchen kommt, das will diese Neuauflage der „Angelfischerei", die nunmehr 14., zeigen. Sie unterscheidet sich beträchtlich von ihren Vorgängerinnen. Erstmals sind ihre einzelnen Abschnitte und Kapitel nicht von einem, sondern von verschiedenen Autoren beschrieben, allesamt bekannte Experten ihres Faches. Die vielen Methoden des Fischefangens mit der Angel im Süß- und Salzwasser, das von unseren ältesten Vorfahren mit Geräten praktiziert wurde, die mehr Gesteinssplitterchen als Angelhaken ähnelten, haben sich heute so weiterentwickelt und verfeinert, daß sie alle zusammen von einem einzelnen kaum mehr auf dem aktuellsten Stand dargestellt werden können.

Zu den Standardkapiteln wie z. B. Angelgeräte, Köder, Angelmethoden (Grundangeln, Spinnangeln, Fliegenfischen) und Angelstellen sind einige neue hinzugekommen wie Wettfischen, Turniersport, Angelboote und Gewässerschutz. Zu letzterem sollen auch eingangs einige ernste Worte gesagt werden.

„Der Zustand der Seen und Flüsse Deutschlands ist heutzutage der traurigste", zitierte MAX VON DEM BORNE schon 1875 den englischen Fliegenfischer JOHN HORROCKS. Dieser kritisierte heftig „die große Unwissenheit der Deutschen über die Natur". Er beklagte jedoch keine etwaige Gewässerverschmutzung, sondern vielmehr die „unglaubliche" Tatsache, daß in den deutschen Seen und Flüssen, die „im Vergleich mit denen der anderen europäischen Länder, mit Ausnahme der Schweiz, die größten und schönsten sind und von der Natur her mit dem hellsten Wasser, welches sich ganz besonders zum Aufenthalt aller Arten Fische eignet, ausgestattet sind", Lachse und Forellen während des Laichens mit Haken und Harpunen aufgespießt wurden. HORROCKS prophezeite deshalb, daß diese „edlen Fische" in Deutschland bald aussterben würden. Glücklicherweise ist HORROCKS Prophezeiung bisher nicht in voller Härte eingetroffen, es gibt noch Forellen bei uns. Wie aktuell aber ist dennoch die damals traurige Feststellung des Engländers, wie wehmütig stimmt sie! Die Verseuchung vieler unserer größten und schönsten Flüsse, in deren Wasser sich vor knapp hundert Jahren noch Lachse tummelten, hat heute derartige Ausmaße angenommen, daß sie streckenweise Abwasserkanälen gleichkommen. Viele unserer Gewässer wurden im Laufe der letzten Jahrzehnte zum Teil völlig vernichtet, wurden Opfer des technischen „Fortschritts" und des wirtschaftlichen Profits, den Galionsfiguren unseres Industriezeitalters.

Wie wir Angler dazu beitragen können, die Zerstörung unserer Gewässer aufzuhalten, und was wir praktisch tun müssen, um unverantwortliche Gewässerverschmutzer entsprechend zur Rechenschaft ziehen zu können, wird in diesem Buch gesagt. Es kommt dabei, so erbittert und so aufgebracht wir im Falle einer Katastrophe sein mögen, vor allem auf besonnenes Handeln an. Je sachlicher und nachdrücklicher wir argumentieren und für unsere Interessen eintreten, desto größer wird auch die Unterstützung durch die Öffentlichkeit sein, die endlich aufgewacht zu sein scheint.

Deshalb wollen wir auch nicht zu pessimistisch, sondern einigermaßen zuversichtlich sein. Es gibt bereits eine Reihe positiver Beispiele hinsichtlich einer gut funktionierenden Abwasserbeseitigung und praktizierten Gewässerschutzes. Zu nennen wäre z. B. die Ringkanalisation und der eingeschränkte bzw. ganz untersagte Motorbootverkehr auf bereits vielen Seen, oder durch neue Kläranlagen wieder sauber gewordene Flüsse. Hoffentlich mehren sich solche Beispiele. Es gibt auch noch eine ganze Anzahl von Gewässern in Deutschland, die natürlich und unverdorben sind, und in denen Rekordfische erbeutet werden können, wie sie in anderen Ländern nicht oder nur selten gefangen werden. Schließlich wurden bei uns 1971 ein Jahrhunderthecht von über 47 Pfund überlistet und 1972 eine Seeforelle, bei deren prachtvollem 36-Pfund-und-200-Gramm-Anblick einem neben mir stehenden englischen Sportfreund vor Staunen beinah die Augen in den Walchensee rollten. Mit ging es ähnlich. Das 1¼pfündige Rotauge, das mir an der Ruhr einmal wintertags an die Angel ging, hat mich aber fast ebenso beeindruckt.

München, im Frühjahr 1974 WOLFGANG QUINT

Inhalt

ERSTER TEIL

Die Angelfischerei im Süßwasser

ZWEITER TEIL

Angeln im Meer

Bearbeitet von C. W. Schmidt-Luchs

DRITTER TEIL

Verschiedenes

Tafelverzeichnis

Phototafeln

gegenüber Seite

Fliegentafel

Fischtafeln

ERSTER TEIL

Die Angelfischerei im Süßwasser

Angelgeräte

Jeder Angler sollte fähig sein, kleine Schäden an der Ausrüstung selbst zu beheben. Wenn auf einer Angelfahrt z. B. die Bügelfeder der Stationärrolle bricht oder ein Rutenring entzwei geht, kann das einen verlorenen Angeltag bedeuten, wenn man sich nicht selbst zu helfen weiß.

In die Beschreibung der Angelgeräte sind deshalb einige einfache Reparaturanleitungen eingefügt. Noch besser als Reparieren ist allerdings die Vermeidung von Beschädigungen durch sachgemäße Behandlung der Geräte. Auch dafür geben wir Ratschläge.

Die Angelruten

Als Rohstoffe zur Herstellung von Angelruten werden heute kaum mehr die Naturprodukte Bambus und „Pfefferrohr" verwendet. Glasfiber, ausgehärtet mit Kunstharzen, neuerdings auch Kohlefaser, sind seit Jahren die bewährten Rutenbauwerkstoffe. Nur ganz wenige Firmen bauen noch in geringer Auswahl gespließte Ruten aus der zähen Außenhaut des Tonkin-Rohrs. Es handelt sich dabei meistens um Fliegenruten, die in Handarbeit hergestellt werden und daher recht teuer sind. Dafür schätzen Kenner aber die Eleganz und die vorzüglichen Wurf- und Drilleigenschaften dieser Ruten.

Die im Handel erhältlichen Glasfiberruten sind sehr haltbar, von hoher Elastizität, kaum pflegebedürftig und dazu preiswert. Sie haben seit den fünfziger Jahren deshalb einen unaufhaltsamen Siegeszug angetreten und werden gleichermaßen beim Flugangeln auf Forellen am Wiesenbach, beim Spinn- oder Grundangeln im Fluß und See bis hin zur schweren Meeresfischerei verwendet.

Es gibt Voll- und Hohlglasruten. Vollglas besteht aus Glasfasern, in Ruten-Längsrichtung angeordnet. Mit Kunstharz vermengt und verklebt werden die Fasern zu massiven zylindrischen Stäben ausgezogen, die man anschließend konisch schleift. Die Länge von Vollglas-Ruten beträgt höchstens 270 cm, da das massive Material ein erhebliches Gewicht hat. Schon bei Längen von 240 cm wird der Vollstab kopflastig und schwerfällig. Aus Vollglas stellt man daher meist nur Spinn- und Grundruten von 150–210 cm her. Im Gegensatz zum Vollglas sind Hohlglasruten sehr leicht, steif und schneller in der Bewegung. Ausgangsmaterial für ihre Herstellung sind sog.

„Glasmatten" (auch „Glastücher"), die aus mit Kunstharz getränkten Quer- und Längsfäden gewebt werden. Je feiner und dichter das Gewebe, desto besser wird die Rutenqualität. Die nach einer Schablone zugeschnittene Glasmatte wird unter Druck um der gewünschten Rutenverjüngung entsprechende Metallkerne gewickelt und anschließend im Infrarotofen ausgehärtet. Danach wird der Kern herausgezogen. Hohlglas eröffnete dank seiner leichten Formbarkeit weit mehr Möglichkeiten für Experimente im Rutenbau als jedes andere Material zuvor. Es gibt Ruten mit unterschiedlichen Wandungsstärken, Verjüngungen und Aktionen, die Fachgeschäfte bieten Teleskopruten von über 8 m Länge an, zusammensteckbare Ruten mit Hülsen aus rutengleichem Material oder Ruten ganz ohne Hülsen. Kohlefaser, der neue Rutenbauwerkstoff, auch Carbon oder Graphit genannt, gilt als zukunftsträchtig, denn er ist leichter als Glasfiber und bietet mehr Rückgrat. Die Kohlefaserrute ist auch steifer und aktionsschneller als Glasfiber. Kohlefaser ist allerdings ein sehr teurer und leider ein sehr spröder Werkstoff, der eine gewisse Bruchanfälligkeit in sich birgt. Deshalb wird unter anderem mit Glasfiberzumischungen (Flexibilität) experimentiert. Unter den Kohlefaserrutentypen haben sich bisher Flugruten und Wettkampfruten, letztere bis zu 11 m Länge, einen festen Marktanteil erobert. Da beide Rutentypen beim Fischen ständig in der Hand geführt werden, ist deren Leichtigkeit bei gleichzeitig erstklassigem Aktionsverhalten absolut Trumpf. Es ist beeindruckend, wenn zum Beispiel mit einer 9-m-Kohlefaserstippe so gut wie jeder Anschlag aus dem Handgelenk heraus sitzt. Allgemeinruten wie Spinn- oder Teleskopausführungen für die gebräuchlichsten Angelarten stoßen zur Zeit, zum Teil mit Glasfiberzumischungen (günstigere Preisrelation), auf den Markt vor.

Die Angelrute besteht in der Regel aus zwei oder mehreren Teilen, die man am Wasser zusammensteckt oder, bei der Teleskoprute, auseinanderzieht. Zum Zusammenstecken dienen Metallhülsen, meist aus vernickeltem oder verchromtem Messing, Glasfiberhülsen, die im Fertigungsverfahren ausgehärtet und passend eingeschliffen werden, eingeleimte Vollglaszapfen, oder die Rutenteile werden einfach übereinandergesteckt. Bei der angelbereit auseinandergezogenen Teleskoprute überlappen sich die Einzelteile an den Nahtstellen so breit, daß die Aktion verbessert wird und die Rute genügend Halt hat.

Der Führung der Schnur entlang der Rute dienen die Schnurlaufringe (Abb. 1) und der Spitzenring. Sind die Ringe in den richtigen Abständen montiert, wird die Rute bei Belastung gleichmäßig gespannt. Die Ringe sollten immer aus hochwertigem Stahl mit hartverchromter Oberfläche bestehen, damit die harte Kunststoffschnur sie nicht einschneidet. Unebenheiten und Riefen in der Ringoberfläche beschädigen die Schnur. So werden heute, den Wünschen der Angler entsprechend, die meisten Ruten, mit Ausnahme schwerster Meeresruten, mit den schnurschonenden und besonders gleitfreudigen Porzellit- oder Fujihardberingungen bestückt. Drei Qualitätsstufen haben sich eingeführt. Porzellit (Porzellan) plastikgerahmt oder gegen die Bruchanfälligkeit kunststoffgepuffert metallgerahmt. Unübertroffen, in gleicher Bauweise ausgeführt, gelten die harten und dauerhaften Fujihard-(Aluminium-Oxyd-)Einlagen der obersten Qualitätsstufe.

Ringart und lichte Weiten richten sich nach Typ und Verwendungszweck der Rute und nach dem Rollentyp, der montiert werden soll. Eine Stationärrolle, von der die Schnur quer in großen Klängen abspringt, verlangt, damit es keine Schnurstauungen gibt, größere Ringweiten – besonders einen weiteren

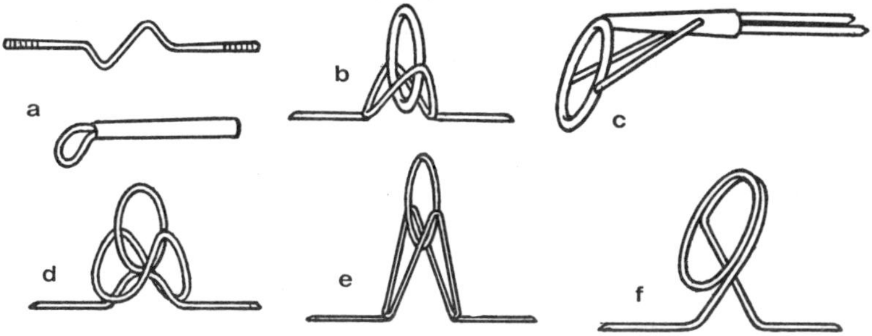

Abb. 1. Rutenringe. a. Schlangenring und Spitzenring für Fliegenrute, b. Brückenring, c. Spitzenring mit Stegen für Grund- und Spinnrute, d. durch einen Steg verstärkter Brückenring, e. hochstehender englischer Ring für leichte Friedfischrute, f. V2A-Federstahlring

Leitring – als eine Lochkapsel- oder Multirolle. Nach neuesten Erkenntnissen kommt es bei den Ringen nicht so sehr auf die großen, lichten Weiten an. Vielmehr sollte die Beringung so hoch aufgebockt sein, daß sie mit der Spulenachse zentriert zur Rutenspitze abfallend verläuft.

Brückenringe eignen sich besonders für Spinn- und Friedfischgerten. Eine Flugrute braucht dagegen enggesetzte, kleinere, anliegende Ringe (Schlangenringe), damit die Schnur beim Werfen nah an der Rute bleibt und ausgeschwungen werden kann. Bei Friedfisch-Steckruten für leichteste Wurfgewichte wird, vor allem bei Regenwetter, dem lästigen Kleben der Schnur durch hochstehende Ringe entgegengewirkt.

Zur Rollenbefestigung an Rutengriffen aus Vollkork dienen Schraubrollenhalter mit zweitem Konterschraubring, damit die Rolle unverrückbar festsitzt. Lange Friedfischruten mit starkem unterem Querschnitt sind mit nichtrostenden Klapphaltern, die sich ausgezeichnet bewährt haben, bestückt. Das Handteil ist z. T. mit wenig auftragendem, sehr widerstandsfähigem Kunststoffschlauch überzogen.

Der Sitz des Rollenhalters ist je nach Rutenart verschieden. Bei Flugruten stets hinter der Hand, bei Einhandspinnruten bis zu etwa 210 cm so, daß Rute und Rolle, einhändig geführt, eine ausgewogene Einheit bilden. Zeigefinger und Mittelfinger liegen dabei vor dem Rollenfuß. Bei Zweihandruten ist es wichtig, daß die Länge des Untergriffs im richtigen Verhältnis zur Rutenlänge steht, um die Wurfkraft der Rute durch richtig angesetzte Hebelkraft voll auszunutzen. Den kürzeren Korkgriff vor dem Rollenhalter umspannt die rutenführende Hand beim Drill zum Pumpen. Das Rutenende wird dabei in die Hüfte gestemmt.

Bei Friedfischruten ist der Rollenhalter so angebracht, daß das Rutengewicht ausreichend mit dem Unterarm abgestützt werden kann.

Die Ansprüche, die an Leistung und Eigenschaften einer Angelrute gestellt werden, sind bei den einzelnen Angelarten sehr verschieden und bis zu einem gewissen Grad auch von der Körperkraft und dem Temperament des Anglers abhängig. Man kann deshalb kaum allgemeine Regeln darüber aufstellen. Individualisten bauen sich „ihre" ganze persönliche Rute selbst. Ausführliche Anleitung gibt das neue Parey-Buch Hutterer-Niedereder/de Laporte „Angelruten selbst gebaut".

Letzte Gewißheit über die Richtigkeit einer Rute bringt stets die Erprobung am Wasser. Immerhin mögen aber einige Winke dem Anfänger nützlich sein.

Hält man den Griff fest und zieht die Rutenspitze nach unten, dann biegt sich eine gute Rute in einer ausgeglichenen Kurve, deren Krümmung von der Spitze zum Handteil abnimmt. Ruten mit „Kopfschwere" sind nicht zu empfehlen. Man erkennt sie daran, daß bei waagerechtem Halten die Rutenspitze auch ohne Belastung durchhängt. Ursache ist ein verhältnismäßig zu schwaches bzw. zu weiches Mittel- oder Handteil.

Leichte Friedfischruten und Fliegenruten zum Angeln mit der Trockenfliege sollen rasch schwingen, müssen also eine gewisse Steifheit besitzen. Hält man eine solche Rute waagerecht, so bleibt sie gerade. Flugruten dürfen aber auch nicht zu steif sein, weil sonst der Anhieb mit feinem Vorfach sehr oft mißlingt. Noch schlechter ist jedoch eine Spitze, die sich schon ohne Beanspruchung erheblich durchbiegt. Man kann mit ihr keinen sicheren Anhieb setzen, bei Flugruten ist es fast unmöglich, die Schnur zum Rückschwung sauber vom Wasser abzuheben. Es sollte so sein: Führt man mit der waagerecht gehaltenen Rute einen kurzen Ruck nach oben aus wie beim Anhieb, so macht bei einer guten Rute die Spitze zuerst eine Bewegung nach unten, schwingt dann senkrecht nach oben und kommt sofort zur Ruhe. Anfänger sollten sich beim Kauf einer Rute auf jeden Fall fachmännisch beraten lassen, Fortgeschrittene sich genau überlegen, wie sie die Rute hauptsächlich einsetzen wollen. Nicht jede Rute eignet sich für eine bestimmte Angelart. Bei Ruten, die sich für mehrere Angelarten eignen sollen, müssen Kompromisse eingegangen werden.

Abschließend hierzu sei gesagt: Zu einer Grundausrüstung zählen mindestens zwei Ruten, eine Spinnrute von etwa 2 m Länge und eine Friedfischrute von rund 4 m Länge.

Den unterschiedlichen Angelarten werden die Bauweisen der Ruten gerecht (Abb. 2).

Ruten zum Friedfisch-Angeln

Der hierfür am meisten verwendete Rutentyp ist heute zweifellos die Hohlglas-Teleskoprute (s. Abb. 2c). Sie bietet sehr viele Vorteile. Zum Transport

Abb. 2 (S. 5). Verschiedene Rutenarten. a. hülsenlose Steckrute für leichtes Weißfischangeln, b. Zweihand-Spinnrute, c. Teleskoprute, d. Fliegenrute, e. Einhand-Spinnrute

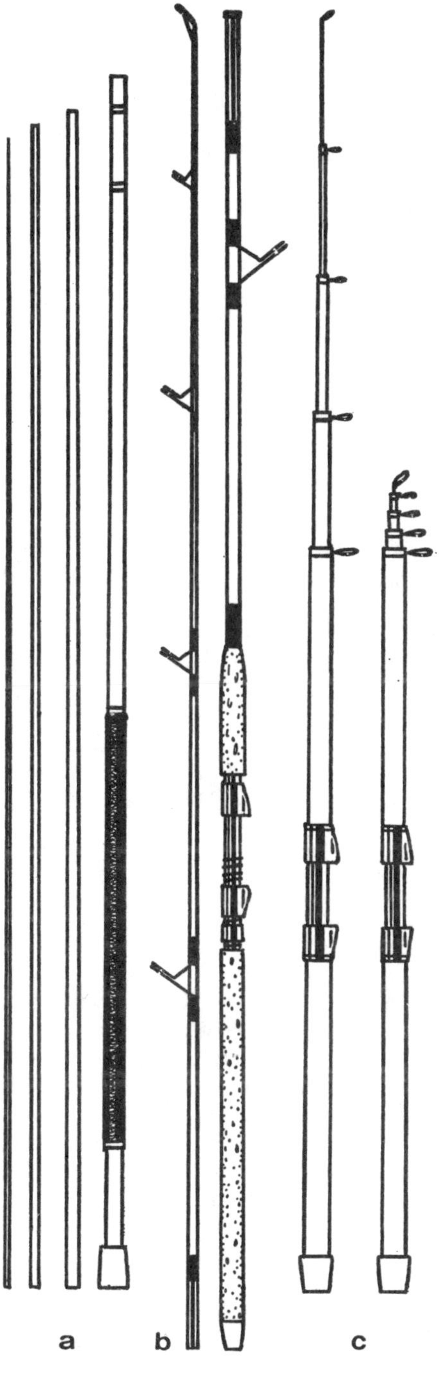
a
b
c
d
e

läßt sie sich z. T. bis auf unter einen Meter zusammenschieben, wobei das Gerät nicht mehr demontiert zu werden braucht. Rolle, Schnur, Pose, Blei und Haken können ständig an der Rute bleiben.

Bei großen Friedfischen, auf die man in der Regel längere Zeit ansitzen muß, wie Schleien, Karpfen, Brassen, wird die Rute meistens auf Rutenhalter abgelegt. Sie kann daher etwas schwerer sein.

Zum Angeln mit feinstem Geschirr auf in Schwärmen auftretende kleinere Friedfische, wie Rotaugen, Rotfedern, Nasen, Döbel und Alande, muß die Rute dagegen ständig anschlagbereit gehalten werden. Geringes Rutengewicht ist also wichtig. Das darf jedoch keinesfalls auf Kosten des Rutenrückgrats gehen, das eine gewisse Steife mit kurzfedernder Spitzenaktion aufweisen soll. Hier hat sich auch die sog. hülsenlose Steckrute (s. Abb. 2a), besonders bewährt. Unberingte Teleskopruten werden ohne Rolle zum Wettfischen verwendet. Wettfischer bevorzugen Kohlefaserausführungen, an deren Spitze oft ein elastisches Kautschukband befestigt wird, das die Fluchten des gehakten Fisches abfängt. Fischen ohne Rolle ist so selbst noch mit Schnüren von 0,08 mm Durchmesser möglich.

Die Länge der Ruten richtet sich hauptsächlich nach der Gewässer- und Uferbeschaffenheit. Je weiter ins Gewässer hineingeangelt werden soll oder je weniger nah der Angler an die Stelle, die er befischen will, herankommt, desto länger muß die Rute sein. Die Längen: 3 m = Mindest-, 4 m = meistverwendete Länge, 4 1/2–5 1/2 = Ideallänge, darüber hinaus über 8 m nur in besonderen Fällen (z. B. Rhein- und Wettfischerei).

Natürlich kann man auch mit kurzen Ruten unter Verwendung von Laufschwimmern fischen. Doch erreicht man mit einer kurzen Rute kaum die nötige Genauigkeit der Schnur-, Schwimmer- und Köderführung sowie den günstigen Anschlagwinkel. Allenfalls in stehenden Gewässern ist die kurze Rute eine Notlösung.

Spinnruten

Bei der Wahl der Spinnrute, die auch zum Grundangeln mit dem Bodenblei verwendet werden kann, soll sich der Anfänger nicht vom Gewicht der Fische, die er zu fangen hofft, leiten lassen, sondern vielmehr vom Gewicht der Köder, die er werfen will. Man unterscheidet danach leichte, mittelschwere und schwere Ruten. Die entsprechenden Wurfgewichte sind etwa 3–15 g, 15–40 g und mehr als 40 g. Die Doppelwerte, z. B. 15 bis 40 g, besagen, daß diese Rute bei 15 g schon anspricht und bei 40 g noch sauber wirft. Das Mittel, hier 28 g, wäre für diese Rute das Idealgewicht. Ein alphabetisches bzw. sinngemäßes Zahlensystem über die geeigneten Wurfgewichte und Aktionskurven in den Gerätekatalogen erleichtert die Wahl sehr. Die Länge der Spinnruten kommt erst in zweiter Linie in Betracht, es gibt leichte und schwere Ruten in jeder Länge. Je nach Art des Wurfs, ob nur eine Hand oder beide Hände die Rute halten, unterscheidet man einhändige (s. Abb. 2e) und zweihändige (s. Abb. 2b) Ruten.

Die Einhandrute ist in der Regel zweigeteilt, ausgenommen die bereits erwähnten Teleskopruten. Für leichte Spinnfischerei – beispielsweise auf

Forellen – sind Hohlglasmodelle mit geringem Eigengewicht von 180–210 cm Länge mit Spitzenaktion zu empfehlen.

Die mittelschwere Spinnfischerei auf Barsche, Döbel, Hechte u. a. erfordert stärkere und kräftigere Ruten, wobei, wenn es der Geldbeutel erlaubt, Hohlglasmodellen wegen ihrem geringeren Gewicht und dem besseren Rückgrat der Vorzug gegenüber Vollglasruten gebührt. Die gebräuchlichsten Modelle sind hier auch 180–210 cm lang.

Die noch stärkeren Zweihandruten haben, wie schon erwähnt, einen längeren Unter- und Vorgriff, damit sie sicherer gefaßt und kräfteschonender geführt werden können. Es gibt Längen von 165–210 cm aus Voll- und Hohlglas für schwere Spinn- und Grundbleiangelei (Hechte, Huchen, Waller u. a.), mittelschwere Bootsruten für das Meeresangeln zum Pilken (Dorsche) oder schwerste Schleppruten für das Hochseeangeln bis zur Thunfischerei.

Ruten-Modelle von 240–270 cm aus Hohlglas sind am vielseitigsten. Es läßt sich mit ihnen leichter, lässiger und mit geringerem Kraftaufwand werfen als mit kürzeren Ausführungen, gleich welcher Bauweise. Sie eignen sich besonders für das Stromspinnfischen, für das Angeln mit totem oder lebendem Fisch, mit dem Grundblei, zum Karpfenangeln mit dem Laufschwimmer und zum Wurfpilken. Bei erforderlichen großen Wurfweiten, etwa um die Brandung am Meeresstrand zu überwerfen oder um entfernte Scharkanten in Binnenseen zu erreichen, eignen sich die größeren Längen von 3–4,5 m mit extra langem Untergriff und großer Beringung. Der unterste Ring kann einen Durchmesser bis zu 60 mm haben. Zum besseren Transport läßt er sich daher anklappen. Ein besonders kurzer, nur etwa 30 cm langer, teilweise mit festeingebauten einfachen Schnurspulen versehener Rutentyp wird beim Tunk- und Mormyschkenangeln auf Barsche verwendet, speziell bei der Eisangelei im Winter. Dieser Typ hat sich an der Ostsee vom Boot aus sehr gut zum Butt- und Heringsangeln bewährt.

Flugruten

Die Auswahl einer Flugrute ist nicht so schwierig wie oft gesagt wird. Wer sich dem Fliegenfischen verschreibt, sollte beim Kauf der Gerte aber nicht geizen. Kopflastige Ruten bzw. solche, die im Spitzen- oder Mittelteil nachschlagen, sind ungeeignet. Besonders kommt es auf das zur Rute passende Schnurgewicht an. Beachtet man dies nicht, streckt sich die Schnur nicht oder fällt beim Rückschwung ab. Die Fliegenschnüre sind daher genormt. Zahlen von 1–12 bezeichnen das Gewicht. Je höher die Zahl, desto höher das Schnurgewicht. Die Nummer der geeigneten Schnur steht auf der Rute. Bei Doppelangaben auf der Rute, z. B. Kl. 6–7, sollten Anfänger die schwerere Schnur wählen, sie wirft sich einfacher. Könner wählen die leichtere und werfen eleganter.

Selbst dreiteilige Reiseruten weisen heute dank hülsenloser Steckverbindungen kaum Aktionsbeeinträchtigungen auf, auch Teleskopausführungen haben sich bewährt.

Einhandruten gibt es in Formaten von etwa 210–275 cm Länge.

240–255 cm sind Universallängen, verwendbar für viele Gewässer. Ihr Gewicht beträgt bis ca. 140 g, Kohlefaserausführung ca. 85 g. Kurze Ruten von 210–225 cm eignen sich besonders zur Watfischerei, bei den nötigen kurzen Würfen ist eine zu lange Rute hinderlich.

Beim Flugangeln in Talsperren und Seen sind dagegen große Wurfweiten erforderlich, die nur eine längere Rute von mindestens 270 cm meistert. Noch längere Zweihandruten von 305–425 cm, Kohlefaserruten bis 460 cm Länge sind erheblich stärker gebaut. Sie haben ein langes Handteil, und der Rollenhalter sitzt etwas höher, damit die zweite Hand den Griff unter der Rolle fassen kann. Diese Ruten, bestückt mit schwersten Schnüren, werden zum Lachsfischen verwendet. Für welchen Rutentyp man sich entscheidet, hängt also letzten Endes von der Art der Gewässer ab, die man befischen will. Für breite, offene Flüsse, die man vom Ufer aus befischen kann, sowie für Seen und Talsperren ist eine längere, steife Rute das Richtige. Beim Watfischen dagegen ist eine kürzere, weichere Rute besser.

Es gibt Ruten, die mehr aus der Spitze oder mehr mit der ganzen Länge arbeiten. Der Nachteil ausgeprägter Spitzenaktion ist, daß zu geringe Wurfweiten erreicht werden. Die Kraft in der restlichen Rute geht verloren. Bei Ruten mit deutlicher Aktion bis ins Handteil übertragen sich Fehler im Wurfstil stark auf die Schnur. Werfen gegen den Wind wird äußerst schwer. Flugangel-Anfängern sei deshalb geraten, Ruten mit angedeuteter durchgehender Aktion und viel Rückgrat für Schnüre 6–7 auszuwählen. Gewicht und Länge richten sich natürlich auch nach der Konstitution des Werfers.

Wer für jede Art von Flugfischerei gerüstet sein will, benötigt auch hier mehrere Ruten.

Pflege der Ruten

Die Pflege der Ruten fängt schon mit dem Zusammenstecken am Wasser an. Das geschieht möglichst ohne nachträgliches Drehen der Teile. Einschubteile und Hülsen der Rutenteile sollten stets sauber und besonders frei von Sand sein. Am besten ist es, die Einschubteile stets leicht mit Spezialhülsenfett zu fetten. Auf diese Art gibt es niemals Schwierigkeiten mit der Gängigkeit der Hülsen.

Teleskopruten werden, mit dem Spitzenteil beginnend, in der Fluchtrichtung der Ringe ausgezogen und von unten anfangend, ohne die Ringe aufeinanderzustoßen, zusammengeschoben. Vor allem bei unberingten Modellen ist das Zusammenschieben von unten sorgfältig zu beachten, weil sonst das Spitzenteil zwischen die anderen Teile geraten und sich dort verklemmen kann.

Nach jedem Angeln sollten die Ruten auseinandergenommen werden. Dazu wird das Oberteil unter die rechte Achsel geklemmt und mit der rechten Hand an der Hülse erfaßt. Mit der linken Hand faßt man den unteren Hülsenteil. Es dürfen niemals die Rute selbst oder gar Rutenringe gehalten werden. Bei leicht angewinkeltem linkem Knie, auf dem die linke Hand sich abstützen kann, zieht man mit der rechten Hand die Rutenteile gerade oder mit einer leichten Drehung, ohne sie zu verkanten, auseinander.

Nasse Ruten sollten mit einem weichen Lappen abgerieben und, ebenso wie die Futterale, an einem luftigen Ort getrocknet werden. Das gilt besonders dann, wenn im Salzwasser geangelt wurde. Die salzhaltige Luft und der Salzsprühfilm, den die einlaufende Schnur über die Rute verteilt, greifen Hülsen, Lack und Ringe an. Neben der beschriebenen Hülsenpflege sollen deshalb Rute, Ringe und der Schraubenrollenhalter stets mit Süßwasser abgewaschen, anschließend trockengewischt und die Metallteile außer dem Hülseneinschubteil mit einem Öllappen abgerieben werden. Niemals lasse man die Ruten in feuchten Futteralen oder feuchtigkeitsstauenden Plastiketuis. Gespließte Ruten dürfen auf keinen Fall zusammengesteckt über Nacht im Freien liegenbleiben.

Abb. 3. Festes Aufsetzen einer Hülse unter Zuhilfenahme von Schnurstücken

Verpackt werden die Ruten in Futteralen aus Segelleinen, die für jedes Teil ein besonderes abgesteptes Fach enthalten, damit sich kein Rutenteil am anderen reibt und dadurch die Lackschicht gefährdet wird. Die Spitzen steckt man so in ihr Fach, daß sie mit dem Endring neben dem starken Handteil ruhen. Zugeschnürt wird mäßig fest, zu starker Druck schadet den Rutenteilen.

Futterale, die unten erweitert sind für mehrere Ruten mit anmontierter Rolle, sind zwar bequem, aber nicht geräteschonend.

Die Ruten hebt man am besten im Futteral hängend oder liegend in einem Schrank auf oder die einzelnen Teile dekorativ an einer trockenen Wand hängend, stets aber in einem ungeheizten Raum.

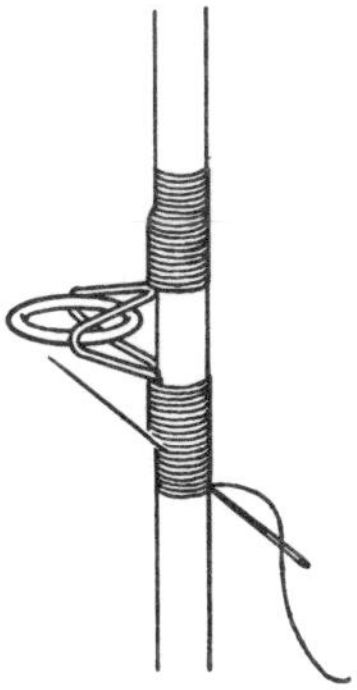

Abb. 4. Anwinden eines Rutenringes. Anstatt einer Nadel kann auch eine Schnurbucht zum Fixieren des Schnurendes verwendet werden

Die sicherste Verpackung für empfindliche Flugruten sind Aluminium- oder Kunststoffröhren. Die Röhre soll so weit sein, daß die Rute im Futteral bequem Platz darin findet. Damit sie beim Transport nicht im Behälter hin und her rutscht und schlägt, stopft man Papierknäuel ins Rohr.

Beim Fischen sollte man stets daran denken, daß Ruten keine Kräne oder Hebebäume sind. Deshalb: Hat man einen Hänger, legt man am besten die Rute zur Seite und zieht an der Schnur. Auch „alte Hasen" beherzigen dies im Eifer des Gefechts nicht immer. Die Ergebnisse solcher Kraftakte sind manchmal sehr bitter.

Nach längerem Gebrauch einer Rute lockern sich hin und wieder deren Hülsen, die Rute beginnt zu „klappern". Dieser Mangel läßt sich manchmal durch vorsichtiges Erwärmen der Hülse über einer offenen Flamme beseitigen. Hilft das nicht, dann muß die Hülse durch weiteres Erwärmen ganz abgelöst und mit UHU-Hart, Pattex oder dem sogenannten Heißkleber, den es als Stift im Fachhandel gibt, neu aufgesetzt werden. Alle Reste des alten Klebers müssen dabei sorgfältig entfernt werden. Damit die Hülse fester sitzt, kann man das Rutenende durch zwei überkreuz gelegte Fäden etwas verstärken (Abb. 3). Dann streicht man Leim auf und schiebt die Hülse vorsichtig wieder auf. Durch gelinden Druck sorgt man dafür, daß die Hülse wieder genau an ihren alten Platz gelangt. Das darf nur durch Andrücken auf Holz oder Pappe geschehen, nie aber mit Hilfe eines Hammers oder durch Anwürgen mit einer Zange. Schließlich werden die Bindungen über den Hülsen erneuert.

Schäden an der Lackierung der Ruten sind, besonders bei Gespließten, sofort mit gutem, langsam trocknendem Lack auszubessern. Zeigt die Lackschicht umfangreiche Mängel, ist es Zeit für eine Neulackierung, die am besten der Fachmann vornimmt. Aufgegangene Ringbindungen oder abgelöste Teleskoprutenringe lassen sich sehr gut mit dem obengenannten Klebestift fixieren. Neubindung s. Abb. 4.

Die Rollen

Zur Angelrute gehört die Rolle. Lediglich beim leichten Weißfischangeln wird teilweise ohne Rollen gefischt. Spinn- und Flug-, d. h. Wurfangeln ist im allgemeinen nur mit Rolle möglich.

Auf die Rollenspule wird die Schnur gewickelt. Beim Wurf wird mit der Schwungkraft der Rute der Köder geworfen und dabei die Schnur von der Rolle gezogen. Auf diese Weise sind weite Würfe nach dem Standplatz der Fische möglich. Eine weitere wichtige Aufgabe erfüllt die Rolle beim Drill der Fische.

Man unterscheidet mehrere Rollentypen.

Einfache Rollen

Die einfache Rolle ist der Urtyp aller Rollen (Abb. 5). Solche Rollen, früher Allgemeingut, sind heute selten in Gebrauch. Denn mit ihnen ist der Wurf sehr schwierig. Verwendung finden einfache Rollen beim Flugangeln. Nachteilig ist ihre geringe Einholgeschwindigkeit.

Stationärrollen

Die *Stationärrolle* hat die einfache Rolle abgelöst (Abb. 6). Sie ist die beliebteste und meistbenutzte Rolle, da sie sich leicht bedienen läßt und auch mit geringen Gewichten weite Würfe ermöglicht. Ihr Siegeszug war unaufhaltsam. In der 13. Auflage der „Angelfischerei“ von 1967 wurde sie noch als eine „von den üblichen Rollenformen völlig abweichende Konstruktion“ bezeichnet und hieß auch „Querwinderolle“. Heute ist sie die „übliche Rolle“. Sie unterscheidet sich grundlegend von der einfachen und Multiplikator-Rolle.

Weder beim Werfen noch beim Einholen dreht sich die Schnurspule, sie ist eben „stationär". Die Schnur springt beim Werfen in Klängen von der stehenden Spule. Zum Einholen wird die Schnur durch den Schnurfangbügel, der an der Umlaufkappe rotiert, eingefangen (keine Verdrallungen) bis 6fach übersetzt auf die Spule gewickelt.

In den letzten Jahren hat sich das Angebot an Stationärrollen wesentlich vergrößert und die Qualität ständig verbessert. Marktbeherrschend sind

Abb. 5. Einfache Rolle bzw. einfache Fliegenrolle

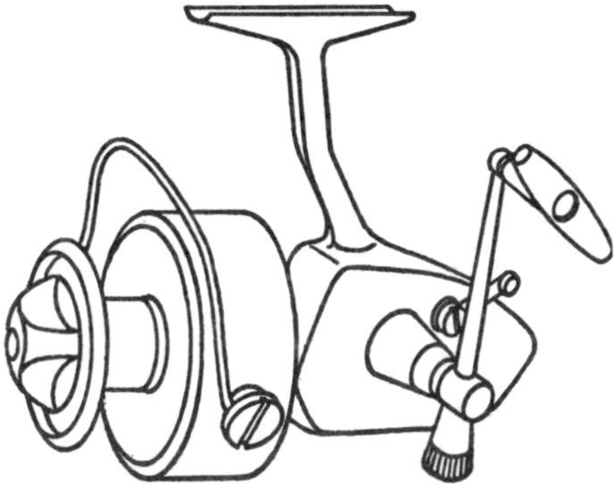

Abb. 6. Stationärrolle

Modelle mit Außenspulen und Innenschaltung des Bügelsystems, Kurbel umsetzbar für Rechts- und Linkshandbetrieb sowie einem zweiten Getrieberadpaar, das zur exakteren Schnuraufwicklung den Spulenhub antreibt. Weitere Vorzüge sind schrägverzahnte Getriebe, kugelgelagerte Umlaufkappen und Kurbelwellen, rotierende Schnurlaufröllchen sowie Klapp-Kurbeln und -Bügel. Besonderheiten: nadelgelagerte Kurbelwellen, Schnurhalteklemmen, rückwertig am Gehäuse angebrachter Bedienungspunkt der Spulenbremsung und bügellose Modelle. Eine weitere technische Neuerung ist die Stationärrolle mit absolut feststehender Schnurspule. Bei Schnurabzug über die Spulenbremse rotiert die Umlaufkappe, d. h., der Bügel wickelt die Schnur genau so ab, wie er sie aufgewickelt hat, wobei sich, um diesen technischen Ablauf zu synchronisieren, die Spule hebt und senkt, also der Spulenhub in jeder Phase im völligen Schnurverlegungs-Gleichlauf zur Rotation der Umlaufkappe steht. Ergebnis: keinerlei Schnurverdrallungen. Möglich wurde diese neue Technik durch eine Mehrscheibenrutschkupplung zwischen Kurbelwelle und Antriebzahnkranz; daraus resultiert auch der denkbar günstige Bedienungspunkt der Bremse an der Kurbelarmbasis. Die Stationärrolle ist, ausgenommen beim Flug- und schweren Hochseeangeln (Hai, Rochen usw.), für alle Angelarten ausgezeichnet verwendbar. Sehr von Nutzen ist die Anschaffung einer Zweit- oder auch mehrerer Ersatz-Schnurspulen, so daß die Stationärrolle jederzeit und schnell mit verschiedenen Schnurstärken bis 0,60 mm Durchmesser bestückt werden kann.

Die Kapselrolle ist eine Sonderform der Stationärrolle mit eingekapselter

Schnurspule (Abb. 8). Die Schnur verläßt die Kapsel durch ein Loch oder einen Rundschlitz. Es gibt Modelle, die hängend (Stationärrolle), und andere, die stehend (Multi) verwendet werden. Gut eingeführt haben sich Rundschlitzrollen, an der Rute hängend wie die Stationärrolle mit der Kurbel auf der linken Seite. Kapselrollen arbeiten gut mit Schnurstärken bis 0,35 mm Durchmesser. Sie eignen sich für leichtes bis mittelschweres Spinnangeln und ganz besonders für das Floßangeln. Die Schnur wird zum Werfen freigegeben durch Anziehen eines Hebels oder Tippen mit dem Finger auf eine Taste bzw. durch Rückwärtsdrehen der Kurbel. Schnurverhedderungen sind bei ihnen fast ausgeschlossen. Spezialausführungen haben für den Drill entweder eine zusätzliche Fingerbremse, mit der die Bremskraft verstärkt, oder eine Kurbelbremse, mit der die vorgewählte Bremskraft vermindert werden kann. Dieser Rollentyp ist ebenfalls mit einer absolut feststehenden Schnurspule ausgerüstet, die, wie zuvor erwähnt, Schnurverdrallungen, herbeigeführt durch Drillphasen, völlig ausschließt.

Multirollen

Die *Multiplikatorrolle*, abgekürzt Multi (Abb. 7), stellt eine Weiterentwicklung der einfachen Rolle dar. Sie ist eine „Klassikerin" unter den Rollen. Es gibt Angler, die nichts über sie kommen lassen und nur mit ihr fischen, trotz Stationärrolle. Die Spule der Multi ist mehrfach übersetzt, d. h. sie dreht sich

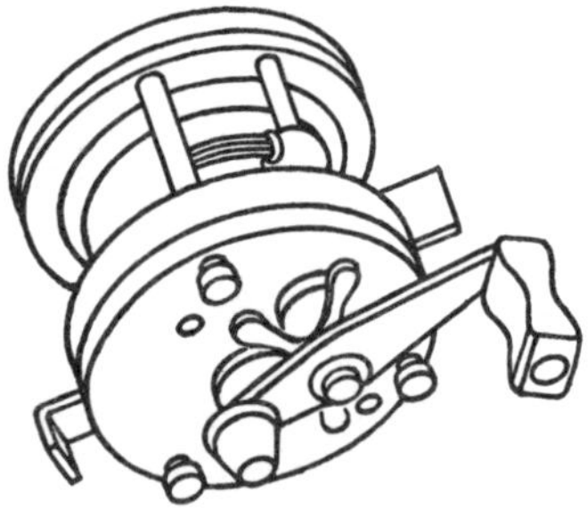

Abb. 7. Multi-Rolle

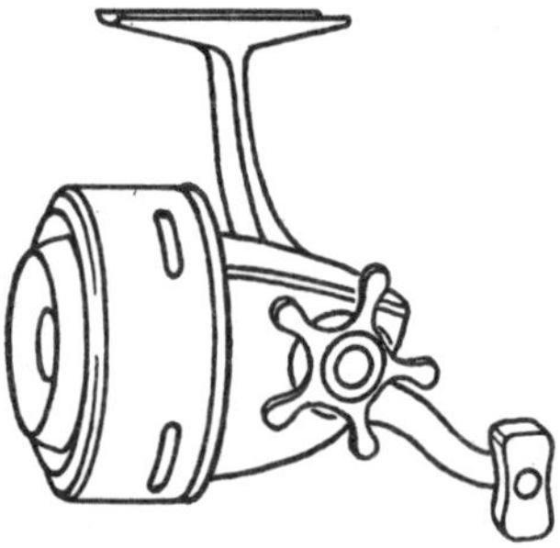

Abb. 8. Kapsel-Rolle

mit jeder Kurbelumdrehung mehrere Male, so daß auch mit dieser Rolle sehr rasch Schnur eingeholt werden kann. Zum Werfen wird das Getriebe abgeschaltet, so daß sich nur die Spule dreht.

Eine Fliehkraftbremse verhindert bei den modernsten Ausführungen Perücken. Ein selbsttätiger Schnurführer verteilt beim Einholen die Schnur gleichmäßig über die Spulenbreite. Das erlaubt dem Angler, sich ganz auf die Köderführung oder den Drill zu konzentrieren. Die Rolle eignet sich auch zum Friedfischangeln (Karpfen) und ausgezeichnet zum Spinnfischen (Meerforelle, Lachs). Durch die direkte Schnuraufwicklung auf die Spule (parallel zur Rutenlängsachse) hat der Angler unmittelbaren Kontakt zum Spinnköder und zum Fisch während des Drills. Die fein regulierbare Spulenschleifbremse erlaubt maximale Ausnutzung der Schnurkraft.

Für das schwere Meeres- und Schleppangeln werden ausschließlich große Multirollen mit Schnurfassungen ab etwa 300 m 0,60er verwendet.

Flugrollen

Zum Flugangeln stehen die einfache und die automatische Rolle zur Wahl. Die *einfache Flugrolle* (Abb. 5) entspricht in der Bauweise der einfachen Rolle. Die sehr schmale Trommel ruht in einem Gehäuse. Sie ist mit verstellbarer stiller Hemmung oder (und) Knarre (Ratsche) ausgerüstet. Dank der Hemmung gibt die Rolle beim Werfen nur dann Schnur ab, wenn der Angler Schnur abzieht. Die Hemmung bremst außerdem die Fluchten gehakter Fische. Zur Schonung der Flugschnur dienen versetzbare Schnurführungen, je nachdem ob mit der linken oder rechten Hand gekurbelt wird. Die einfache Flugrolle eignet sich je nach Größe für jede Art von Flugangelei.

Abb. 9. Automatische Flugrolle

Leichte Rollenausführungen harmonisieren natürlich mit leichten Ruten erheblich besser als schwere. Bei der *automatischen Flugrolle* (Abb. 9), die etwa doppelt soviel wiegt wie eine durchschnittliche einfache Rolle, ist dies zu bedenken, so schön und bequem die Automatik ist.

Man unterscheidet bei den Automatikmodellen vertikal und horizontal an der Rute sitzende Typen. Die horizontale gilt als schnurschonender, da die Schnur zum Werfen in Trommeldrehrichtung abgezogen wird.

Die automatischen Flugrollen besitzen eine Spiralfeder, die durch Abziehen der Schnur gespannt wird. Zum Einholen der Schnur drückt man mit dem kleinen Finger auf den Auslösehebel. Die Feder entspannt sich und setzt die Rollentrommel in Bewegung. In Sekundenschnelle hat der Flugangler die Schnur wieder auf der Rolle. Er braucht sich nicht mit losen Schnurklängen zu plagen, die sich im Gelände verhängen, und auf die er leicht tritt. An Forellenbächen, die an ihren Ufern dicht mit Bäumen und Büschen bewachsen sind und an denen der Standplatz oft gewechselt werden muß, bietet die automatische Rolle deshalb erhebliche Vorteile. Zum Fang schwerer oder kapitaler Fische, die lange Fluchten machen, sind Automatikrollen jedoch nicht so gut geeignet. Denn je mehr Schnur abgezogen wird, desto größer wird die Federspannung. Zwar überspannt sich die Feder nicht, da eine Rutschkupplung eingebaut ist. Zieht ein Fisch aber viel Schnur ab, kann der Widerstand doch so groß werden, daß das Vorfach reißt. Außerdem ist die Schnurfassung gering. Automatische Rollen sind besonders empfindlich gegen Verschmutzung, wenige Sandkörnchen sind Gift für sie.

Die Pflege der Rollen

Alle Rollen müssen vor Schmutz oder Eintauchen ins Wasser geschützt werden. Eine Rolle, die ins Wasser fiel, sollte bald auseinandergenommen, getrocknet, geölt und gefettet werden, sonst kann es sein, daß nach einiger Zeit die Lager blockieren oder anfangen zu mahlen. Sehr gewissenhafte Angler reinigen nach jedem Angeln die Rolle mit einem feuchten Lappen und reiben sie anschließend mit einem weichen Tuch trocken. Alle beweglichen Teile der Rolle brauchen gelegentlich einen Tropfen Öl. Das Getriebefett muß jedoch nur einmal im Jahr erneuert werden. Rollen zum Salzwasserangeln, auch sog. „salzwasserfeste“, benötigen besonders sorgfältige Pflege. Zum Abwaschen des Salzfilmes, der beim Einholen der Schnur auf die Rolle gesprüht wird, ist warmes Spülwasser zu empfehlen. Man tue dabei des Guten aber nicht zuviel. Daß bei solcher Reinigung die Rolle nicht abgeduscht oder gar unter Wasser getaucht wird, ist wohl selbstverständlich. Sehr nützlich, um die Schnurflexibilität zu erhalten, ist das Ausschwemmen der Salzrückstände (Meeresangelei) aus der Schnur. Das geschieht am besten durch Drehen der Spule unter dem Kaltwasserstrahl eines Perlatorwasserhahns.

Achslager von Multirollen, die zum Spinnangeln verwendet werden, sollten am besten vor jedem Gebrauch mit Spezialöl geölt werden. Die Lager-Zentrierung ist so einzustellen, daß die Spule keine Luft hat und nicht in den Lagern klappert.

Betriebsstörungen entstehen häufiger durch unsachgemäße Behandlung als durch normale Abnutzung. Versagen des Bügelsystems bei Stationärrollen durch achtlosen Transport oder, die häufigste Ursache, rohe Gewalt beim Lösen schwerer Hänger. Die Teile lassen sich entweder mit etwas Geschick wieder einjustieren oder müssen ausgewechselt werden. Zum Auswechseln einer defekten Bügelfeder nimmt man die alte Feder heraus, wobei der Bügel vom Winkelhebel, unter dem die Feder sitzt, getrennt wird.

Als ständige Werkzeuge braucht ein Angler für derlei Reparaturen eigentlich nur eine Flachzange und einen mittleren Schraubenzieher. Die wichtigsten Ersatzteile sind Bügelschaltfeder, Schnurlaufröllchen, Zahnscheibe, die Sechskantmutter, die Bügel und Winkelhebel fixiert, und sicherheitshalber noch die Feder des Auslösehebels. Diese Reparaturen sind nach einiger Übung durchaus am Wasser durchführbar. Wer sie beherrscht, kann unter Umständen einen sonst verlorenen Angeltag retten.

Wer technisch nicht begabt ist, gibt die Rolle lieber in seiner Gerätehandlung ab oder schickt sie an den Hersteller ein. Er tut damit sowohl sich als auch der Rolle einen Gefallen.

Die Angelschnüre

Für die Sportfischerei werden in der Regel nur noch Schnüre aus Kunststoff verwendet, die entweder einfädig – monofil – oder aus zahlreichen Fasern – mehrfädig – geflochten sind.

Monofile Schnüre

Die einfädigen Schnüre werden in Stärken von 0,065 bis über 1 mm Durchmesser hergestellt, wobei sog. Hochleistungsschnüre eine etwa 30 % höhere Naßknotenfestigkeit aufweisen. Für das feine Friedfisch- und leichte Spinnangeln können sich durch die Verwendung von Hochleistungsschnüren zwei manchmal entscheidende Vorteile ergeben. Mit dünnerer Schnur überlistet man den Fisch oft eher, und Spinner von 2–5 g lassen sich beispielsweise mit einer 22er Schnur leichter und weiter werfen als mit einer 25er Schnur. Spezialisten angeln oft mit 25er Hochleistungsschnur auf Karpfen, wobei sie den Haken direkt, ohne Vorfach, an die Schnur binden. Die Hochleistungsschnüre weisen außerdem eine gewisse Steifheit auf, die das Werfen von der Stationärrolle begünstigt. Zu harte Schnüre sind aber auch ungeeignet, da sie unkontrolliert von der Rolle springen. Deshalb sind Durchmesser ab etwa 0,60 mm nur noch für entsprechend große Multirollen verwendbar, nicht mehr für Stationärrollen.

Zu große Härte und Dehnbarkeit, geringe Knotenfestigkeit sowie Neigung zum Kringeln und zu Verdrallungen sind überhaupt bei den monofilen Schnüren ein Quell häufigen Ärgers. Ganz ohne Härte geht es aber auch nicht, denn sie bewirkt die Knotenfestigkeit. Hersteller von Markenschnüren sind deshalb bestrebt, minimale Härte mit maximaler Reißfestigkeit zu kombinieren. Die auf den Verkaufsspulen angegebene Tragkraft der Schnur schafft oft Verwirrung. Meist handelt es sich aus verkaufspsychologischen Gründen um die höchste lineare Reißfestigkeit, d. h. die Höchsttragkraft der ungeknoteten trockenen Schnur. Den Angler interessiert jedoch weit mehr die garantierte Mindesttragkraft der nassen geknoteten Schnur, die sog. Naßknotenfestigkeit. Diese ist auch bei schnurschonenden Knoten stets niedriger als die lineare Reißfestigkeit.

Im Gebrauch wird die Schnur durch äußere Einflüsse, wie Sonnenlicht, Salz und Gewässerverunreinigungen, mehr oder weniger schnell härter, kringeliger und schließlich brüchig. Bei normaler Beanspruchung sollten monofile Schnüre nach einer Saison erneuert werden.

Nach vielen Würfen mit schweren Gewichten, nach schweren Hängern oder starkem Drill kann sich die Schnur am Knoten, wenn nicht gar auf den letzten 1–2 Metern so stark überdehnen, daß die Reiß- und Knotenfestigkeit erheblich nachläßt. Eine Kontrolle der Knoten und des unteren Schnurteils ist in den gegebenen Fällen deshalb empfehlenswert. Hin und wieder schneidet man die letzten, besonders strapazierten 1–2 Meter ab.

Die Spule der Stationärrolle muß, will man so reibungslos wie möglich werfen, bis 3 mm unter den Spulenrand gefüllt sein. Beim Wickeln der Schnur auf die Trommel wird die Stationärrolle zunächst an das Rutenhandteil montiert. Den Bügel der Rolle klappt man um (Wurfstellung). Die gekaufte gefüllte Schnurspule legt man am besten auf den Boden, nimmt den Schnuranfang, führt ihn durch den Leitring (untersten Ring) der Rute und befestigt ihn mit einer Schlinge auf dem Spulenkern der Rolle (s. Abb. 18 bis 20). Dann wird der Bügel zurückgeklappt und die Rute in die Hüfte gestemmt, wobei die rechte Hand die Rute vor dem Griff faßt und Daumen und Zeigefinger die Schnur gespannt halten.

Die linke Hand dreht dann die Kurbel so schnell, daß die gekaufte Schnurspule zu rotieren beginnt und die ablaufende Schnur nahezu entdrallt. Wer will, kann zusätzlich die ganze Schnurlänge ohne jegliche Bestückung von einer Brücke aus auf einem Fließgewässer abtreiben lassen und nun völlig entdrallt neu aufspulen. Abb. 10 zeigt eine weitere Möglichkeit, die Schnur gänzlich ohne Drall aufzuspulen.

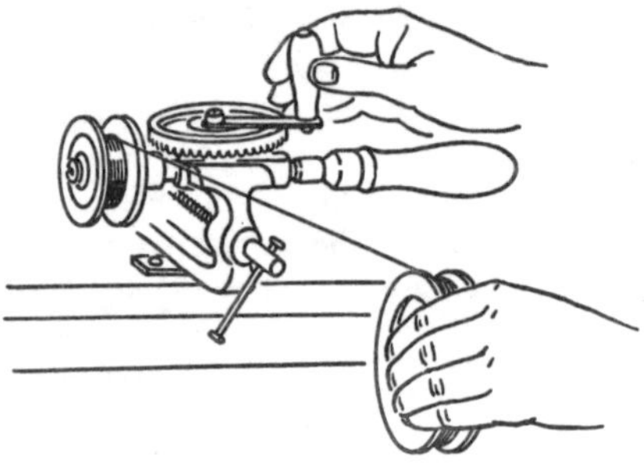

Abb. 10. Aufspulen der Schnur gänzlich ohne Drall

Rotierende Spinner, Grundbleie und Fetzenköder neigen dazu, die Schnur zu verdrehen. Geeignete Wirbel (s. Abb. 71) schaffen Abhilfe. Auch kann man die Spinner, Bleie usw. vor dem nächsten Wurf einen Augenblick an langer Schnur von der Rutenspitze herabhängen lassen. Sie rotieren dann zurück und entdrallen die Schnur.

Unerklärliche Schnurbrüche ohne erhebliche Belastung der Schnur sind oft auf Knicke oder Quetschungen der Schnur zurückzuführen, die meistens durch unsachgemäßes Hantieren mit der Rolle – z. B. die Schnur gerät unter das Signalknarrad der Spule – oder beim Entwirren von Schnurperücken entstehen. Eine gewissenhafte Kontrolle der Schnur nach solchen Fällen sowie überhaupt vor Angelbeginn wird deshalb sehr empfohlen. Besonderes Augenmerk sollte auch hin und wieder der Beringung gelten. Monofile Kunststoffschnur ist so hart, daß sie selbst hartverchromte Stahlringe auf die Dauer einschneidet. Diese Riefen wiederum beschädigen die Schnur, die dann bei Belastung leichter bricht.

Geflochtene Schnüre

Geflochtene Schnüre aus Kunstfasern sind außerordentlich verschleißfest, haben geringe Dehnung, hohe Tragkraft und Lebensdauer. Sie verrotten auch in feuchtem Zustand nicht. Wegen ihrer Weichheit eignen sie sich jedoch schlecht für die Stationäre, sondern vor allem für das Schleppangeln mit der Multirolle.

Schnurstärken zum Angeln im Süßwasser

Für die verschiedenen Angelarten im Süßwasser werden allgemein monofile Schnüre verwendet. Schnurstärken: Für das leichte Floß- und Spinnangeln nimmt man Stärken von 0,20–0,30 mm mit einer Knotenfestigkeit von etwa 2,2–5,8 kg, zum Karpfenangeln und Spinnen auf Hecht die Stärke 0,30–0,35 mm mit einer Tragkraft bis 8,0 kg. Zum Grundbleiangeln (Aale),

Spinnangeln auf Huchen. Drill eines kapitalen Fisches in der Endphase. (Phot. E. Wiederholz)

Winterliche Pürsch mit feinem Zeug und Rotwurmköder auf Plötzen und Döbel. (Phot. H. Heft)

Leichtes Floßangeln im Fluß. (Phot. J. Kramer)

zum Hechtfischen mit Köderfisch sowie zum Spinnen auf sehr kapitale Raubfische (Großhechte, Huchen, Welse [Waller]) ist 0,40–0,45er mit 8,8–10,5 kg Tragkraft richtig. In besonderen Fällen, z. B. auf Welse oder dort, wo eine besonders große Beschwerung (Pilkangeln auf Dorsche) nötig ist bzw. viel Kraut oder sonstige Hindernisse im Wasser auftreten, sind sogar noch stärkere Schnüre angebracht.

Flugschnüre

Beim Wurf mit der Fliege wird kein Wurfgewicht verwendet, folglich muß die Flugschnur selbst Gewicht haben. Die aus Kunstfasern geflochtene Rohschnur wird deshalb mit einer Kunststoffschicht ummantelt. Der Überzug gibt der Schnur nicht nur höheres Gewicht, sondern auch Steifheit und eine sehr glatte Oberfläche, so daß die Schnur beim Schießenlassen leicht durch die Rutenringe gleitet. Dem spezifischen Gewicht des Schnurmantels entsprechend schwimmt oder sinkt die Schnur.

Man unterscheidet drei Formen von Flugschnüren: parallele, beidseitig verjüngte und Keulenschnüre. Parallelschnüre werden hauptsächlich zum Fischen mit der Naßfliege verwendet. Man kann damit jedoch auch die Trockenfliege werfen, wenn auch nicht ganz so sauber wie mit einer verjüngten Schnur. Nur sollte in diesem Fall der obere Vorfachdurchmesser nicht zu sehr vom Schnurdurchmesser abweichen.

Die *beidseitig verjüngten* Schnüre sind für den gut gezielten Wurf mit der Trockenfliege entwickelt worden, taugen aber für die Naßfischerei ebenso gut. Die Verjüngung der Schnur macht es möglich, auch kleinste Trockenfliegen so zart aufs Wasser zu setzen, daß sie schwimmen. An und für sich ist die normale Verjüngung der beidseitig verjüngten Schnur aerodynamisch ungünstig, weil beim kurzen Wurf der vorderste Teil der Schnur zu leicht und umgekehrt beim weiten Wurf der hintere, dicke Teil der Schnur zu schwer ist.

Man kann sich aus dieser Schwierigkeit helfen, indem man entweder eine weichere Rute nimmt oder soviel von der Schnurspitze abschneidet, bis man fühlt, daß die Rute arbeitet und saubere Würfe gelingen.

Für sehr weite Würfe, auch bei Gegenwind, und für das Fischen mit großen buschigen Fliegen eignet sich besonders die *Keulenschnur*. Sie hat eine kurze, etwa 3 m lange Verjüngung zum Vorderende hin, auf die dann als eigentliches Wurfgewicht ein sehr dicker Schnurteil mit einer Länge von 3–6 m folgt. Diese „Keule“ geht mit kurzer Verjüngung in die sehr dünne und leichte Laufschnur über. Ein wesentlicher Vorteil der Keulenschnur besteht darin, daß man bei weiten Würfen Leerwürfe spart und daß sie leichter „schießt“.

Das Gewicht der Schnur, gleich welcher Form, muß sorgfältig auf die Steifheit der Rute abgestimmt sein. In den Gerätekatalogen ist für jede Rute die geeignete Schnurstärke bzw. Gewichtsklasse angegeben. Im Zweifelsfall ist zur stärkeren Schnur zu raten.

Die von der Associated Fishing Tackle Manufacturers (AFTM) entwickelten Gewichtsbezeichnungen (Klassifizierungen) werden von allen Herstellern anerkannt und gelten als Norm. Nach diesem Standard wird das Gewicht eines 9 m langen Schnurstücks, entsprechend der normalen Wurfweite, ohne die parallele Spitze angegeben. Es gelten hierzu folgende Klassen:

Klasse	Gewicht (Mittelwert) in g	Klasse	Gewicht (Mittelwert) in g
1	3,9	7	12
2	5,2	8	13,6
3	6,5	9	15,5
4	7,8	10	18
5	9,1	11	21
6	10,4	12	25

Die Schnurformel enthält das Gewicht der Schnur, die Art der Verjüngung sowie Angaben, ob die Schnur schwimmt oder sinkt.

Es bedeuten:

L	level = parallel	WF	weight forward = Keule
DT	double taper = beidseitig verjüngt	F	floating = schwimmend
ST	single taper = einseitig verjüngt	S	sinking = sinkend

Beim Flugfischen an breiten Flüssen sowie an Seen und Staubecken, die nur vom Ufer aus befischt werden können, sind mitunter sehr weite Würfe notwendig. Hier hat sich die kombinierte oder sog. Kopfschnur bewährt. Sie besteht aus einem verjüngten Schnurteil, dem Kopf, den man von einer doppelt verjüngten Flugschnur abschneidet, und einfädigem Perlon. Der Kopf wird an das Perlon gebunden. An Stauseen sind mit einem 9 m langen Schnurteil der Klasse 7 und Sehne von 0,40 mm Durchmesser gute Resultate erzielt worden.

Da der Fisch die Flugschnur in der Regel nur gegen den Himmel sieht, erübrigt sich eine Tarnfarbe. Außerdem stört auch die dünnste Schnur, wie durch Versuche bewiesen ist, infolge der Oberflächenspannung die Wasseroberfläche so sehr und wirft so große Schatten, daß demgegenüber die Schnurfarbe völlig belanglos ist.

Für den Flugfischer ist es dagegen äußerst wichtig zu wissen, wo seine Schnur liegt oder ins Wasser taucht. Die geeignetsten Farben für Flugschnüre sind nach allgemeiner Erfahrung orangerot, weiß und hellgrün. Vor allem im Schatten und von dunkelgrüner Wasseroberfläche heben sich diese Farben ausgezeichnet ab. Die Schnur wirkt wie ein Wegweiser und hilft, auch die kleinste Fliege im Auge zu behalten.

Der Kunststoffmantel der Flugschnüre ist empfindlich. Deshalb muß man mit Flugschnüren schonend umgehen. Lose Schnurklänge läßt man nicht auf dem Boden schleifen, sondern windet sie auf die Rolle, sobald sie nicht mehr gebraucht werden. Eine Automatikrolle trägt sehr wesentlich zur Schnurschonung bei. Wenn man mit der einfachen Rolle fischt, gewöhne man sich daran, jeden Fisch von der Rolle zu drillen, d. h. die Schnur nicht in Klängen mit der Hand einzuziehen, sondern sauber auf die Rolle zu winden.

Am meisten beansprucht wird die Flugschnur durch die Rutenringe. Es lohnt sich deshalb auch hier, die Beringung von Zeit zu Zeit zu prüfen und schadhafte Ringe auszuwechseln.

Eine Flugschnur lebt am längsten, wenn sie regelmäßig und schonend benutzt wird. Deshalb kehrt man parallele und beidseitig verjüngte Schnüre von Zeit zu Zeit um, so daß sich beide Enden gleichmäßig abnutzen. Während der Schonzeit windet man Flugschnüre nicht zu straff auf einen Schnurwinder oder legt sie in weiten Klängen in eine Pappschachtel mit gutschließendem Deckel und bewahrt sie an einem kühlen und trockenen Ort auf.

Die Vorfächer

Als Vorfach bezeichnet man das Verbindungsstück zwischen Schnur, auch Hauptschnur genannt, und Haken bzw. Hakensystem oder hakenbestücktem Kunstköder.

Wir unterscheiden drei Hauptarten. Monofile Vorfächer: 1. für das Friedfischangeln, 2. für das Flugangeln und 3. Metallvorfächer für das Raubfischangeln.

Das monofile Vorfach

Das monofile Vorfach besteht in der Regel aus einem etwa 40–50 cm langen Stück Kunststoffschnur, an dem ein Einzelhaken angebunden und dessen Ende mit einer Schlaufe versehen ist. Diese Vorfachhaken sind in Zehnerpackungen im Handel erhältlich und sehr beliebt. Erfahrene Angler binden sich jedoch ihre Vorfächer selbst, meist sogar am Wasser, in der Stärke, wie die „Lage“ es gerade erfordert (Art und Größe der Fische, Gewässerbeschaffenheit etc.).

Die Tragkraft des Vorfaches, je nach Hakengröße verschieden, soll immer etwas unter der der Hauptschnur liegen. Durch die geringere Stärke, evtl. mit einer entsprechenden Färbung, nimmt es der Fisch weniger leicht wahr. Bei einer Überbelastung, z. B. einem Hänger, reißt meistens nur das Vorfach, weil es schwächer ist. Die Hauptschnur mit Blei und Wirbel bleibt erhalten, und ein neues Vorfach ist schnell und mühelos montiert.

Ohne Vorfach auf Friedfische zu angeln, d. h. mit direkt an das Ende der Hauptschnur gebundenen Haken, ist für viele Angler verlockend, zumal zwei Knoten wegfallen können. Hier gehen aber die Meinungen auseinander.

Bedenken bestehen auch wegen der Fischgerechtigkeit. Beim Fischen ohne Vorfach kann im Drill ein sehr langes Schnurstück abreißen, mit dem der gehakte Fisch dann hängenbleiben und verludern könnte.

Vorfächer für das Flugangeln

Das Fliegenvorfach erfüllt mehrere Aufgaben. Es schafft den Übergang von der Wurfschnur. Deshalb soll die Stärke des mit einer Schlaufe versehenen Endes etwa 60 % der Wurfschnurstärke betragen. Nach vorne zu verjüngt es sich knotenlos. Die Verjüngung ermöglicht das genaue und zarte Servieren der Kunstfliege, worauf es beim Flugangeln ankommt. Je feiner die Vorfachspitze, desto weniger wird sie vom Fisch wahrgenommen.

Vorfächer, deren Spitzen „abgeangelt“, d. h. verbraucht sind, sollen ausgewechselt werden. Bedeutend sparsamer ist es jedoch, mit einem Blutknoten eine neue, feine Spitze vorzuknoten.

Geknotete verjüngte Fliegenvorfächer haben unbestritten die besseren Wurfeigenschaften. Sie werden mit Blutknoten selbstgeknüpft. Sog. Vorfachspulen sind dafür von 0,08–0,50 mm Durchmesser im Handel. Mit kurzen Spitzen werden geknotete verjüngte Fliegenvorfächer beispielsweise mit Erfolg beim Turniersport zum Fliege-Skish-Werfen benutzt.

Für den praktischen Angelsport brauchen wir längere Vorfachspitzen mit Durchmessern von 0,32–0,25 mm für das Fischen mit dem Streamer, 0,25–0,20 mm für Naßfliege und Nymphe und 0,20–0,15 mm für die Trok-

Knotenlose Vorfächer 7½′ = 2,25 m lang

Bezeichnung	Spitzen ∅	Schlaufen ∅
0 ×	0,32	0,55
1 ×	0,28	0,52
2 ×	0,25	0,49
3 ×	0,22	0,46
4 ×	0,20	0,45
5 ×	0,17	0,44
6 ×	0,15	0,43

Selbstbinden geknoteter, verjüngter Vorfächer 2,00 m

	Stärke	Länge	Stärke	Länge	Stärke	Länge
	0,45	0,70 m	0,45	0,60 m	0,45	0,55 m
	0,40	0,50 m	0,40	0,45 m	0,40	0,45 m
	0,35	0,15 m	0,35	0,15 m	0,35	0,15 m
	0,30	0,15 m	0,30	0,15 m	0,30	0,15 m
			0,25	0,15 m	0,25	0,15 m
					0,20	0,15 m
Spitze	0,25	0,50 m	0,20	0,50 m	0,17	0,40 m

kenfliege. Hier sei gleich vermerkt, daß nicht nur Salmoniden guten Sport für den Fliegenfischer bieten. Auch Döbel (Aitel), Alande, Rapfen, Rotfedern, Rotaugen u. a. können dem Flugangler die schönsten Erlebnisse am Wasser bescheren. Das Buch Bates, „Flugangeln auf Friedfische“, Verlag Paul Parey, handelt dieses Thema eingehend ab.

Längere geknotete Vorfächer. Die beiden stärksten Stücke werden zu gleichen Teilen, jedoch nur bis zu insgesamt 80 cm, verlängert, oder das stärkste Teil wird bis zu 80 cm verlängert. Es werden verwendet: lange Vorfächer bei ruhigem Wasser, kurze bei bewegtem, geringe Spitzenstärken bei klarem und seichtem und stärkere bei bewegter Wasseroberfläche und Trübung.

Metallvorfächer

Beim Angeln auf zahnbewehrte Raubfische im Süßwasser, vornehmlich auf Hecht, Wels, Huchen, Raubaal und im Meer auf Hai, Rochen, Conger usw. werden Stahlvorfächer verwendet, um das Durchscheuern oder Durchbeißen der Schnur durch den Fisch zu verhindern. Bei Längen von 15–300 cm und einer Tragkraft von 3 bis ca. 60 kg haben sie entweder an beiden Seiten Schlaufen oder sind an einem Ende mit einem Wirbel und am anderen mit einem Karabinerhaken bestückt. Stahlvorfächer gibt es auch fertig montiert an einen Einzelhaken oder Drilling bzw. einer Hakenflucht oder einem System. Haivorfächer 2,5–3 m lang sind zweckmäßigerweise mit einem separaten, kürzer gehaltenen Hakenteil versehen.

Man überprüfe vor jedem Angeln die Lötstellen. Sie sind schwache Punkte, an denen am ehesten Brüche entstehen. Auch beim Spinnfischen auf den Hecht ist ein Metallvorfach unbedingt ratsam.

Für den sehr vorfachscheuen Zander eignen sich feinste gedrehte, meist grüngefärbte Stahlvorfächer. Man könnte auf Zander auch mit Monofilvorfach angeln. Für den Fall, daß ein Hecht beißt, empfiehlt sich aber das feine Stahlvorfach.

Einfädige Stahlvorfächer, sog. Klaviersaiten aus V2A-Stahl, eignen sich besonders zum Werfen von Wobblern und Blinkern mit zwei Drillingen. Ihre Steifheit wirkt einem Überschlagen des Köders und Verhängen des Hakens in der Schnur während des Wurfs entgegen. Gedrehte Stahlvorfächer sind meist mit Kunststoff überzogen, sehr knickfest und geschmeidig. Als „Schnur“ werden sie zum Tiefschleppen auf Seeforellen benutzt.

Geflochtene Stahlvorfächer sind ebenfalls geschmeidig, werden aber nach Beanspruchung leicht kringelig. In der Färbung sind sie matt und dadurch weniger auffällig.

Wolfram- und gedrehte V2A-Seide ist wegen der Anthrazitfarbe und Weichheit, die bis zu 12 kg Tragkraft das Selbstknoten von Vorfächern erlaubt, besonders beliebt. Sie ist in 2–5 m langen Enden als Vorfachmaterial im Handel.

Aus Frankreich kommen haarfeine, mit Kupferdraht umwickelte, monofile Vorfächer mit Einzelhaken oder Drilling. Diese Art ist sehr geschmeidig und kräuselt nicht. Ein freigelassenes Stück Schnur dient zur Befestigung an der Hauptschnur.

Die Knoten

Mit Knoten werden beim Angeln zwei Schnüre verbunden. Sie dienen ferner zum Anknüpfen der Schnur an einen festen Gegenstand (Haken, Blinker usw.). Leider verlieren aber – wie bereits gesagt – monofile Schnüre im Knoten an Tragkraft, so daß ihre hohe Festigkeit nicht voll ausgenutzt werden kann. Man unterscheidet deshalb zwischen der Linearfestigkeit (Tragkraft der knotenfreien Schnur) und der Knotenfestigkeit (Tragkraft der gleichen Schnur mit Knoten). Um die Tragkraft der geknoteten Schnur nicht zu sehr herabzusetzen, sind Knoten erforderlich, in denen die Schnur so wenig wie möglich gekrümmt und gepreßt oder verdreht wird.

Das Binden der meisten Knoten beginnt mit einer Bucht (Abb. 11) oder Schleife (Abb. 12).

Das überstehende Ende schneide man nicht zu kurz ab. Es empfiehlt sich, beim Angeln auf schwere Fische das freistehende Ende an eine Flamme oder die Zigarettenglut zu halten. Der Perlonfaden schmilzt zu einem kleinen Kopf zusammen, der das Aufgehen des Knotens verhindert.

Stopperknoten. Auf der Schnur verschiebbare Stopperknoten für das Angeln mit dem Gleitfloß aus dünnem Garnfaden sind auch für Kapselrollen verwendbar. Man kann sie vorgefertigt kaufen. Auf einem Röhrchen sitzen 5 Stopperknoten. Nach dem Durchführen der Schnur wird der Knoten vom Röhrchen auf die Schnur geschoben, an beiden Enden zugezogen, und die überstehenden Enden werden abgeschnitten. Zwischen Stopper und Floß wird eine Perle auf die Schnur gefädelt, die das Durchrutschen des Stopperknotens durch die Posenöse verhindert.

Abb. 11. Schnur-Bucht

Abb. 12. Schnur-Schleife

Abb. 13. Anfertigen einer Schlaufe (Vorfachschlaufe oder Öse)

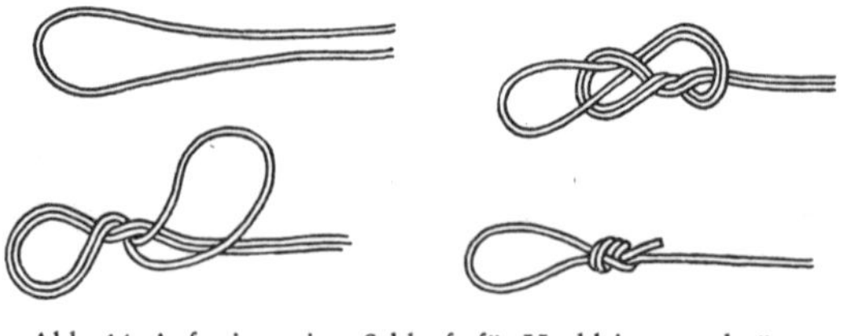

Abb. 14. Anfertigen einer Schlaufe für Hochleistungsschnüre

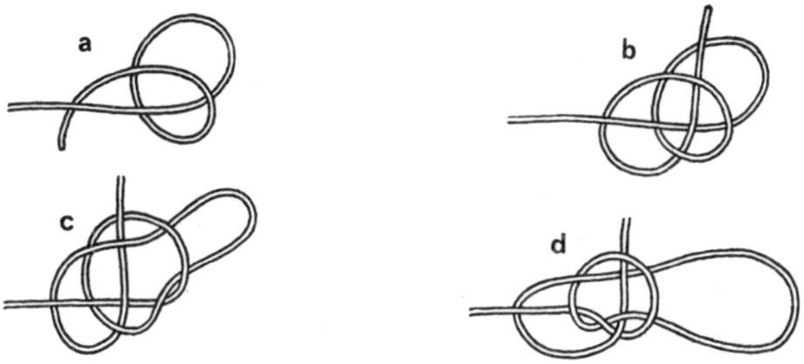

Abb. 15. Dieser Schlaufenknoten läuft genau in der Verlängerung der Schnur und winkelt sich nicht seitlich ab

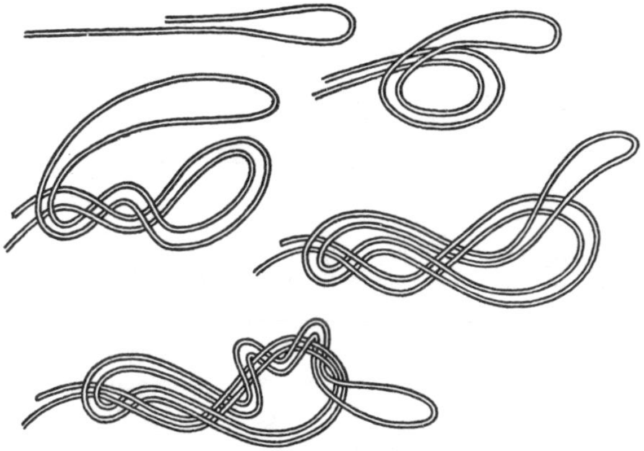

Abb. 16. Sehr fester Schlaufenknoten, der vor allem zum Angeln auf große Fische mit schweren Gewichten angewandt wird, besonders beim Meeresangeln

Abb. 17. Verbindung zweier Schlaufenknoten

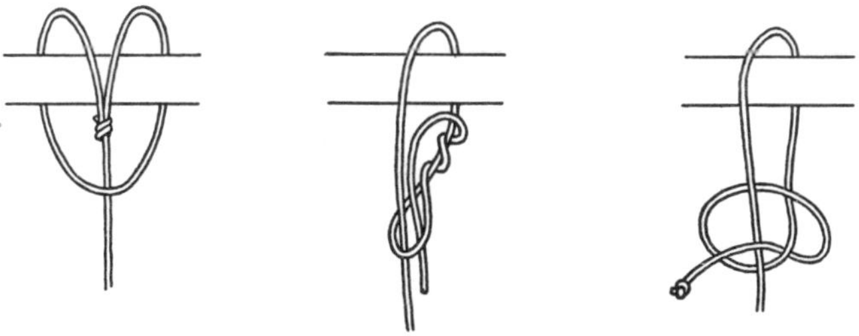

Abb. 18 (links). Schlinge, mit der die Schnur auf der Spule von Stationärrollen befestigt wird. – Abb. 19 (Mitte). Befestigung der Schnur auf Multirollen. – Abb. 20 (rechts). Befestigung der Schnur auf Flugrollen

Verbindung zweier Schnurenden

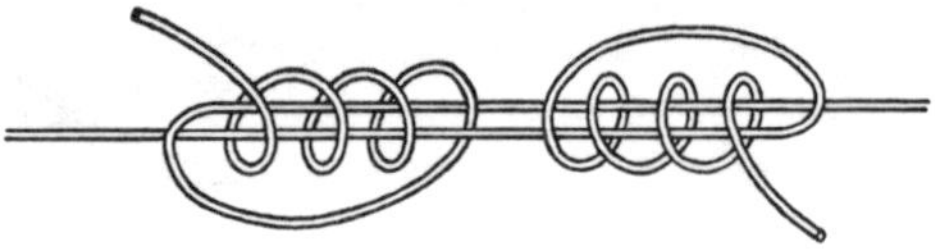

Abb. 21. Doppelter Fischerknoten

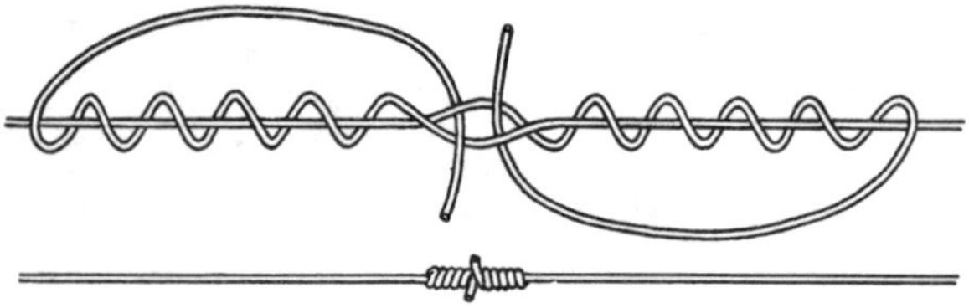

Abb. 22. Faß- oder Blutknoten, die wohl beste Verbindung für monofile Schnüre. Die Differenz der Schnurstärken sollte nicht über 0,05 mm liegen

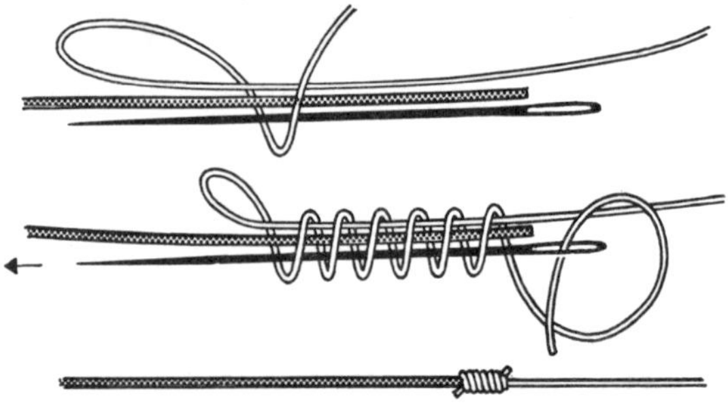

Abb. 23. Verbindung der Flugschnur und der Füllschnur (monofile Schnur) bzw. der Flugschnur mit einem Schlaufenkopf aus monofiler Schnur, in den das Vorfach eingeschlauft wird, mit dem sog. verborgenen Knoten unter Zuhilfenahme einer Nähnadel

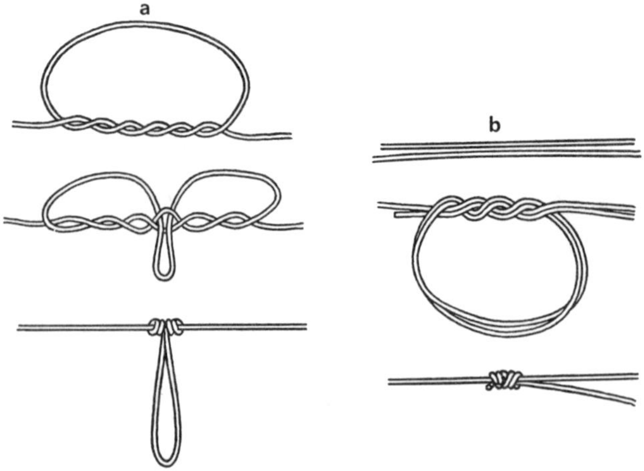

Abb. 24. Das Anbringen von Springern. a. durch Winden einer Springerschlaufe, b. durch Einbinden ins Vorfach

Knoten zur Verbindung mit Metallösen an Blinkern, Wirbeln und Kunstfliegen

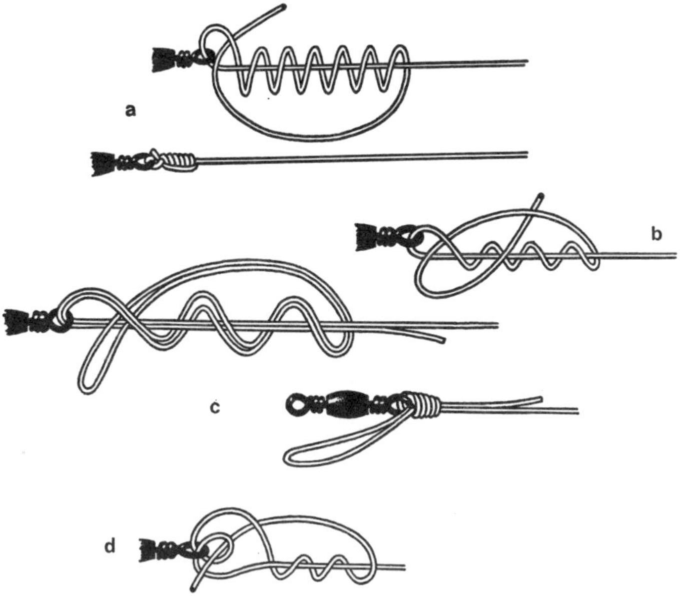

Abb. 25. Normaler Klammerknoten. a. drei- bis fünfmal gewunden, b. das Schnurende nochmals durchgeführt, c. die Schnur doppelt genommen, d. zweimal durch die Wirbelöse gezogen ergibt höchste Tragkraft

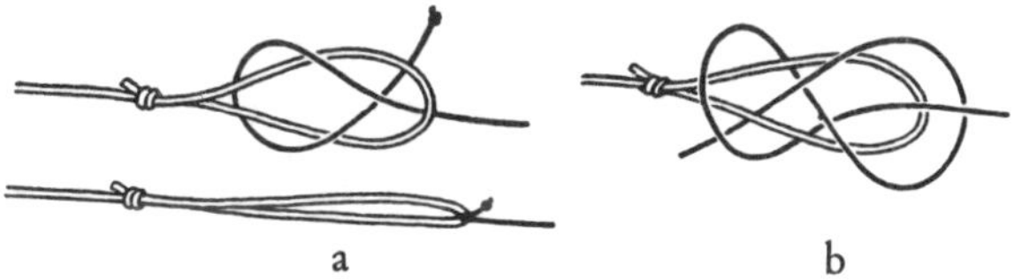

Abb. 26. Verbindung der Flugschnur mit dem Vorfach. a. Verbindung durch den Plaggenstich, sehr sicher und leicht zu lösen, b. weitergeführt, ohne Stich, liegt das Schnurende völlig an und stört nicht

Das Anbinden von Haken

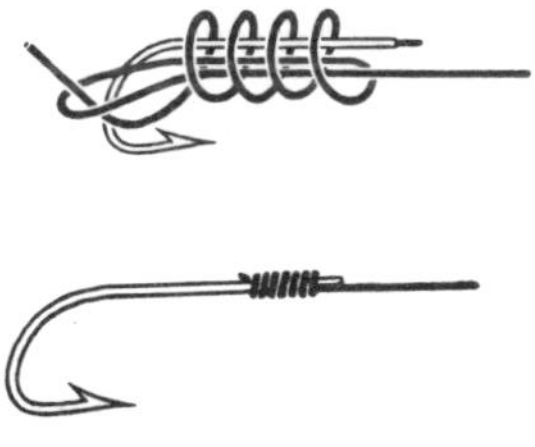

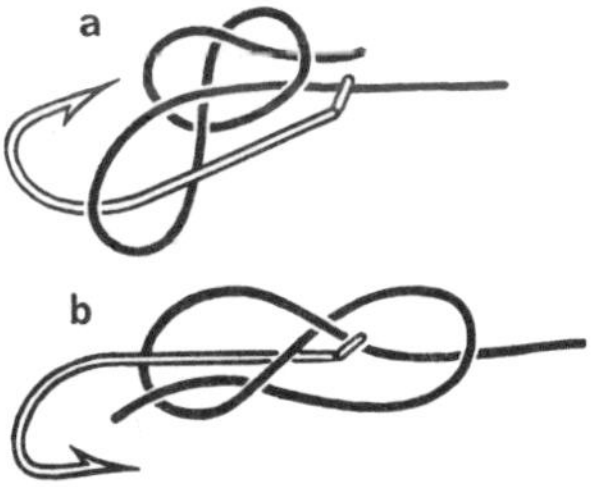

Abb. 27 (links). Knoten für Plattenhaken. Der Knoten muß nach der Bindung vor dem Hakenplättchen liegen. – Abb. 28 (rechts). Turleknoten für Haken mit nach innen stehendem Öhr (a) und Achterknoten für Haken mit nach außen stehendem Öhr (b)

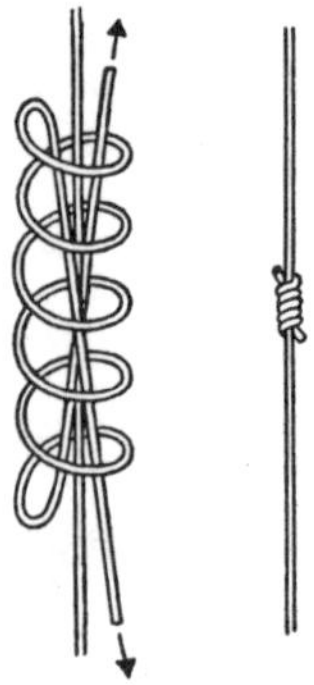

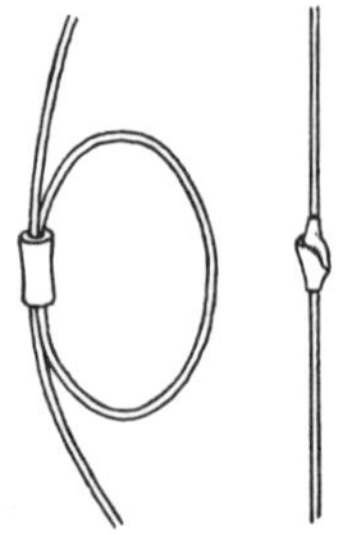

Abb. 29 (links). Stopperknoten. Nach fünf Windungen Schnurenden der Stopperschnur gegenläufig durch den Schnurtunnel führen. – Abb. 30 (rechts). Fahrradventilgummistopper. Schnur zweimal durchgeführt, dann auseinanderziehen. Dies ist der bekannteste und am leichtesten herzustellende Stopper, der aber nicht für Kapselrollen geeignet ist

Die Angelhaken

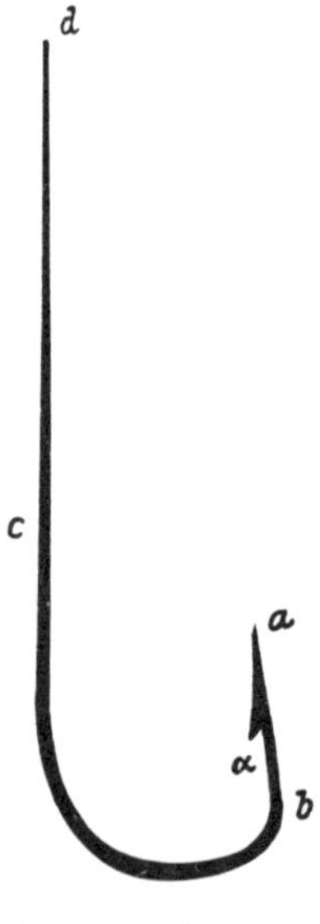

Abb. 31. Angelhaken. ab. Spitze, α Widerhaken, bc. Bogen, cd. Schenkel, d. Kopf

Man nennt am Angelhaken *ab* die Spitze, *a* den Bart oder Widerhaken, *bc* den Bogen, *cd* den Schenkel, *d* den Kopf (Abb. 31). Die Haken sollen aus bestem Stahl geschmiedet und so gehärtet sein, daß sie nicht brechen und sich nur schwer aufbiegen lassen. Da von dieser Beschaffenheit des Hakens die Güte hauptsächlich abhängt, kann man einige Haken absichtlich zerbrechen oder verbiegen, um sich ein Urteil zu bilden. Bitte Vorsicht dabei!

Ebenso wichtig wie die richtige Härtung des Hakenstahls ist die Schärfe der Spitze, denn sie macht die Fängigkeit eines Hakens vor allem aus. Das Eindringen der Hakenspitze in das Fischmaul ist weiterhin abhängig von der Größe des Widerhakens und von der Dicke des Drahtes, aus dem die Spitze besteht. Da die Kraft, die zum Eintreiben der Hakenspitze notwendig ist, mit dem Quadrat des Durchmessers der Hakenspitze wächst, nehme man den Haken nicht zu dickdrähtig und sorge vor allem durch Nachschärfen mit einer kleinen Feile oder einem Ölstein für immer nadelscharfe Spitzen.

Zur Kennzeichnung der Hakengrößen dient die handelsübliche Größenskala von 1–16 für Normalgrößen, wobei der Zahlenwert im umgekehrten Verhältnis zur Hakengröße steht.

Eine Ausnahme bilden die Übergrößen von 1/o–10/o. 10/o ist zehn

Nummern größer als 1. Die Minigrößen von 17–24 sind wie die Normalgrößen gekennzeichnet.

Etwa 30 000 verschiedene Angelhaken werden in aller Welt zum Fischfang benutzt. Hier interessieren jedoch nur die Arten und Formen, die wir zum Fang unserer heimischen Fischarten benötigen.

Abb. 32. Haken Nr. 5/0 und 20 in natürlicher Größe. Dies sind etwa die beiden extremsten Hakengrößen, die in Deutschland verwendet werden

In der Regel werden verwendet: kurze Schenkel für Brotkruste, Schwimmbrot, Teig, Käse, Knödel, Kartoffel und ähnliche Köder. Lange Schenkel für Würmer, Insekten (Käfer) und Maden. Empfindliche Köder werden durch dünndrähtige Haken weniger beschädigt. Maden laufen nicht aus, vorausgesetzt der Haken ist scharf.

Helle Haken, meist vermessingt oder vergoldet, für helle Köder und dunkle, brünierte für Wurm, Leber oder andere dunkle Köder.

Ausnahme ist das Meeresangeln, wo teilweise schon mit V2A-Einzelhaken und auch Drillingen gefischt wird.

Doppelhaken und Drillinge finden hauptsächlich beim Raubfischangeln mit Köderfischen sowie beim Spinn- und Tunkangeln Verwendung. Doppelhaken und Drillinge mit offener Ringöse können leicht ins Vorfach eingehängt werden.

Drillinge mit geschlossenem Ringschenkel können mit Hilfe von kleinen Wirbeln und Springringen an Stahlvorfächern, Blinkern und Systemen befestigt werden.

Es gibt Eck-, Rundbogen- und Limerickdrillinge.

Als besondere Hakenform darf der Einzelhaken mit Krautschutz (Abb. 36) nicht unerwähnt bleiben. Außerdem gibt es sogenannte Wettkampfhaken der Limerickform, die widerhakenlos (bartlos) sind und sich leicht, ohne den Fisch zu verletzen, aus dessen Maul entfernen lassen. Auch für die Flugangelei sind deshalb widerhakenlose

Abb. 33. Die bewährtesten Hakensorten und -formen. a. und d. Italianform, kurzschenkelig, meist gehämmert, mit seitwärts gebogener Spitze. Ein kräftiger, dickdrähtiger Haken. b. Limerickform, lang, und c. kurzschenkelig, mit weitem Bogen, gehämmert oder dünner Runddraht mit gerader oder gebogener Spitze. Wohl die vielseitigste Hakenform. d. und e. Italian- und Limerickform mit Platte oder Öhr und Widerhaken am Schenkel, die den Wurm festhalten, ein spezieller Aalhaken. f. und g. Makrelenhaken, f. Rundstahl, vergoldet mit innenstehendem Öhr, g. mit flachem Öhr, goldfarben, gehämmert, mit leicht nach innen gebogener Spitze. h. Einfacher, verzinkter Aal- und Butthaken mit verschieden stehendem Öhr

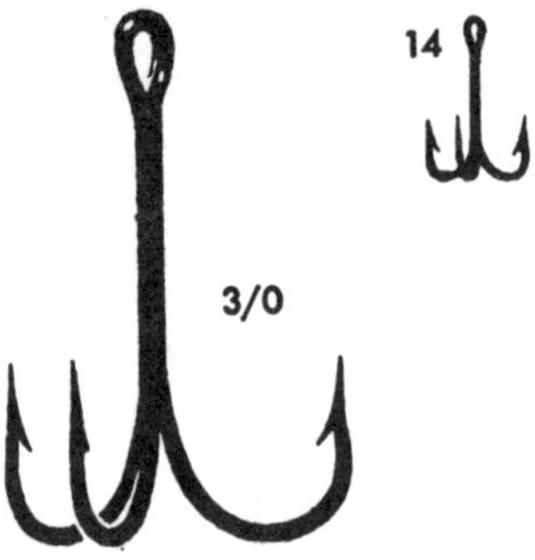

Abb. 34. Drillinge, natürliche Größe. Die Extremgrößen, wie sie in Deutschland verwendet werden

Kunstfliegen im Handel. Die Größe des zu verwendenden Hakens richtet sich nach der Größe der zu fangenden Fische und auch nach der Art des Köders. Als Regel gelte: nicht zu große Haken! Man kann beim Plötzen- oder Brachsenfischen manchmal erleben, daß der Übergang von der größeren zur kleineren Hakennummer plötzlich Anbisse hervorzaubert. Nicht vergessen darf man allerdings, daß der größere Haken den Fisch besser hält als der kleinere. In schwierigem Gelände, wo Gefahr besteht, den gehakten Fisch im Kraut oder versunkenen Gestrüpp zu verlieren, vor allem aber beim Angeln auf schwere Fische, wäh-

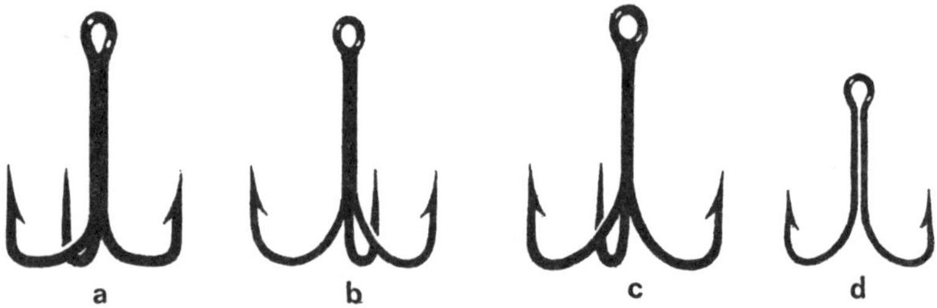

Abb. 35. Verschiedene Drillingsformen. a. Eck- oder Sneckdrilling in starker, vernickelter Ausführung, besonders für Huchen, Hecht, Wels und Dorsch geeignet. b. Rundbogendrilling. Bei dieser Form stehen die Spitzen am fängigsten. Feindrähtige Ausführungen lassen sich bei Hängern aufbiegen. In kleineren Größen, etwa 8–12, besonders zum Forellenspinnangeln verwendet. Erfahrene Angler drücken die Widerhaken an und verletzen untermaßige Fische dadurch weniger. c. Der üblichste und vielseitigste Limerickdrilling. d. Doppelhaken mit offener Ringöse

Abb. 36

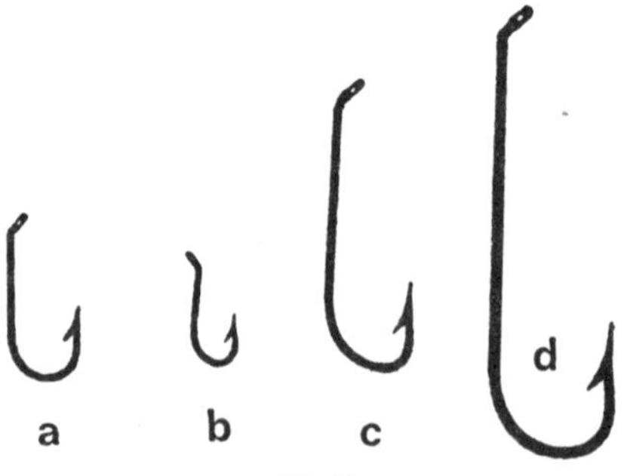

Abb. 37

Abb. 36. Einzelhaken mit Krautschutz. – Abb. 37. Fliegenhaken-Grundformen. a. Mustad 19470 für Trocken- und Naßfliege, b. Mustad 1965 für Trockenfliege, c. Mustad 19651 LS für Maifliege und d. Mustad 1970 für Streamerfliege le man den Haken größer. Beim Spinnfischen bevorzuge man Blinker und Systeme mit wenigen, aber starken Drillingen. Das gilt vor allem für das Angeln auf Huchen, Lachs, Wels und Dorsch. Der Einzelhaken mit Krautschutz eignet sich vorzüglich zum Angeln auf Barsch, Zander und Hecht, beispielsweise mit Fetzenködern in sehr verkrauteten Gewässern.

Hakengrößen für verschiedene Fischarten

Aal	1 –5	Hasel	10 –16[1]
Aland	6 –10[1]	Hecht	5/0 – 2
Äsche	12[1]–20[1]	Huchen, Lachs	5/0 – 4[1]
Barbe	1/0 –10	Karpfen	1 – 8
Barsch	4 – 8	Meerforelle	1 – 6
Blei	8 –12	Plötze	8 –16
Döbel	4 –10[1]	Rapfen	3 –10
Flunder	2, Butt 6	Schleie	6 –10
Forelle	8[1]–16[1]	Seeforelle	2/0[1]– 3[1]
Gründling	18 –24	Makrele	1 – 4
Güster	8 –12	Dorsch	5/0 – 1/0

Mit [1] gekennzeichnet gelten die Größen für die Kunstfliege

Floße und Bißanzeiger

Floße, Posen oder Schwimmer dienen dazu, dem Fisch den Köder in der gewünschten Wassertiefe so verlockend und natürlich wie möglich zu servieren und dem Angler Anbisse anzuzeigen. Das Floß ist vor allem dann zweckmäßig, wenn der Köder über eine längere Strecke in einem Fluß fortschwimmend angeboten werden soll, besonders dort, wo der Grund mit Hindernissen und Wasserpflanzen bedeckt oder schlammig ist. Da ein zu großes Floß beim Einwurf die Fische beunruhigt und vertreibt und beim Anbiß dem Fisch auch erheblichen Widerstand entgegensetzt und zum Ausspucken des Köders führen kann, sollte es so klein wie möglich sein. Eine Faustregel lautet: Je stärker die Strömung, je tiefer das Wasser, je windiger das Wetter, um so größer, d. h. tragfähiger, sei das Floß. In klaren stehenden Gewässern mit festem, sauberem Grund kann dagegen u. U. ganz auf das Floß verzichtet werden, vor allem beim Karpfenangeln. Man fischt dort mit dem Bodenblei oder ohne jede Beschwerung.

Zur Befestigung der Floße zieht man die Schnur durch einen Ring aus Gummi oder Kunststoff am Oberteil, der das Floß an der Schnur festhält, sowie durch die Schnuröse am unteren Ende.

Der Schwimmer bzw. das Floß soll in der Regel senkrecht im Wasser stehen und nur mit der Spitze über die Wasseroberfläche ragen. Dies erreicht man durch Bleibeschwerung. Je tiefer das Floß eintaucht, desto besser zeigt es auch sehr vorsichtige Bisse an. Ausnahmen gibt es beim Brassen-, Karpfen-

und Schleienangeln, wo das Floß oft durch Aufliegen des Bleies oder des Köders allein – beispielsweise beim Angeln mit großem Kartoffelwürfel oder einer Teigkugel ohne jede Bleibeschwerung – auf dem Grund schräg steht. Manchmal wird auch mit Schwimmer in Verbindung mit einem leichten Laufblei gefischt.

Es gibt auch Balanceschwimmer in verschiedenen Formen (Abb. 38), die in mehr oder weniger schräger Lage austariert werden. Der Biß zeigt sich nach dem Hebelprinzip durch Wippen des Schwimmers an, auch wenn er noch so zaghaft ist.

Beweglich auf die Schnur montiert sind Gleitfloße, Laufschwimmer, -posen (Abb. 39–44), die am besten dann verwendet werden, wenn die zu befischende Wassertiefe größer ist als die Länge der Angelrute. Die Tiefe, in

Abb. 38

Abb. 39

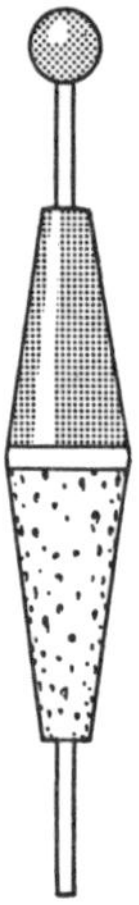

Abb. 40

Abb. 41

Abb. 38. Balance-Floß mit fester Bleibeschwerung – Abb. 39. Balsa-Hechtfloß mit Innenführung ohne Antenne für verkrautetes Wasser – Abb. 40. Kork-Hechtfloß mit Antenne und Pilot für bewegtes Wasser, weit sichtbar – Abb. 41. Zanderfloß mit Außenführung, Antenne und Pilot

der geangelt werden soll, stellt man durch einen auf der Schnur angebrachten verschiebbaren Stopper (Abb. 29 u. 30) ein. Vor dem Wurf sitzt das Floß auf der Bleibeschwerung oder einem davor befestigten Wirbel auf. Nach dem Auswerfen zieht das Blei die Schnur durch die Schnurführung des Floßes, bis der Stopper auf das Floß stößt und es stoppt. Ist die Schnurführung bzw. Öse des Gleitfloßes relativ groß, empfiehlt es sich, eine Glasperle zwischen Floß und Stopper auf die Schnur zu fädeln (Abb. 43). Die Perle verhindert mit Sicherheit das Durchlaufen eines kleinen Stoppers durch die Öse bzw. Schnurführung des Gleitfloßes. Schnurstopper werden bereits mit solchen Glasperlen zusammen im Fachhandel angeboten. Mit dem Gleitfloß gelingen mühelos weite und gezielte Würfe, während sauberes Werfen mit einem festen Floß, das rutenlang oder weiter vom Blei entfernt sitzt, schwierig oder unmöglich ist.

Wenn die Durchbohrung oder die Schnurführringe des Gleitfloßes für den Stopper nicht eng genug sind, wird zwischen Stopper und Floß eine Glasperle auf die Schnur gefädelt, die den Stopperknoten abfängt.

Patentlauffloße, die den Schnurlauf ohne Stopper bei Grundberührung des Bleies stoppen, sind bei wechselhaften Wassertiefen, z. B. in Baggerkuhlen,

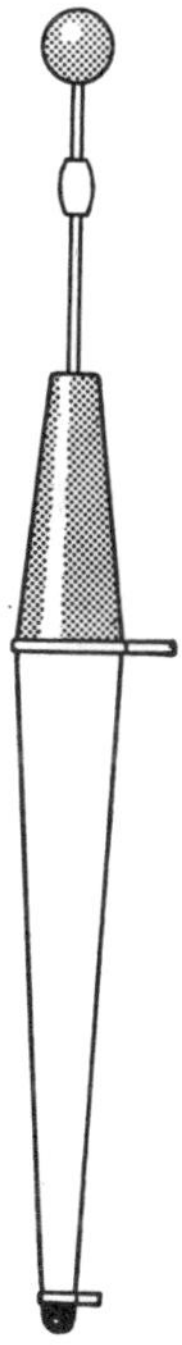

Abb. 42

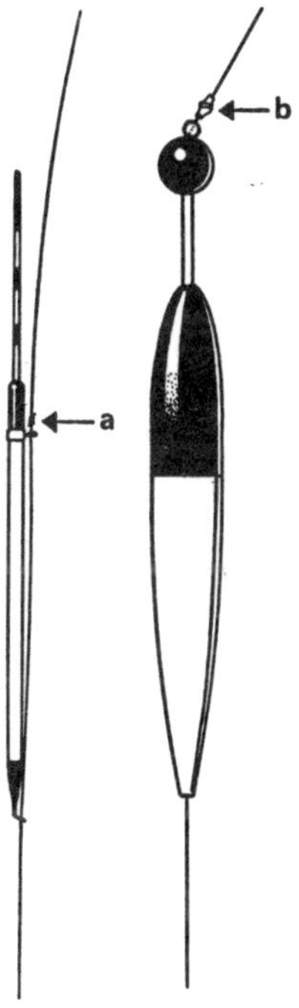

Abb. 43

Abb. 44

Abb. 42. Kunststoff-Makrelenfloß mit ausziehbarer Antenne, Doppelpilot, Schnur-Außenführung. Das Floß läßt sich öffnen und mit Blei füllen – Abb. 43. Gleitposen (Laufschwimmer). a. mit Knotenstopper, b. mit Ventilgummistopper und Stopperperle – Abb. 44. So läßt sich aus jeder Pose eine Laufpose machen. Außerdem kann der Schwimmer in Sekunden ausgewechselt werden

vorteilhaft. Sie eignen sich besonders für Karpfen, Brassen, Schleie und Zander. Übrigens lassen sich, wenn die Schnur nur durch die untere Öse geführt wird, fast alle Floße auch als Gleitfloß verwenden (s. Abb 44).

Gute Sichtbarkeit der Floße trägt wesentlich zum Erfolg bei. Je nach den Lichtverhältnissen sind rote, weiße, gelbe, mitunter auch schwarze Oberteile bzw. Antennen am besten sichtbar.

Kugeln auf der Antennenspitze, sog. Pilotkugeln (Abb. 45), sind als Blickfang recht nützlich. Durch Aufstecken einer entsprechend gefärbten Pilotkugel kann das Floß den gegebenen Lichtverhältnissen angepaßt werden.

Bei den neuen Tagesleuchtposen überzieht die Floßoberteile gelbe, orange oder rote Signalfarbe, die auf ultraviolettes (Tages-)Licht anspricht und maximale Sichtbarkeit bietet. Gelb sieht man am besten bei trübem, Orange bei normalem und Rot bei hellem Licht (Sonne).

Zum Nachtangeln verwendet man Leuchtfloße. Sie haben einen phosphorhaltigen Überzug, oder in Kunststofffloße werden gleich phosphorhaltige Stoffe eingearbeitet. Phosphor speichert Licht, das in der Nacht 30–45 Min. lang abgegeben wird. Eine Schnellspeicherung durch Bestrahlung mit der Taschenlampe läßt sich nachts in wenigen Augenblicken durchführen.

Elektroschwimmer mit Batterie und Glühbirne sind dagegen Dauerleuchten. Der Entwicklungsstand der Elektroschwimmer zeigt eine Palette verschiedener Größen, die, von äußerst schlank bis zur mittleren Tragfähigkeit mit dauerhaften Leuchtdioden und Lithiumenergiequellen bestückt, eine Leistungsabgabe von mindestens 25 Stunden garantieren.

In klaren seichten Gewässern sind Kunststofffloße mit durchsichtigen wasserklaren Unterteilen am unauffälligsten. Hierzu zählen auch die Wurfschwimmer, die teilweise ausgebleit sind (Buldos, Abb. 46), oder sich mit Wasser füllen lassen (Multiflott und Wasserkugel, Abb. 47). Die Wasserkugel, die auf dem Wasser wie eine Luftblase aussieht, ermöglicht Fliegenfi-

Abb. 45

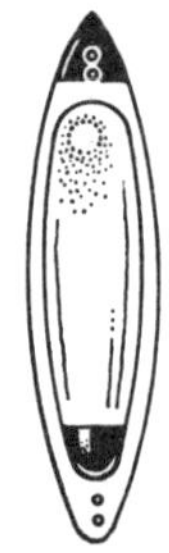

Abb. 46

Abb. 47

Abb. 45. Pilotkugel – Abb. 46. Buldo oder Buloval-Pose mit Bleibeschwerung – Abb. 47. Wasserkugel

schen mit der Spinnrute. Sie eignet sich auch hervorragend zum Angeln auf mißtrauische Karpfen und Döbel (Aitel). Die größte Ausführung des bebleiten Buldo (40 g) hat sich beim Brandungsangeln auf Hornfisch und Makrele besonders gut bewährt. Neu sind konische, transparente Ausführungen mit zentraler Schnurführung (Laufpose), die aufgedreht (ohne Demontage) die Schnurfixierung bewirkt (feststehende Pose); außerdem ist dieser Typ auch mit Wasser füllbar.

Ein holländischer Typ für Friedfischangeln mit grünlich-durchsichtigem Unterteil, als Teleskopfloß (Abb. 48) in der Länge und Tragkraft verstellbar,

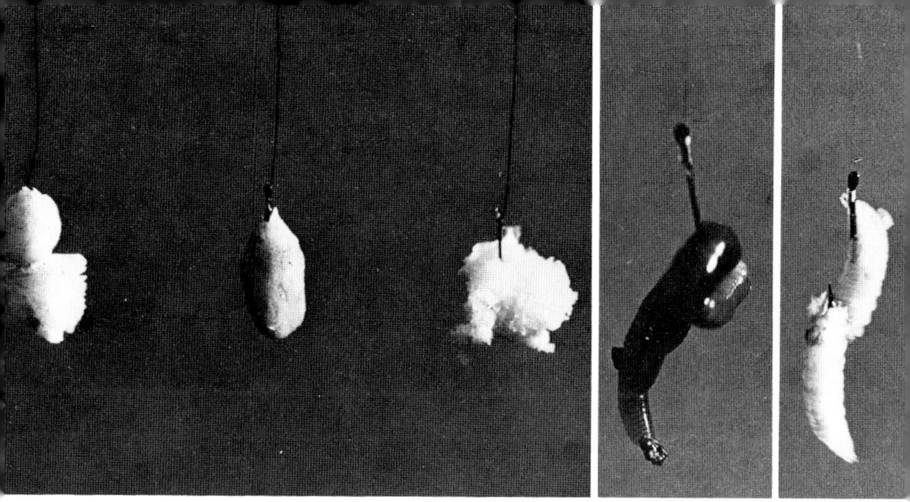

Bewährte Rotaugenköder: Gepreßte Brotflocke mit Teigbeschwerung; Teig in Zapfenform; Brotflocke; Wurm; Maden. (Phot. D. Schicker)

Schöner Rotaugen-(Plötzen-)fang. (Phot. D. Schicker)

Der kleine Brassen biß auf ein Madenbündel. Nach schonender Hakenlösung kommt er zurück ins Wasser. (Phot. W. Witters)

zählt ebenfalls zu den unauffälligen Floßen. Es eignet sich besonders zum Schleienangeln an bewachsenen Gewässerrändern.

Nebenfloße bzw. -schwimmer (Abb. 49) dienen, zusätzlich auf die Schnur gezogen, dazu, entweder den Köder vom Grund anzuheben oder beim Angeln mit lebendem Köderfisch die Schnur an der Oberfläche zu halten und beim Abziehen eines beißenden Raubfisches den Stand der Schnur anzuzeigen.

Floße kann man leicht aus Kork oder Balsaholz selbst herstellen.

Am einfachsten ist aber das Basteln der schlanken, doch tragfähigen Federkielfloße aus Schwungfedern von Möwen, Gänsen oder aus Pfauenfe-

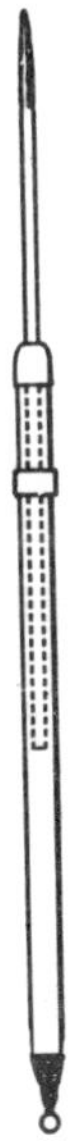

Abb. 48

Abb. 49

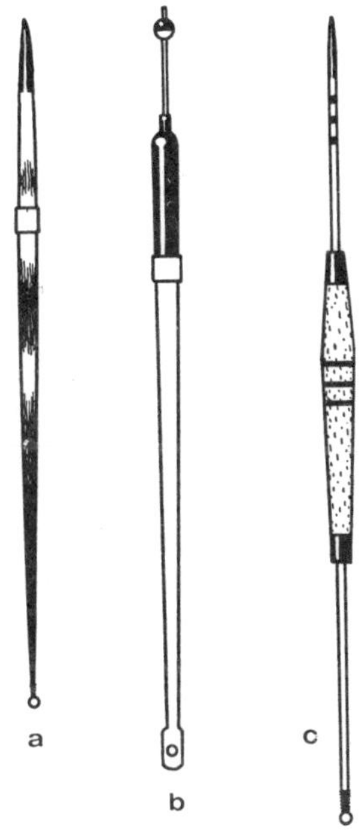

Abb. 50

Abb. 48. Teleskop-Floß aus Kunststoff – Abb. 49. Kork-Nebenschwimmer – Abb. 50. Einige erprobte Friedfischposen. a. Stachelschweinfloß, b. Kunststoff-Floß mit Pilot-Antenne, c. Stromfloß aus Kork mit Durchsteck-Antenne, das besonders gute Tragkraft aufweist

dern. Die Fibern werden vorsichtig entfernt und der Kiel am dünneren Ende abgeschnitten. An das dünne Ende windet man eine Öse aus Draht oder Angelschnur, bemalt das dickere Kielende mit Nagellack, schneidet sich von einem Gummischlauch einen Ring, und das Floß ist fertig.

Beim Grundangeln ohne Floß wird häufig die Rute auf eine Astgabel oder in Rutenhalter gelegt, und man erkennt den Anbiß an Bewegungen der Rutenspitze oder der Schnur. Für vorsichtig beißende Fische, wie Brachsen, große Rotaugen oder Karpfen, läßt man den Bügel der Rolle offen. Bei windigem Wetter muß die zwischen Rolle und erstem Rutenring durchhängende Schnur leicht beschwert werden. Dazu eignet sich eine Wäscheklammer oder ein spezieller Bißanzeiger, der zwischen dem 1. und 2. Schnurlaufring in die Schnur gehängt wird. Wenn die Beschwerung hochsteigt, wird angehauen. Nachts klemmt man Silberpapier auf die Schnur. Für gieriger beißende Fische (Aal) wird ein Glöckchen an die Rutenspitze geklemmt (Abb. 51).

Akustische Bißanzeiger kombiniert mit Leuchtanzeige reagieren auf Schnurzug. Durch den Zug schließt sich ein Kontakt, und sie leuchten und summen. Nicht an der Rute montierte Modelle, die ungehinderten Anschlag und Drill ermöglichen, sind gegenüber anderen vorzuziehen.

Das Blei dient dazu, den Köder an der Schnur in bestimmte Wassertiefen abzusenken oder ihn auf dem Gewässerboden festzulegen; natürlich auch

Abb. 51

Abb. 52

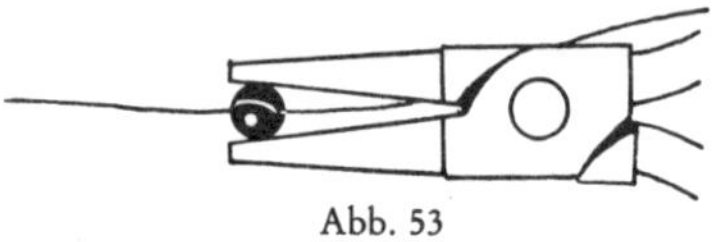

Abb. 53

Abb. 51. Aalglocke – Abb. 52. Bleischrot – Abb. 53. Bleischrot wird auf die Schnur geklemmt

dazu, ihn über größere Weiten auszuwerfen. Die vielfältigsten Bleiformen und -gewichte, auf die verschiedenen Angelarten und Gewässertypen abgestimmt, sind im Handel.

Für das Angeln mit dem Floß eignen sich Bleischrote (Abb. 52) von 2,5–8 mm Durchmesser. Die gespaltenen Bleikügelchen werden mit einer Mehrzweckanglerschere oder Zange so vorsichtig an das in den Spalt eingelegte Vorfach oder an die Schnur geklemmt, daß diese nicht gequetscht wird (Abb. 53). Am Wasser werden die Bleischrote von Anglern oft mit den Zähnen auf die Schnur geklemmt. Den Zähnen zuliebe sollte man dies nicht tun.

Weichblei-Spaltoliven (Abb. 54) sowie geschlitzte Stabbleie können wegen ihrer Weichheit mit den Fingern an die Schnur gedrückt (Abb. 55) und auch wieder abgenommen werden. Wettangler bevorzugen sie wegen der schlanken, im Wasser wenig Widerstand bietenden Form.

Wickelblei (Abb. 56) und Bleidraht werden um das Vorfach gewickelt. Bleidraht verwendet man besonders dann, wenn man mit dunklen kugelförmigen Ködern (Hanf, Erbsen) fischt, weil bei Schroten die Fische häufig auf

Abb. 54

Abb. 55

Abb. 56

Abb. 57

Abb. 54. Weichblei-Spaltolive – Abb. 55. Die Weichblei-Olive kann mit den Fingern zusammengedrückt werden – Abb. 56. Wickelblei – Abb. 57. Gelochte Bleikugel das Blei beißen würden. Zum Anwinden des Bleidrahtes legt man eine Nadel an die Schnur, windet den Draht um Schnur und Nadel und zieht die Nadel heraus. Damit die Bleispirale nicht zum Haken gleitet, klemmt man ihr Ende mit der Zange ans Vorfach.

Größere Schwimmer, z. B. große Korkschwimmer für das Angeln mit lebendem Köderfisch, können je nach Größe mit gelochten Kugeln (Abb. 57) von 0,8–38,5 g, kurzen Oliven von 4–100 g oder langen Oliven (Abb. 58) von 1–55 g beschwert werden. Die Bleibeschwerung hält gleichzeitig auch den Köderfisch auf Tiefe.

Sehr praktisch sind die französischen Mehrzweckoliven (Abb. 59) von 0,2–50 g, die auf einfachste Weise von außen an die Schnur gebracht und nach

Abb. 58

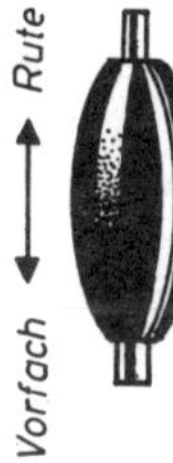

Abb. 59

Abb. 60

Abb. 58. Olivenblei als Schwimmerbeschwerung montiert. Die Ventilgummistopper verhindern die Deformierung bzw. das Verrutschen des Bleies – Abb. 59. Französische Mehrzweck-Olive – Abb. 60. Trapezlot

Belieben feststehend oder als Laufblei verwendet werden können. Sie eignen sich auch zum Schleppen und werden ca. 2 m vor dem Schleppköder (Fisch, Blinker) an der Schnur befestigt.

Grundsucher oder Lote dienen zur schnellen Ermittlung der Wassertiefe, zur genauen Tiefeneinstellung des Floßes und zur Tiefenkontrolle bei fallendem oder steigendem Wasser. Zum Loten wird der Haken durch die Öse des Trapezlotes (Abb. 60) hindurchgeführt und mit der Spitze in die an der Unterseite eingelassene Korkplatte gehakt. Das Klapplot (Abb. 61) in drei Größen nimmt kleine bis mittlere Haken mitsamt dem Köder in seinem Inneren auf.

Grund- oder Laufbleie sind gelochte Bleie. Sie werden auf die Hauptschnur gefädelt. Ein Wirbel am Ende der Hauptschnur hindert sie daran, bis auf den Haken zu gleiten. Beim Anbiß zieht der Fisch die Schnur durch das festliegende Blei ab. Dadurch überträgt sich der Biß auf die Rute oder einen Bißanzeiger.

Für Form und Gewicht des Bleies ist die Gewässerart und die Grundbeschaffenheit entscheidend. In stehenden Gewässern mit festem Grund reichen Bleie in Gewichten von 10–20 g in Kugel- oder Olivenform aus. Für weite Würfe und auch als Endblei für die Paternosterangel hat sich in stehenden Gewässern das Birnenblei (Abb. 62) von 6–100 g besonders bewährt. Es verhindert Schnurverhedderungen und setzt, da die Schnur durch eine Öse läuft, den Reibungswiderstand, den durchlochte Bleie dem anbeißenden Fisch entgegensetzen, auf ein Minimum herab.

Deshalb ist bei mäßiger Strömung für die sog. laufende Grundangel (Abb. 63) ein Birnenblei, welches ganz langsam von der Strömung weiterbewegt wird, besonders erfolgbringend (s. auch Stone, „So fängt man mit dem

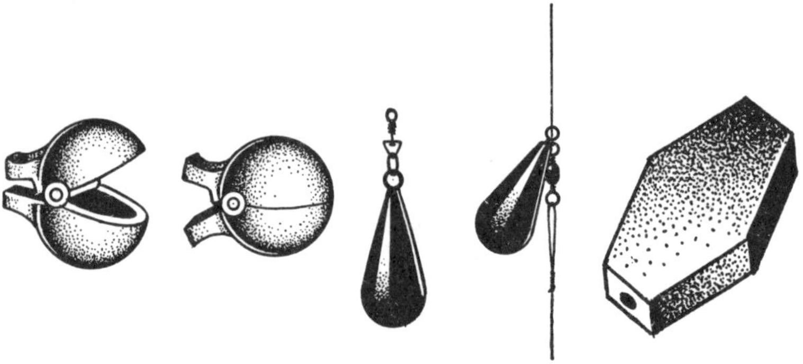

Abb. 61 Abb. 62 Abb. 63 Abb. 64

Abb. 61. Klapplot – Abb. 62. Birnenblei – Abb. 63. Laufende Grundangeln mit Birnenblei – Abb. 64. Sechseckiges Grundblei

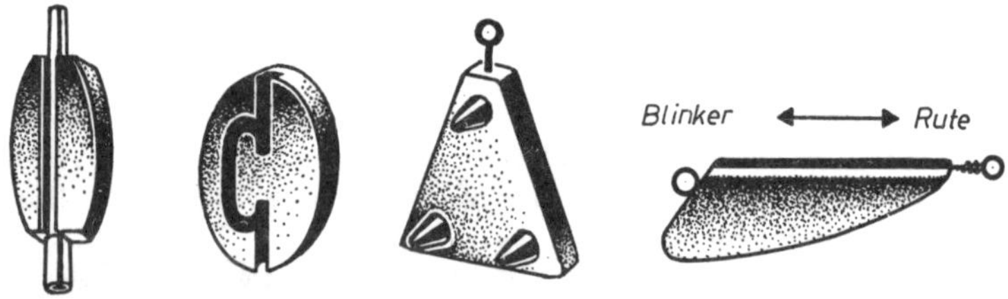

Abb. 65 Abb. 66 Abb. 67 Abb. 68

Abb. 65. Französisches Patent-Grundblei – Abb. 66. Ovales Grundblei mit geschwungenem Schnureinführungsschlitz – Abb. 67. Stachelblei – Abb. 68. Spinnblei für schnellfließendes Gewässer

Bodenblei", Paul Parey). Ebenso ist es bei der Küstenfischerei auf Plattfische, bei ruhigem Wasser, als Paternosterblei am Schnurende montiert, oft vorteilhafter als das festliegende Flachblei. Bei Brandung ist jedoch das Stachelblei (Abb. 67) zu empfehlen, es liegt eher fest. Ankerbleie, in gleicher Form sind mit verstellbaren Spinnenbeinen aus biegbarem Draht ausgerüstet, die sich in sandigen Grund eingraben und festliegen. Außerdem verhindern sie weitgehend, daß sich das Blei zwischen Steinen festklemmt. Ankerbleie werden hauptsächlich bei starker Brandung zur Küstenangelei verwendet.

Beim Angeln auf z. B. Aal und Waller kommt es sehr darauf an, den Köder an bestimmten Stellen am Grund festzuhalten. Dazu sind bei starker Strömung Gewichte bis zu 200 g mit entsprechender Auflagefläche, die gute Bodenhaftung gewährleistet, nötig. Die bekannteste Form ist das sechseckige Grundblei von 10–200 g (Abb. 64). Französische Patentgrundbleie (Abb. 65) von 10–80 g lassen sich wie die Mehrzweckoliven von außen auf die Schnur bringen. Eine weitere Ausführung ist ein ovales Grundblei von 10–99 g mit einem geschwungenen Schnureinführschlitz, der gleichzeitig als Sicherung des Schnurführkanals dient (Abb. 66).

Für das Spinnangeln gibt es Bleie, deren Gewicht exzentrisch verlagert ist. Sie verhindern die Übertragung der Drehungen des Spinners auf die Schnur, die dadurch verdrallt wird.

Das Spinnblei auf Abb. 68 dient dazu, leichte Spinner in sehr schnellfließenden Gewässern auf Tiefe zu bekommen. 50–60 cm vor dem Spinner montiert, wird es zum Meerforellen- und Lachspinnen mit Erfolg angewendet.

Exzenterbleie werden direkt vor den Spinner geschaltet (Abb. 69). Sie werden hauptsächlich für das Spinnen auf Barsche (Bleikopfspinner) verwendet.

Bleikappen in verschiedenen Größen dienen in erster Linie zum Spinnfischen auf Forellen und Huchen mit toten Fischen, die dicht über den Grund

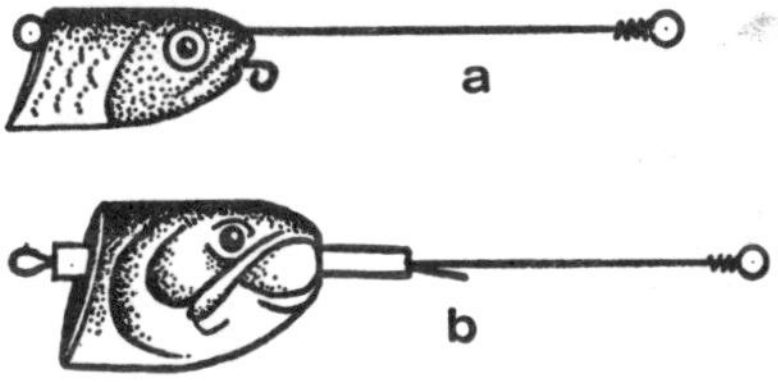

Abb. 69. Bleiköpfe. a. fest, b. auswechselbar

Abb. 70. Schleppblei mit Stabilisierungsflosse

geführt werden sollen, sowie als Beschwerung für den Neunaugenzopf. Schleppbleie mit Stabilisierungsflosse (Abb. 70) von 50–400 g halten den Köder, meist einen Kunstköder, bei sehr mäßiger Fahrt des Bootes auf Tiefe, ohne die Schnur zu verdrallen oder zu verheddern. Einfache Schleppbleie von 500–1000 g dienen lediglich dazu, den Köder bei treibendem Boot auf Tiefe zu halten (Haiangeln).

Wirbel (Abb. 71) sollen das Verdrehen der Schnur verhindern. Sie sind daher beim Spinnfischen unerläßlich, aber auch beim Angeln mit dem Bodenblei und beim Fang von Raubfischen mit lebendem Köderfisch notwendig. Mit Karabinern oder Schlaufen bestückt gestatten sie auch bei Dunkelheit müheloses und rasches Ein- und Aushängen von Spinnködern oder Vorfächern.

Wirbel und Springringe

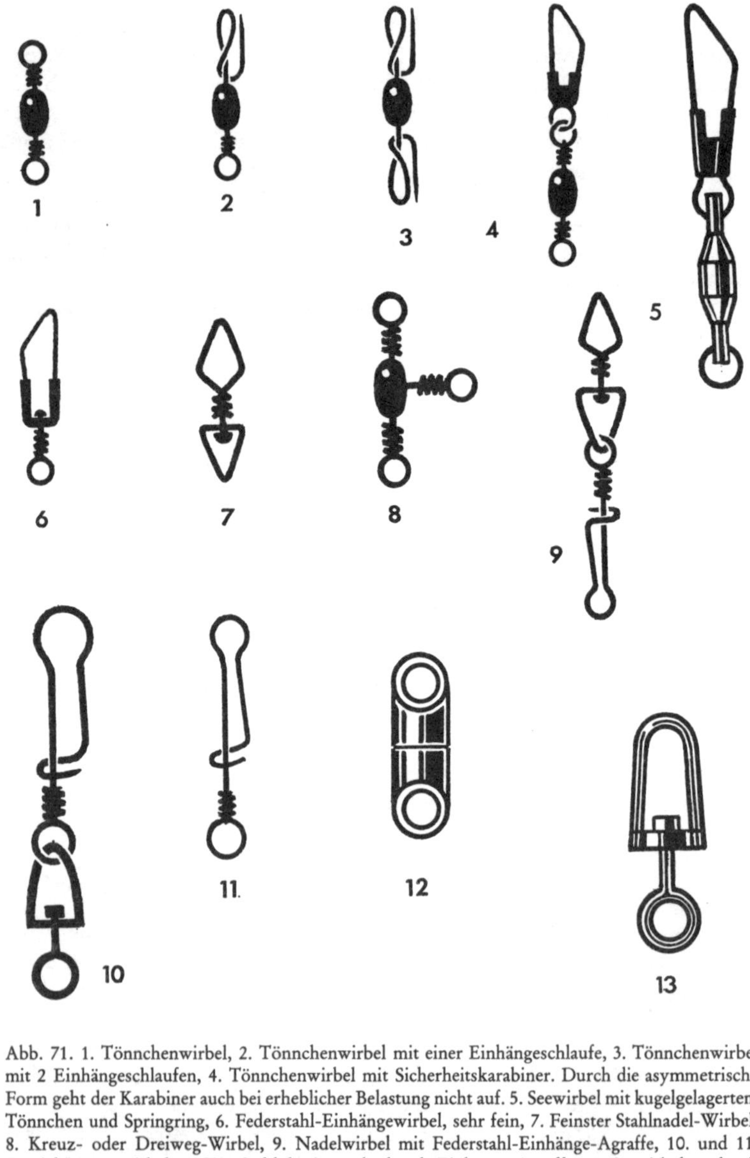

Abb. 71. 1. Tönnchenwirbel, 2. Tönnchenwirbel mit einer Einhängeschlaufe, 3. Tönnchenwirbel mit 2 Einhängeschlaufen, 4. Tönnchenwirbel mit Sicherheitskarabiner. Durch die asymmetrische Form geht der Karabiner auch bei erheblicher Belastung nicht auf. 5. Seewirbel mit kugelgelagertem Tönnchen und Springring, 6. Federstahl-Einhängewirbel, sehr fein, 7. Feinster Stahlnadel-Wirbel, 8. Kreuz- oder Dreiweg-Wirbel, 9. Nadelwirbel mit Federstahl-Einhänge-Agraffe, 10. und 11. Spezial-Meereswirbel aus V2a-Stahl, breite und schmale Einhänge-Agraffe, 12. Seewirbel, auch mit starker Edelstahleindrehspirale, 13. Hochseewirbel mit bis zu 200 kg Tragkraft

Wirbel müssen in der Größe zum Köder bzw. zur übrigen Montage passen, höchste Tragkraft besitzen und sich sehr leicht drehen.

An Spinnern, Blinkern und Spinnfluchten werden die Drillinge mit Springringen (Abb. 72) befestigt. Die Haken sind so beweglich und lassen sich leicht auswechseln. Für manche Bastelei nach eigenem Rezept und als Ersatzteil sind Springringe unerläßlich.

Beim Meeresangeln haben sich starkdrähtige V2A-Ausführungen bewährt. Ovale Ausführungen werden verzinkt oder kadmiert hergestellt.

Abb. 72. Springring

Verschiedene Zubehörteile und Ausrüstungsgegenstände

Zur sicheren Landung eines gehakten größeren Fisches ist ein Kescher, auch Unterfang- oder Landenetz genannt, notwendig. Vorteilhaft sind die zum ungehinderten Tragen zusammenklappbaren Kescher mit ausziehbarem Stiel (Teleskopkescher) (Abb. 73). Diese Kescher, die nicht zu klein im Durchmesser und auch nicht zu kurz im Stiel gewählt werden sollten, bestehen meist aus einem unverrottbaren Perlonnetz. Sie können mit einer Klemmfeder am Gürtel, Rucksack o. ä. getragen werden, um stets sofort griffbereit zu sein und unterfangfertig ausgeschlagen werden zu können. Nach dem Unterfangen des Fisches wird der Kescher schräg nach oben aufs Ufer gezogen, er

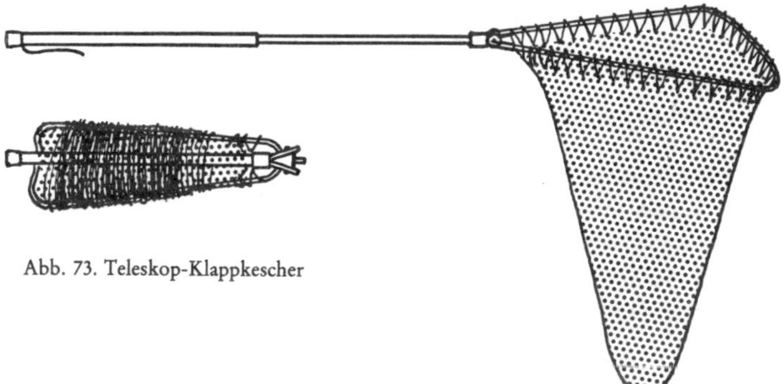

Abb. 73. Teleskop-Klappkescher

sollte nicht wie eine Schaufel angehoben werden. Beim Begehen von verwachsenen Ufern verfangen sich tief hängende Kescher oft im Gebüsch. Man trägt den Kescher deshalb sehr vorteilhaft an einem Metallring, der in der Höhe der Brusttasche an die Anglerjacke genäht ist. Sehr zweckmäßig ist auch der Kescherköcher (Abb. 74). Zu tief darf er aber nicht sein, der Kescherstiel sollte griffbereit herausragen. Für das Watfischen gibt es kurzgriffige Keschermodelle mit schwimmendem Rahmen und einer Gummischnur zum Umhängen.

Zum Landen sehr großer Fische, hauptsächlich beim Meeresangeln vom Boot aus, ist der Landehaken (Gaff) (Abb. 75) dem Kescher vorzuziehen, vorausgesetzt man hat die Nerven, dieses Gerät waidgerecht zu führen. Die Spitze wird mit einem scharfen Ruck entweder hinter den Kiemendeckeln oder von außen in der Mitte des Unterkiefers angesetzt.

Das Teleskopgaff hat einen Spitzenschutz, ist zusammengeschoben etwa 40 cm, ausgezogen etwa 95 cm lang. Es hat eine Haltevorrichtung. Modelle, die mit dem Haken nach oben getragen werden, sind am unfallsichersten.

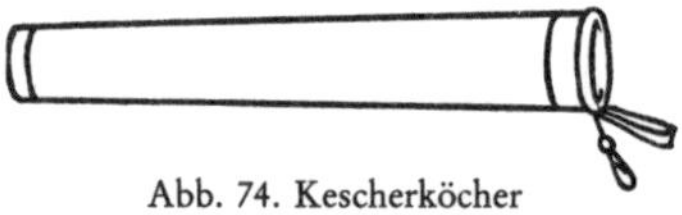

Abb. 74. Kescherköcher

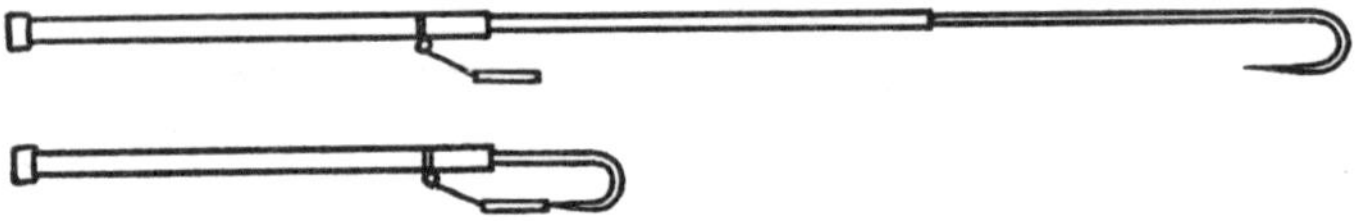

Abb. 75. Teleskop-Gaff

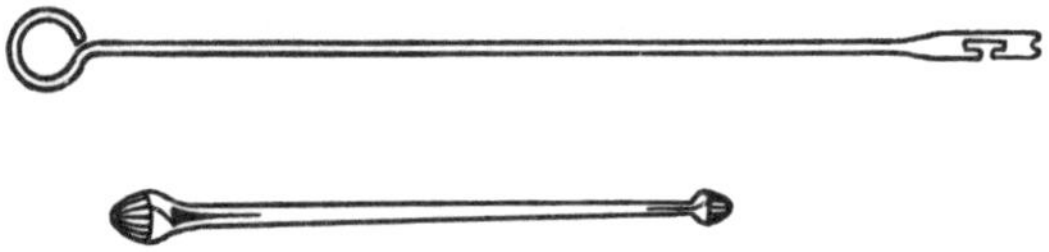

Abb. 76. Hakenlöser. a. einfaches Modell zum Friedfischangeln, b. mit 2 Köpfen für große und kleine Haken

Zur waidgerechten Versorgung des erbeuteten Fisches braucht der Angler einen Hakenlöser, einen Rachensperrer für Raubfische, bei Mindestmaßen ein Maßband, einen Fischtöter und ein Messer (Abb. 76–80).

Zum Lösen von Fliegen und Spinnern aus dem Fischmaul eignet sich vorzüglich eine sog. Mehrzweckschere, welche Hakenlöser, Schere, Bleischrotzange, Hakenfeile und Schraubenzieher in sich vereinigt (Abb. 81).

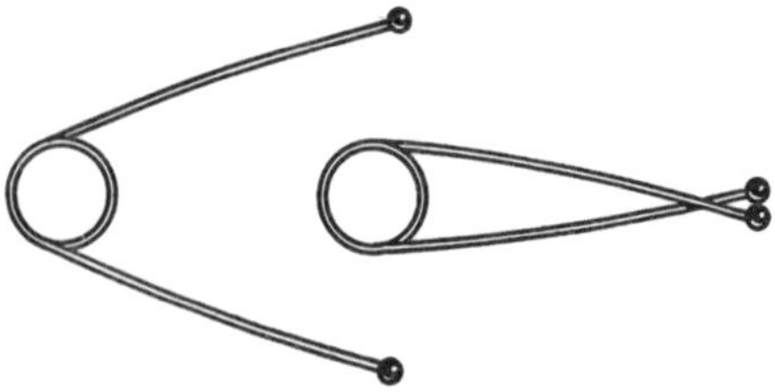

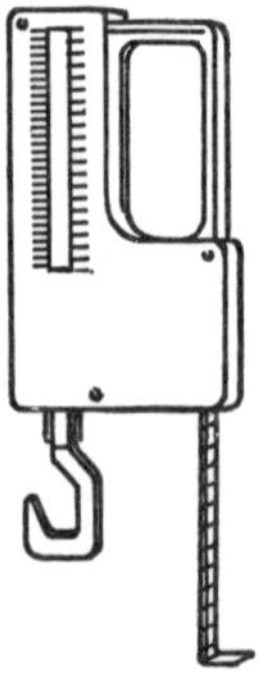

Abb. 77 (oben). Rachensperrer mit Kugelenden. Der Fisch wird dadurch nicht im Maul verletzt.

Abb. 78 (rechts). Waage mit Maßband kombiniert

Für die schwere Angelei, z. B. Meeresangeln, ist aber eine Zange (Abb. 82) geeigneter, vor allem mit Seitenschneider, der zum Abkneifen von Haken manchmal recht nützlich ist.

Der Rachensperrer dient dazu, das Maul bezahnter Raubfische aufzusperren, um ruhig und ohne Verletzungsgefahr die Haken auslösen zu können. Sperren, die mit spitzen Zacken versehen sind und das Innere des Fischrachens zusätzlich verletzen, werden nicht empfohlen. Es gibt Sperrer mit schonenden Kugelenden (Abb. 77). An Fische, die zurückgesetzt werden, ist hierbei besonders zu denken.

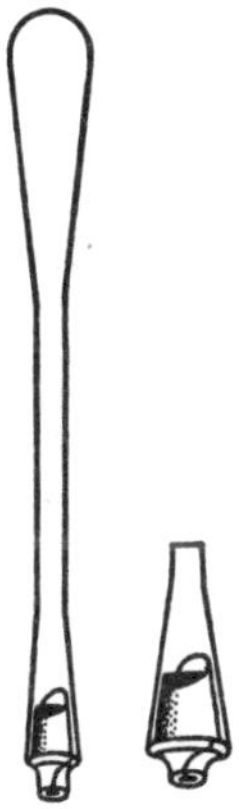

Abb. 79

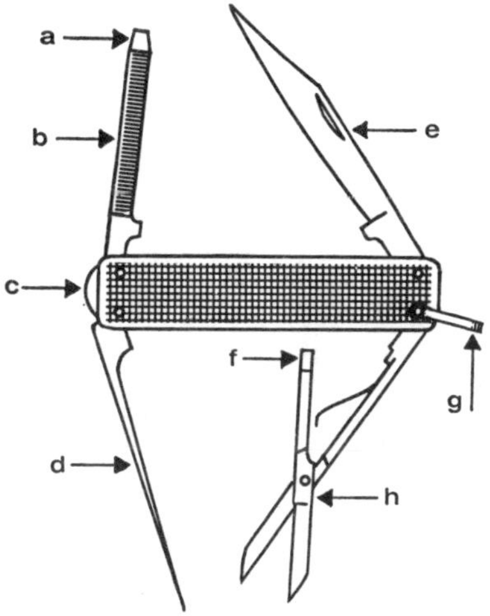

Abb. 80

Abb. 79. Fischtöter mit Hakenlöser. Wechselkopf für größere Haken und Drillinge – Abb. 80. Mehrzweckmesser. a, c, f. Großer, mittlerer und kleiner Schraubenzieher, wichtig für Spinnfischer; b. Feile zum Schärfen der Angelhakenspitzen; d. spitze Nadel zum Säubern der Hakenösen, Pfeifenreiniger; e. geschwungene, spitze Sportfischerklinge; g. Tragring; h. Schere zum Kürzen der Knüpfstellen am Vorfach, zum Fliegenbinden

Der doppelseitige Kunststoffhakenlöser (Abb. 76) wird an der Schnur ins Fischmaul bis in den Hakenbogen geführt. Dann wird der Haken nach hinten bzw. innen losgestoßen, wobei sich Spitze und Hakenkrümmung in eine der Rillen des Lösekopfes legen und sich beim Herausziehen des Lösers nicht erneut festhaken können.

Zum Aufbewahren und zum Transport lebender Köderfische ist ein Köderfischkessel (Abb. 83) nötig. Die ovale Form macht das Tragen bequem. Ein herausnehmbarer siebartiger Einsatz erleichtert einmal das Entnehmen eines Fischchens, zum anderen bleiben die Fische lange munter, wenn der Einsatz ins Gewässer gehängt wird. Die heutigen Kunststoffausführungen bieten viele Vorteile, sind aber leichter als Wasser. Deshalb muß der Einsatz, soll er ganz untergehen, mit einem Stein beschwert werden. Für längere

Transporte von Köderfischen hat sich eine batteriebetriebene Sauerstoffpumpe (Abb. 84) bewährt. Sonderausführungen erlauben den Autobetrieb über den Zigarettenanzünder als Steckdose. (Auch als Kombigerät Batterie und Autobetrieb erhältlich.) Gefangene Fische, die lebend erhalten werden

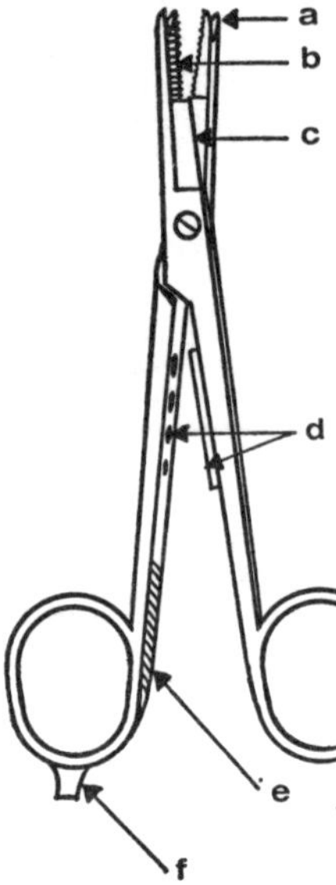

Abb. 81

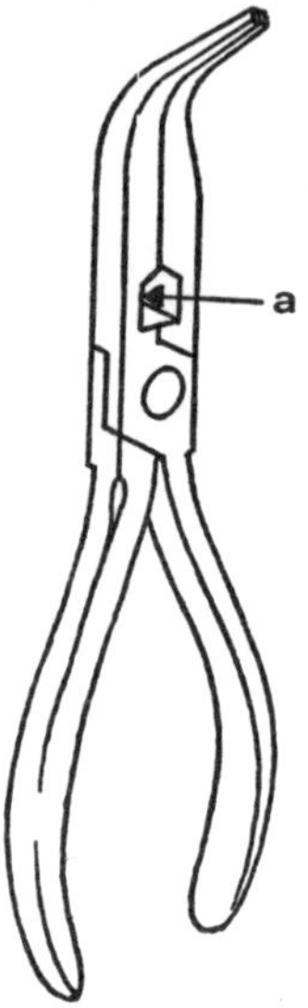

Abb. 82

Abb. 81. Mehrzweckschere. a. Hakenlöser; b. zum Bleischrotanklemmen; c. Schere, d. Messer und Aushöhlungen, um Bleischrot von der Schnur zu lösen; e. Hakenfeile; f. Schraubenzieher – Abb. 82. Anglerzange mit Seitenschneider (a)

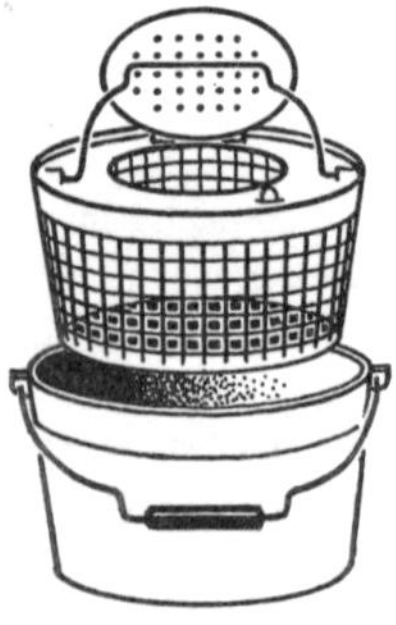

Abb. 83

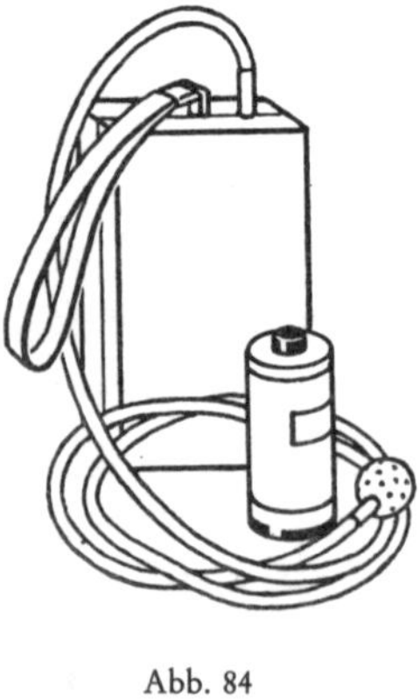

Abb. 84

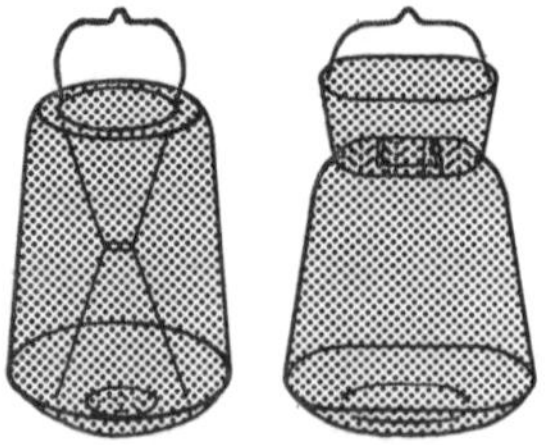

Abb. 85

Abb. 83. Köderfischkessel mit herausnehmbarem Einsatz – Abb. 84. Batteriebetriebene Luftpumpe – Abb. 85. Drahtsetzkescher ohne und mit Hals, der halslose mit Aufsteller sollen, bringt man in einem geräumigen Setzkescher unter. Wenn er groß genug ist, bleiben die Fische tagelang am Leben.

Ovale Drahtsetzkescher (Abb. 85) von 40–50 cm Durchmesser lassen sich zwar gut einpacken, sollten jedoch nur für kleinere Fische und Aale verwendet werden und auch nur für kurze Zeit. Größere Fische in sie hineinzupferchen, bedeutet Tierquälerei. Modelle mit Hals werden bei den Drahtsetzkeschern bevorzugt. Durch den Hals lassen sich die Fische, vor allem der Aal, bequem einsetzen, allerdings nur, wenn der Setzkescher so ausgehängt werden kann, daß der Hals über der Wasseroberfläche bleibt.

Für flaches Wasser am Ufer werden Modelle mit Aufsteller angeboten, der das lästige Zusammenfallen verhindert.

Weit fischschonender und deshalb empfehlenswerter als Setzkescher aus Draht sind großräumigere weiche Perlonsetzkescher (Abb. 86). Dank flexibler Kunststoffringe lassen sie sich klein zusammenlegen. Mit einem Stein beschwert, entfalten sie sich im Wasser ohne aufzuschwimmen. Modelle für Wettfischen sitzen an einer aufschraubbaren Haltestange, die am Ufer befestigt wird. Ein Metallrahmen hält die Kescheröffnung aufnahmebereit, so daß der Kescher nicht nach jedem Fang aus dem Wasser genommen werden muß.

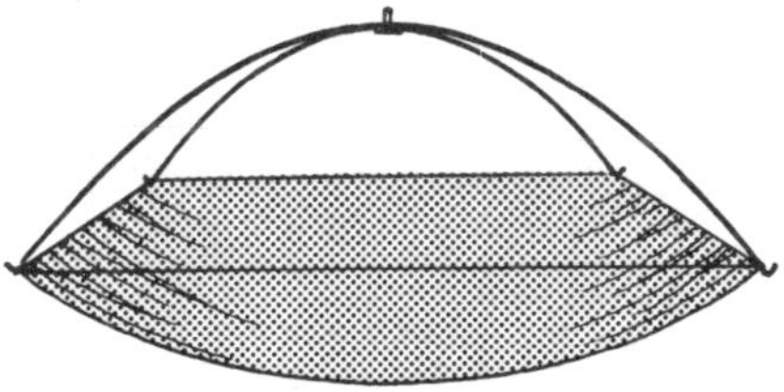

Abb. 87. Senknetz zum Köderfischfang

Abb. 86 (links). Großer Perlon-Setzkescher mit angeschraubter Haltestange

Köderfische zu beschaffen ist schwierig, vor allem Kleinstfische für Aal, Barsch und Zander lassen sich in der Regel nur mit einer Senke fangen (Abb. 87) oder an seichten Ufern bzw. in Bächen mit der Kunststoffreuse oder Köderfischflasche (Abb. 88–89).

Zum Ablegen der Rute beim Angeln dienen Rutenhalter. Man unterscheidet Modelle, die mehr oder weniger steiles (Aalangeln mit Laufblei) (Abb. 90) und andere, die waagerechtes Ablegen ermöglichen (Floßangeln) (Abb. 91). Es gibt ferner Bootsrutenhalter (Abb. 92), die auch für Stege und Geländer geeignet sind.

Für Angler, die die Bequemlichkeit schätzen, werden verschiedene Sitzgelegenheiten angeboten. Der sitzende Angler fällt auch den Fischen weit weniger auf. Angefangen von Kleinsthockern, die in die Anglertasche hinein-

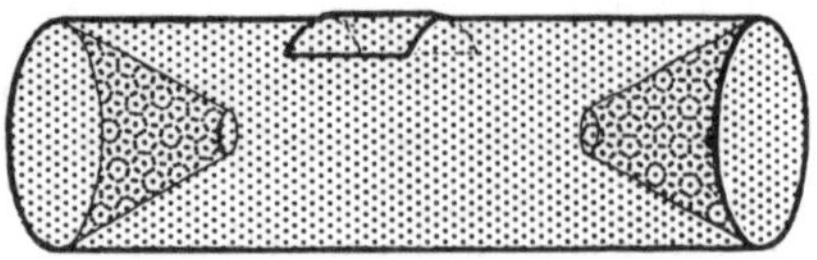

Abb. 89. Kunststoff-Reuse für Köderfische

Abb. 88 (links). Köderfisch-Flasche

Abb. 90
Einfacher Rutenhalter

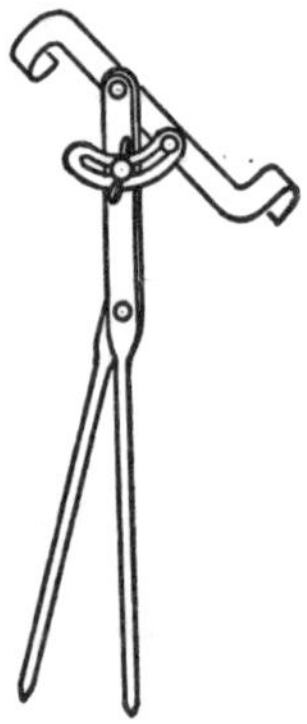

Abb. 91
Verstellbarer Rutenhalter

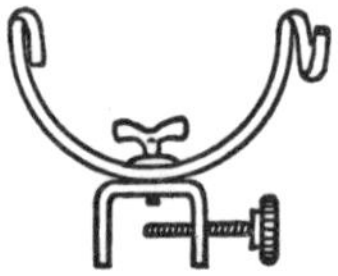

Abb. 92
Boots-Rutenhalter

Abb. 93

Abb. 94

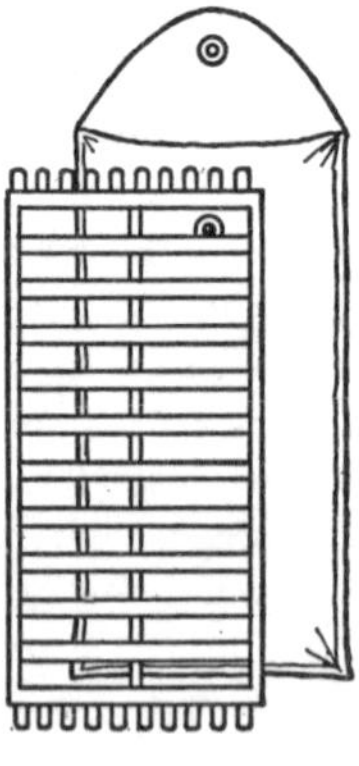

Abb. 95

Abb. 93. Dreibein-Hocker – Abb. 94. Sitzkorb – Abb. 95. Wickelbrett für monofile Vorfächer passen, gibt es Klappstühle mit Rohrrahmen und Lehne sowie sehr standfeste Dreibeinhocker (Abb. 93). Aufblasbare Sitzkissen machen harte Ruderbänke sitzfreundlicher. Sitzkörbe (Abb. 94) lassen sich mit einem Trageriemen umhängen und nehmen gleichzeitig alles Zubehör auf, in eine herausnehmbare Wanne kommen Köder und Anfüttermaterial.

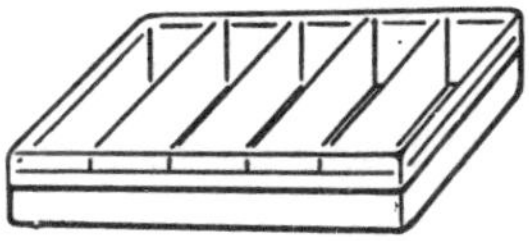

Abb. 96. Spinner- bzw. Blinkerschachtel

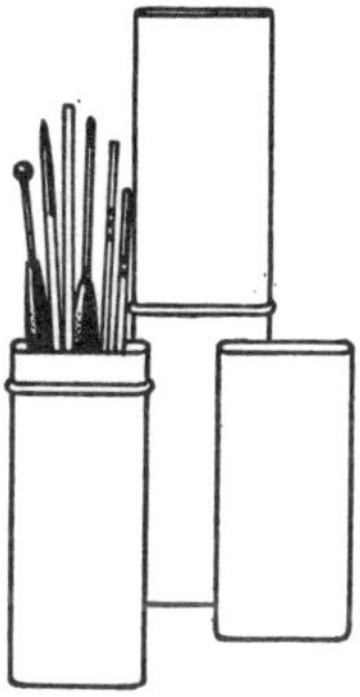

Abb. 97. Schwimmer-Etui

Abb. 98. Rollen-Etui

Zur Unterbringung der vielen Kleinteile gibt es zahllose Schachteln, Dosen, Etuis und sonstige Behälter. Buchähnliche Etuis mit Seiten aus Täschchen sind praktisch für Fliegen- und Stahlvorfächer. Auf Kunststoff-Wickelbretter (Abb. 95) wickelt man monofile Vorfächer mit Haken. Spinnerschachteln (Abb. 96) haben mehrere verschieden große Fächer. Für Kunstfliegen haben sich Kunststoffschachteln mit Klemmleisten oder mit Magnetboden besonders bewährt. Längliche Etuis schützen die zerbrechlichen Schwimmer (Abb. 97), gefütterte Rollenetuis (Abb. 98) die teuren Rollen, Ringschutztransportkappen (Abb. 99) die Ringe der Teleskopruten.

Köderdosen für Naturköder bestehen meist aus Kunststoff, isolieren aber schlecht, so daß es in ihnen den Würmern und Maden im Sommer oft zu heiß wird. In den sogenannten Wurmfarmen mit einer Spezialfüllung (käuflich) fühlen sich die Würmer wohler und bleiben bei richtiger Anwendung monatelang frisch.

Schnurfetter, Ködernadel, Schleifstein (Abb. 100), eine Polarisationsbrille, die störende Sonnenreflexe auf dem Wasser absorbiert und das Ausmachen von Fischen erleichtert, beschließen den Reigen der wichtigsten Ausrüstungsgegenstände.

Alle genannten Gegenstände können ihren Zweck natürlich nur dann erfüllen, wenn man sie am Wasser auch bei sich hat, und zwar am besten in einem einigermaßen geräumigen Behälter, in dem sie sich übersichtlich ordnen lassen.

Flugangler brauchen nur leichtes und wenig Gerät. In einem Forellenkorb (Abb. 101) aus Weiden- oder Kunststoffgeflecht können erbeutete Fische, nachdem sie getötet, ausgeweidet, abgetrocknet und in ein grobes Leinentuch gewickelt wurden, luftig transportiert werden. Umhängetaschen (Abb. 102) gibt es in verschiedenen Größen, sie sind bei Anglern beliebt, die vorwiegend einer bestimmten Angelart nachgehen.

Wer möglichst alles an Utensilien mitnehmen will oder mehrere Tage fischen geht, greift jedoch zu einem geräumigen Rucksack (Abb. 103), nach Möglichkeit mit wasserdichtem Einsatz. Besonders Spinnanglern ist der Rucksack zu empfehlen. Man hat beide Arme frei, meist ist in Brusthöhe am linken Tragriemen ein Ring zum Anhängen des Keschers angebracht. Angler, die mit dem Auto ans Wasser fahren oder vom Boot aus angeln, benutzen gerne Kunststoffgerätekästen (Abb. 104). Bei ausreichender Größe nimmt ein

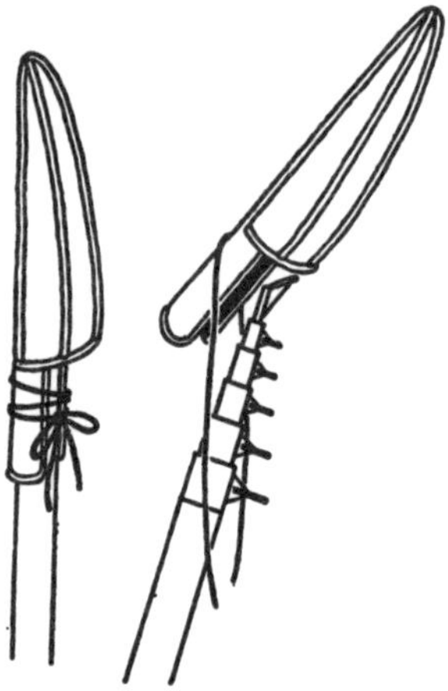

Abb. 99. Ringschutz-Transportkappe

Abb. 100. Haken-Schleifstein

Abb. 101. Forellenkorb mit Vortaschen

Abb. 102. Umhängetasche

Abb. 103. Rucksack

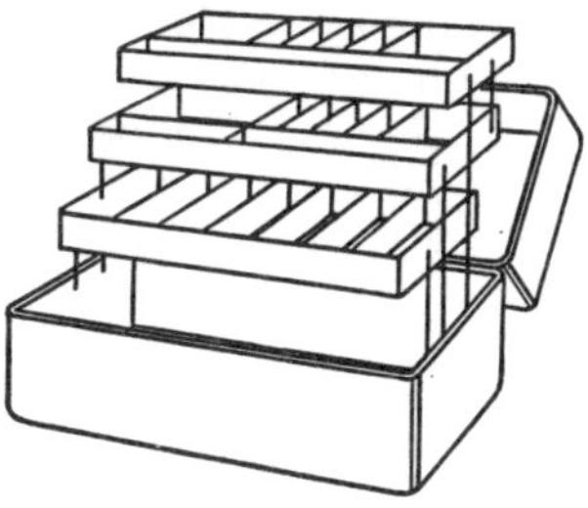

Abb. 104. Gerätekasten

solcher Kasten sämtliches Gerät bis zur Rolle auf. In die allergrößten Ausführungen passen sogar kurzgeteilte Teleskopruten. Die Geräte sind übersichtlich verstaut und werden stoßsicher transportiert.

Anglerkleidung

Anglerkleidung sollte in erster Linie zweckmäßig sein. Die verschiedenen Angel- und Gewässerarten sowie die Jahreszeit bestimmen weiter die Auswahl.

Im Sommer sind Jacken und auch Hosen aus wasserdicht-imprägniertem Schilfleinen- oder Gabardinestoffen angenehm zu tragen. Baumwollene Stoffe mit Zusätzen von Chemiefasern (Trevira, Diolen) haben aber wegen ihrer Pflegeleichtigkeit Platz 1 erobert. Bei den Anzugstoffen wurde der urwüchsige Loden vom noch strapazierfähigeren Kammgarn mit Chemiefaserzusatz zurückgedrängt.

Der Rock bzw. Überjacke (Abb. 105) und die Fliegenfischerweste (Abb. 107) ist neben der etwas längeren Ausführung, dem Parka (Abb. 106), das wichtigste und zugleich beliebteste Bekleidungsstück. Die Taschen daran können nicht groß und zahlreich genug sein; sie werden mit Reißverschluß oder Druckknöpfen verschlossen, so daß sich die Angelschnur nicht an Knöpfen verfangen kann. Spezialjacken und -parka haben selbsthaftende Klettverschlüsse, Rückentaschen für leichtestes Regenzeug und in den Kragen einziehbare Kapuzen. Vorteilhaft ist es, wenn die Ärmelenden innen mit Windfang ausgestattet sind, so daß Wind und Regen nicht in die Ärmel gelangen. Lammfellstreifen zur Aufnahme von Kunstfliegen, Schere an einer Kordel mit Stecktasche, Ruten- und Kescherhaltevorrichtungen, herunterklappbare gummierte Sitzfläche und andere Extras erhöhen die Beliebtheit und Gebrauchstüchtigkeit dieses Universalkleidungsstücks. Für die kältere Jahreszeit sollte sich ein Webpelzfutter einknöpfen lassen.

Die Hosen werden entweder lang getragen oder als lederne Bundhose. In Gegenden mit Schnaken und Bremsen bieten lange Hosen den besseren Schutz. Stoffhosen trocknen außerdem schneller.

Viele Angler lieben Hüte bzw. Mützen. Sie bieten Schutz gegen Sonne, Regen und fliegende Blinker (Abb. 108 u. 109). Bei starkem Wind sind imprägnierte Schirmkappen mit herunterklappbarem Ohren- und Nackenschutz, obendrein mit Vorfachtäschchen ausgerüstet, praktisch.

Der Mantel (Abb. 111) wehrt ebenfalls Regen und Wind ab. Er soll so lang sein, daß er über die Oberkante der Gummistiefel reicht, sonst tropft das ablaufende Wasser in die Stiefel. Der Lodenmantel hat den Nachteil, daß er

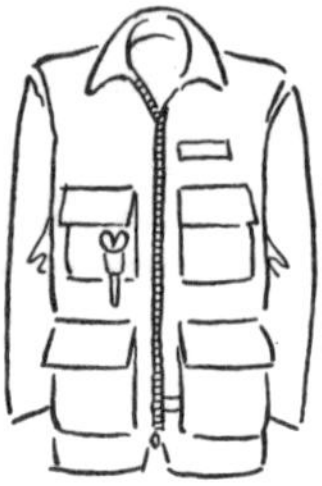

Abb. 105. Anglerjacke

Abb. 106. Parka mit ausknöpfbarem Futter

Abb. 107

Abb. 108

Abb. 109

Abb. 107. Fliegenfischer-Weste – Abb. 108. Anglermützen – Abb. 109. Anglermütze mit Nacken- und Ohrenschutz

naß sehr schwer ist und nur langsam trocknet. Gegen Kälte schützt man sich durch warme Unterkleidung (Abb. 112), z. B. wärmespeichernde Faserpelze oder Thermounterzeug, vor allem beim Nacht- oder Meeresangeln. Ebenso sollte man immer ein Paar wollene Strümpfe, auch für den Fall, daß man unversehens ins Wasser tritt oder fällt, bei sich haben.

Gummimäntel galten lange Zeit als ungesund. Heute werden aber sehr praktische, dauerhafte und völlig wasserdichte kunststoffbeschichtete Wettermäntel mit Kapuze auch in leichtesten Ausführungen hergestellt. Sie behindern die Hautatmung ebensowenig wie die dreiteiligen Wetter-Kombinationen aus gleichem Material, bestehend aus Jacke, Hose und Südwester, die man fälschlicherweise vielfach noch Ölzeug nennt.

Diese Anzüge, teilweise auch mit Kapuze ausgestattet, sind von der leichtesten Folienausführung bis zu äußerst strapazierfähigen Modellen im

Friedfischangeln bei Hochwasser. Der Setzkescher hängt am Bein. (Phot. Schäfer)

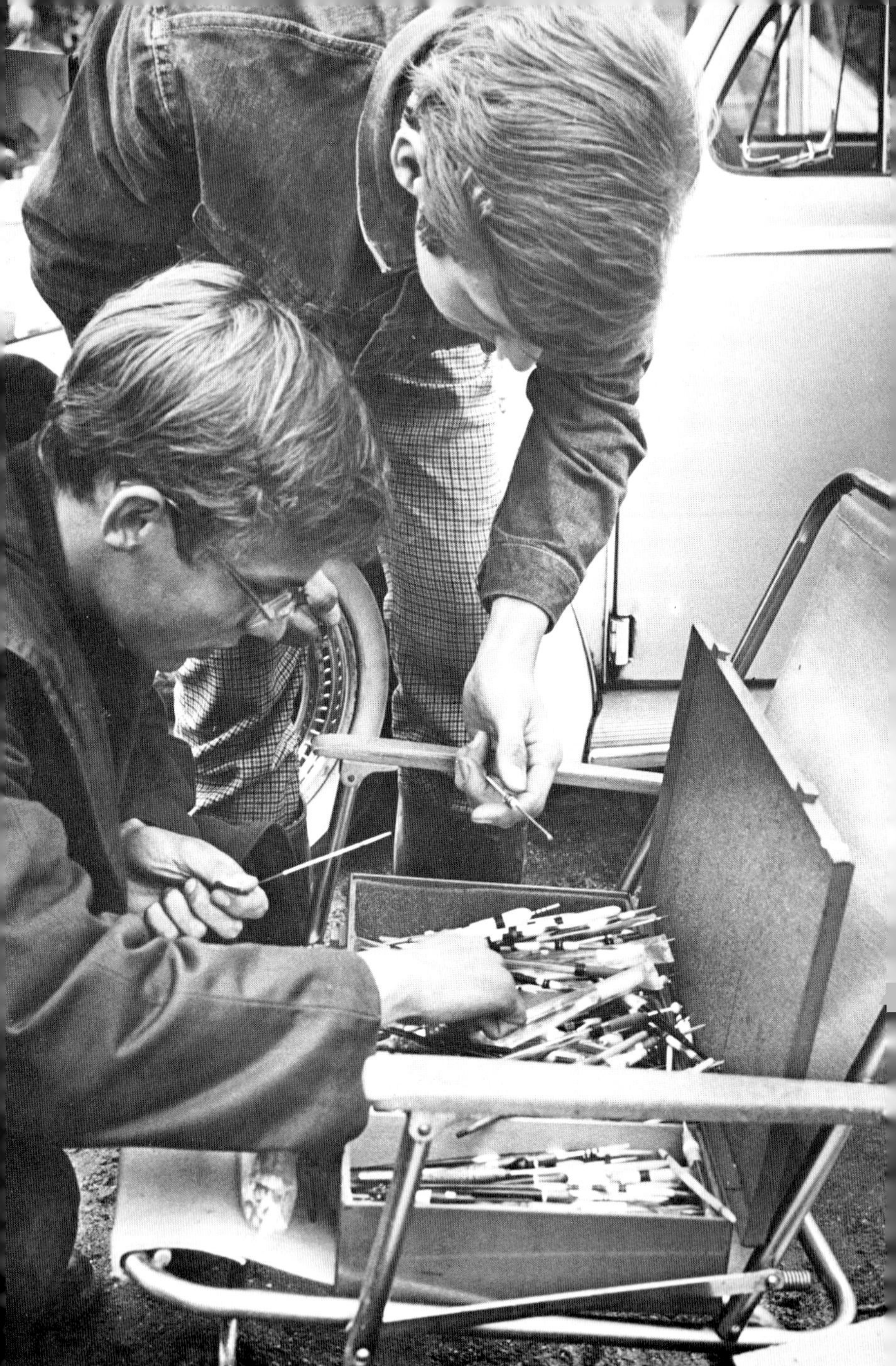

Für jede Gelegenheit die richtige Pose. (Phot. W. Witters)

Handel. Sie sind sehr beliebt und immer dann zu empfehlen, wenn ein langer Mantel beim Angeln behindert. Auch zum Gehen durch Wiesen mit nassem, hohem Gras sind diese Überhosen hervorragend geeignet. Sie werden über die Gummistiefel getragen.

Beim Sitzen im Boot bietet ein großer Poncho Bewegungsfreiheit und guten Schutz gegen Dauerregen. Beim Meeresangeln vom Boot aus ist

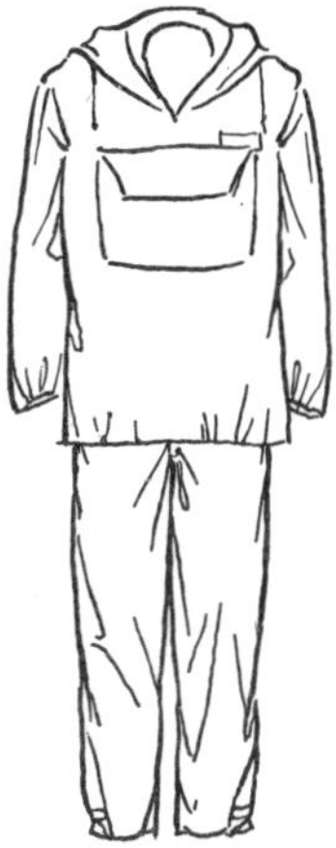

Abb. 110
Hochseeanzug

Abb. 111
Anglermantel

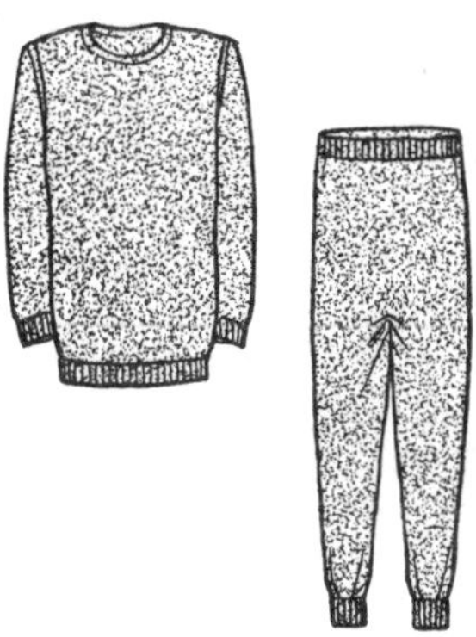

Abb. 112
Faserpelzunterkleidung

Abb. 113. Gummistiefel

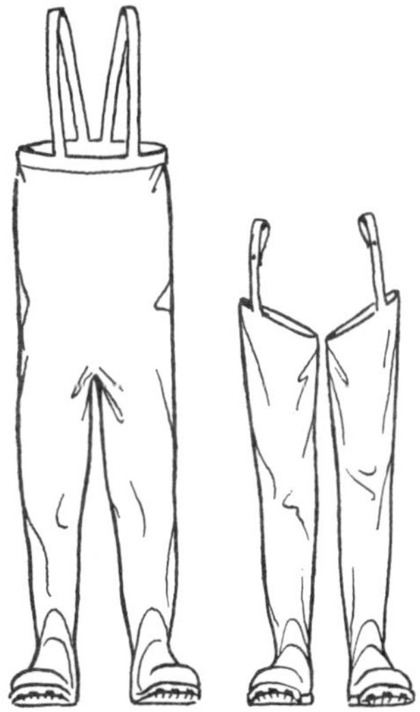

Abb. 114. Wathose, Watstiefel

allerdings die Kombination Gummistiefel und Wetterzeug (Abb. 110) aus Hose und Jacke mit Kapuze oder Südwester in stabiler Qualität für See-Notfälle in gelber oder oranger Signalfarbe vorteilhafter. Selbst bei Schönwetter ist hier eine abwaschbare Latzhose zweckmäßig, da die aus der Tiefe heraufgeholten Dorsche den Angler häufig mit austretendem Kot beschmutzen.

Gummistiefel (Abb. 113) besitzt wohl jeder Angler. Beim Kauf müssen einige wichtige Punkte beachtet werden. Zunächst ist die Größe 1 bis 1 1/2 Nummern größer als die normale Schuhgröße zu wählen, damit die Stiefel mit den unbedingt zu empfehlenden Einziehsocken bequem passen. Einziehsocken saugen die im Stiefel entstehende Luftfeuchtigkeit auf, und die Strümpfe bleiben trocken. Außerdem sollen die Stiefel so leicht wie möglich, gut verstaubar und mit einer rutschfesten Profilsohle ausgestattet sein. Streut man vor dem Anziehen in jeden Stiefel einen Teelöffel Talkumpulver, hält die Stiefel oben zu und schüttelt leicht, dann gleiten die Füße besser hinein. Außerdem werden durch diese kleine Mühe das Gewebe im Stiefel und die Einziehsocken geschont.

Sollte ein noch gut erhaltener Stiefel ein Loch oder einen Riß bekommen haben, kann man den Schaden einfach mit selbstvulkanisierendem Fahrrad- bzw. Luftmatratzenflickzeug beheben.

Es gibt knöchelhohe Schnürstiefel, bis unters Knie reichende Modelle mit oder ohne Seitenschnalle bzw. Verschnürung, chromledergefütterte Ausführungen, die auch als Watstiefel oder -hose gegen Aufpreis mit einer alpinen Benagelung, bestehend aus je fünf Wolframnägeln, die selbst auf spiegelblankem Eis sicheren Halt bieten, geliefert werden. Kunststoffausführungen bieten Vorteile, wie Problemlosigkeit in der Pflege und bessere Isolation. Einziehsocken aus Webpelz halten die Füße warm.

Zum Waten sind Watstiefel oder -hosen erforderlich. Darunter trägt man auf jeden Fall warmes Unterzeug, evtl. mit Leibbinde, denn eine Unterkühlung kann gesundheitliche Schäden zur Folge haben. Wir unterscheiden festes Watzeug mit anvulkanisierten Stiefeln und Watzeug, das erst durch Überziehen von Socken und nochmaliges Überziehen eines guten Überschuhes mit fester Nagelung einsatzbereit ist. Watzeug gibt es in verschiedenen Längen bis zum Schritt als Watstiefel bzw. -strumpf oder bis zur Gürtellinie bzw. Brusthöhe reichend als Wathose bzw. -strumpfhose (Abb. 114). Watstiefel mit einer Wadenverschnürung und zwei Druckknöpfen können auch kniehoch getragen werden. Bei den Wathosen haben sich zwei Ausführungen mit anvulkanisierten Stiefeln durchgesetzt. Sie bestehen einmal aus einem Perlonoberteil, das nicht so leicht porös und brüchig wird, zum anderen aus einem PVC-ähnlich beschichtetem Tuchgewebe mit angeschweißten Plastikstiefeln, die leicht und sehr angenehm im Tragen sind. Festes Watzeug hat den Nachteil, daß die Sohlen nicht benagelt werden können. Das beste Stollenprofil ist aber ein unzureichender Schutz gegen das Ausgleiten auf tonigem Grund und algenüberzogenen Steinen. Hier schaffen die käuflichen Gleitschutzkappen, die auf dem Profil befestigt werden, Abhilfe.

Watzeug sollte man nach dem Gebrauch abwaschen, vor allem nach Waten im Salzwasser, und in einem kühlen Raum, keinesfalls in einer benutzten Garage mit Gasbeleuchtung oder -heizung, zum Trocknen aufhängen. Spezielle Aufhängevorrichtungen, auch für Watstiefel geeignet, sind im Handel.

Die Köder

Man unterscheidet natürliche und künstliche Köder. Natürliche Köder sind Würmer, Insekten, kleine Fische, Kartoffeln, Brot, Käse und dgl., kurz alles, was die Fische als Nahrung aufnehmen können. Künstliche Köder sind Nachbildungen natürlicher Köder. Sie werden vorwiegend zum Fang von Raubfischen bzw. Salmoniden verwendet.

Die Untersuchung des Mageninhaltes gefangener Fische gibt wertvolle Hinweise für die Wahl des Angelköders. Bei Forellen und Äschen ist dies ganz besonders wichtig, weil sie sehr launisch sind und manchmal nur ganz bestimmten Insekten nachstellen. Die karpfenartigen Fische zerkauen zwar ihre Nahrung, aber auch bei ihnen ist es meist noch möglich, durch Magenuntersuchung festzustellen, was sie aufgenommen haben.

Natürliche Köder

Hier unterscheidet man die eigentlichen Angelköder, mit denen man den Haken beködert, um damit die Fische zu fangen, sowie vorher ausgeworfene Lock- oder Grundköder, welche die Fische zur Angelstelle locken sollen.

Angelköder

Der Wurm ist wohl der am meisten gebrauchte Köder. Es gibt mehrere Arten: *Der Tauwurm* ist der größte. Falls man ihn nicht bequemlichkeitshalber verpackt in Dosen oder Schachteln im Angelgerätegeschäft kauft, kann man ihn überall in Gärten, auf Feldern und kurz gemähtem Rasen, besonders an feuchten Plätzen, finden. Bei Dunkelheit, vor allem nach Regen oder bei starkem Tau, verlassen die Würmer ihre Erdröhren. Bei längerem Regen kommen sie oft ganz heraus. Man kann sie dann im Licht einer Taschenlampe in Mengen sammeln. Bei der Wurmjagd gilt es, sehr leise und vorsichtig aufzutreten und flink mit der Hand zu sein. Der erfaßte Wurm darf auch nicht mit roher Gewalt aus seinem Loch herausgezogen werden, da er sonst leicht verletzt wird oder abreißt. Man hält ihn vielmehr zunächst fest und zieht ihn dann langsam und stetig aus seiner Behausung heraus. Würmer sind lichtscheu, gegen rotes Licht jedoch am wenigsten empfindlich. Spezialisierte Wurmfänger benutzen deshalb eine Taschenlampe mit roter Birne oder überpinseln die Birne mit rotem Nagellack.

Die Wurmfangmethode mittels elektrischen Stromes ist wegen Lebensgefahr abzulehnen. Bei trockenem, warmem Wetter ziehen sich die Würmer tiefer in die Erde zurück und sind dann sehr schwer zu erwischen. Durch Besprengen einer entsprechenden Rasenfläche oder eines Gartenbeetes mit Wasser lassen sie sich aber auch in Trockenzeiten an die Oberfläche locken.

Der *Tauwurm* ist der meistverwendete Köder für Aale. Auch der große Barsch nimmt ihn gern, ebenso fast alle größeren Friedfische. Damit der angeköderte Wurm möglichst lang lebhaft bleibt, durchsticht man ihn mit einem verhältnismäßig großen Haken (Gr. 2–7) zwei- bis dreimal unterhalb des hellen Ringes am Kopf und läßt das Schwanzende lang herabhängen. Haken mit Widerhaken am Schenkel (Abb. 33 e) halten den Wurm besonders gut fest.

Der *Erdwurm* ist kleiner als der Tauwurm. Von lichtgrauer Färbung, ist er durch Umgraben des Erdreiches verhältnismäßig leicht zu finden. Sein Fleisch ist zäher als das des Tauwurmes. Er kommt vor allem in festem Humus- oder Lehmboden vor.

Der noch kleinere *Rotwurm oder Laubwurm* lebt in Haufen modernder Blätter, in verrottetem Dünger oder unter auf dem Boden liegenden Holzbrettern bzw. größeren Steinen. Legt man im Garten größere Haufen von Lauberde mit eingestreutem natürlichem Dünger an, sammeln sich darin diese Würmer. Sie werden vorwiegend an der Posenangel für kleinere Friedfische verwendet. Die Schleie schätzt sie besonders.

Der *Blaukopf* lebt in Flußmarschen und an feuchten Uferstellen, meist in Flußbiegungen, wo sich unter überhängendem Buschwerk dunkle und feuchte Erde bzw. Schlamm abgelagert haben. Um ihn zu finden, braucht man nicht tief zu graben. Der Blaukopfwurm ist zäh und lebhaft und gilt als einer der besten Angelwürmer, namentlich auf Karpfen, Aal und Barbe.

Der *Gelbschwanz-*, *Goldschwanz-* oder *Mistwurm* ist ein kleiner, sehr lebhafter gelb-quergestreifter Wurm, den man in alten Düngerhaufen findet. Er scheidet einen widerlich riechenden, gelben und klebrigen Saft aus. Für alle Friedfische, besonders für Brassen, ist er ein hervorragender Köder.

Der *Mooswurm* ist vielen Anglern unbekannt. Er ist sehr klein, gelblich- bis ockergrün gefärbt und nur etwa 2–4 cm lang. Aber er ist sehr zäh und besonders in der heißen Sommerzeit, wenn die Fische auf gar nichts mehr beißen wollen, ein guter Köder. Man findet ihn in den Moosfladen am Ufergestein, dicht am Wasser. Der Angler löst das Moos von den Steinen ab, dreht es um und findet den kleinen Wurm zwischen dem feinen Wurzelwerk.

Reinigen und Aufbewahren von Würmern: Würmer darf man nicht in Erde aufbewahren. Sie gehen dort schon nach kurzer Zeit ein. Man füllt vielmehr den Wurmbehälter zu drei Viertel mit leicht angefeuchtetem Moos. Die Würmer werden auf das Moos geschüttet, in das sie hineinkriechen und dabei den ihnen anhaftenden Schmutz abstreifen. Tote oder kranke Würmer bleiben auf dem Moos liegen und können so leicht entfernt werden. Dann wird der Behälter mit Moos aufgefüllt. Stellt man die Würmer immer in den Schatten und daheim in den Keller oder Kühlschrank, bleiben sie viele Wochen frisch und munter. Als Nahrung genügt ein alle paar Wochen auf das Moos geschütteter Eßlöffel Milchpulver oder etwas Kaffeesatz. Tote und kranke Würmer müssen sofort ausgesondert werden.

Fleischmaden bilden einen vorzüglichen Köder für alle Friedfische. Sie sind die Larven verschiedener Fliegenarten. Auch sie können heute in nahezu jedem Anglerladen zu jeder Jahreszeit gekauft werden. Sie selbst zu züchten, rentiert sich deshalb kaum und ist auch ohne ein eigenes Grundstück wegen der damit verbundenen unappetitlichen Gerüche wenig zu empfehlen. Wer es trotzdem tun will, kann nach folgendem Rezept verfahren:

Man füllt einen alten Marmeladeneimer zu einem Drittel mit feinem Sägemehl und stellt auf das Sägemehl eine flache Blechbüchse, in die Fleisch- oder Fischabfälle gelegt werden. Den Eimer trägt man dann ins Freie und läßt ihn dort ein bis zwei Stunden stehen. Die Fliegen entdecken die Abfälle schnell und legen in kurzer Zeit ihre Eier darauf ab. Dann bringt man den Eimer in einen abgedunkelten Schuppen und bedeckt ihn mit einem Sack. Schon nach wenigen Tagen haben die aus den Eiern geschlüpften Maden eine stattliche Größe erreicht. Beim Herumkrabbeln auf dem Fleisch fallen sie über den flachen Rand der Büchse in das Sägemehl, in dem sie sich reinigen. Der Angler braucht dann aus den unteren Sägemehlschichten nur noch die erforderliche Madenmenge herauszulesen.

Man ködert meist mehrere Maden an Haken der Größe 7–12. Maden sitzen sehr fest am Haken. Man kann beliebig oft mit ihnen werfen und auf einen Köder u. U. mehrere Fische fangen. Bei einem Anbiß darf man nicht so lange warten wie bei Würmern, sondern muß verhältnismäßig schnell anschlagen. *Madenpuppen* sind ebenfalls fängige Friedfischköder. Besonders eignen sich Puppen, die sich gerade gebildet haben. Sie haben eine hellbraune Färbung wie die Rinde von frischem Weißbrot. Ältere Puppen werden schwarz und sind weniger gut. Madenpuppen werden einzeln an Haken der Größe 10–15 geködert.

Zuckmückenlarven sind 2–3 Zentimeter lange, zarte, wurmförmige Larven, auch „Blutwürmer" genannt, die sich sehr lebhaft bewegen. Zum Angeln eignen sich besonders rote Zuckmückenlarven. An dünndrähtige kleine Häkchen geködert, kann man mit ihnen die vorsichtigsten Friedfische vom großen Rotauge bis zum kapitalen Karpfen überlisten. Man findet Mückenlarven besonders im Grundschlamm von Moorseen oder -weihern, im Schlick von Abflußgräben, Sumpfgebieten und Abwasseranlagen. In einem sehr feinmaschigen kleinen Netz schwenkt man eine Portion Schlamm solange im Wasser hin und her, bis der Schlamm ausgewaschen ist und nur noch die Mückenlarven im Netz zurückbleiben.

Der *Schlamm- oder Röhrenwurm* (Tubifex) ist ein rötliches, durchscheinendes, fadenförmiges, mit dem Vorderende in einer Schlammröhre steckendes 2–5 cm langes Würmchen. Schlammwürmer werden auf die gleiche Weise gefangen wie Mückenlarven und eignen sich ebenfalls vorzüglich zum Fang von Friedfischen. Wegen ihrer geringen Größe und Zerbrechlichkeit lassen sie sich jedoch nicht auf die übliche Art anködern. Sie werden an rote Haken, sog. Bluthaken der Gr. 14–18, geklebt mit wasserunlöslichem, für diesen Zweck im Handel erhältlichen Klebstoff.

Wespenlarven. Alle Friedfischarten mögen sie. Als Köder werden sie jedoch nur selten benutzt, weil sie kaum käuflich zu erwerben sind und die

Beschaffung mit einiger Gefahr verbunden ist. Die Wespen haben für das Anliegen der Angler überhaupt kein Verständnis und verteidigen ihre Larven wütend. Ergattert man dennoch welche, was in der Regel die vorherige Vernichtung aller Wespen eines Nestes voraussetzt, so hält man die Larven in einem Döschen mit feuchtem Moos am längsten frisch.

Blutegel sind ein sehr guter Köder für Karpfen, Schleien, Döbel, Barben, Zander und Wels. Letzterem bietet man sie am besten bündelweise an. Blutegel gibt es zwar in Apotheken zu kaufen, aber man fängt sie sich genauso leicht und schnell selbst, besonders in kleineren Bächen und Gräben mit schlammigem Untergrund. Man braucht durchaus nicht mit nackten Beinen in den Graben zu steigen, sondern nur seine Watstiefel mit Rinderblut zu beschmieren. Die Blutegel saugen sich schon nach wenigen Minuten daran fest und können am Ufer leicht in ein Glas gesammelt werden.

Holzmaden findet man besonders an Floßhölzern oder unter der Rinde von Schwemmholz. Sie werden gern zum Angeln auf Barsche und Weißfische verwendet.

Strauchmaden. Die gelblich-braun bis rosa gefärbte Made, etwas größer als die Fleischmade, überwintert im Stengel des echten Beifußes (Artemisia vulgaris). Man findet diese Pflanze auf Ödlandufern, Wegrainen, Dämmen, Schutthalden oder brachliegenden Äckern. Die Strauchmade ernährt sich vom Mark des Beifußes. Sie hinterläßt Freßgänge im Stengel. Befallene Beifußpflanzen erkennt man äußerlich an krankhaften Verdickungen, an den Bohrlöchern der Strauchmade oder daran, daß die hohlgefressenen Stiele umgeknickt sind. Die Strauchmade wird so angeködert: Man faßt sie mit

Abb. 115

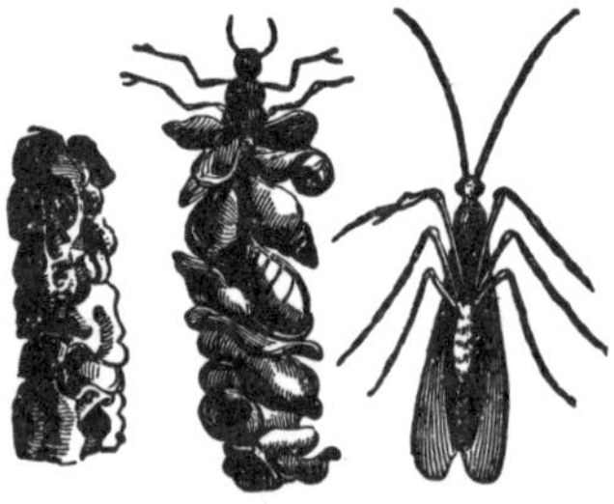

Abb. 116

Abb. 115. Heuschrecke – Abb. 116. Köcherfliegenlarve (Sprockwurm) in ihrem Gehäuse und Köcherfliege

Daumen und Zeigefinger am Kopf, steckt den Haken unterhalb des Kopfes ein und zieht die Made ganz auf, daß nur noch das Plättchen heraussteht. Bei mehreren Maden ebenfalls unmittelbar hinter dem Kopf einstecken, aber gegenüber der Einsteckstelle herausführen. Nur die letzte Made wird längs aufgezogen und verdeckt die Hakenspitze.

Ohrwürmer und Kellerasseln sind ebenfalls gute Friedfischköder. Man fängt sie unter Steinen, Brettern und Bohlen, oder indem man alte Säcke auf feuchtem Boden auslegt.

Nacktschnecken und Wasserschnecken eignen sich zum Fang großer Döbel, Alande und Barben. Man findet die rostroten und schwarzen Nacktschnecken nach starkem Regen überall auf Wegen und im regennassen Gras. Wasserschnecken sind nicht ganz so leicht zu finden, sie sitzen an Blättern und Kraut unter Wasser.

Muscheln aller Gattungen und Arten werden von großen Friedfischen und Aalen mit Vorliebe genommen. Man sammelt die Muscheln in einem kleinen Eimer, den man mit soviel Wasser füllt, daß die Muscheln eben damit bedeckt sind. Sie bleiben dadurch frischer. Zum Gewinn des Köders werden die Muschelschalen mit einem starkklingigen Messer gesprengt. Das weiche Muschelfleisch hält schlecht am Haken. Man führt den Haken am besten durch den etwas zäheren Atemschlauch und wirft den Köder ganz sanft aus.

Mehlwürmer können leicht in einem mit Mehl und Kleie halb gefüllten und mit Gaze zugebundenen Topf oder Eimer gezüchtet werden. Sie eignen sich zum Fang sämtlicher Friedfische.

Käfer, Fliegen aller Arten und Grillen eignen sich sehr gut zur Tippfischerei auf Döbel, Brassen und Rotfedern. Für Käfer gibt es einen Spezial-Insektenhaken mit Sicherheitsnadeln, die den Käfer festhält.

Heuschrecken oder Heupferdchen (Abb. 115) bilden einen der besten Köder für Äschen und Forellen (soweit erlaubt), ferner für alle Friedfische wie für Döbel, Aland und Rapfen. Man findet Heupferdchen vom Sommer an bis in den späten Herbst hinein bei warmer, trockener Witterung überall auf Wiesen, Feldern und an Wegrainen. Die Tierchen werden mit flinkem Griff gefangen und in einem geräumigen, viel Luft einlassenden Döschen mit Schiebedeckel bzw. in einer mit engem Hals versehenen speziellen Heuschreckenflasche oder -dose aufbewahrt.

Die Nymphe der Stein- und Maifliege, in Bayern auch „Steinkrebserl" genannt, lebt in sauberen Flüssen und Bächen mit steinigem Grund. Sie erreicht eine Länge von etwa 3–4 cm und hat eine gelbbraun gefleckte bis schwarzbraune Färbung. Man findet sie unter größeren Steinen, unter Schwemmgut oder im Sand zwischen den Uferrandsteinen. In angefeuchtetem Moos hält sie sich am längsten.

Die Köcherfliegenlarve wird auch Sprock oder Röhrlmade genannt (Abb. 116). Sie baut sich aus Holzstückchen, Gras, Sand, Steinchen und Muschelschalen ein etwa 1,5–3 cm langes röhrenförmiges Gehäuse, mit dem sie im Wasser umherkriecht und das sie nicht verläßt. Oft „kleben" viele Larven bündelweise unter Steinen oder alten Brettern, wo man sie leicht abpflücken kann. Auch sie bewahrt man am besten in einem Döschen mit angefeuchtetem Moos auf. Vor dem Anködern bricht man das Gehäuse in der Mitte auseinander und zieht dann die Larve heraus. Sprock ist einer der besten Friedfischköder, den es gibt.

Krebse kommen in sauberen Gewässern noch recht zahlreich vor, ihr gesetzliches Schonmaß beträgt 12 cm. Sie verstecken sich überall dort, wo sie nach oben Deckung haben, unter großen Steinen, Bohlen, Schwemmgut, in Felsspalten usw. In der Regel fängt man den Krebs mit der Hand, wobei man ihn von oben über den Brustpanzer faßt. Hat man einen in tieferem Wasser ausgemacht, so hält man ihm ein an einer Schnur befestigtes Stück Fischfleisch oder einen ganzen Köderfisch vor sein Versteck. Er kommt meistens sofort heraus und packt seine Beute so fest, daß er herausgezogen werden kann. Der Krebs wird durch einen kräftigen Wurf auf einen Stein am schnellsten und schmerzlosesten getötet. Krebsfleisch bzw. -teile sind hervorragende Köder für große Karpfen, Barben, Brachsen und Schleien, für Döbel, Alande und Barsche sowie besonders für Aale und Aalquappen (Aalrutten). Der Wels (Waller) nimmt auch den ganzen Krebs.

Weiche Wollhandkrabben sind ebenfalls ausgezeichnete Köder für Aale, Barsche und große Brachsen. Die sich häutenden Tiere, die sich von den anderen durch ihre hellere Farbe unterscheiden, sind vorzuziehen. Da sie sich schützen müssen, suchen sie jeden erreichbaren Unterschlupf auf. Um nicht erst lange nach diesen von Krabben bewohnten Unterständen suchen zu müssen, bietet man am besten selbst fertige Unterstände an, wie z. B. alte Ofenrohre, auf einer Seite zusammengequetscht, alte Büchsen, Töpfe usw. Die Tiere kriechen hinein und brauchen dann bei Ebbe nur noch herausgesammelt zu werden. Die sich häutenden Krabben können gleich zerteilt werden. Man sticht den Haken z. B. am Beinansatz ein.

Kleine Fische sind, lebendig oder tot, die Hauptköder zum Fang von Raubfischen. Aber auch große Friedfische, z. B. Karpfen und Brachsen,

Abb. 117. Schmerle oder Bartgrundel

greifen sich gelegentlich ein kleines Fischchen. Besonders beliebte Köderfische sind Rotaugen, Rotfedern, Hasel, Lauben, Gründlinge, Steingreßlinge, Bartgrundeln (Abb. 117), Elritzen, kleine Barsche und Döbel, Karauschen, Schleien und Mühlkoppen. Zum Fang des Welses wird von vielen Anglern eine kleine Schleie oder Brachse bevorzugt. Beim Fang des Hechtes und des großen Barsches dominiert als Köder eindeutig der kleine Barsch. Große Barben werden sehr gut mit einer Koppe oder mit der Grundel gefangen, der Aal mit kleinen Rotaugen und Lauben, ebenso der Rapfen, Zander mit kleinen Barschen, Gründlingen, Lauben und Rotaugen. Man fängt die Köderfische entweder mit der Köderfischangel, einem engmaschigen Senknetz oder einer kleinen Köderfischreuse sowie der Köderflasche. Hier diese Methoden im einzelnen:

Die Köderfischangel bedarf keiner großen Erläuterung. Man benutzt feinstes Gerät, also kleine Haken, feine Vorfächer, dünne Schnur und eine kleine Pose.

Das Köderfisch-Senknetz, auch Senke genannt (Abb. 87), hat eine Seitenlänge von ½ bis 1 m. Man senkt es dort ins Wasser, wo sich kleine Fische tummeln. Sie schwimmen entweder von selbst über das Netz oder werden durch Aufrühren des Bodens bzw. eingeworfene Nahrung dorthin gelockt.

Beim schnellen Hochziehen der Senke preßt der Wasserdruck die kleinen Fische gegen die Netzfläche. Das Senknetz ist sehr gut zum Fang von Gründlingen, Elritzen, kleinen Lauben, Rotaugen und Barschen geeignet. Es läßt sich zum Transport zusammenlegen.

Ebenso einfache und praktische Geräte zum Fang kleiner Fische sind die Köderfischreuse (Abb. 89) und die Flasche (Abb. 88). Damit kann sich der Angler die ersten Köderfischchen bereits nebenbei fangen, während er das Angelgerät zusammenstellt.

Die Reuse oder Flasche wird dort, wo sich kleine Fischchen aufhalten, entweder im flachen Uferwasser, am besten getarnt zwischen Schilf und Kraut, auf den Boden gelegt oder in tiefem Wasser auf die halbe Wassertiefe versenkt. Zum Anlocken der Fischchen genügen einige kleine Brotkrumen oder Würmchen in der Reuse bzw. Flasche. Im fließenden Wasser muß sie stets so gelegt werden, daß die trichterförmige Einschwimmöffnung stromab zeigt, die Fischchen also stromauf einschwimmen können.

Die Köderfischreuse läßt sich schnell und leicht selber basteln. Man nimmt Fliegengitter, etwa in den Maßen 50 × 85 cm, biegt es zu einer Röhre, heftet die Längsseiten mit Weichdraht zusammen und windet mit demselben Draht zwei Reifen aus dickerem Draht an die beiden Röhrenenden. An diese werden dann wiederum zwei, mit ihrem Spitzende nach innen gerichtete Trichter aus Fliegengitter angewunden. Zum Herausnehmen der Fischchen schneidet man oben in den Röhrenkörper ein handgroßes Rechteck und verschließt es mit einem ebenfalls aus Fliegengitter gefertigten Deckelchen.

Die Flaschenreuse läßt sich noch müheloser anfertigen. Man braucht dazu nur eine weiße Weinflasche, die am Boden eine trichterförmige Vertiefung hat. Der Trichterkopf wird mit einem dicken Schraubenzieher und einem Hammer eingeschlagen, und schon ist die Flaschenreuse fertig. Um den Flaschenhals bzw. um die Mitte der Flasche wird die Halteschnur gebunden und der Hals mit einem durchlöcherten Korken oder Deckelchen verschlossen. Das Futter wird durch den Trichter eingeworfen. Zum schnelleren Absenken läßt man die Flasche vorher voll Wasser laufen. Durch den durchlöcherten Verschluß entweicht unter Wasser die restliche Luft.

Fetzen von Fischfleisch sind hervorragende Raubfischköder, vor allem für Zander. Sie werden mit einem sehr scharfen Messer aus frischen, getöteten Fischchen geschnitten. Das Messer wird hinter dem Kopf des Fischchens breitseits angesetzt, etwa 1 cm entlang der Hauptgräte durch das Fleisch und dann unmittelbar unter der Haut des Fischchens bis zum Schwanz geführt. Am Fetzen verbleibt also ein verhältnismäßig geringer Teil Fischfleisch, der dem Haken Halt gibt. Wichtig beim Fetzenschneiden ist, daß die Schuppen möglichst vollzählig auf dem Fetzenstreifen sitzenbleiben (Abb. 247).

Als tote Köderfische für den Hechtfang haben sich auch die Seefische Hering, Makrele und Sprotte bewährt. Vermutlich geben diese fetthaltigen Fische eine besonders starke Witterung. Sie werden am Laufblei auf Grund gelegt.

Das *Konservieren von Köderfischen* ist zum winterlichen Raubfischfang oft erforderlich. Für einige Zeit können frische Köderfische auch im Eisfach des Kühlschrankes aufgehoben werden. Wer die Köderfische jedoch erst sehr viel später verwenden will, sollte sie nicht einfrieren, weil die Köder bei Gebrauch nicht mehr fest und zäh genug sind und bald vom Haken fallen. Zum langfristigen Konservieren dient Formalin, das in jeder Apotheke erhältlich ist. Es bewahrt das natürliche Aussehen des Fisches und macht ihn fester und widerstandsfähiger.

Zum Konservieren gibt man in ein gewöhnliches Marmeladenglas mit Schraubverschluß zwei Eßlöffel 5prozentige Formalinlösung und füllt das Glas bis zur Hälfte mit Wasser. Dann werden die bereits totenstarren Fische mit dem Kopf nach unten in das Glas hineingestellt, bis dieses voll ist. Der durch das Einlegen der Fischchen gestiegene Flüssigkeitsspiegel soll die Köder völlig bedecken. Ist dies nicht der Fall, füllt man entsprechend viel Wasser auf. Das Glas stellt man ins Dunkle. Ist die Lösung nach etwa zwei Tagen blutig gefärbt, gießt man sie ab, spült die Fischchen, gibt einen Eßlöffel Formalin in das Glas und füllt Wasser nach. Einen Tag vor Gebrauch entnimmt man die notwendige Anzahl von Fischchen und wässert sie etwa 24 Stunden lang, um den Formalingeruch verschwinden zu lassen.

Brot ist einer der besten Friedfischköder, der in verschiedenster Form verwendet werden kann. Zu nennen ist:

Die *Krume* von Weißbrot. Gemeint ist hiermit das lockere, weiche Innere des Brotes oder der Semmel. Soll sie attraktiv für alle karpfenartigen Fische sein, wird die Brotkrume beim Befestigen am Haken nur ganz leicht zusammengedrückt.

Die *Brotkugel.* Man nimmt etwas weiche Brotkrume aus einer frischen Semmel oder einer Scheibe Weiß- bzw. Mischbrot und dreht sie mit Daumen und Zeigefinger zurecht. Der Durchmesser der Kugeln ist beliebig. Er richtet sich nach der Größe der Fische, auf die geangelt werden soll.

Brotwürfel schneidet man aus dem Inneren einer dicken Scheibe Brot heraus. Sie werden, ohne sie zusammenzudrücken, auf den Haken gesteckt und unterscheiden sich von lockerer Brotkrume durch ihre glatten Schnittflächen. Würfel aus älterem Brot halten länger am Haken.

Die *Kruste (Rinde)* vom Weißbrot schneidet man so von einer dicken Scheibe älteren Brots ab, daß noch etwas von der Krume an der Rinde bleibt. Da die Brotkruste äußerst zäh ist, besonders gut schwimmt und großen Auftrieb hat, kann man sie bestens sowohl als reinen Lock- als auch als reinen Schwimmköder beim Angeln auf alle Friedfischarten verwenden.

Fast alle Brotköder fallen beim Werfen leicht vom Haken, werden durch das Wasser vom Haken gewaschen oder von den Fischen abgefressen. Es gilt also, beim Werfen vorsichtig zu sein. Bei einem Anbiß wartet man nicht sehr lange, sondern schlägt bald an. Auch sollte man hin und wieder kontrollieren, ob der Haken noch beködert ist.

Brotteig kann auf verschiedene Weise hergestellt werden: Scheiben von einem Tag altem Weißbrot werden unter Wasser kurz zusammengedrückt, so daß sie sich mit Wasser vollsaugen, dann ausgedrückt und zu einem Teig geknetet.

Oder: Zwei Scheiben Schwarzbrot werden entrindet und auf derjenigen

Seite angefeuchtet, die beim Zusammenklappen nach innen kommt. Die beiden feuchten Seiten werden nun so lange mit Zucker bestreut, bis dieser von dem fechten Brot nicht mehr angenommen wird. Dann legt man die beiden Brotscheiben mit den feuchten Seiten aufeinander und knetet schließlich das Brot zu Teig gut durch.

Oder: Man hüllt die Krume von etwa ein bis zwei Tage altem entrindetem Weißbrot in ein Tuch, rafft dessen Ecken hoch, dreht den gefüllten Beutel zu einer Kugel zusammen und taucht ihn einmal kurz in kochendes Wasser. Nach Auspressen der Feuchtigkeit bestreut man die weiche Brotmasse mit einem Eßlöffel Zucker und gibt je nach Geschmack noch so viel Honig oder Sirup hinzu, daß der Teig beim Durchkneten zäh und weich wird. Durch Beigeben von Karmin oder Safran kann der Teig auch gefärbt werden.

Oder: Von Zwieback schneidet man die braune Kruste fort und zerreibt den Zwieback auf einem Reibeisen ganz fein. Aus dem Zerriebenen knetet man nach Beigabe von heißem Wasser eine zähe Kugel: Dieser knetet man $^1/_3$ an zerriebenen, gekochten Kartoffeln unter weiterer Zugabe kleiner Mengen heißen Wassers bei und erhält einen weichen Teig. Etwas beigemischter Safran gibt dem Teig eine leuchtend gelbe Farbe.

„*Pain Chaillou*“ ist ein knochentrockenes, sehr leichtes, aus Frankreich kommendes Spezial-Angelbrot, das unbegrenzt haltbar ist. Es kann monatelang in einer kleinen Büchse oder Schachtel mitgenommen werden.

Pain Chaillou haftet auch nach vielen Würfen noch am Haken. Oft kommt es vor, daß mit einem Stückchen dieses Brotes mehrere Fische gefangen werden. Zum Angeln schneidet man von dem kleinen Brotlaib eine etwa daumendicke Scheibe ab und wickelt sie 5–10 Minuten in ein feuchtes Tuch. Hat sich die Brotscheibe mit Feuchtigkeit vollgesogen, wird sie zähweich. Man reißt kleine Stücke heraus und steckt sie an den Haken.

Pfannkuchen ist ein für Friedfische aller Größen bestens geeigneter Köder. Man angelt entweder mit dem aus dicken Pfannkuchen geschnittenen Würfel oder dem aus dünnen Pfannkuchen gerissenen Lappen. Den Würfel offeriert man kleineren bis mittelgroßen Fischen, besonders dem Döbel und der scheuen Nase, Pfannkuchenlappen den Schwergewichtlern, wie z. B. der großen Barbe, dem Karpfen, dem großen Döbel und dem stattlichen Brassen.

Der Pfannkuchenteig wird unter Anrühren von Mehl, einem Ei, Zucker (kein Salz) und etwas Milch gemischt, für die spätere Würfelform etwas dickflüssiger, für Lappenform etwas dünner. Anschließend wird noch ein wenig Anis-, Rhodium- oder Rosenöl zugegeben. Zum Würfelfischen wird der Teig in dicker Schicht, evtl. zur Festigung mit dazwischengelegter, feiner Gaze, zum Lappenfischen in dünner Schicht in die Pfanne gegossen und dann gebacken. Der Pfannkuchen, ob dick oder dünn, ist noch nicht angelfertig, wenn er aus der Pfanne kommt. Er sollte noch einen ganzen Tag liegen, bevor er verwendet wird. Dann erst hat er die erforderliche Zähigkeit.

Talggrieben werden besonders von Barben bevorzugt. Man schüttet sie in eine Pfanne, gießt so viel Wasser auf, daß sie eben bedeckt sind und kocht sie unter stetem Umrühren etwa 20 Minuten. Mit dem Erkalten wird die Masse steif und ist nun gebrauchsfertig.

Gehirn und Rückenmark sind ausgezeichnete Köder für den Barben- und Döbelfang. Vom Gehirn zieht man die Haut ab und säubert es in Wasser vom Blut, bis es rein weiß ist. Vom Rückenmark entfernt man die äußere harte Haut mit einer Schere, ohne die innere Haut zu verletzen und wäscht es ebenfalls in Wasser. Dann werden beide gekocht und können entweder als Angelköder oder zerstoßen vornehmlich als Lockköder verwendet werden.

Frisches Rindfleisch ist gut für Barsch, Aal, Döbel und Barbe. Es soll möglichst wenig Sehnen enthalten und wird in kleine Stücke zerschnitten. Wenn der Fleischköder nach längerem Angeln eine hellere, weißliche Farbe annimmt und vom Wasser ausgelaugt ist, muß er ersetzt werden.

Kleine Stücke *roher* oder *gekochter Leber* werden von großen Friedfischen gern genommen. Die Raubfische Barsch, Aal, Aalrutte, Zander und der Wels erweisen sich auch oft als große Leberliebhaber. Die Leber laugt ebenfalls nach einer gewissen Zeit im Wasser aus und nimmt dann ein weißliches, glasiges Aussehen an, Zeit, sie sofort durch einen frischen Köder zu ersetzen.

Speck ist auch ein guter Angelköder. Man kann ihn den Fischen auf Grund, in allen Wassertiefen und vor allem als Schwimmköder an der Wasseroberfläche anbieten. Zu empfehlen ist, nur reinen fetten und nicht durchwachsenen Speck zu verwenden. Bei durchwachsenem Speck gibt es oft Fehlbisse, da der Haken beim Anhieb nicht schnell genug „durchschlitzt". Je frischer der Speck, desto fängiger ist er.

Geronnenes Blut zu verwenden ist zwar nicht jedermanns Sache, aber wer auch zur Winterszeit Zander, Aalrutten und große Friedfische fangen will, sollte an diesem Köder nicht vorbeigehen. Bereits feste Blutbrocken zerteilt man beim Angeln in kleine Würfelchen, noch flüssiges Blut gießt man vorher in ein flaches Gefäß, möglichst mit einer dazwischengelegten Gazeschicht, die den Köder erheblich festigt.

Wurst (Hirn-, Rot-, Fleischwurst und Leberkäs) gehört zu den Ködern, die der Döbel, der Aland, vor allem aber die Barbe, sehr gern nehmen.

Mit *Hühnerdärmen* kann man den Wels, Aal, die Aalrutte, den Döbel und Aland sowie große Barben und Brachsen an den Haken bringen. Für großmäulige Fische montiert man ganze Darmbündel auf einen Drilling, für kleinmäulige ein Darmstück oder mehrere auf einen Einfachhaken.

Fischfleisch von frisch gefangenen Fischen eignet sich nicht nur zum Fang aller Raubfischarten, sondern findet auch bei großen Brachsen, Barben, Alanden und Döbeln Anklang. Wichtig ist, daß das Fischstück von Zeit zu Zeit, etwa im Abstand von 20 Minuten, erneuert wird, da es im Wasser recht schnell auslaugt.

Gerste, Weizen, Mais, Perlgraupen und Hanf sind reine Friedfischköder. Sie werden am besten in einer Thermosflasche zubereitet. Man füllt diese zu einem Viertel mit der gewünschten Kornart, gibt noch 1–2 Eßlöffel Zucker und einen Schuß Anisöl hinzu, übergießt die Körner mit kochendem Wasser, aber nur soweit, daß sie eben bedeckt sind, und verschließt die Flasche. Über Nacht garen die Körner und sind am nächsten Morgen „reif" zum Angeln: gequollen, Weizen und Mais goldgelb gefärbt und die Schalen geplatzt. Körnerköder verlangen sehr kleine Haken zwischen Größe 10 und 16.

Bohnen und Erbsen, sehr weich oder auch fertig aus der Dose, werden zum Angeln auf Karpfen, Schleien, Brachsen, Döbel, Nerflinge und große Barben verwendet. Es ist ratsam, eine gewisse Zeit vorher mit diesem Köder anzufüttern, da die Fische meist nicht damit vertraut sind.

Gekochte Kartoffeln sind hervorragende Köder für alle karpfenartigen Fische (Cypriniden). Die *Kartoffel* ist einer der wichtigsten Köder des Friedfischanglers und die ganze Saison über aktuell. Kapitale Karpfen und Schleien gehen im Sommer mit Vorliebe auf die Kartoffel, besonders, wenn rechtzeitig damit angefüttert wurde. Die größten Rotaugen und auch Döbel sind mit Kartoffeln zu fangen. Die Kartoffel sollte so lange gekocht werden, bis der Haken leicht einzuziehen ist. Mehlig kochende Kartoffeln sind den glasigeren Salatkartoffeln vorzuziehen. Die Kartoffel soll nicht zu weich sein, sonst zerbröckelt sie beim Anködern oder beim Auswerfen des Köders. Sie darf aber auch keinesfalls zu hart sein, da es dann viele Fehlbisse gibt, z. B. beim Rotaugenangeln. Karpfen und Schleien zeigen für harte Kartoffeln zudem weit weniger Interesse. Die Kochzeit der Kartoffel beträgt je nach Größe etwa 25–35 Minuten. Bis zu ihrer Verwendung als Köder sollte man einige Stunden, am besten aber eine ganze Nacht verstreichen lassen. Sie bröckelt dann weit weniger. Ganze Kartoffeln oder Kartoffelwürfel zieht man mit einer Ködernadel auf, so daß der Haken darin fast völlig verschwindet.

Ebenfalls gute Köder für alle karpfenartigen Fische sind kleine *Kartoffelklöße* bzw. *Kartoffelknödel.* Man formt sie schnell und mühelos aus dem fertigen Mehl in den betreffenden Packungen und wirft sie in kochendes Wasser. Sobald sie oben schwimmen, sind sie gar.

Gekochte Nudeln verwendet man mit Erfolg zum Fang kleinerer Friedfische. Die Nudeln werden etwa 9–12 Min. gekocht und mit kaltem Wasser abgeschreckt. Man läßt sie einige Stunden oder über Nacht stehen und ködert sie dann in Stücken an.

Hart- und *Schmelzkäse* ist, in kleinere oder größere Würfel geschnitten, ebenfalls ein sehr guter Köder für alle karpfenartigen Fische und für Aale. Man verwendet ihn so, wie er ist, oder weicht ihn vorher in kalter Milch ein. Auch beim Käse gilt: nicht zu weich und nicht zu hart. Montiert wird der Käsewürfel meist auf einen sehr kleinen Drilling.

Käseteig kann man sich aus einer Hälfte Brotteig und stark riechendem „reifem" Weichkäse kneten.

Kirschen sind der beste Fruchtköder. Es folgen *Pflaumen, Weintrauben* und verschiedene *Beeren.* Vor allem der Döbel (Aitel) ist ein großer Obstliebhaber. In der Kirschenzeit fallen, vor allem in Flüssen, selbst schwerste Döbel auf diese Früchte herein. Beste Methode: Fischen mit der bloßen Kirsche ohne Grundblei oder sonstige Beschwerung. Die Verwendung nicht zu starker Schnüre (0,20–0,25 mm) ist hierbei Voraussetzung. Die Kirsche wird – mit oder ohne Kern – auf einen einfachen Haken geködert (Einführung der Hakenspitze am Stielansatz) oder mit der Ködernadel auf Vorfach und Haken gezogen. Auch Karpfen und Rapfen entwickeln gelegentlich Appetit auf die genannten Obstsorten.

Teig (Paste), aus gekochten Kartoffeln und Weizenmehl geknetet, bringt oft sehr gute Erfolge beim Angeln auf Döbel, Plötzen, Barben, Brachsen und Karpfen. Es gibt viele Teigrezepte. Fast jeder Angler hat sein spezielles.

Lock- oder Grundköder

Durch das Auswerfen von Lockködern, auch Anfüttern genannt, sollen die Fische zur Angelstelle gelockt und dort gehalten werden. Auf reiche Beute beim Friedfischfang kann man nur rechnen, wenn man Lockköder einwirft. Dies gilt namentlich beim Angeln auf Plötzen, Barben, Brachsen, Nasen, Schleien, Karpfen und Döbel. Auf richtigem Anfüttern beruhen zum großen Teil die Erfolge, die manche Angler erzielen. Man darf jedoch das Anfüttern nicht übertreiben. Die Fische sollen zwar gelockt, jedoch nicht satt gemacht werden. Außerdem verunreinigt zu starkes Anfüttern das Gewässer. Am besten wirft man etwa einen Tag (Spätnachmittag) vor dem Angeln Köder ein, möglichst in der Art und Größe, wie für das Angeln vorgesehen. Auch ist es gut, an mehreren Stellen zugleich anzufüttern, da man sie dann abwechselnd befischen kann, wenn die Fische an der einen Stelle verscheucht sind und dann gern die benachbarten aufsuchen.

Gute Lockköder sind: gekochte Kartoffeln, zerstückelte Tauwürmer, kleingewürfelter Käse, Biertreber, Malz, Kleie, Erbsen, Bohnen, Getreide, Hanfsamen, Maden, gehacktes Fleisch, zerschnittene Fischchen, geronnenes Blut, Gedärme, Fischrogen, Garnelenschrot, Fischmehl und andere im Handel befindliche Fischfutter.

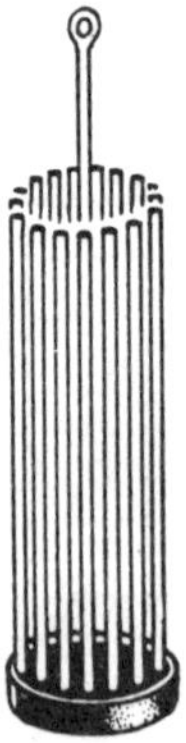

Abb. 118. Futterkorb

Einer der beliebtesten Lockköder ist Brotteig, den man mit Kleie oder Gerstenmehl zu einer steifen Paste knetet. Der Köder soll langsam im Wasser zerfallen, damit die Teig- und Kleieflocken die Fische anlocken. Besonders wirksam ist dieser Lockköder, wenn er mit Angelködern vermengt wird. Herrscht an der Angelstelle sehr starke Strömung, knetet man diese Substanz mit Lehm zusammen, damit sie sich nicht zu schnell auflösen und von der Strömung zu weit fortgeführt werden kann. Ferner kann man zerstückelte Regenwürmer in Lehmkugeln einkneten und an der Angelstelle versenken. Der Lehm wird allmählich von der Strömung aufgelöst und die Wurmstückchen treiben ab.

Manche Angler benutzen sogenannte „Futterkörbe“ (Abb. 118) aus Stäben oder aus Drahtgeflecht, die sie mit Lockködern füllen und an einer dicken Schnur mit einer langen Stange an bzw. stromauf der Angelstelle festlegen.

Beim Anfüttern mit Würmern wird der Köder oft in kurzer Zeit von untermaßigen Fischen weggefressen. Zum Angeln auf Saiblinge, Barsche, Karpfen, Schleien und Brachsen in Seen und größeren Tiefen wird deshalb ein Stück Rasen als Köderträger verwendet. Auf das ausgestochene und gut durchfeuchtete Rasenstück schüttet man die Würmer, die sich in den Rasen verkriechen, der dann ins Wasser gesenkt wird. Unter Wasser verlassen die Würmer das Rasenstück wieder und werden von den großen Fischen entdeckt.

Beim Einwerfen des Lockköders in Flüsse sollte stets die Stärke der Strömung beachtet werden. Je stärker sie ist, desto weiter flußauf muß der Köder eingeworfen werden, damit er an den Platz gelangt, an dem geangelt werden soll. Wenn der Lockköder an einer ganz bestimmten Stelle den Grund erreichen soll, hilft folgender Kniff: Man knetet die Köderkugel über einem Bleischrot leicht an das Vorfach, versenkt sie dann mit der Angelrute und befreit mit kurzem Ruck die Kugel vom Vorfach.

Während des Fischens wirft man von Zeit zu Zeit einige Stückchen von zerschnittenen Regenwürmern, einige Maden oder dergl. ein und fängt dort, wo sie den Boden berühren. Die Angel muß in derselben Richtung schwimmen wie der Lockköder. Diesen wirft man wiederholt an derselben Stelle ein, insbesondere wenn man einige Fische gefangen und die übrigen möglicherweise dadurch scheu gemacht hat. Vor allem ist dies notwendig, wenn die Fische aufhören zu beißen.

Beim Angeln mit dem Grundblei in starker Strömung behelfen sich Angler oft so, daß sie einen Klumpen steifen Teig mit Kleie um das Grundblei kneten.

In stehendem Wasser haben sich gequetschte Kartoffeln sowie in Wasser aufgeweichtes Brot als Lockköder bewährt, vor allem, wenn mit Brotflocken und Brotrinde gefischt wird. Zum Anfüttern in ruhigem, sehr klarem Wasser sind Pulverköder geeigneter. Sie werden aus geriebenen Kartoffeln oder aus hartgetrockneter, fein zerstampfter Krume von Weißbrot hergestellt. Soll die Brotkrume im Ofen getrocknet werden, so ist darauf zu achten, daß sie weiß bleibt, sich also in der Hitze nicht bräunt. Zum Anfüttern formt man aus dem Pulverköder mit Wasserzugabe walnußgroße Kugeln.

Künstliche Köder

Künstliche Fliegen

Unter der Bezeichnung „Fliegen“ versteht man in der Anglersprache jede künstliche Nachbildung von Insekten, ihren Larven und Nymphen, von Flohkrebsen und kleinen Fischen. Fliegen sind die wichtigsten und interessantesten Köder für das Flugangeln auf Lachse, Huchen, Forellen, Äschen, Saiblinge sowie auf Döbel, Rapfen und viele Weißfischarten. Auf die Herstellung der künstlichen Fliege verfiel man schon recht frühzeitig, weil natürliche Insekten nicht immer in genügender Menge zu beschaffen waren und auch für den Wurf mit der Fliegenrute meist zu zart sind. Künstliche Fliegen dagegen halten eine große Zahl von Würfen und Anbissen aus, ehe sie unbrauchbar werden.

Es gibt fünf Grundformen künstlicher „Fliegen“:

I. Trockenfliegen
   a. Flügelfliegen
   b. Palmer
   c. Hechelfliegen
II. Naßfliegen
   a. Flügelnaßfliegen
   b. Hechelnaßfliegen
III. Nymphen
IV. Lachsfliegen
V. Streamer, Bucktails, Röhrchenfliegen und Optikfliegen.

Allgemein werden „nasse“ und „trockene“ Fliegen unterschieden. Nasse Fliegen werden an bzw. vor allem knapp unter der Wasseroberfläche versunken geführt; Nymphen in allen Wasserschichten, vor allem jedoch in Bodennähe. Die Trockenfliegen dagegen sind so gebunden, daß sie beim richtig ausgeführten Wurf wie natürliche Insekten aufs Wasser fallen und auf der Oberfläche schwimmen. Dies wird durch die V-förmige Stellung der Flügel oder durch steife Hecheln bzw. Schwanzstrahlen erreicht. Zusätzlich werden die Trockenfliegen gefettet, entweder mit speziellem Fliegenfett oder mit einem Spray. Sie schwimmen dadurch besser.

Das Binden künstlicher Fliegen

Fliegenbinden kann jeder Angler kurzfristig erlernen. Ganz abgesehen davon, daß selbstgebundene Fliegen billiger sind als gekaufte und der Fang damit größere Freude macht, regt das Fliegenbinden auch dazu an, sich eingehender mit den natürlichen Insekten und deren Verhalten am Wasser zu beschäftigen. Es genügt, die Insekten, die auf der Wasseroberfläche treiben, mit denen zu vergleichen, die im Magen der gefangenen Fische zu finden sind. Immer und überall nur mit denselben Fliegenmustern zu angeln, mag gut sein und kann auch genügend Beute bringen, aber ein wenig Probieren und Studieren gibt dem Flugangeln erst den vollen Reiz und verhilft zu manchem seltenen oder gar kapitalen Fang. Künstliche Fliegen werden also meist natürliche nachahmen. Dennoch sind oft Phantasiefliegen, für die es keine natürlichen Vorbilder gibt, am Wasser erfolgreich.

Das Material, aus dem Fliegen gebunden werden, hat leider gewisse Mängel, die nur zum Teil zu beheben sind.

Das zur Körperbildung meist verwandte Material, wie z. B. Wolle und Seide, dunkelt in nassem, gefettetem Zustand stark nach. Bei Seide ist dieses Dunklerwerden besonders auffällig. Eine Hoflandsfliege mit rotem Körper sieht gefettet und naß fast schwarz aus. Abhilfe: helles Material für den Körper. Keine Flockseide, die nachdunkelt, verwenden. Trockenfliegen fettet man sehr vorsichtig nur an den Hechelspitzen und trocknet sie beim Fischen zwischenzeitlich immer wieder durch Leerwürfe.

Die Flügel vieler natürlicher Insekten sind durchsichtig glänzend oder gar irisierend und schwer zu imitieren. Es werden Ausschnitte aus Federfahnen

Spinnangler bei aufregendem Drill von schwierigem Standplatz. (Phot. W. Witters)

Bei kräftigem Wind alle Hände voll zu tun. (Phot. E. de Laporte)

Über 30pfündige Seeforelle, an der Schleppangel gefangen. (Phot. J. Ruhstein)

genommen, auch Flügel aus Gaze, Plastikfolie, Fischschuppen und anderem hergestellt. Sie haben Vor- und Nachteile. Hechelspitzen, Bündel von Hechelfibern helfen in manchen Fällen. Viele Angler lassen die Flügel überhaupt weg, binden nur Hechelfliegen und fangen nicht weniger damit.

Bei der Nachahmung des natürlichen Insekts muß sich der Fliegenbinder vor allem überlegen, wie der Fisch die Fliege zu sehen bekommt. Ist das Insekt ertrunken, treibt also unter Wasser dahin, wird es dem Fisch kaum viel anders erscheinen als dem Angler, der ins Wasser sieht. Schwimmt dagegen das Insekt tot oder lebendig auf der Wasseroberfläche, sieht es der Fisch, wenn er nahe am Insekt ist, zwar verzerrt und verschwommen, aber infolge des Baues seiner Augen vergrößert und von allen Seiten beleuchtet. Es kommt sehr darauf an, ob und bis zu welchem Grad das Insekt durchsichtig ist. Ist es undurchsichtig, wie z. B. ein Käfer, muß seiner künstlichen Nachbildung die Farbe der Unterseite des Originals gegeben werden, also beim Brachkäfer z. B. dunkelbronze, nicht dagegen braun, wie die Oberseite. Ist das Insekt dagegen durchscheinend wie viele Eintagsfliegen, so muß die in der Durchsicht erscheinende Farbe beim Binden berücksichtigt werden; dies um so mehr, als diese Farbe mitunter sehr wesentlich von der Farbe in der Aufsicht abweicht. Die Farbe durchsichtiger Körper beurteilt man am besten dadurch, daß man die Körper der natürlichen und der künstlichen Insekten auf eine Glasplatte legt und am sonnenbeschienenen Fenster so hält, daß sie gegen einen nicht zu dunklen Hintergrund sichtbar sind. Die Untersuchung wird am besten mit einer Lupe oder einem Vergrößerungsglas ausgeführt. Wer diesen Versuch macht, wird erkennen, wie schwierig es ist, einen durchscheinenden Eintagsfliegenleib mit den üblichen Körperbindematerialien nachzuahmen.

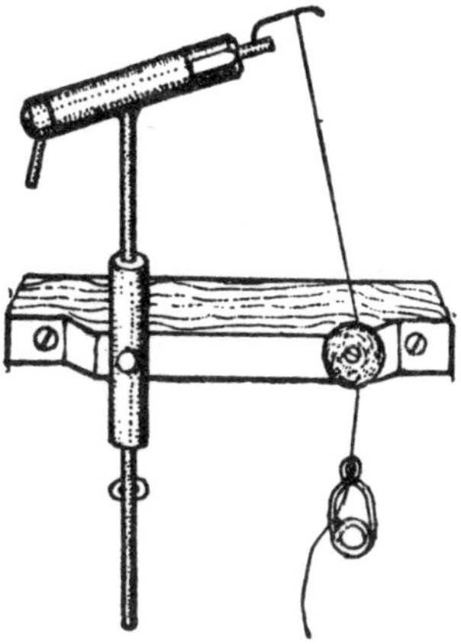

Abb. 119. Schraubstock zum Fliegenbinden und Fadenhalter

Die Zahl der Kunstfliegen, die der Natur nachgeahmt oder mehr oder weniger frei erfunden wurden, ist heute kaum mehr überschaubar. Der amerikanische Angler R. Salmon schätzt, daß insgesamt etwa 30 000 verschiedene Fliegenmuster erdacht und benannt worden sind. Ein Dutzend Fliegen reicht jedoch für deutsche Gewässer aus bzw. liefert den Grundstock, auf dem der Angler aufbauen kann. An vielen Gewässern ist zu gewissen Zeiten eine spezielle Fliege besonders fängig, die hier vielleicht nicht beschrieben ist und die herauszufinden und selbst zu binden dem Angler Vergnügen bereiten sollte.

Werkzeug zum Fliegenbinden

Der Schraubstock. Am besten eignen sich die eigens zu diesem Zweck hergestellten kleinen Fliegenbinde-Schraubstöcke (Abb. 119). Wenn sie richtig konstruiert sind, können damit alle, auch die kleinsten Fliegen, gebunden werden. Es gibt Modelle mit angebautem Fadenhalter, der das Binden sehr erleichtert. Ein Fadenhalter ist aber auch leicht selbst zu basteln. Ein Gummi- oder Lederscheibchen mit einem Durchmesser von 2½–3 cm wird dazu mit einem kräftigen Reißnagel an der Tischkante, etwa 10 cm rechts vom Fuß des Schraubstockes befestigt. Den rechten Rand des Scheibchens fassen wir mit der Hand und ziehen ihn nach rechts. Das bewirkt, daß das Scheibchen rechts etwas von der Tischkante absteht. In den so entstehenden Spalt klemmen wir den Windefaden oder hängen ihn hinein, wenn er mit einer Zange beschwert fixiert werden soll.

Abb. 120. Hechelzange

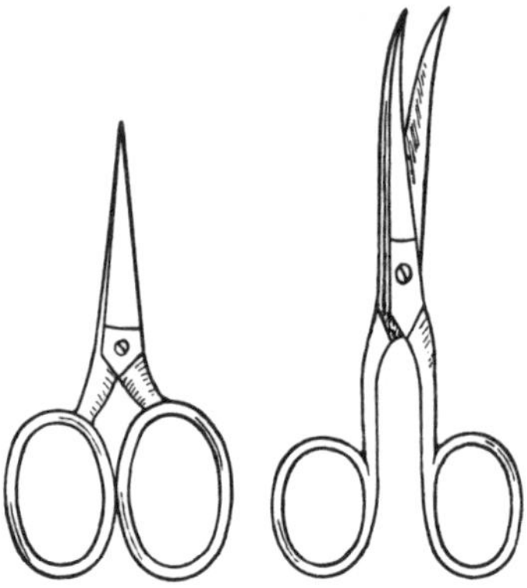

Abb. 121 und 122. Scheren

Die Hechelzange. Sie dient zum Festhalten von Federfasern, Federn oder der Windeseide. Sie öffnet sich bei Druck bzw. schließt sich, läßt der Druck nach (Abb. 120). Hechelzangen sind in Angelgeschäften erhältlich.

Scheren. Erwünscht ist je eine Schere mit gerader und mit gebogener Klinge (Abb. 121 und 122).

Ein *scharfes Messer* wird ebenfalls benötigt.

Die *Rauhnadel* dient zum Herauszupfen von Federfibern, Pelzhaaren und soll wie alle anderen Werkzeuge sehr sauber gehalten werden, vor allem soll sie nicht in Berührung mit Wachs kommen. Sie kann leicht selbst hergestellt werden; hierzu wird eine Stopfnadel mit einem Holzhandgriff versehen oder eine Häkelnadel vom Haken befreit und spitz geschliffen.

Eine *feine Pinzette* darf in der Ausrüstung nicht fehlen. Sie dient zum Herausnehmen der Haken aus der Schachtel, zum Ergreifen feinster Materialien usw.

Mit einem an einer Schnur festgebundenen kleinen *Spielzeugmagneten* lassen sich auf den Boden oder Teppich gefallene Winzighäkchen schnell wieder einsammeln.

Werkstoffe zum Fliegenbinden

Zum Binden der Fliegen werden Öhrhaken bester Qualität mit *nicht zu engem Bogen* und am besten einwärts gebogenem Öhr benutzt. Für Trockenfliegen nimmt man dünndrähtige Haken. Naßfliegen und Nymphen dagegen sinken besser und schneller, wenn sie an dickdrähtige Haken gebunden werden. Um das Sinken der Fliegen zu erleichtern, wird zusätzlich zur Bindeseide dünner Kupferdraht verwendet oder der Hakenschenkel vor dem Binden des Fliegenkörpers mit Messing- oder dünnem Bleidraht umwickelt. Das empfiehlt sich besonders bei Nymphen und Streamern, die tief geführt werden sollen.

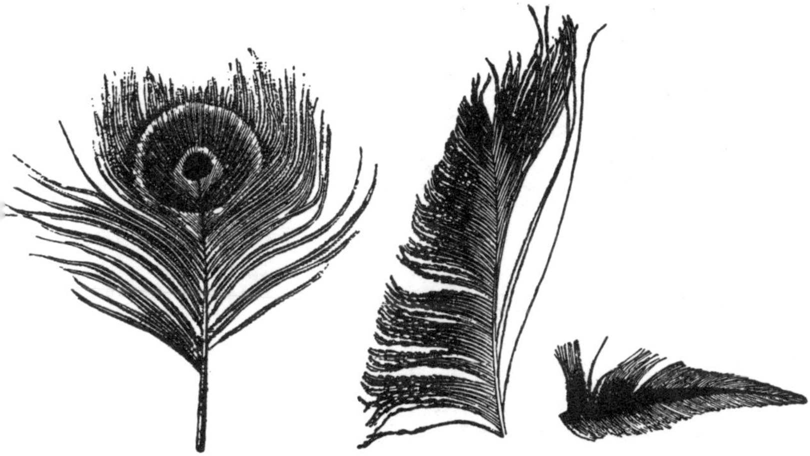

Abb. 123 Abb. 124 Abb. 125

Abb. 123. Bronze-Augfeder des Pfauhahns – Abb. 124. Grüne Schwertfeder des Pfauhahns – Abb. 125. Hechelfeder vom Haushahn

Zum Anwinden eignet sich nur feine haltbarste Seide, wie sie als Windeseide von den Angelgerätegeschäften verkauft wird. Sie ist in allen Farben zu haben, aber da zur Körperbildung andere Stoffe verwendet werden, reichen wenige Farben aus. In der Regel wird rote, gelbe und schwarze Seide verwendet. Das zum Binden einer Fliege notwendige Stück wird abgeschnitten, nicht abgerissen! Zur Herstellung genügen etwa 25 cm. Es war früher üblich, den Windefaden vorher nicht abzuschneiden, sondern auf dem Röllchen zu belassen und dieses dann zum Spannen des Fadens zu benutzen. Das besorgen heute jedoch besser der oben genannte Fadenhalter oder eine an das frei herabhängende Ende des Seidenfadens angeklemmte Hechelzange (Abb. 119).

Federn verschiedenster Art werden zur Herstellung der Flügel, der Beine, des Körpers und des Schwanzes der Fliege verwendet. An einer Feder unterscheidet man den Kiel und die Fahne, die aus einzelnen Fibern zusammengesetzt ist, sowie den Flaum an der dicken Unterseite des Kieles. Die Außenseite der Feder ist in der Regel dunkler gefärbt und glänzender als die Innenseite. Schwungfedern sind die großen und kräftigen Federn der Flügel. Ausschnitte aus ihrer Fahne werden zur Flügelbildung, der Kiel der Federn, besonders der von großen Raubvögeln, vom Pfau und vom Truthahn, zur Körperbildung verwendet.

Fibern aus Schwanz- oder Stoßfedern dienen zur Körper- und Schwanzfädenbildung der Fliege. Besonders viel benutzt werden die Federn vom Fasan und Pfau. Beim Pfau ist zu unterscheiden zwischen *Aug-* und *Schwertfedern* (Abb. 123 und 124). Die Fibern der Schwertfedern sind metallisch grün, die der Augenfedern bronzefarben mit kupferigem Schimmer.

Abb. 126 Abb. 127 Abb. 128

Abb. 126. Brustfeder des Rebhuhns – Abb. 127. Brustfeder vom Krickerpel – Abb. 128. Rückenfeder vom Star

Hechelfedern zur Herstellung der Beine und Flügel der Fliege stammen vom Hals (Rücken und Brust) der Vögel. Besonders häufig werden die Halskrausenfedern vom Haushahn benötigt (Abb. 125). Sie haben steife Fibern und eignen sich deshalb vor allem zur Herstellung von Trockenfliegen. Hechelfedern sind im Frühjahr am besten und haltbarsten. Mauserfedern soll man nicht benutzen, sie sind für unsere Zwecke wertlos.

Außer den einfarbigen und gesprenkelten Hecheln unterscheidet man beim Haushahn noch: die Ofenhecheln, deren Fibern am Kiel schwarz, außen braun oder rot gefärbt sind. Die Dachshecheln: Ihre Fibern sind am Kiel schwarz, außen silbergrau oder weiß gefärbt.

Kuckuckshecheln sind senkrecht zum Kiel dunkel und hell gebändert. Sattelfedern stammen vom Rücken, nahe der Schwanzwurzel. Sie sind lang, glänzend, haben wenig Flaum und einen feinen, aber sehr haltbaren Kiel. Sie eignen sich besonders für die Herstellung großer Fliegen und Streamer.

Oft gebraucht, besonders für die Nachbildung von Nymphen, werden die Hechelfedern vom Rebhuhn (Abb. 126); die vom Rücken sind mehr grau, die von der Brust braun. In Betracht kommen weiter noch die Hecheln der Waldschnepfe (Abb. 129), verschiedener Flugwildarten, vor allem auch zur Flügelbildung, vom Star (Abb. 128) und vom Perlhuhn.

Die Flügel der künstlichen Fliegen werden meist durch Ausschnitte aus der Fahne von Schwung- und Stoßfedern gebildet. Durchsichtige Flügel werden mit Schwungfedern vom Star, Holzhäher, von der Lerche oder mit silbergrauen Hechelspitzen nachgeahmt. Die Flügel mancher Eintagsfliegen werden gut dargestellt durch Federn vom Flügel des Stars, des Regenpfeifers, der Schnepfe, der Amsel und anderer Vögel. Ferner liefern Flügel die Federn der Seeschwalbe (dunkelgrau), die Schwungfedern vom Häher oder Star (schwarz), die Schwungfedern des Amselmännchens und des Wasserhuhns (hellgrau gefleckt), die Schwungfeder der Waldschnepfe, des Rebhuhns und der Fasanenhenne (dunkelgrau gefleckt), die Schwungfeder des Fasanengokkels (zimtbraun), die Flügelfedern des Wachtelkönigs oder der Eule (rotbraun und dunkelgrau gestreift), die Oberseite des Flügels der Waldschnepfe (weiß und schwarz punktiert oder gewellt), die Brustfedern des Wilderpels haben dasselbe Muster, jedoch mit mehr Schwarz, sowie die Schwungfeder der Gans, Taube oder des Schwans (weiß).

Zum Binden der großen Glanzfliegen (Lachsfliegen) werden die Federn vieler exotischer Vögel verwendet, die nur schwer erhältlich sind. Für die wenigen Lachsfliegen, die in deutschen Gewässern wirklich nützlich und brauchbar sind, kommt man jedoch mit Federn einheimischer Vögel aus, die,

Abb. 129

Abb. 130

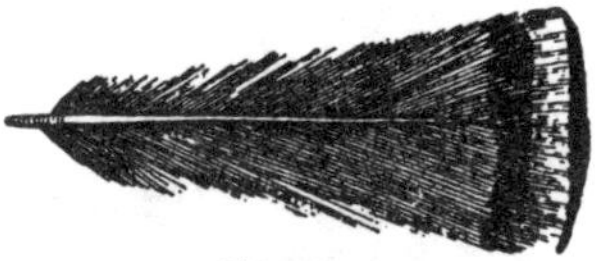
Abb. 131

Abb. 129. Schwungfeder der Waldschnepfe – Abb. 130. Tollfeder vom Goldfasan – Abb. 131. Halsfeder vom Goldfasan

wenn nötig, gefärbt werden. In Betracht kommen außer den schon erwähnten Federn vom Pfau (Aug- und Schwertfedern) die vom Goldfasan. Sog. Tollfedern (Abb. 130) sind goldgelb, die Halsfedern (Abb. 131) sind rot bis orange und schwarz gebändert. Nimmt man dazu noch die Federn einiger Entenarten, weiße Gans- und Taubenfedern zum Färben und Straußenfedern, so ist der Bedarf gedeckt.

Zur Flügelbildung der Fliege dienen meist Ausschnitte aus rechten und linken Federn von beiden Seiten des Vogels (Flügel, Schwanz). Sie verhalten sich zueinander wie die rechte und die linke Hand, sind also spiegelbildlich gleich (Abb. 136). In der Regel werden ganze Federn oder deren Teile so an den Haken gewunden, daß die dunkler gefärbten Außenseiten zum Hakenöhr zeigen.

Stoffe zur Körperbildung. Statt der Flockseide wird heute fast nur noch Krepp-Nylon verwendet, das auch unter dem Namen Floss-Nylon bekannt ist.

Gewöhnliche ungezwirnte Strickwolle ist gut brauchbar, besonders für hellfarbige Körper, in nassem Zustand ist sie aber etwas schlaff. Besser ist Mohair (Angoraziegenwolle), der sich leicht in allen Schattierungen färben läßt und als Rauhstoff verwendet, d. h. auf die gewachste Bindeseide aufgetragen wird. Alle diese Stoffe müssen, ehe man sie färbt, im Sodabad von Fett und Schmutz befreit werden, da sie sonst die Färbung ungleich annehmen.

Zum Bilden von Eintagsfliegenkörpern werden vielfach Pelzhaare vom Hasen, von der Wasserratte, vom Maulwurf, Eichhörnchen usw. verwendet. Durch Mischen kann die Farbe dieser Stoffe sehr fein abgestuft werden.

Ein Federkiel gibt sehr gute und dauerhafte Körper für Trockenfliegen, er ahmt, um den Haken gewunden, sehr schön die Ringelung nach, die vielen Fliegen eigen ist. Unter „Kiel" versteht man die von den Strahlen befreiten Fibern der Federfahne großer Vögel, also vom Pfau, Truthahn usw. Die feinen Strahlen entfernt man, indem man die Fiber zwischen Zeigefinger und Daumen der linken Hand hält und zentimeterweise mit dem Zeigefinger- und Daumennagel der rechten Hand oder einem scharfen Messer schabt. Nimmt

Abb. 132

Abb. 133

Abb. 132. Körperbildung aus Federfibern, Einbinden der Fibern – Abb. 133. Körperbildung aus Federfibern, Anwinden des zusammengedrehten Büschels

man jedoch zuviel auf einmal ab, bricht der Kiel. Die Kiele von Hechelfedern sind ebenfalls brauchbar, die Fahne wird abgezogen und der Kiel zwischen den Zähnen oder Fingernägeln so platt gepreßt, daß die gefärbten Seiten nach oben und unten zu liegen kommen. Für kleine Fliegen spaltet man den Kiel der Länge nach. Vor Gebrauch weicht man den Kiel in Wasser ein. Er läßt sich dann leichter und gleichmäßiger anwinden als in trockenem Zustand.

Gärtnerbast, rohfarbig oder gefärbt, ist ein guter Körperbildungsstoff. Er wird in dünne Streifen gespalten und die Streifen glatt oder zusammengedreht angewunden.

Stroh, vor der Verarbeitung etwas angefeuchtet, wird zur Nachahmung des Maifliegenkörpers verwendet, ebenso wie Korkstreifen. Ein sehr schöner Werkstoff für kleine zarte Fliegen sind Roßhaare, weiß oder gefärbt, sowohl zur Körperbildung als auch zur Ringelung. Den gleichen Zwecken dient auch farbiges einfädiges Perlon. Gold- und Silberlametta wird hauptsächlich zur Ringelung, doch auch zur Körperbildung benutzt. Gold- und Silberdraht dienen ausschließlich zur Ringelung. Die dicken Leiber der Palmer und ähnlicher Fliegen fertigt man entweder aus den Fibern von Pfauen- und Straußenfedern oder mischt beide, indem man die Fibern zu Bündeln zusammendreht, mit der Hechelzange faßt und um den Hakenschenkel windet (Abb. 132, 133).

Das Binden einer Flügel- und einer Hechelfliege

Der Haken – für den Anfang ist Größe 10 zu empfehlen – wird so in den Schraubstock eingespannt, daß das Hakenöhr rechts liegt und man mit dem Windefaden noch gut an den Beginn des Hakenbogens herankommt. Man schneidet von der Windeseide ein etwa 25 cm langes Stück ab und wachst es, indem man einen kleinen Tropfen Wachs auf die Zeigefingerkuppe der rechten Hand gibt und den Faden mehrmals zwischen Zeigefinger und Daumen dieser Hand hindurchzieht. Nach dem Wachsen reinigt man die Finger sehr sorgfältig mit Terpentin, denn mit klebrigen Fingern kommt keine saubere Fliege zustande.

Sämtliche Windungen mit der Seide, den Hechelfedern usw. werden in der Regel so vorgenommen, daß der Faden über dem Hakenschenkel mit der rechten Hand weggeführt und unter dem Hakenschenkel hindurch mit der linken Hand auf ihn zugeführt wird. Dadurch soll eine zu starke Verdrehung des Fadens verhindert werden.

Nun legt man den gewachsten Faden je nach Fliegengröße drei oder mehr Millimeter vom Öhr entfernt über den Hakenschenkel, macht je nach Fliegengröße 4–6 eng aneinanderliegende Windungen nach links gegen den Hakenbogen über das kurze Fadenende (Abb. 134), spannt die Windeseide in den Halter und schneidet das überflüssige Ende des Fadens weg. Zu empfehlen ist, nach einer Anzahl von Windungen den Faden sich ausdrehen zu lassen. Man drückt dann mit dem Zeigefinger der linken Hand die gelegten Windungen auf dem Hakenschenkel fest, läßt den Windefaden frei herabhängen und streicht ihn ein paarmal mit Zeigefinger und Daumen der rechten Hand glatt.

Nachdem das überflüssige Ende des Fadens abgeschnitten ist, wird der Faden mit regelmäßigen, gutsitzenden Windungen nach links bis an den Beginn des Hakenbogens gewunden, sich wieder ausdrehen gelassen und in den Fadenhalter eingespannt. Die Haare oder Fibern, welche die Schwanzsträhnen darstellen sollen, erfaßt man zwischen Zeigefinger und Daumen der rechten Hand so, daß die Spitzen nach links weisen, legt sie auf die Oberseite der linken Hälfte des Hakenschenkels und hält sie dort mit Zeigefinger und Daumen der linken Hand fest. Mit zwei Windungen nach links werden jetzt die Schwanzfäden befestigt. Das Rippungsmaterial wird an der Schwanzwurzel mit zwei Windungen nach rechts eingebunden. Soll die Fliege einen Schwanzknoten erhalten, so muß das Material dafür vor dem Rippungsstoff mit einer Windung eingebunden werden. Besteht der Schwanzknoten aus Lametta, so wird dieses zwei- oder dreimal nach rechts gewunden, festgebunden und das überflüssige Ende abgeschnitten. Nach dem Rippungsstoff wird das Körpermaterial – ein 5 bis 8 cm langes Stück Krepp-Nylon, Flockseide, Wollfaden, Federfaser oder ähnliches – mit drei Windungen nach rechts eingewunden und das überflüssige Ende des Körperbildungsmaterials weggeschnitten. Dann wird die Windungsseide in etwas weiteren, aber gut sitzenden Windungen nach rechts bis an den Ausgangspunkt zurückgeführt. Um

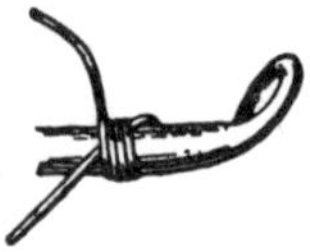

Abb. 134

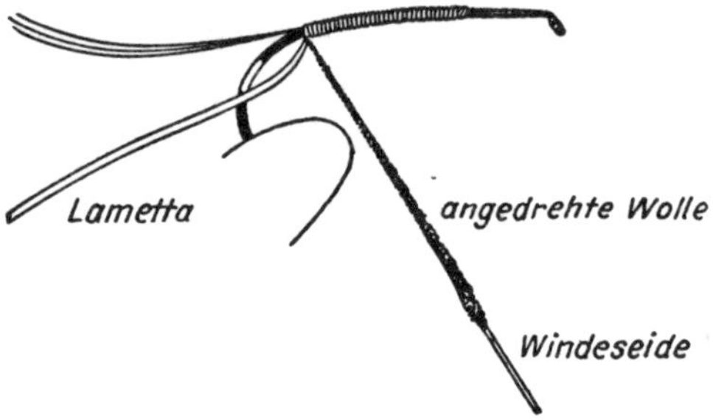

Abb. 135

Abb. 134. Anbinden des Windefadens – Abb. 135. Körperbildung durch Andrehen von Wolle oder Pelzhaar an den Windefaden. Aus R. Salmon: Fly fishing for trout. Greenberg, New York

die folgenden Handgriffe zu erleichtern, klemmt man die Seide nicht in den Fadenhalter, sondern befestigt sie mit einer Schlaufe um den Hakenschenkel und läßt ihr Ende frei herabhängen.

Das Körperbildungsmaterial wird nun in regelmäßigen Windungen nach rechts bis zum frei herabhängenden Windefaden geführt. Um zu vermeiden, daß das Körperbildungsmaterial dabei verdreht wird, führt man es mit der rechten Hand über den Hakenschenkel und nimmt es in dem Augenblick in die linke Hand, wenn es unter dem Hakenschenkel ist. Dies ist vor allem wichtig beim Arbeiten mit Federfasern, die, wenn sie sich verdrehen, leicht brechen. Zwei Windungen nach rechts mit der Windeseide befestigen das Körperbildungsmaterial. Die Seide wird eingeklemmt und der Rest des Körperstoffs weggeschnitten. Nun wird der Rippungsstoff in gleichmäßigen Spiralen nach rechts geführt, festgebunden, das überflüssige Ende fortgeschnitten und die Seide wieder festgeklemmt.

Soll der Körper durch Aufrauhen aus Mohair, Pelzhaar usw. gebildet werden, so müssen wir anders verfahren (Abb. 135). Nachdem Schwanzfäden und Ringelstoff eingebunden sind, hält man den Windefaden nach rechts oben gespannt, trägt eine geringe Menge der Wolle mit dem Zeigefinger und Daumen der linken Hand durch leichtes Andrehen in gleichmäßiger Verteilung bis dicht an den Hakenschenkel auf und dreht den Windefaden ein paarmal – das ist wichtig – in der Richtung, in der die Wolle angedreht wurde. Dann wird mit dem wollbedeckten Faden der Körper in regelmäßigen Windungen bis zum Ausgangspunkt gewunden. Zum Andrehen der Wolle muß die Windeseide gut gewachst sein. Das überflüssige Material wird durch Wegzupfen vom Faden entfernt. Soll der Körper recht dick und wollig sein, so wird der Stoff mit der Rauhnadel ausgezupft. Ist er zu dick geraten, wird der Überschuß mit der Schere weggeschnitten. Man kann durch Aufrauhen auch mehrfarbig geringelte Körper herstellen, indem man nacheinander verschieden gefärbte Wolle auf den Windefaden aufträgt.

Fliegen mit einem Körper, der durch Aufrauhen oder aus Federfibern hergestellt wurde, gewinnen größere Haltbarkeit, wenn um den Körper in regelmäßigen Windungen ein feiner Golddraht gelegt wird. Dieser Draht muß vor dem Aufrauhen am Schwanzende eingebunden werden. Wird der Körper aus Federfibern hergestellt, wird am Schwanzende ein Büschel davon mit ihren Spitzen eingebunden, etwas zusammengedreht, mit der Hechelzange gefaßt und angebunden (Abb. 132/133).

Hechelkiele zur Körperbildung werden mit ihrer Spitze eingebunden. Dadurch ergibt sich eine natürliche Verjüngung des Fliegenkörpers von vorn nach hinten.

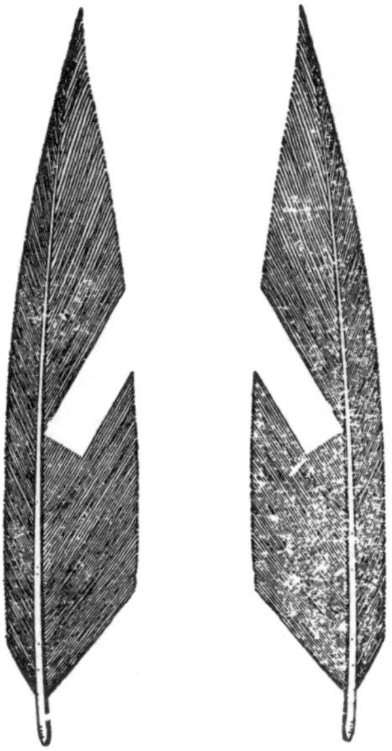

Abb. 137

Abb. 136

Abb. 138

Abb. 136. Schwungfedern der rechten und linken Seite mit den Ausschnitten zur Flügelbildung. Aus R. Salmon: Fly fishing for trout. Greenberg, New York – Abb. 137. Das ausgeschnittene Paar Fahnenteile für die Flügel wird mit dem Daumennagel an der Stelle kräftig zusammengedrückt, an der es auf dem Hakenschenkel festgebunden werden soll. Aus R. Salmon: Fly fishing for trout. Greenberg, New York – Abb. 138. Fibern nach unten gestrichen

Zur Flügelbildung sollte man rechte und linke Federn zur Verfügung haben (Abb. 136). Aus der breiteren Fahnenseite wird je ein 0,5 cm breites Stück herausgeschnitten. Die beiden Stücke werden so aufeinandergelegt, daß die helle Seite nach innen zeigt. Mit der Pinzette ergreift man die beiden Stücke dicht am Kielende, nimmt sie zwischen Zeigefinger und Daumen der linken Hand und kneift sie mit dem Daumennagel an der Stelle kräftig zusammen, an der sie auf dem Hakenschenkel festgebunden werden (Abb. 137). Das Flügelpaar wird dann, Kielende nach rechts, so auf den Hakenschenkel aufgesetzt, daß es schräg nach hinten oben zeigt und den Fliegenkörper nicht verdeckt. Nun wird der Windefaden zwischen dem haltenden Daumen und den Flügeln möglichst tief hinein senkrecht nach oben und zwischen linkem Zeigefinger und Flügel nach unten geführt. Dann werden Flügel und Seide gut zusammengedrückt und der Windefaden langsam und ruhig mit der rechten Hand nach unten gezogen. Die Flügelwurzeln werden auf diese Weise zusammengeschnürt und festgebunden. Zwei oder drei Windungen vor den Flügeln, und wenn nötig einige hinter den Flügeln, halten diese sicher fest. Die Seide wird eingeklemmt, die Stümpfe der Flügel werden weggeschnitten. Es empfiehlt sich, die Flügel mit einer kleinen Neigung gegen den Bindenden aufzusetzen, durch das Anziehen des Fadens bekommen sie dann die richtige senkrechte Stellung.

Nun fehlen der Fliege noch die Beine, die mit Hechelfedern nachgeahmt werden. Zunächst wird die Seide in engen Windungen nach rechts in die Nähe des Öhrs und wieder zurück zu den Flügelwurzeln geführt und eingeklemmt. Dann wird eine Hechel von passender Länge gewählt, also so, daß die größte Fiber etwa der Länge des Hakenschenkels entspricht, und der weiche Flaum am unteren Kielende abgeschnitten. Den Flaum abzureißen wäre verfehlt, da die beim Abschneiden zurückbleibenden Stümpfe der Fibern der Hechel beim Einbinden den notwendigen Halt geben. Nun wird die Hechel an der Spitze festgehalten, und die Fibern werden so nach hinten gestrichen, daß sie senkrecht vom Kiel abstehen (Abb. 138). Der entblößte Kiel wird an die Unterseite des Hakens gelegt, so daß die matte Seite der Hechel dem Hakenschenkel zugewendet ist. Mit drei oder vier Windungen nach links – am Anfang außerdem noch mit einer Schlaufe – wird die Hechel festgebunden, die Seide eingeklemmt und der herausstehende Stumpf des Hechelkiels weggeschnitten.

Mit der Hechelzange ergreifen wir die Hechelspitze nicht zu knapp und machen zwei Windungen mit der Hechel, unter Handwechsel wie beim Einbinden des Körpermaterials, damit die Hechel nicht verdreht wird und bricht. Es ist darauf zu achten, daß die Hechel über ihre Kante gewunden wird, die glänzende Seite der Hechel soll dabei nach rechts zum Hakenöhr zeigen. Die Fibern der fertigen Windungen werden immer sorgfältig nach links gestreift, damit sie nicht unter neue Windungen zu liegen kommen. Der Hechelkiel ist immer gut straff zu halten, wenn die Hechel unter dem Haken durchgeht, wird sie etwas nach rechts gezogen. Das bewirkt, daß die Hechelfibern gut abstehen. Man kann die Windungen mit der Hechel entweder abwechselnd vor und hinter der gespannten Bindeseide machen oder aber die Seide, nachdem die Hechel angewunden ist, zwischen den Hechelfibern durch nach rechts führen. Der nicht eingewundene Teil der Hechel wird schräg nach außen und unten straff gehalten, die Hechel mit drei oder vier Windungen der Seide nach rechts befestigt, die Seide eingeklemmt und der überflüssige Teil der Hechel weggeschnitten.

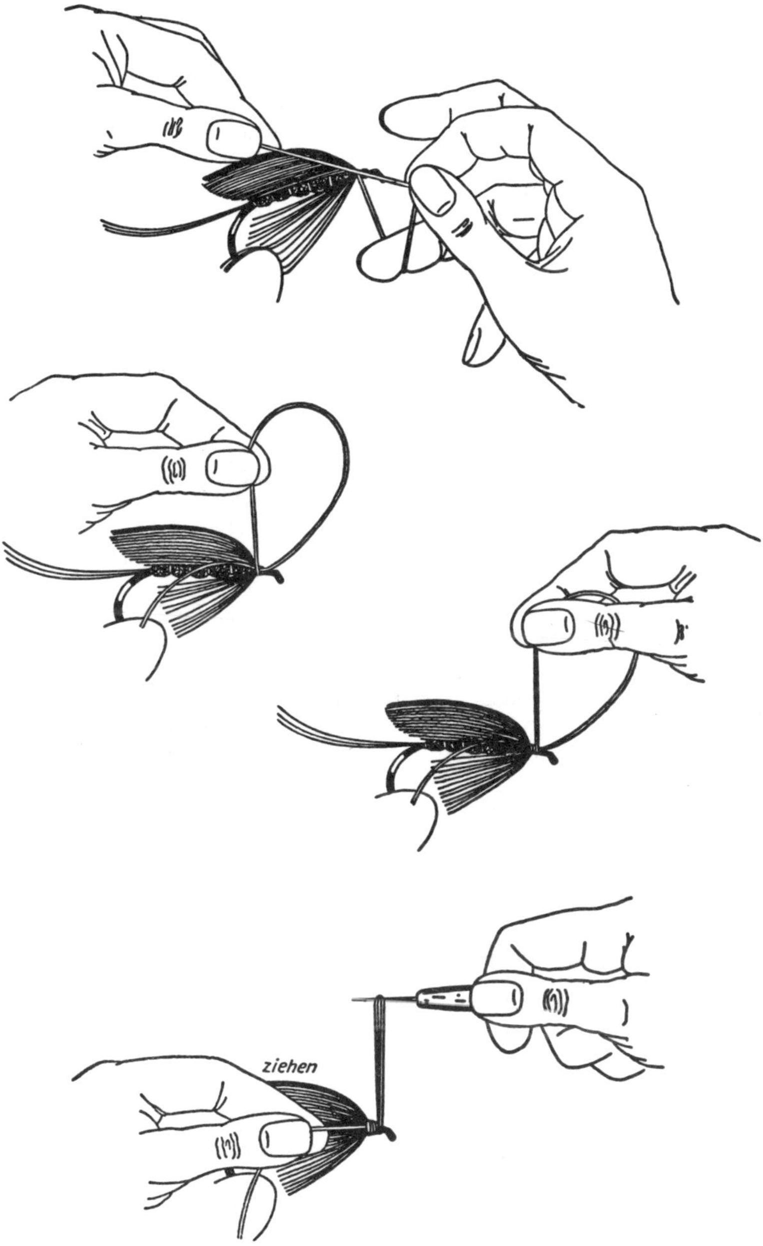

Abb. 139. Der verborgene Knoten. Aus R. Salmon: Fly fishing for trout.
Greenberg, New York

Mit einem verborgenen Knoten um den Hakenschenkel endet die Herstellung der Fliege (Abb. 139). Es genügt, 4–6 Windungen zu machen. Man erleichtert sich die Herstellung des verborgenen Knotens dadurch, daß man in ein kleines Stück Papier ein Loch schneidet, es über die Windeseide und den Hakenschenkel schiebt und mit ihm die Hechel auf die linke Seite drückt. Ein kleiner Drahtring tut den gleichen Dienst. Zum Schluß wird der verborgene Knoten lackiert. Besonders haltbar ist diese Lackierung, wenn man das Lacktröpfchen auf die Schlaufe des verborgenen Knotens bringt, ehe man diesen ganz zuzieht.

Die geschilderte Bindeweise kann dahin abgeändert werden, daß man zuerst die Hechel windet, und erst dann die Flügel aufsetzt, nachdem man die nach oben gerichteten Hechelfibern weggeschnitten oder auf die Seite gedrückt hat.

Naßfliegen sollen leicht ins Wasser eintauchen und rasch sinken. Alle Muster, die nicht dickleibige Insekten vorstellen, wirken deshalb am fängigsten, wenn sie schlank und zart gebunden sind. Vor allem vermeide man zu viele und zu steife Hecheln. Statt wie oben angegeben eine ganze Hechel anzuwinden, kann man mit Vorteil die Fibern auf einer Seite des Kieles abreißen und nur eine halbe Feder einbinden. Sehr wirksam sind auch Naßfliegen, die statt der Hechel nur einen Bart in Form eines Bündels schräg nach hinten und unten zeigender Hechelfibern haben.

Zum Binden einer Hechelfliege werden Körper und Hechel gefertigt wie beschrieben, die Flügel bleiben nur weg. Soll mit der Hechelfliege „trocken" gefischt werden, so wird eine entsprechend gefärbte Unterhechel links von der Oberhechel eingebunden. Schwanzfäden sind in diesem Fall immer einzubinden, weil sie die Schwimmkraft der Fliege erhöhen und ihr eine einigermaßen natürliche Stellung auf dem Wasser geben. Am naturgetreuesten wirken bei Eintagsfliegen immer Schwanzfäden aus feinsten Hechelfibern. Die schönsten Fibern liefern die sogenannten Spatenhecheln vom Flügel des Haushahns.

Besonders zart und mit langfibriger Hechel gebundene Hechelfliegen bezeichnet man als Spinnenfliegen oder „Spider".

Soll die Hechelfliege dagegen „naß" verwendet, also unter der Wasseroberfläche angeboten werden, wird nur eine Hechel und diese mit möglichst langen Fibern eingebunden. Die Fibern sollen dabei, nicht wie bei der Trocken-Hechelfliege möglichst vom Hakenschenkel wegstehen, sondern leicht nach hinten gerichtet sein. Das Anbringen von Schwanzfäden erübrigt sich.

Die für den Flugangler wichtigen Insekten

Künstliche Fliegen sind, wie erwähnt, zum größten Teil Nachbildungen von Insekten, die den Fischen zur Nahrung dienen. Als wichtigste Insekten kommen in Betracht:

Käfer, Coleoptera

Der Maikäfer, *Melolontha vulgaris* L. Da die Engerlinge, seine Larven, infolge künstlicher Düngemittel zum großen Teil abgetötet werden, hat die Zahl der Maikäfer rapide abgenommen. In den Gegenden, in denen er noch verhältnismäßig häufig auftritt, ist er ein ausgezeichneter Köder, insbesondere für alle Salmoniden, Döbel, Rapfen und Alande.

Der Junikäfer, *Amphimallus solstitialis* L. (Abb. 140), und der Brachkäfer oder Gartenlaubkäfer, *Phylloperta horticola* L., der oft massenhaft im Ufergesträuch sitzt, sind ebenfalls hervorragende Köder für die gleichen Fischarten.

Schmetterlinge, Lepidoptera

Obwohl zahlreiche Schmetterlinge der verschiedensten Gruppen (Eulen, Zünsler, Motten u. a.) Wasseranwohner sind, kommen sie doch für den Fliegenfischer nur wenig in Betracht. Als Nachahmungen von Schmetterlingen gelten im allgemeinen der „Kutscher", die „Francisfliege" und die „weiße Motte", die allerdings von den Fischen eher für eine der bei Nacht schwärmenden Eintagsfliege gehalten und genommen werden dürfte. Palmer werden als Nachbildungen von Schmetterlingsraupen betrachtet.

Hautflügler, Hymenoptera

Dazu gehören Bienen, Wespen und Ameisen. Ameisennachbildungen sind ausgezeichnete Fliegen auf Äschen und Forellen im Spätsommer und Herbst. Bei ihren Hochzeitsflügen fallen die Ameisen oft in großer Zahl aufs Wasser, Forellen und Äschen ziehen sie dann in der Regel jeder anderen Fliege vor.

Zweiflügler, Diptera

Eine sehr artenreiche Gruppe, deren Larven und Nymphen vielfach im Wasser leben und ein wichtiges Fischfutter bilden. Die Fliegen besitzen nur ein Paar Flügel. Bekannte Kunstfliegen sind die Nachbildungen der Dung- oder Kuhmistfliege, *Scatophaga stercatoria* L.; ferner die Schmeißfliege *Calliphora erythrocephala* Meig und ähnliche Arten; die Stubenfliege, *Musca domestica* L., und die schwarze Mücke, *Bibio johannis.*

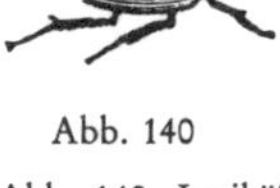

Abb. 140

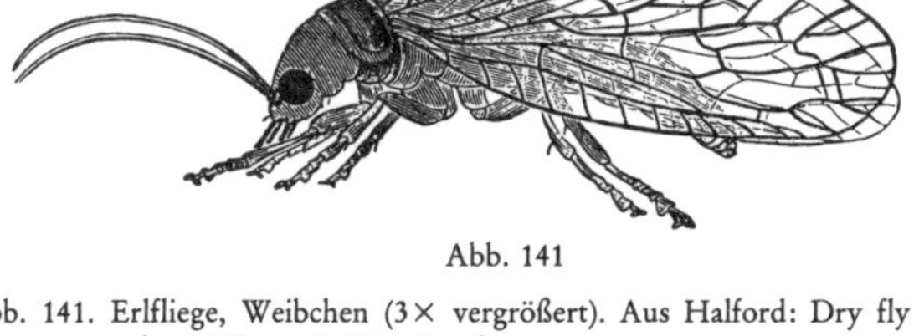

Abb. 141

Abb. 140. Junikäfer – Abb. 141. Erlfliege, Weibchen (3× vergrößert). Aus Halford: Dry fly entomology. Vinton & Co., London

Netzflügler, Neuroptera

Zu ihnen zählen wenige, aber wichtige wasseranwohnende Arten, vor allem die weitverbreiteten Erlfliegen. Sie sind dunkel gefärbt und sitzen mit dachförmig auf dem Rücken angelegten Flügeln oft massenhaft in den Ufergräsern. In ihrer Erscheinung gleichen sie den Steinfliegen und Seggen (Köcherfliegen). Die Erlfliegen, *Sialis fuliginosa* Pictet und *Sialis flavilatera* L. (Abb. 141), schwärmen im Mai und Anfang Juni oft in großen Massen. An manchen Tagen nehmen Döbel, Forellen und Äschen sie vor jeder anderen Fliege – auch der Maifliege.

Pelzflügler oder Seggen, Köcherfliegen, Trichoptera

Auch eine außerordentlich artenreiche Gruppe. Ihre Larven, die bekannten Köcherfliegenlarven, Sprock oder Röhrlmaden – ein ausgezeichneter Köder für Cypriniden, Forellen und Äschen – leben im Wasser. Die meisten Arten bauen sich röhrchenförmige Gehäuse aus Sandkörnern, Holzstückchen, Schnecken- und Muschelschalen u. a. (Abb. 120).

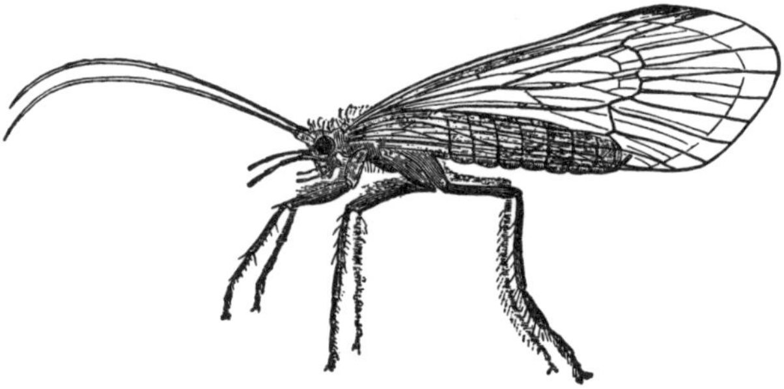

Abb. 142. Segge oder Köcherfliege (*Halesus radiatus*, 3× vergrößert). Aus Halford: Dry fly entomology. Vinton & Co., New York

Die vier Flügel der Seggen sind meist behaart. Die Seggen ähneln dadurch und auch in ihrer Flugweise den Schmetterlingen (Abb. 142). Abends bevölkern sie oft in großen Schwärmen das Wasser. Bei der großen Zahl von Arten ist es kaum ratsam, bestimmte Formen nachzuahmen. Einige wenige Kunstfliegen können als Vertreter ganzer Gruppen ähnlicher Seggen gelten. Dies sind die Zimmetsegge, dunkle Segge und Silbersegge. Für die mitunter häufigen schwarzen Seggen kann der „schwarze Fleck" als gute Nachbildung gelten.

Steinfliegen, Plecoptera

Die Steinfliegen, deren Nymphen – in Bayern „Krebserl" genannt – im Wasser leben, besitzen zwei Flügelpaare, die im Gegensatz zu den Seggen in der Ruhestellung waagrecht über dem Körper getragen werden. Sie treten im Mai und Juni sowie im Herbst oft in Massen auf und werden von den Fischen sehr gern genommen. An manchen Flüssen gibt es, wenn die großen Perliden schwärmen, eine regelrechte Steinfliegenzeit, ähnlich der Maifliegenzeit, während der auch schwere Äschen und Forellen auf die Fliege steigen. Tagsüber sitzen die Steinfliegen zumeist im Uferschilf versteckt, abends werden sie lebhaft und schwärmen.

Am häufigsten ist das im Mai und Juni schwärmende, hellgelb gefärbte gelbe Särchen, „*Chloroperla grammatica* Scop.

Die große Steinfliege, *Perla maxima* Scop., mit ockergelbem Leib, kommt wie *Perla abdominalis* Burm. (Körper beim Weibchen rotbraun, beim Männchen rotgelb) an größeren Flüssen in tieferen Lagen vor. *Perla marginata* Panz., mit rötlichgelbem Körper, ist an Gebirgsbächen zu Hause.

Die Weidenfliege, *Leuctra cylindria* De Geer, gehört ebenfalls hierher, sie schwärmt vom August bis in den Oktober hinein.

Geradflügler, Orthopera

Hierher gehören die Heuschrecken. Für den Angler kommen hauptsächlich die grün gefärbten Arten der Gattung Stenobothrus in Betracht, die, sofern sie am Ufer häufig auftreten, ein sehr guter Köder sind.

Eintagsfliegen, Ephemerida

Die Eintagsfliegen leben im fließenden und stehenden Wasser. Ihre Nymphen hausen im Wasser, sie sind dem fertigen Insekt sehr ähnlich, haben nur noch keine Flügel. Aus der Nymphe entwickelt sich an der Wasseroberfläche die geflügelte Subimago (Scheintier, Braune, engl. Dun). Durch Häutungen, die meist in der Luft erfolgen, verwandelt sich die Subimago in das fertige Insekt, die Imago, den „Spinner" in der Anglersprache. Nach der Begattung und Eiablage sterben die Spinner ab und treiben tot auf dem Wasser. Subimago und Imago nehmen keine Nahrung zu sich. Die Lebenszeit des Spinners dauert 12 Stunden bis wenige Tage. Die Subimago unterscheidet sich vom Spinner dadurch, daß Beine und Schwanzborsten kürzer und die Flügel dunkler, trüber gefärbt und gezeichnet sind. Weibliche und männliche Subimago und Imago sind in der Färbung oft nicht unerheblich verschieden. Das wird vom Trockenfliegenangler bei der Nachahmung berücksichtigt. Die männlichen Spinner sind durch ihren eigenartigen Schwebflug, den gewisse Arten bei Tag, andere auch abends oder nachts vollführen, leicht zu erkennen. Mit lebhaft schwirrenden Flügeln bewegen sich manche Arten langsam vorwärts oder stehen „rüttelnd" fast still in der Luft. Andere Arten steigen nahezu senkrecht in die Luft, lassen sich fallen, steigen wieder und so fort. Dieser Tanz findet in der Regel an ruhigen Stellen des Flusses statt, doch kann man *Rhitrogena semicolorata* und andere Arten auch über regennassen Straßen in Städten und Dörfern „spinnen" sehen. Sobald der männliche Spinner ein fliegendes Insekt – es kann auch die am Vorfach hängende Kunstfliege sein – bemerkt, schießt er darauf zu, in der Hoffnung, ein Weibchen zu finden.

Die weiblichen Spinner legen ihre Eier ab, indem sie diese entweder aufs Wasser fallen lassen oder aber, wie die Maifliege, mehrmals hintereinander auf die Wasseroberfläche mit ihrem Hinterleib aufstoßen und so ihre Eier auf dem Wasser abstreifen. Bei einigen Arten der Gattung Baëtis kriechen die Weibchen zur Eiablage ins Wasser. Die Weibchen mancher Arten, wie z. B. von *Ephemerella ignita* und *Oligoneuriella rhenana*, bilden riesige Schwärme, die in der Abenddämmerung in einer gewissen Höhe über dem Wasserspiegel flußaufwärts fliegen, um ihre Eier abzulegen. An den grünen

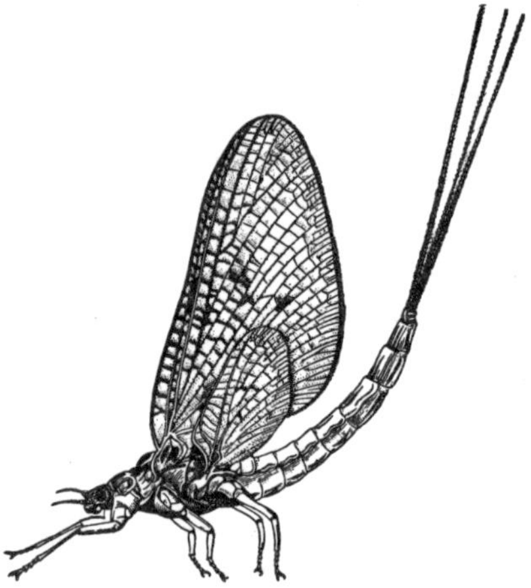

Abb. 143

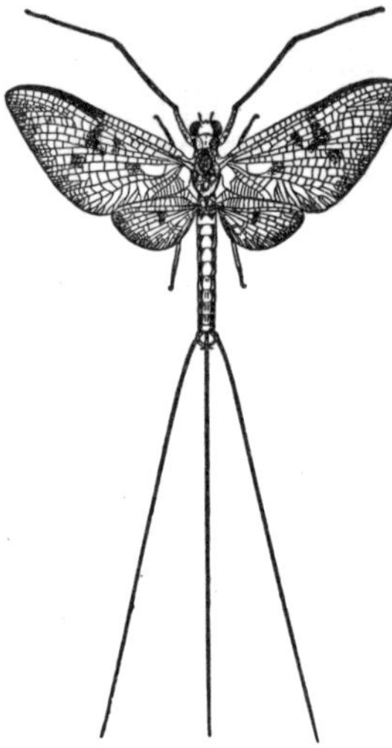

Abb. 144

Abb. 143. Maifliege, Subimago, Weibchen, *Ephemera danica* Müll. (2 × vergrößert). Aus Halford: Dry fly entomology. Vinton & Co., New York – Abb. 144. Maifliege, männlicher Spinner, *Ephemera vulgata* L. (nat. Größe). Aus E. Schoenemund: Eintagsfliegen, in: Die Tierwelt Deutschlands. G. Fischer, Jena 1930

Eiballen, die von den nach vorn abgebogenen Schwanzfäden festgehalten werden, sind die Weibchen von *Ephemerella ignita* leicht zu erkennen.

Die Eintagsfliegen, mit Ausnahme der „gelben Maifliege“ *Heptagenia sulphurea,* werden in jedem Entwicklungsstadium, als Nymphe, Scheintier und Spinner von den Fischen mit Vorliebe verspeist. Sie sind deshalb die wichtigste Insektengruppe für den Fliegenfischer. In Deutschland sind 68 Arten Eintagsfliegen nachgewiesen, aber nur ein rundes Dutzend ist so häufig und verbreitet, daß sich die Nachbildung lohnt.

Wichtige und weit verbreitete Arten sind die Maifliegen, *Ephemera danica* Müll. und *Ephemera vulgata* L. (Abb. 143–145).

Ecdyonurus venosus Fab. und andere Arten: Das weibliche Scheintier gilt als Vorbild der hellen Märzbraunen, das männliche Scheintier als das der dunklen Märzbraunen. Imago ist der große Rotspinner, *Ecdyonurus flu-*

Fliegentafel

Tafelerklärung siehe Rückseite

Flügel-Trockenfliegen

1. Irresistible
2. Greenwells Glory
3. gelbe Eintagsfliege
4. Märzbraune
5. braune Sedge
6. weiße Sedge

Palmer(-Trockenfliegen)

7. Tricolore
8. brauner Palmer

Hechel-Trockenfliegen

9. braune Hechel-Trockenfliege
10. graue Hechel-Trockenfliege
11. schwarze Hechel-Trockenfliege
12. weiße Hechel-Trockenfliege

Flügel-Naßfliegen

13. Steinfliege
14. Blue Dun

Hechel-Naßfliegen

15. Palaretta
16. Subimago
17. schwarze Zulu

Groß-Naßfliege

18. golden Demon

Nymphen

19. finnische Nymphe
20. braune Arthofer
21. schwarze Nymphe
22. Maifliegen-Nymphe
23. Shrimp-Fly (Flohkrebserl)

Streamer

24. Fuzzy Wuzzy
25. Taupo Tiger
26. Professor
27. Hecht-Streamer

Aufnahme und Zusammenstellung: Ekkehard Wiederholz

minum Pict. Er entspricht der Augustbraunen, einer an Gebirgsbächen weit verbreiteten, aber zumeist vereinzelt auftretenden Form.

Heptagenia lateralis kommt vornehmlich an Gebirgsbächen vor, seltener an Flachlandgewässern von Mai bis August. Die kleinen Muster der hellen Märzbraunen werden wohl für die Subimago dieser Fliege genommen.

Die Truthahnfliege, *Paraleptophlebia submarginata,* ist eine der wenigen Formen, die auch an kühlen, regnerischen Sommertagen an Gewässern der Mittelgebirge und des Flachlandes zu beobachten ist. Sie wird zusammen mit anderen Arten durch Nachahmung der Hoflandsflige gedeckt.

Die Rheinmücke, *Oligoneuriella rhenana* Imh., die helle Abendfliege des August. In diesem Monat oft in riesigen Schwärmen abends auftretend. Die weiße Motte auf großen Hakennummern ahmt diese Fliege nach.

Die eisenblaue Eintagsfliege, *Baetis pumilus* Burm., ist kenntlich an den dunkelblaugrauen Flügeln und dem rötlichen Körperende.

Abb. 145

Abb. 146

Abb. 145. Nymphe der Maifliege, *Ephemera vulgata* L. Aus E. Schoenemund: Eintagsfliegen, in: Die Tierwelt Deutschlands. G. Fischer, Jena – Abb. 146. Nymphe der Olivfarbenen, Blaugeflügelten *Ephemerella ignita* Poda (etwa 3× vergrößert). Aus Schoenemund: Die Eintagsfliegen, in: Die Tierwelt Deutschlands. G. Fischer, Jena 1930

Die blaugeflügelte Olivfarbene, *Ephemerella ignita* Poda. Sie ist weit verbreitet, sowohl an rasch fließenden als auch träg fließenden Gewässern, und gilt dort, wo sie vorkommt, als wichtigste Angelfliege. Größe und Färbung schwanken ziemlich stark. An den drei Schwanzfäden und der grünlichen Körperfarbe ist sie jedoch leich zu erkennen. Auch ihre Nymphe (Abb. 150) wird von Forellen und Äschen mit Vorliebe genommen. Die dunkel geringelten Beine und Schwanzfäden der Nymphe lassen sich mit Brustfedern vom Rebhuhn (Abb. 130) täuschend nachahmen.

Die große Olivfarbene, *Baetis rhodani* Pict. Sie schwärmt fast das ganze Jahr über, auch im Winter bei Eis und Schnee.

Die kleine Olivfarbene, *Baetis scambus* Eot., ist von Mai oder Juni bis in den Winter neben der Blaugeflügelten an vielen Gewässern die häufigste Eintagsfliege.

Wer sich näher für die Insektengruppen interessiert, dem seien folgende Bücher zur Artbestimmung empfohlen:

E. Schoenemund, „Die Tierwelt Deutschlands und der angrenzenden Meeresteile", Teil 19, Eintagsfliegen oder Ephemeroptera, Jena 1930, und P. Brohmer, „Fauna von Deutschland", Leipzig 1932 (enthält die wichtigsten

Arten und Gattungen, ist aber leider bei den Ephemeriden unvollständig). Ferner sind zu nennen: H. Weber, Grundriß der Insektenkunde. 3. Aufl. Stuttgart 1954; F. M. Engel, Das große Buch der Insekten, München 1966, und Chinery, „Insekten Mitteleuropas", 1979 (Paul Parey).

Zum Fang der Insekten am Wasser empfiehlt sich ein rundes Netzchen aus Gaze von etwa 15 cm Durchmesser, das man sich selbst anfertigt oder kauft und das sich auf die Fliegenrute aufstecken läßt. Die gefangenen Insekten werden am besten in einer kleinen Plastikschachtel, die mit einigen Pflanzenhalmen ausgelegt wird, damit sich die Fliegen daran festklammern können und ihre Flügel nicht beschädigt werden, lebend mit nach Hause genommen. Es lassen sich dann sehr schön die Häutung zum Spinner und die Farbveränderungen beobachten, die viele Formen zeigen.

Liste der gängigsten Erfolgsfliegen

Aus der Vielzahl der künstlichen Fliegen seien hier jene Erfolgsfliegen aufgezählt, mit denen der Fliegenfischer die ganze Saison hindurch an allen Gewässern Aussicht auf einen guten Fang hat. In der Gesamtzahl von 27 Fliegen wurde jede Fliegenvariante mit den jeweils universell verwendbaren fängigsten Exemplaren berücksichtigt.

Flügel-Trockenfliegen

Irresistible, Greenwells Glory,
Gelbe Eintagsfliege, Märzbraune, braune und helle Sedge

Palmer-Trockenfliegen

Tricolore, brauner Palmer

Hechel-Trockenfliegen

jeweils in Braun, Grau, Schwarz und Weiß

Flügel-Naßfliegen

Steinfliege, Blue Dun

Hechel-Naßfliegen

Palaretta, Subimago, schwarze Zulu

Groß-Naßfliege

Golden Demon

Nymphen

Finnische Nymphe, braune Arthofer, schwarze Nymphe, Maifliegennymphe, Shrimp Fly (Flohkrebserl)

Streamer

Fuzzy Wuzzy, Taupo Tiger (mit gelbem Leib), Professor, Hecht-Streamer (gelb mit rotem Leib)

Materialhinweis zum Binden eines typischen Fliegen-Exemplares

Greenwells Glory (Flügel-Trockenfliege)

Körper: gelbgrünes Krepp-Nylon oder goldgelbe Floßseide
Rippung: Golddraht oder einfädiges Goldgespinst
Schwänzchen: dünnes Büschel von steifer brauner Hahnenhechel
Hechel: rotbraune Ofenhechel
Flügel: Schnepfe oder Fasanenhenne (Flügel)

Helle Sedge (Flügel-Trockenfliege: *Köcherfliege*)

Körper: beigefarbene Wolle oder Krepp-Nylon (etwas füllig formen)
Körperhechel: hellbraune bis honigfarbene Hahnenhechel
Flügel: heller Ausschnitt aus der Schwungfeder des Fasanenhahns

Brauner Palmer

Körper: braune Wolle oder braunes Krepp-Nylon (für kleine Fliegen besser letzteres)
Körperhechel: mittelbraune Hahnenhechel, etwas kürzer in der Fiber als die Kopfhechel
Kopfhechel: mittelbraune Hahnenhechel

Schwarze Hechelfliege

Körper: schwarzes Krepp-Nylon, dünn geformt
Schwänzchen: mehrere steife schwarze Hahnenhecheln
Hechel: schwarze Hahnenhechel

Steinfliege (Flügel-Naßfliege)

Körper: mittelgraue Wolle
Rippung: gelber Faden (Nähseide)
Flügel: Ausschnitt aus der Schwungfeder des Fasanenhahns
Schwänzchen: 3 Fibern aus dem Fasanenstoß
Hechel: dunkelbraune weiche Hahnenhechel

Palaretta (Hechel-Naßfliege)

Körper: lichtgrünes oder lichtolives Krepp-Nylon oder Wolle, dick geformt
Rippung: gelbe Nähseide
Schwänzchen: grellrot gefärbter Federfahnenausschnitt
Hechel: mittelbraune Ofenhechel, über den Körper hinausragend zurückgebunden

Braune Arthofer (Nymphe)

Körper: naturfarbene braune Straußenfiber (2–3 Stück)
Schwänzchen: 3 Straußenfiber-Enden der gleichen Farbe
Flügeldecke: Federausschnitt von der Fasanenhenne
Hechel: kurz gestutzte Rebhuhnhechel

Taupo Tiger (Streamer)

Körper: grellgelbes Chenille (am besten Drahtchenille)
Rippung: dreifädiges Silbergespinst
Körperhechel: graugesperberte Hahnenhechel (grizzly-grau), mit dem Rippungsfaden eingebunden
Kopfhechel: graugesperberte Hahnenhechel

Lachsfliegen, Streamer, Bucktails, Röhrchenfliegen und Optikfliegen

Lachsfliegen (Abb. 147) sind in vielen Farben schillernde kleine Wunderwerke unter den künstlichen Fliegen. Es handelt sich bei ihnen meist um reine Naßfliegen, die auf größere Haken gebunden dem Lachs, der Meerforelle, der Stahlkopfforelle und dem Artic Char (einer Saiblingsart) angeboten werden.

Abb. 147. Lachsfliege

Abb. 148. Streamer

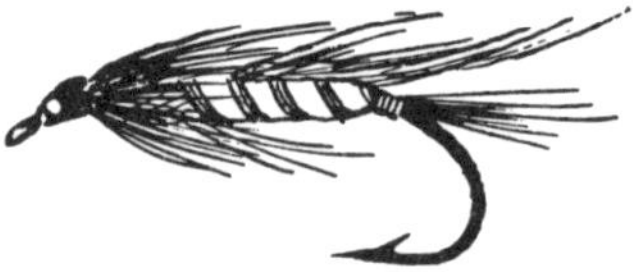

Abb. 149. Bucktail

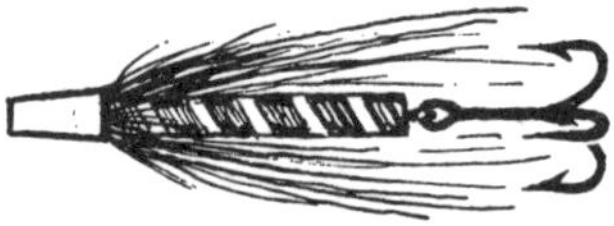

Abb. 150. Röhrchenfliege

Streamer sind aus Hechelfedern gefertigte Großfliegen, die ein kleines Fischchen imitieren sollen. Mit ihnen wird auf Forellen, Huchen, Hechte und Zander geangelt (Abb. 148).

Bucktails sind streamerartige Gebilde, die aber nicht aus Federn, sondern aus den verschiedensten Wildtierhaaren gebunden werden. Sie konnten bis jetzt noch keine so große Anhängerzahl wie der Streamer erreichen, sind aber deshalb nicht weniger fängig (Abb. 149).

Abb. 151. Optikfliege

Röhrchenfliegen sind auf dünne Plastikröhrchen gebundene lachsfliegen- oder auch streamerartige Gebilde, die meist dreiteilig, vorne mit einem kleinen

Metallkegelkopf und hinten mit einem kleinen Drilling versehen, erst auf der Vorfachspitze, durch Hintereinanderschalten, zusammengesetzt werden (Abb. 150).

Optikfliegen sind ebenfalls streamerartige Gebilde, deren Kopf jeweils seitlich mit einer ein Auge vortäuschenden Perle besetzt ist. Diese Köder werden auch erfolgreich auf unsere Binnengewässerraubfische verwendet (Abb. 151).

Künstliche Köder für die Spinnfischerei

Das Wesen der Spinnangelei wird im Kapitel Spinnfischen dargestellt: Künstliche Spinnköder sind Reizköder, die fliehende oder kranke, taumelnde Kleinfische oder sonstige für den Raubfisch interessante Beutetiere, wie z. B. Frösche, darstellen und den Raubfisch zum Angriff und Zufassen verleiten sollen. Spinnköder führt man entweder mit der Spinnrute oder mit der Schleppangel vom fahrenden Boot aus. Die Verwendung von natürlichen, toten Köderfischen an Hakensystemen wird ebenfalls im Kapitel Spinnfischerei erörtert.

Im Handel sind zahllose Arten künstlicher Spinnköder erhältlich. Manche beeindrucken allerdings mit ihrer Farbe und Aufmachung mehr den Angler und dessen Geldbeutel als die Fische. Um den Anfänger nicht zu erschrecken und ihm die Wahl zu erleichtern, sei gleich gesagt, daß wenige Modelle ausreichen, die man je nach Fischart, Wassertiefe, Strömungsverhältnissen und Wasserfärbung auswählt. In der nachstehenden Schilderung der gebräuchlichsten Kunstköder wird jeweils angegeben, für welche Fischart sie sich am besten eignen. Es gelten folgende, allgemeine Regeln für die Wahl der Spinnköder:

Ein besonderes Spinnblei, das vor dem Spinnköder an die Schnur montiert wird, ist oft hinderlich. Deshalb sind für die Verwendung in tieferen Gewässern und starken Strömungen schwere Spinnköder vorzuziehen, wie z. B. der Effzet-Löffel, der schwere Heintz-Blinker, das Schweizer Wunderfischli oder Wobbler, die man tief führen kann, wie z. B. den ABU-Hilo und den Mirrolure. In trägen, nicht zu tiefen Flüssen sowie für das Schleppangeln in Seen sind leichtere Spinnköder wie z. B. dünnblechige Lang-Löffel, Heintz-Blinker, ein an seiner Achse nicht beschwerter Spinner oder Wobbler für mittlere Tiefen am wirksamsten, weil sie auch bei langsamster Führung noch lebhaft arbeiten. Im Frühling und Sommer verwendet man in solchen Gewässern mit großem Erfolg vor allem Wobbler aus Holz und Kunststoff. Was die Köderfarbe anbelangt, so nimmt man in der Regel in klarem Wasser, besonders in kleinen Flüssen und Seen, matte oder dunkel gefärbte Köder. In dunklerem Wasser großer Flüsse und Seen sind dagegen meistens glänzende Köder wirkungsvoller. Für sehr trübes oder mooriges Wasser werden entweder ganz helle Köder oder ganz schwarze empfohlen. In schlecht sichtigem Wasser werden letztere von den Fischen auf größere Entfernung sogar besser wahrgenommen.

In Gewässern, die oft mit Blinkern befischt werden, ist es manchmal angebracht, den Raubfischen einen neuen Spinnködertyp vorzuführen. Im allgemeinen aber kann gesagt werden, daß an fast allen Gewässern und auf alle Fischarten zwei oder drei der bisher erwähnten Spinnköder ausreichen, z. B. der Heintz-Blinker sowie der Spinner und der Wobbler in verschiedenen Farbtönungen und Größen.

Ein großer Teil der Wobbler aus Holz und derjenigen mit hohlem Gummi- oder Kunststoffleib sind leichter als Wasser. Sie schwimmen daher nach dem Einwurf an der Wasseroberfläche und tauchen erst unter, wenn sie eingeholt werden. Man kann also bei einem mißglückten Wurf in Ruhe die Schnur entwirren und braucht nicht zu fürchten, daß sich der Köder am Grund verhängt. Die Schwimmfähigkeit dieser Köder macht sie zum Befischen schwieriger Stellen, unter Brücken, unter überhängendem Gebüsch oder bei anderen Hindernissen im und am Wasser besonders geeignet. Man läßt den Schwimm-Wobbler stromabwärts über oder nahe an den Standplatz der Fische treiben. Sobald man dann einrollt, taucht der Köder unter und beginnt zu arbeiten.

Schwimm-Wobbler brauchen nicht unbedingt reine Oberflächenköder zu sein. Weisen sie an ihrem Kopfende eine Tauchschaufel, fest oder verstellbar, auf, und ist diese ziemlich flach nach vorn gerichtet eingestellt (spitzwinklig), tauchen sie schon bei mäßigem Einrolltempo in größere Tiefen ab. Eine steil nach unten gerichtete, stumpfwinklig zum Wobblerkörper stehende Tauchschaufel dagegen bewirkt, daß sich die Wobbler in den oberen Wasserschichten bewegen. Wenn zum Erreichen größerer Tiefen dem Köder doch noch ein Spinnblei vorgeschaltet wird, sollte es etwa 30 bis 40 cm vor dem Köder befestigt sein, damit dessen Wobbelbewegung nicht beeinträchtigt wird.

Die Spinnköder werden eingeteilt in solche für kleinere Raubfische wie Forellen, Barsche, Rapfen und Döbel – leichte Spinnfischerei – und solche für größere Raubfische, wie Hecht, Huchen und Waller – schwere Spinnfischerei. Eine scharfe Abgrenzung läßt sich hier jedoch nicht ziehen, weil es gar nicht selten vorkommt, daß ein großer Hecht den kleinsten Forellenspinner nimmt und ein kleiner Barsch oder Döbel sich am größten Hechtblinker vergreift, der nahezu länger als er selbst ist.

Spinnköder für Forellen, Barsche, Rapfen und Döbel

Der Blinker (Abb. 152) sollte eine Länge von 3–6 cm aufweisen. Besonders fängig sind außen versilberte und innen vergoldete bzw. verkupferte Blinkerchen. Feindrähtige Drillinge mit weitem Rundbogen sind vorteilhaft.

Der Devon (Abb. 153) ist entweder versilbert, vergoldet, grün, blau, braun oder gemustert gefärbt. Er ist meist mit zu vielen Drillingen – manchmal bis zu vier – bestückt. Ein Schwanzdrilling genügt vollkommen. Dieser Köder arbeitet am besten im Fließgewässer.

Der Augenblinker (Abb. 154) ist bemalt oder feueremailliert und eignet sich besonders für klares Wasser.

Der Schlitter-Jig (Abb. 155), von E. Wiederholz, ist vor allem zur Verwen-

Abb. 152. Blinker

Abb. 153. Devon

Abb. 154. Augenblinker

Abb. 155. Schlitter-Jig

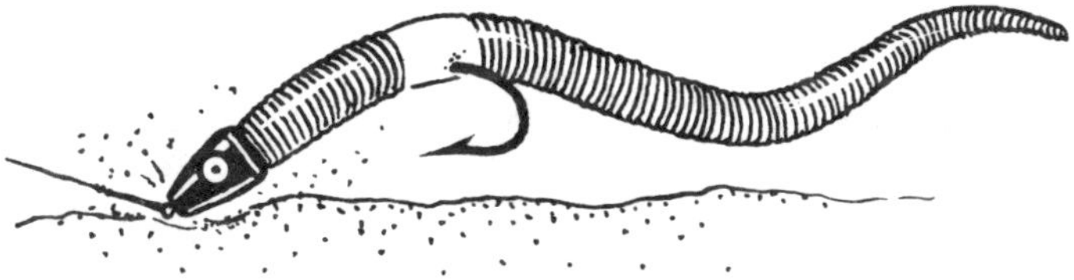

Abb. 156. Wurm-Jig

dung in besonders tiefen oder schnellströmenden Gewässern bestimmt und kann mit seinem stets aufwärts gerichteten Haken im Langsamsttempo über hindernisreichen Boden gezupft werden, ohne dort öfter hängenzubleiben.

Der Wurm-Jig (Abb. 156) stammt aus den USA. Sofern dieser überaus fängige Tiefenköder nicht käuflich zu haben sein sollte, kann man ihn sich sehr schnell selber basteln. Man nimmt hierzu einen großen weichen Plastikwurm, schneidet am Kopfende dessen Kuppe ab, sticht dort einen großen mit Bleikopf versehenen Einfachhaken (Tiroler-System) und 3 bis 4 cm dahinter einen an einem Seitenzweig befestigten kleinen Drilling ein.

Der Perlmutt-Devon (Abb. 157) läßt sich auf Grund seines hohen Eigengewichtes sehr weit werfen und ist besonders zur Verwendung in stark strömenden Fließgewässern geeignet. Er gilt als hervorragender Köder für alle Forellenarten und für den Rapfen.

Der bekannteste Spinner (Schwinglöffel) ist der Mepps (Abb. 158). Er ist für alle Gewässer geeignet und für das Angeln auf alle Raubfische zu empfehlen. Ein sehr guter Schwinglöffel ist auch der „Colonel“ (Abb. 159)

Abb. 157
Perlmutt-Devon

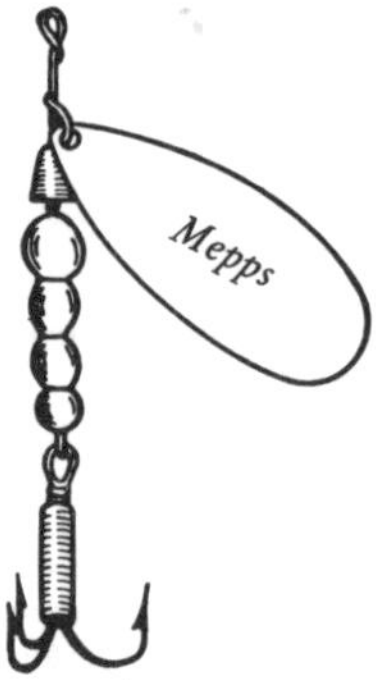

Abb. 158
Mepps

Abb. 159
Colonel Nr. 3

Abb. 160
Langblatt-Spinner

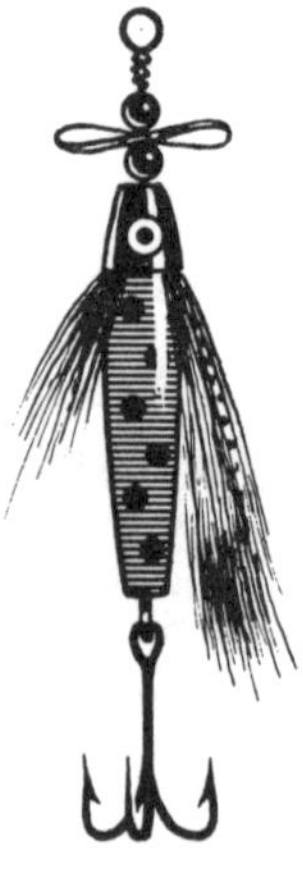

Abb. 161
ABU-Spinnerfliege

Abb. 162
Einfacher Löffelblinker

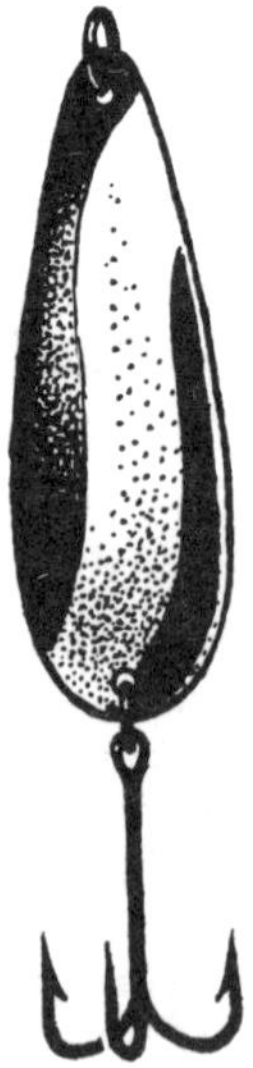

Abb. 163
Langlöffel

mit einem orangefarbenen Haarbüschel am Enddrilling. In der Größe 3 ist er, ebenso wie der Mepps, auf Hechte, Barsche und große Forellen gleichermaßen fängig.

Der Langblatt-Spinner (Abb. 160) wird vor allem in besonders schnell fließenden Gewässern benutzt, wo er wegen seines langen und schmalen Spinnerblattes einen geringeren Strömungswiderstand findet.

Die Spinner-Fliege (Abb. 161) ist ein spezieller Tiefenköder für extreme Tiefen oder besonders schnell fließende Gewässer.

Spinnköder für Groß-Forellen, Huchen, Zander, Hecht und Wels

Der Löffel (Abb. 162) bzw. Langlöffel (Abb. 163) stellt wohl die Urform aller Blinker dar. In seinen verschiedenen Größen und Farbnuancen gehört er zum eisernen Bestand in der Ausrüstung des Spinnanglers. Er ist für alle Gewässerarten und Raubfische zu empfehlen.

Der Toby-Blinker (Abb. 164) ist ein in aller Welt anerkannter Spinnköder für sämtliche Raubfischarten, in kleiner Ausführung besonders für Salmoniden. Auf Grund seiner langgestreckten Form und Eigenschwere eignet er sich vor allem auch für schnellfließende Gewässer.

Der Effzet-Blinker (Abb. 165) weist ein großes Eigengewicht auf, läßt sich daher sehr weit werfen und ist besonders für große Tiefen und schnell-

Abb. 164
Toby

Abb. 165
Effzet-Blinker

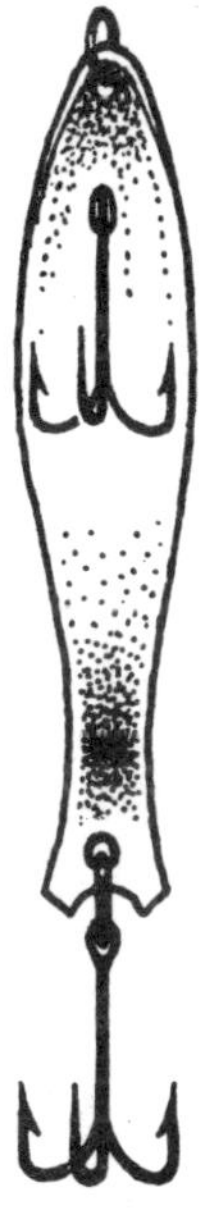

Abb. 166
Heintz-Blinker

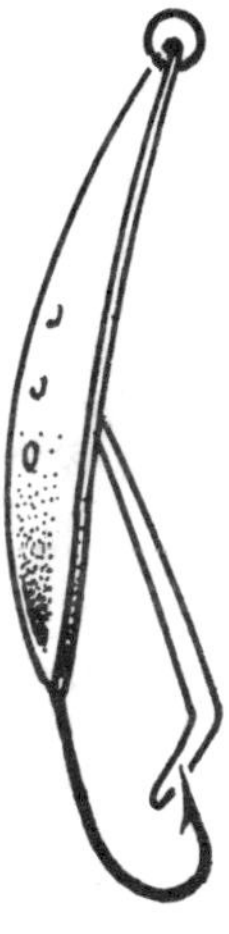

Abb. 167.
Krautlöffel

fließendes Wasser geeignet. Sehr guter Blinker für Hechte, in kleiner Ausführung für Forellen, Barsche und Döbel (Aitel).

Der Heintz-Blinker (Abb. 166) ist einer der besten Metall-Spinnköder überhaupt, insbesondere für Hecht, Huchen, Seeforelle und Waller. Er ist sowohl für stehendes als auch für fließendes Wasser geeignet, für flaches

Abb. 168.
Mauslöffel

Abb. 169.
Floppy

Abb. 170.
DAM-Baby-Wobbler

Abb. 171.
Flat-Fish

Abb. 172.
Bananen-Wobbler

Abb. 173.
ABU-Cello

ebenso wie für tiefes. Er wirkt attraktiv auf alle Raubfische in Süß- und Salzwasser.

Den Krautlöffel (Abb. 167) mit Hakenschutz benutzt man, wenn man den Raubfisch zur Sommerszeit im dichten Krautbestand sucht und nicht bei jedem Wurf in den Pflanzen hängenbleiben will.

Abb. 174.
Mirrolure

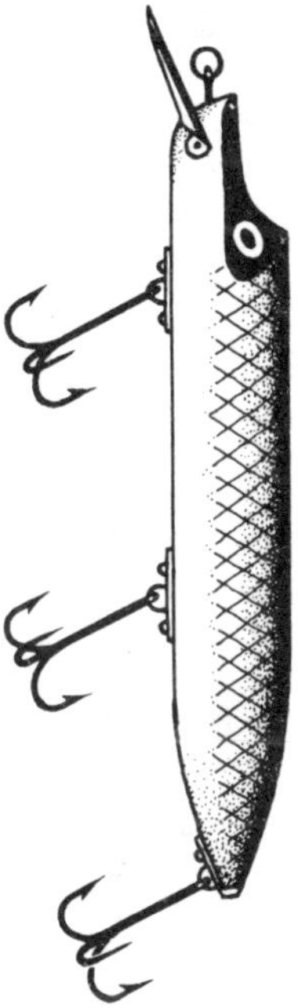

Abb. 175.
ABU-Hilo
(einteilig)

Abb. 176.
Comersee-Löffel

Abb. 177.
Ovalblatt-Spinner

Der Mauslöffel (Abb. 168) ist wegen seiner dunklen Färbung bei hellem Wetter und klarem Wasser besonders zum Angeln auf vergrämte Raubfische zu empfehlen.

Der Floppy (Abb. 169) ist ein Schwimm-Wobbler mit hohlem Gummileib, den man unter tief überhängendes Buschwerk treiben lassen kann und der dann beim Einholen auf größere Wassertiefen abtaucht. In kleineren Ausführungen ist er auch besonders zum Fang von Forellen, Barschen und Döbeln zu empfehlen.

Der Baby-Wobbler (Abb. 170) zählt zu den fängigsten Universal-Wobblern für mittlere Tiefen.

Der Flat-Fish (Abb. 171) oder ähnlich auch der Bananen Wobbler (Abb. 172) sind die lebendigsten aller Holzköder. Sie eignen sich für flachste Gewässer und langsamste Führung.

Der Cello (Abb. 173) ist ein Oberflächen-Popper aus Gummi, der im flachen Wasser laute Geräusche erzeugt und sich wegen seines weichen Gummikörpers wie ein echtes Fischchen anfühlt. Er reizt den Raubfisch deshalb oft zum Nachfassen, wenn er fehlgebissen hat.

Der Mirrolure (Abb. 174) ist einer der besten Tiefen-Wobbler, die es überhaupt gibt. Er eignet sich für alle Gewässer- und Raubfischarten.

Der ABU-Hilo (Abb. 175) ist ein ein- oder zweiteiliger Wobbler für alle Raubfischarten, der sich wegen seiner speziellen, in verschiedenste Stellungen einstellbaren Tauchschaufel sowohl für flachste als auch für extrem tiefe Gewässer verwenden läßt.

Weitere sehr bekannte Löffel, Spinner und Wobbler aus dem großen Angebot sind der Comersee-Löffel (Abb. 176), der Ovalblatt-Spinner

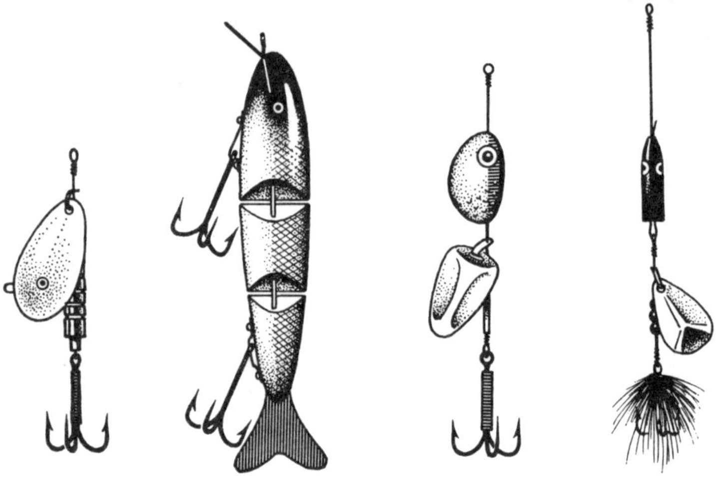

Abb. 178 Abb. 179 Abb. 180 Abb. 181

Abb. 178. Ovalblatt-Spinner mit verstellbarer Rotationsmöglichkeit des Blattes – Abb. 179. Wobbler – Abb. 180. Bleikopf-Spinner – Abb. 181. Bleikopf-Spinner

(Abb. 177), auch mit verstellbarer Blattrotation (Abb. 178), der große Fisch-Wobbler (Abb. 179) und verschiedene Arten von Bleikopfspinnern (Abb. 180 und 181).

Nach dem Gebrauch sind alle künstlichen Spinnköder stets zu trocknen. Besonders zum Rosten neigen die mit Federn oder Wollbüscheln umkleideten Haken. Wenn Metallköder im Laufe der Zeit matt und blind werden, so schadet das nichts, im Gegenteil, sie eignen sich dann oft besonders gut für klares Wasser und sonnige Tage. Gegebenenfalls kann man sie mit einem Lappen oder mit ein wenig Sand bzw. Erde zwischen Daumen und Zeigefinger sehr schnell wieder aufpolieren.

Spinnköder müssen mit tadellosen, nadelscharfen Haken versehen sein, damit sich diese, auch bei einem nicht schnell genug gesetzten Anhieb, sofort im Raubfischrachen, vor allem im knochigen Rachen des Hechtes, verankern können. Feile und Abziehstein, Zange, Reservehaken und Springringe sollte der Angler stets mit sich führen, um am Wasser jederzeit stumpfe Haken nachfeilen, Haken zurechtbiegen oder den Spinnköder mit neuen Haken versehen zu können.

Künstliche Köder für das Heben und Senken

Die Köder zum Heben und Senken bzw. Pilken müssen genügend Eigengewicht haben, um ohne Bleibeschwerung schnell abzusinken. Der Schwerpunkt des Köders soll im hinteren Teil liegen, damit er sich beim Senken nicht umdrehen und in der Schnur verhängen kann.

Abb. 182. Schweizer Wunderfischli

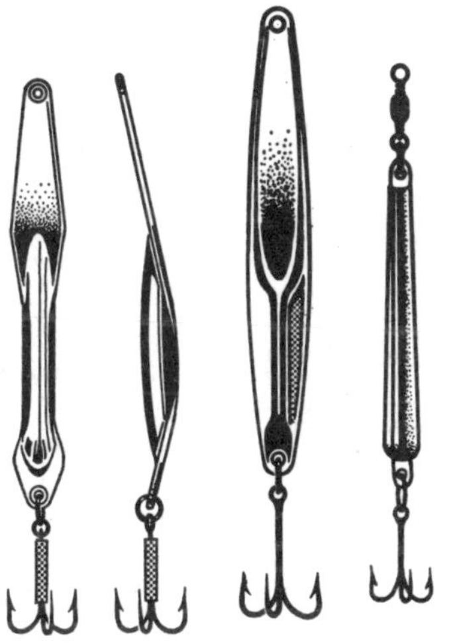

Abb. 183. Pilker, einer davon auch von der Seite gesehen

Abb. 184. Kosak

Zu diesen speziellen Tauchködern gehören: das Schweizer Wunderfischli (Abb. 182). Er ist überaus eigenschwer und vor allem zur Befischung größter Tiefen geeignet. Beim Absinkenlassen hebt sich der Turbinenkopf dieses Köders und beginnt zu rotieren. Beim Heben und Einrollen bzw. Flachführen des devonartigen Tauchköders klinkt der Kopfteil mit Turbine wieder ein, so daß der Köderrumpf mitspinnt.

Der Pilker (Abb. 183), den es in verschiedensten Arten gibt, ist der typischste aller Heb- und Senkköder. Er bewährt sich immer wieder auf den sehr tief stehenden Zander, Barsch und Seesaibling, in größeren Ausführungen auf Makrele und Dorsch.

Der Kosak (Abb. 184) ist ein vernickelter Zinnfisch, der hauptsächlich zum Barschfang benützt wird.

Die Gambe (Abb. 185) ist ein ca. 1,70 cm langes Stück monofiler Angelschnur (Ø 0,25–0,30 mm) mit einem etwa 20–40 g schweren Senkblei am Ende und drei bis fünf Haken darüber, die im Abstand von etwa 40 cm mit 5 cm langen Seitenschnüren an die Hauptschnur geknüpft sind. Die Haken sind vom Schenkelplättchen bis zur Krümmung mit bunten, weichen, sich verjüngenden Gummiröhrchen überzogen. Diese Gummihaken an den wippenden Seitenschnüren sind, zusätzlich beködert mit zwei bis drei Fleischmaden, ein nahezu unwiderstehlicher Köder für Barsche, aber auch für große Brachsen, Döbel und Rotaugen. Die Gambe wird, meist vom Boot aus, auf die erforderliche Tiefe herabgelassen und dann aus dem Handgelenk oder mittels einer kurzen und nicht zu steifen Rute gehoben und gesenkt. Ein ähnliches Prinzip wie bei der Gambe gilt für die Hegene (Abb. 253) und die Nuggis am Bodensee.

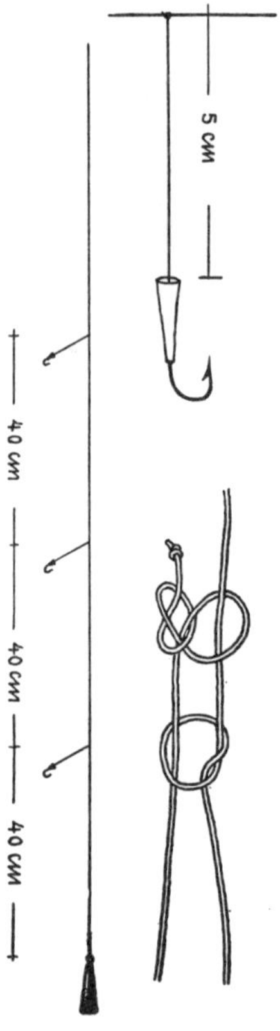

Abb. 185. Gambe

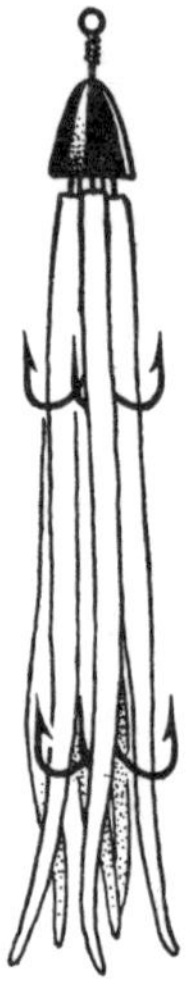
Abb. 186. Zopf

Schwere Blinker, wie der dickblechige Toby (Abb. 164) und der Effzett-Blinker (Abb. 165), können ebenfalls mit bestem Erfolg zur Heb- und Senkführung bzw. zum Pilken verwendet werden.

Der Zopf (Abb. 186) wird aus Gummischlauch, großen Plastikwürmern oder schmalen Lederstreifchen in unterschiedlichen Längen hergestellt und hat sich auf alle Raubfischarten, speziell aber auf den Huchen bewährt. Die aufgesetzte Bleikappe verschafft das erforderliche Gewicht für den Weitwurf und unterstützt zugleich das tiefe Führen in vertikalen „Bogensprüngen“ in schnell fließenden Gewässern.

Die Mormyschka ist ein linsen- bis erbsengroßer länglich-runder Kleinstpilker, exzentrisch an der Schnur befestigt, mit waagerecht wegstehenden Einzelhaken, der manchmal zusätzlich mit einer Made oder Wurmstückchen beködert wird. Sie wird an allerfeinster Schnur (Ø 0,8 mm) vibrierend auf und ab bewegt. Die vibrierende Bewegung erzeugt man mit einer Spezialrute mit weicher Gummischlauchspitze. Dieser Köder kommt aus Rußland und dient dort hauptsächlich fürs Eisangeln.

Angelmethoden

Allgemeines

Sehen am und im Wasser

Die verschiedenen Fischarten lassen sich bei der Nahrungssuche durch verschiedene Sinnesorgane leiten. So spielen beim Hecht Gesicht und Erschütterungssinn – Seitenlinie –, bei Barsch, Zander und Forelle Gesicht und Geruch, beim Karpfen und anderen Cypriniden vorwiegend der Geruchsinn, bei Aal und Quappe Geruchs- und Erschütterungssinn die wichtigste Rolle. Demnach läßt sich allgemein sagen: Den Raubfischen dienen bei der Nahrungssuche im wesentlichen Gesicht und Erschütterungssinn, den Friedfischen Gesicht, Geruch und das Schmecken mit Lippen und Barteln.

Um die Fische zu überlisten, fischt der Angler mit möglichst feinem Angelzeug. Das feinste Zeug nützt jedoch nichts, wenn die Fische mißtrauisch geworden sind, weil sie den Angler sahen oder durch die Erschütterungen gewarnt wurden, die von unvorsichtigen Fußtritten ausgingen. Solche Erschütterungen des Ufers oder des Wasser, die von der Seitenlinie der Fische aufgenommen werden, lassen sich leicht vermeiden. Wenn man jedoch nicht gesehen werden will, muß man wissen, *wie* die Fische stehen.

Die Beschaffenheit des Bildes, das auf der Netzhaut des Fischauges von der Umwelt entsteht, wird bedingt durch den Bau des Fischauges und das Verhalten der Lichtstrahlen beim Gang durch Luft und Wasser. Der Bau des Fischauges soll hier nicht geschildert werden, sondern vielmehr nur die Tatsachen erwähnt werden, die für den Angler wichtig sind. Die kugelige Linse des Fischauges ist nicht, wie die menschliche Linse, mit Muskeln zur Veränderung der Linsenform versehen, sie verfügt nur über einen Muskel, der ihren Abstand von der Netzhaut um einen geringen Betrag vergrößert oder verkleinert. Fische sind daher sehr kurzsichtig und erkennen nur sehr nahe Gegenstände scharf, entfernte Dinge dagegen verschwommen in der Form und ohne Einzelheiten. Trotzdem werden aber auch weit vom Fischauge entfernte Objekte gut wahrgenommen, sofern sie sich bewegen oder ihre Helligkeit ändern.

Die Augen der meisten Fische liegen seitlich am Kopf, sie sehen deshalb nicht gerade nach vorn und auch nicht senkrecht nach oben und unten. Eben wegen der seitlichen Lage der Augen ist aber der Gesichtswinkel – der Bereich, in dem gesehen wird – wesentlich größer als beim Menschen. Man kann annehmen, daß die Fische noch in einem Winkel von 25° und mehr zur Körperachse schräg nach hinten bewegte Gegenstände, etwa die geschwungene Angelgerte, wahrnehmen.

Fischen mit seitlich liegenden Augen, deren Sehachsen sich nicht wie beim Menschen überkreuzen, geht die Fähigkeit zu körperlichem Sehen ab, sie ist offenbar für das Leben im Wasser nicht so wichtig wie ein großer Gesichtskreis. Dafür ist der Fisch imstande, gleichzeitig Dinge zu erkennen, die sich auf verschiedenen Seiten seines Körpers befinden, eine Fliege, die rechts auf ihn zutreibt, und den Angler, der sich von links anschleicht.

Eine Ausnahme bilden wahrscheinlich Hecht und Forelle. Da die Augen dieser Arten mehr nach vorne gerichtet sind, sehen sie im vorderen Teil des Blickfelds körperlich (Abb. 187).

Die verschiedenen Fischarten sind in wechselndem Maß fähig, Farben zu unterscheiden. Die Erfahrung mit künstlichen Fliegen zeigt, daß Forellen und Äschen sich mitunter nicht im geringsten um die Fliegenfarbe kümmern, andererseits aber auch fähig sind, unbedeutende Unterschiede des Helligkeitswertes zu erkennen. Mit Sicherheit darf angenommen werden, daß Fische auch in der Dämmerung und bei Nacht noch gut sehen, weit besser als der Angler. Diese besondere Fähigkeit ist im Bau der Netzhaut des Fischauges begründet, die für gelblich-grünes Licht in hohem Maß empfindlich ist.

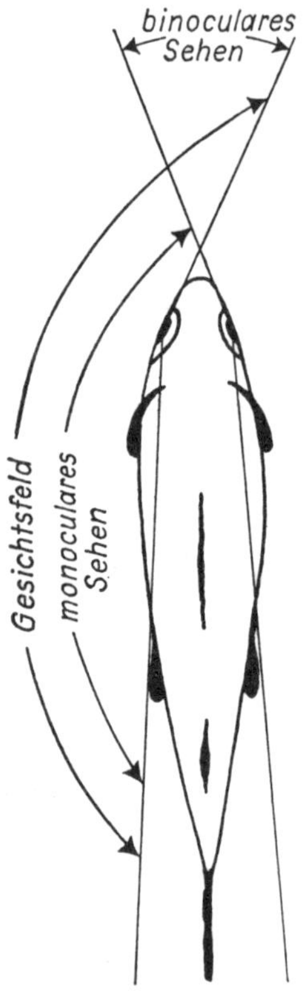

Abb. 187. Gesichtsfeld der Forelle

Wichtiger noch als der Bau des Fischauges ist für den Angler der Gang der Lichtstrahlen in Luft und Wasser. Die Brechkraft des Wassers ist bekanntlich verschieden von der Luft. Von Lichtstrahlen, die auf eine ebene Wasseroberfläche treffen, wird ein Teil unter dem Winkel, mit dem er auftrifft, wieder zurückgeworfen, ein anderer Teil des Lichts dringt in das Wasser ein und wird dabei abgelenkt oder gebrochen. Die Ablenkung geht beim Weg Luft–Wasser immer zur Senkrechten (Abb. 188). Nur der Strahl, der senkrecht einfällt, ändert seine Richtung nicht.

Die Wasseroberfläche wirkt also für einen Teil des auffallenden Lichts wie ein Spiegel, in dem die Gegenstände auf dem Kopf stehend erscheinen. Ist dieses Spiegelbild sehr hell, so überdeckt es das Bild der Unterwasserwelt und verwehrt dem Angler den so wichtigen Blick ins Wasser. Zum Glück ist ein einfaches Mittel entdeckt worden, um das gespiegelte Bild auszulöschen. Gespiegeltes Licht ist vom gewöhnlichen Licht dadurch unterschieden, daß seine Schwingung parallel zur Wasseroberfläche verläuft, es ist polarisiert. Eine Polaroidbrille, deren Schwingungseinrichtung senkrecht steht, läßt nur wenig waagerecht polarisiertes Licht durch, wischt also das gespiegelte Licht fast völlig aus und ermöglicht den Blick ins Wasser.

Wie Abb. 189 zeigt, bilden die in das Wasser eindringenden Strahlen für das Fischauge einen Kegel mit einem Winkel von 97°. Nach einer Grundregel der Optik gilt dieses Bild auch für Lichtstrahlen, die aus dem Wasser in Luft

Der große Barsch ging an die Hechtangel. (Phot. C. W. Schmidt-Luchs)

Temperamentvoll steigt die Bachforelle nach der Fliege. Mit dem halben Leib durchbricht sie die Wasseroberfläche. (Phot. E. Wiederholz)

Ein dicker Döbel (Aitel). Er fiel auf einen kleinen Wobbler herein. (Phot. E. Wiederholz)

übertreten. Derartige Strahlen werden beim Austritt in die Luft von der Senkrechten weg gebrochen, nur der senkrecht auf die Grenzfläche treffende Strahl bleibt ungebrochen (Abb. 188). Je spitzer der Winkel ist, unter dem die Strahlen von unten auf die Wasseroberfläche treffen, um so stärker werden sie abgelenkt. Aus der Zeichnung geht weiter hervor, daß ein Strahl, der mit einem Winkel von 48½° zur Senkrechten auf die Grenzfläche trifft, waagerecht, also in der Grenzfläche weiterlaufen muß. Sämtliche Strahlen, die in

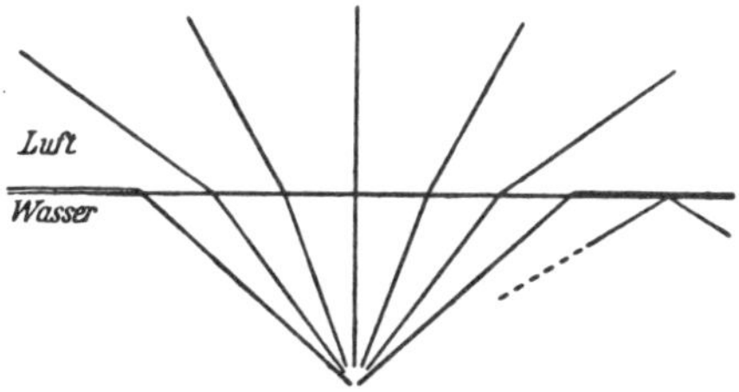

Abb. 188. Brechung der Lichtstrahlen beim Übergang von Luft in Wasser und umgekehrt

noch spitzerem Winkel auf die Wasseroberfläche fallen, können das Wasser nicht verlassen. Sie werden von der Wasseroberfläche, die wie ein ausgezeichneter Spiegel wirkt, vollständig zurückgeworfen oder total reflektiert, wie die Physiker sagen.

Das Auge sieht einen Gegenstand immer in der Richtung, aus der die Lichtstrahlen kommen. Wegen der Brechung der Strahlen von der Senkrechten weg erscheinen Gegenstände im Wasser bekanntlich gehoben, eine jedem Angler geläufige Erscheinung. Weit merkwürdigere Auswirkungen haben Lichtbrechung und Totalreflektion jedoch für das Sehen unter Wasser. Alles Licht, das von außen in das Wasser eindringt, bildet ein kegelförmiges Strahlenbündel mit einem Winkel von 97° und der Spitze des Kegels zwischen den Fischaugen. Der Fisch sieht die ganze Luftwelt durch ein kreisförmiges Fenster, das wegen der Verschluckung von Licht im Wasser um so dunkler erscheint, je tiefer der Fisch steht, und um so heller ist, je mehr er sich der Oberfläche nähert. Das Fenster gibt allerdings insofern kein vollständiges Bild der Luftwelt, als viele Fische wegen der seitlichen Stellung der Augen

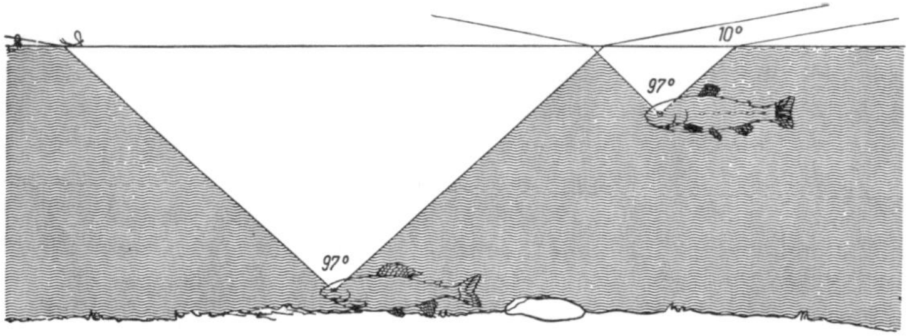

Abb. 189. Das Blickfenster der Fische. Aus: H. Aldinger, Winke mit der Angelrute

nicht nach oben, vorne und unten sehen können. Im Fenster fehlt also ein schmaler Streifen Luftwelt, sonst sind jedoch alle Dinge sichtbar, von denen Lichtstrahlen in nicht zu flachem Winkel auf das Fenster treffen; nur werden die Größenverhältnisse verzerrt. Gegenstände in der Nähe der Senkrechten erscheinen noch einigermaßen im wahren Verhältnis. Je näher die Objekte dem Horizont liegen, um so verzerrter und undeutlicher werden sie, weil ja außerdem von den Lichtstrahlen, die flach auf das Wasser treffen, der größte Teil an der Wasseroberfläche reflektiert wird. Versuche haben ergeben, daß Gegenstände, von denen die Lichtstrahlen in einem Winkel auf das Wasser gelangen, der kleiner ist als etwa 10° (Abb. 189, oben rechts), nicht mehr unterschieden werden können.

Für den Angler ergeben sich daraus einige wichtige Folgerungen. Er kann sich einem Fisch unbesorgt von hinten nähern, solange er sich in dem blinden Winkel von etwa 25° zur Längsachse des Fisches befindet. Innerhalb des Gesichtskreises von etwa 155° zu beiden Seiten des Fisches wird der Angler um so schlechter bemerkt, je mehr er sich dem toten Winkel nähert und je tiefer er sich befindet. Kriechen und Knien lohnen sich daher nicht nur beim Flugangeln. Die geschwungene Gerte wird um so deutlicher gesehen, je mehr sie sich der Senkrechten über dem Fisch nähert, wird sie dagegen waagerecht, in der Nähe des Wasserspiegels bewegt, dann ist sie, sofern sie nicht glänzt, für die Fische unsichtbar.

Es wurde gesagt, daß die Luftwelt von den Fischen durch ein rundes Fenster wahrgenommen wird. Je näher der Fisch der Wasseroberfläche steht, um so kleiner ist, wie Abb. 189 zeigt, das Fenster, durch das die vom Auge aufgenommenen Strahlen ihren Weg nehmen. Es wäre jedoch falsch zu glauben, dem hochstehenden Fisch erschiene das Fenster und damit das Bild der Luftwelt kleiner als dem tiefstehenden. Maßgebend für die Größe, in dem das Fenster dem Fischauge erscheint, ist der Winkel, unter dem es gesehen wird, und dieser Winkel ist nach Abb. 189 beim hoch- und tiefstehenden Fisch gleich groß. Der mit der Optik nicht vertraute Leser kann sich diese Tatsache an einem einfachen, wenn auch nicht ganz zutreffenden Beispiel verständlich machen: Durch eine mehrere Meter große Lücke in einem Bretterzaun sieht man über die Breite der Straße weg einen bestimmten Ausschnitt des dahinter liegenden Gartens. Genau den gleichen Ausschnitt übersieht man auch mit dem Auge dicht an einem schmalen Spalt zwischen den Brettern oder durch ein Astloch.

Nun hat die Erfahrung am Wasser ergeben, daß ein Fisch, der im klaren, zwei oder drei Meter tiefen Wasser auf dem Grund steht, den Angler und verdächtige Bewegungen durch sein scheinbar größeres Blickfeld weit besser wahrnimmt, als ein Fisch, der seinen Platz unmittelbar unter der Wasseroberfläche hat. Das scheint dem eben Gesagten zu widersprechen, erklärt sich aber wahrscheinlich unter anderem damit, daß der blinde Bereich, den die seitlich stehenden Augen verursachen, im Blickfenster des hochstehenden Fisches ein viel größeres Stück ausblendet als beim tiefstehenden.

Weiterhin muß angenommen werden, daß Fische den Angler auch in stark angetrübtem Wasser noch gut wahrnehmen, wenn er sich vor einem hellen

Hintergrund oder gar vor dem Himmel bewegt. Er erscheint dann als dunkler Schatten im Blickfenster der Fische, so wie der Schatten eines Menschen auf einer Milchglasscheibe.

Wegen der Kurzsichtigkeit der Fische wird ein Angler, der nicht besonders auffällig gekleidet ist und unbeweglich vor einem dunklen Hintergrund steht, in der Regel von den Fischen nicht bemerkt.

Alle Dinge unter Wasser im Sehbereich des Fischauges werden infolge der Totalreflexion doppelt gesehen, einmal an dem Ort, an dem sie sich wirklich befinden, außerdem gespiegelt in verkehrter Stellung. Je nach Beleuchtung und Tiefe, in der sich der Fisch aufhält, ist das direkte oder das gespiegelte Bild deutlicher. Infolge dieser Spiegelung kann ein Fisch ohne weiteres auch Dinge sehen, die seinem direkten Blick durch ein Hindernis entzogen sind.

Jeder Gegenstand, der auf dem Wasser schwimmt – die gefettete Angelschnur, eine Eintagsfliege –, drückt den Wasserspiegel, die elastische Wasserhaut, ein und erzeugt glänzende Flecke und Punkte auf dieser Haut. An diesen glitzendern Punkten erkennt der Fisch schon auf weite Entfernung auch solche Dinge, die außerhalb seines Fensters liegen und so klein sind, daß die von ihnen ausgehenden Lichtstrahlen unter einem Winkel von weniger als 10° aufs Wasser treffen. Eine grün gefärbte schwimmende Angelschnur wird außerhalb des Blickfensters also vom Fisch genau auf die gleiche Weise wahrgenommen wie eine rote oder schwarze. Wenn allerdings die grüne Schnur über sein Blickfenster schwimmt, dann besteht die Möglichkeit, daß sie mit einer treibenden Pflanzenfaser verwechselt wird.

Eine Nymphe, die außerhalb des Blickfensters eines Fisches vom Flußbett zur Wasseroberfläche aufsteigt und sich dort durch Häutung in die Braune umwandelt, wird von einer lauernden Forelle zunächst doppelt gesehen, im wahren Bild und gespiegelt. Je mehr sich die Nymphe der Wasseroberfläche nähert, um so enger rücken wahres und gespiegeltes Bild zusammen; sobald die Nymphe in die Wasserhaut eindringt, berühren sich beide Bilder. Zweifellos wissen die Fische aus Erfahrung, daß die Beute, sobald sich beide Bilder überdecken, besonders hilflos und leicht zu fangen ist.

Nachdem die Eintagsfliege aus der Larvenhaut gestiegen ist, steht sie auf der Wasseroberfläche und erzeugt die schon erwähnten glitzernden Punkte, die den Fischen einen nahrhaften Bissen melden. Erst wenn die Fliege so nahe an das Blickfenster der Fische geschwommen ist, daß die von den Flügelspitzen ausgehenden Lichtstrahlen unter einem Winkel von mehr als 10° auf das Wasser fallen, werden die Flügelspitzen im Blickfenster für den Fisch sichtbar, zunächst noch undeutlich und verzerrt. Er nimmt nun die Fliege auf zweierlei Weise wahr, sowohl durch die Eindrücke in der Wasserhaut wie auch unmittelbar im Blickfenster. Die beiden Bilder sind getrennt, sicher wissen aber die Fische aus Erfahrung, daß sie zusammengehören. Sobald die Fliege in das Blickfenster schwimmt, werden die Lichtpunkte undeutlich, der Fisch sieht nun die Fliege vollständig und direkt, aber etwas unscharf und verzerrt durch die eingedrückte Wasserhaut.

Wenn nun der Fisch nach der Fliege steigt, dann verkleinert sich sein Blickfenster im gleichen Maß, wie er sich der Wasseroberfläche nähert, und man kann vermuten, daß die Fliege, bevor sie gefaßt wird, ganz aus seinem Gesichtsfeld verschwindet, weil ja der Fisch wegen der seitlichen Stellung der Augen nicht oder nur unvollkommen geradeaus sehen kann. Das ist vermutlich der Grund, warum Forellen, Huchen, Hechte und andere Raubfische den Spinnköder von der Seite packen, er spielt außerdem wahrscheinlich eine wichtige Rolle beim Angeln mit der Trockenfliege. Denn eine gute, leicht geworfene Trockenfliege drückt mit den Spitzen der Hecheln die Wasserhaut in ähnlicher Weise ein wie eine natürliche Fliege, wird also ebenfalls schon an den Lichtpunkten wahrgenommen, bevor sie in das Blickfeld schwimmt. Wenn die Verteilung der Lichtpunkte dem Fisch den Eindruck gibt, daß etwas Freßbares dahertreibt, und er daraufhin direkt nach der Fliege steigt, dann verschwindet sie aus seinem Blickfeld, er hat also keine Möglichkeit, sie noch genauer zu betrachten. Wenn dagegen die Lichtpunkte nicht ganz mit dem gewohnten Bild übereinstimmen, wird er zwar vielleicht steigen, aber nun die Beute aus nächster Nähe mit den kurzsichtigen Augen betrachten – und entweder nehmen oder schwimmen lassen. Es kommt also beim Angeln mit der Trockenfliege wahrscheinlich vor allem darauf an, daß schon der erste Eindruck, den das Fischauge von der Fliege bekommt, möglichst echt ist. Dieser erste Eindruck besteht aber meist, insbesondere bei hochstehenden Fischen, aus den Lichtpunkten auf der Wasserhaut. Daraus wäre wäre weiter zu schließen, daß für den Erfolg beim Trockenfischen die Farbe der Fliege weit weniger wichtig ist als ihre Größe und der Helligkeitswert sowie vor allem der zarte Wurf.

Die geschilderten Vorgänge des Sehens am und im Wasser haben einen ebenen Wasserspiegel zur Voraussetzung. Ist die Wasseroberfläche in Wellen bewegt, so ändert sich dadurch der Gang der Lichtstrahlen, die Bilder schwanken, zerfließen. Dem Angler wird dadurch das Sehen in das Wasser hinein erschwert, ja unmöglich gemacht.

Anhieb, Drill und Landung der Fische

„*Anhauen*" oder „anschlagen" nennt man das schnelle Anrucken der Angelschnur, um dem anbeißenden Fisch den Haken ins Maul zu treiben. Angehauen wird auf kürzere Entfernung durch eine entschlossene, nicht übermäßig starke seitliche Bewegung des Handgelenks, auf große Entfernung dagegen durch zügiges Anheben der Gerte. Manche Fischarten pflegen den *natürlichen* Köder einzuschlürfen, das Maul zu schließen und ihn dann wieder auszuspeien; bei ihnen muß sofort angehauen werden. Andere, wie z. B. der Zander, ergreifen den Köder langsam und vorsichtig und entschließen sich erst mit der Zeit, ihn ganz ins Maul zu nehmen; hier wäre ein rascher Anhieb falsch. Sofortiges Anhauen ist zweckmäßig bei Uckelei, Plötze, Döbel, Nase, Häsling, Forelle, Äsche, Seeforelle, Meerforelle. Man wartet einige Zeit, ehe man anhaut, bei Hecht und Zander, sofern man die Köderfischangel benutzt, sowie auch bei Barsch, Kaulbarsch, Flunder, Karpfen, Schleie, Barbe, Blei, Aland, Aal, Lachs.

Beim Fischen mit *künstlichen Ködern* muß in der Regel sofort angehauen werden, weil der Fisch die Täuschung bemerkt, wenn er den Köder angenommen hat, und diesen meist sofort wieder ausspeit; die Schnur muß stets straff gehalten werden, damit der Anhieb richtig sitzt.

Das „Drillen“ des Fisches. Wenn der gehakte Fisch so groß ist, daß er nicht ohne Gefahr für das Gerät sofort an Land oder ins Boot geholt werden kann, wird er vorher ermüdet, „gedrillt“; d. h., man hindert ihn bei seinen Fluchten ununterbrochen, ohne daß er die Rute zerbrechen oder die Schnur zerreißen kann. Deshalb muß die Bremse der Rolle der Schnurstärke entsprechend genau eingestellt werden. Große Fische läßt man Schnur von der Rolle abziehen und holt sie wieder ein in dem Maße, wie ihre Widerstandskraft nachläßt. Beim Drillen halte man die Rute im rechten Winkel zur Schnur, damit die Federkraft der Rute voll ausgenutzt wird. Das Maß des Widerstandes, der dem Fisch geleistet werden darf, richtet sich nach dem schwächsten Teil des Geräts. In der Regel sind dies die Knoten im Vorfach.

Ein Fisch hat um so weniger Aussicht, den Haken oder Blinker loszuschütteln, je mehr federnde Schnur unter Wasser liegt und je elastischer die Rute ist. Da die Fische mit *seitlichen* Bewegungen des Schwanzes schwimmen, bringt waagerechter Zug sie am raschesten in die gewünschte Richtung oder von Hindernissen weg. Durch den Zug nach oben erreicht man im Anfang des Drills bestenfalls, daß ein Fisch an die Wasseroberfläche kommt, springt oder sich wälzt.

Beim Landen schwerer Fische, die besonders hartnäckigen Widerstand leisten, ist eine Art des Drillens wirkungsvoll, die als „Pumpen“ bezeichnet wird. Sobald sich der Fisch auf dem Grund sperrt, rollt man so viel Schnur ein, bis die Rute fast in Richtung der Schnur zeigt, bremst mit der linken Hand die Rollentrommel der Stationärrolle ab und hebt die Rute wieder in die Senkrechte, wobei man unter Umständen rasch einige Schritte rückwärts geht. Beim Anheben der Rute übt man den stärksten Zug aus, den das Gerät erlaubt. Setzt der Fisch in diesem Augenblick zu einer Flucht an, so läßt die linke Hand mit dem Bremsdruck nach, und demGerät kann nichts passieren. Wichtig beim Drill schwerer Fische ist, daß man ihnen keinen Augenblick der Ruhe läßt, nach jeder Flucht wird sofort erneut gepumpt! Die Fische werden durch das Pumpen nicht nur rascher ermüdet, sondern offenbar auch kopflos und geben bald klein bei. Mit diesem Verfahren sind Karpfen und Welse manchmal in wenigen Minuten zu landen. Das „Landen“ des Fisches: Wenn der Fisch ermüdet ist, wird er aus dem Wasser genommen, entweder mit der Angelrute, der Hand oder dem Landenetz. Beim Landen zweier Fische an einem Vorfach, einem Doppelfang, der beim Angeln mit zwei Fliegen oft vorkommt, unterfange man mit dem Netz entweder zuerst den entfernteren oder den größeren Fisch.

Mit der Angelrute darf man nur ganz leichte Fische herausheben.

Das Landen größerer Fische mit der Hand kann ab und zu nötig werden und ist hauptsächlich an flachen, hindernisfreien Uferstellen zu empfehlen. Dazu ist der gefangene Fisch auszudrillen, daß er vollständig ermüdet ist. Dann erst führe man ihn in Greifnähe. Dem gefangenen Hecht greife man ins Genick – ja nicht in die Kiemen – und zwar mit Zeigefinger und Daumen von oben her hinter dem Kopf in die Kiemenspalte. Welse packt man am Unterkiefer. Karpfenartigen Fischen kann man mit dem Daumen ins Maul langen und mit dem Zeigefinger in das Vorderende der Kiemenspalte. Es erfordert dies einige Übung und Vorsicht, vor allem aber energischen Zugriff. Meist wird man den gehakten Fisch mit dem Landenetz am sichersten aufs Trockene bringen. Eiserne Regel ist, daß man den Fisch über das Landenetz führt, nicht aber mit dem Netz nach dem Fisch stößt.

Angeln mit Pose (Floß, Schwimmer)

Für einige Fischarten, wie z. B. Rotaugen, Brassen, Barsche und Hechte ist die Verwendung einer Pose als Bißanzeiger an der Angel sehr oft unerläßlich, weil diese Fischarten manchmal nur mit der Pose erfolgreich befischt werden können, wobei letztere auf die jeweilige Eigenheit des Aufenthalts und der Nahrungsaufnahme des betreffenden Fisches abgestimmt und eingestellt wird. Zum anderen, weil der Köder eben nur mit Hilfe einer Pose in einer bestimmten Wassertiefe angeboten werden kann.

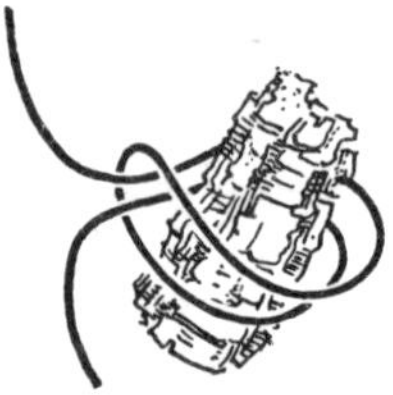

Abb. 190. Borkenstückpose

Schilfhalme, Grashalme, Borkenstückchen u. ä. können in besonders flachen und klaren Gewässern durchaus an Stelle einer buntbemalten Pose verwendet werden, um die Fische nicht zu vergrämen. Die Bleibeschwerung kann man oft ganz weglassen. In vielen Fällen sind Anbisse aus der Deckung heraus direkt zu beobachten, und die posenersetzenden Schilf- oder Grashalme haben in diesem Falle nur die Aufgabe, den Köder mit Hilfe der Wasserströmung oder des Windes an den Standort der Fische heranzutragen (Abb. 190, 191).

Abb. 191. Schilfhalm wird als Bißanzeiger mit der Ködernadel auf die Schnur gezogen

Die Treibangel

Feststehende Posen benutzt man allgemein dann, wenn die nötige Tiefeneinstellung der Pose unterhalb der Länge der verwendeten Rute liegt. Im fließenden Wasser wird die Tragfähigkeit bzw. Stärke der Pose in der Regel etwas höher gewählt als im stehenden. Sehr wichtig ist die richtige Anordnung der Bleibeschwerung. Richtig montiert ist die Pose, wenn sie sowohl einen Köderzug nach unten als auch einen Hebebiß nach oben deutlich anzeigt. Am besten wird das dadurch erreicht, daß die Masse der Bleibeschwerung zunächst in etwa 30 cm Entfernung vom Haken angebracht wird und der Rest, meist nur 2–3 kleine Schrote, in der Nähe des Hakens auf die Schnur geklemmt wird (Abb. 192). Besonders bei Rotaugen, Brassen und Schleien ist große Sorgfalt bei der Zusammenstellung des Gerätes erforderlich. Ein Lotblei zum Ausmessen der Wassertiefe ist sehr zu empfehlen (Abb. 194). Die Pose wird so eingestellt, daß der Köder entweder dicht über Grund oder aber auf dem Gewässerboden den Fischen angeboten werden kann. Nur Probieren mit verschiedenen Poseneinstellungen kann am jeweiligen Angeltag genaue Aufschlüsse über das Verhalten der Fische geben.

Lockköder in größeren Mengen sollte man vor Beginn des Angelns und später in regelmäßigen Abständen am Angelplatz einwerfen, um die Fische an den Angelplatz zu locken und sie für längere Zeit dort halten zu können. Ohne Einwurf von Lockköder ist die Angelei auf die verschiedenen Friedfischarten, wie z. B. Rotaugen, Brassen, Schleien und Karpfen meistens ein Lotteriespiel (siehe auch Köder-Kapitel).

Anschlagen. Das Mißtrauen der meisten Friedfische gegen Köder, die an der Angel angeboten werden, ist sehr ausgeprägt. Zu langes Zögern mit dem Anhieb ist deshalb vor allem bei kleinen Ködern wie Teig, Maden und Brotbrocken nicht angebracht, da sonst der Fisch den Köder vielleicht wieder ausspeit. Kommt es zu häufigen Fehlbissen, sind sehr oft Kleinfische die Ursache dafür.

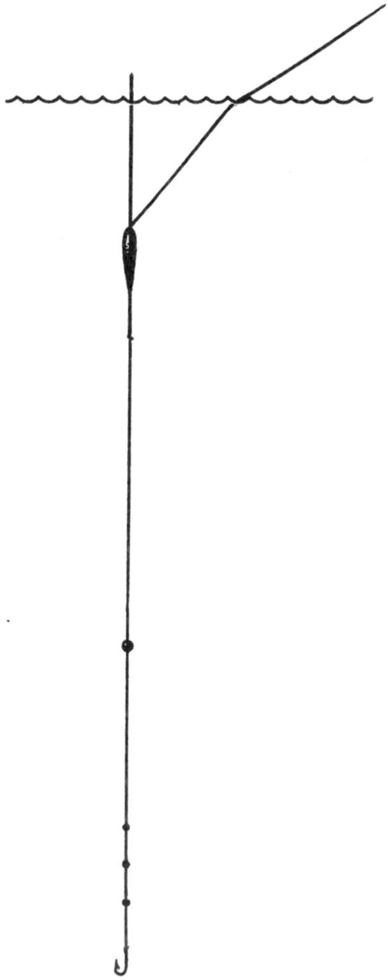

Abb. 192. Genau ausgewogene Friedfischangel mit feststehendem Floß

Lauf- oder Gleitposen (Abb. 39–44) sind dann empfehlenswert, wenn die Wassertiefe wesentlich größer ist als die Länge der Rute. Aber auch beim Fischen weit weg vom eigenen Standort entfernt ist ihre Anwendung notwen-

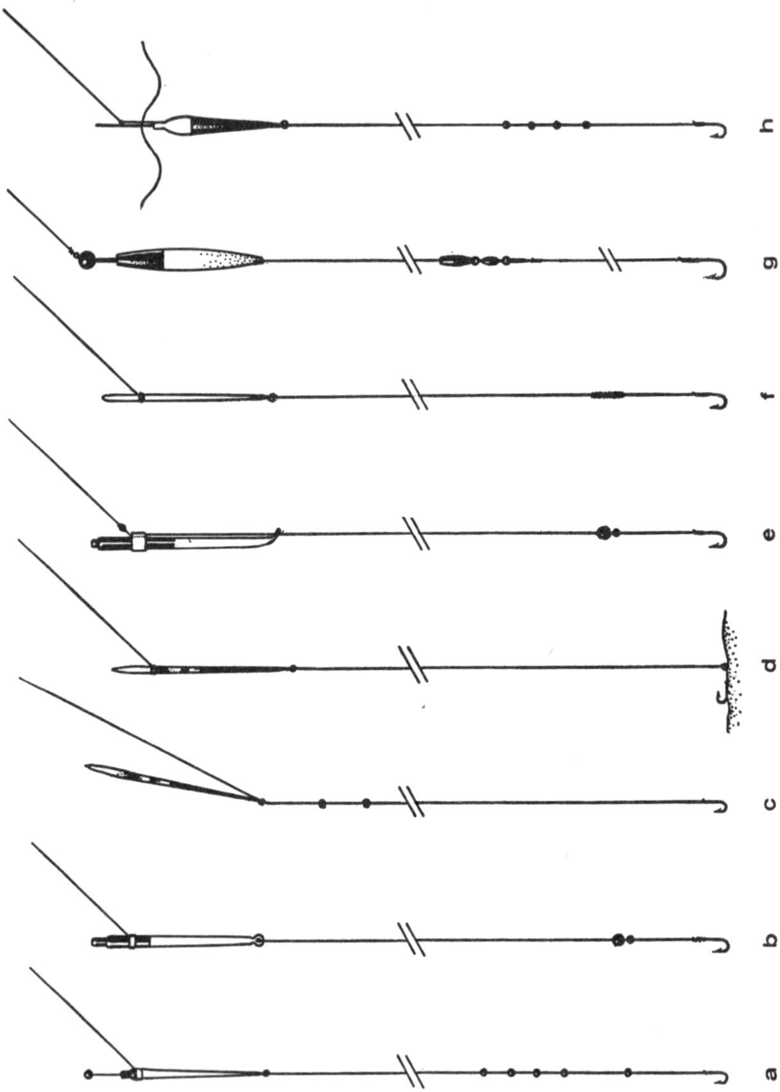

Abb. 193. Angeln mit verschiedenen Posen. a. mit Signalpose, b. für tiefe, kräftige Strömung, c. für stehendes Wasser und sehr scheu beißende Fische, d. auf dem Boden aufliegend, e. mit Gleitfloß für tiefes Wasser, f. mit Beschwerung durch Bleidraht für die Körnerfischerei, g. mit schwerer Laufpose, h. mit Sturmpose

dig, weil Pose und Bleibeschwerung sich beim Wurf am unteren Ende der Leine befindet und dadurch weite Würfe ermöglichen.

Stopper gehören bei Verwendung von Gleitposen dazu. Bewährt haben sich hierzu kleine, etwa ein Millimeter breite Scheiben von Ventilgummi, durch deren Öffnung man die Schnur zweimal durchschlauft (Abb. 30). Man sollte sie nur auf der feuchten Schnur verschieben, andernfalls werden sie sehr schnell zerschnitten. Stopper aus Baumwollfäden sind ebenfalls sehr verbreitet. Dazu wird ein nicht zu dicker Baumwollfaden mehrmals um die Schnur gewickelt (Abb. 195) und dann gut verknotet. Die überstehenden Fadenenden werden abgeschnitten. Als Stopper ungeeignet sind Bleischrote oder Stopper aus Draht, weil sie in den Schnurlaufringen hängenbleiben.

Abb. 194. Lotblei

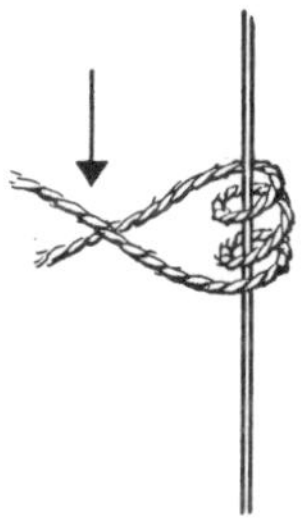

Abb. 195. Baumwollstopper
(siehe auch Abb. 29/30)

Abb. 196. Feine Gleitposenangel

Da Gleitposen bei jedem erneuten Einwurf der Angel auf der Schnur in Bewegung sind, kommt es leicht zu Stauchungen der Bleibeschwerung und zum Durchquetschen der Schnur an dieser Stelle. Um die Auftreffwucht der Pose abzubremsen, bringt man zwischen Bleibeschwerung und Pose einen weiteren Ventilgummistopper an. Bei einem Hänger mit Hakenverlust verhindert dieser Stopper meist auch den Verlust der Pose.

Grundsätzlich läßt sich jede Pose als Gleitpose montieren, wenn sie an ihrem unteren Ende eine Öse besitzt. Eine zweite Öse ist nicht unbedingt notwendig. Beim Einwurf hängt die Pose in diesem Fall zwar zunächst seitenverkehrt an der Schnur, nach dem Einwurf richtet sie sich jedoch unter dem Zug der Bleibeschwerung zur Normallage auf.

Die Gleitpose ist besonders dann vorteilhaft, wenn es gilt, im fließenden Wasser weit draußen in der Strömung zu angeln. Unter Abschätzung der Strömungsgeschwindigkeit wirft man zunächst Lockköder ein und verteilt diesen möglichst über die gesamte Länge der zu beangelnden Flußstrecke. Danach wird so ausgelotet, daß der treibende, beköderte Haken den Gewässerboden eben berührt. Eine nicht zu schwere, etwa 4 m lange Rute, eine kleine, leichte Stationärrolle mit etwa 100 m Schnur in der Stärke 0,20–0,25 mm und ein Haken der Größe 10–12 ergeben zusammen ein ideales Gerät, das ohne Ermüdung stundenlang gehandhabt werden kann. Für die meisten Friedfische, wie Brassen, Rotaugen, Döbel usw. reicht diese Zusammenstellung völlig aus.

Hat die Pose bei dieser Art der Angelei das Ende der angefütterten Strecke erreicht, holt man die Schnur ein und wirft nach vorherigem prüfenden Blick auf den beköderten Haken erneut aus.

Maden sind wegen ihrer guten Haltbarkeit am Haken als Köder an der Treibangel besonders gut geeignet. Man durchsticht mit der Hakenspitze die Haut am stumpfen Madenende so, daß die Made nicht ausläuft. Da ein guter Happen meist eher einen guten Fisch bringt als ein kleiner, sind 3–6 Maden am Haken nicht zuviel.

Würmer können auf verschiedene Weise angeködert werden. Einen Tauwurm zieht man am besten vom Schwanz- bzw. hinteren Körperende auf den Haken, und zwar so weit, daß die Hakenspitze noch etwa 20 mm vom Kopfende entfernt ist (Abb. 197). Große Würmer kann man so anködern, wie es Abb. 198 zeigt. Kleinere Würmer kann man auf einen kleinen Haken (Größe 6–8) so befestigen, wie es in Abb. 199 dargestellt ist. Abb. 200 und 201 zeigen Anköderungen am Stewart-Vorfach, und die Anköderung eines Wurmbündels.

Krustenköder sind ebenfalls sehr haltbar und deshalb geeignete Köder für die Treibangel. Man schneidet sie mit einem scharfen Messer aus der Unterseite eines Weißbrotes (Abb. 202). Würfel von etwa 3–5 mm Kantenlänge werden von der Krustenseite her auf den Haken gebracht. Nach dem Einstechen der Hakenspitze bis zum Hakenbogen dreht man den Haken um 180°, wobei er leicht gegen den Köder gedrückt wird (Abb. 203).

Da Krustenköder durch die in ihnen enthaltene Luft Auftrieb haben, muß man einige Bleischrote der Bleibeschwerung sehr weit nach unten in unmittelbarer Nähe des Hakens anbringen (Abb. 204). Natürlich werden diese Bleischrote nach dem Aufnehmen des Köders von den Fischen bemerkt. Reaktionsschnelles Anschlagen sofort nach Erkennen des Bisses ist deshalb nötig.

Raubfische sind sowohl mit der fest auf der Schnur montierten Pose als auch mit dem Gleitfloß zu fangen. Als Schnurstärke wird je nach Fischart zwischen 0,30 und 0,50 gewählt. Köder an der mit einem Einfach- oder Drillingshaken bestückten Angel sind in erster Linie Kleinfische.

Hechte halten sich vorwiegend in der Nähe größerer Futterfischansamm-

Abb. 197

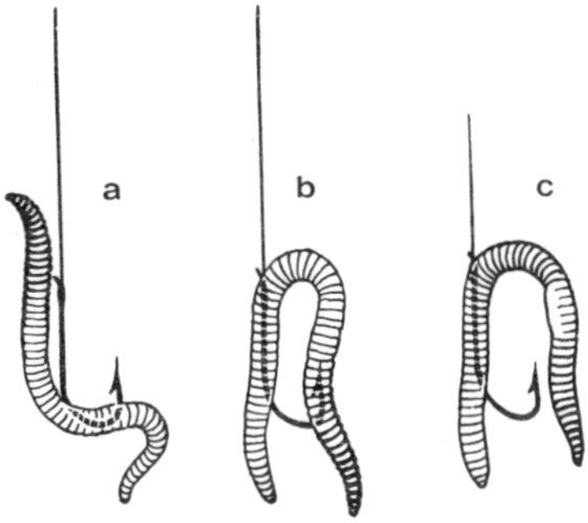

Abb. 198

Abb. 199

Abb. 197. Tauwurm-Anköderung – Abb. 198. Möglichkeiten (a, b, c) für die Anköderung eines größeren Wurmes – Abb. 199. Anköderung eines Wurmes an kleinem Haken

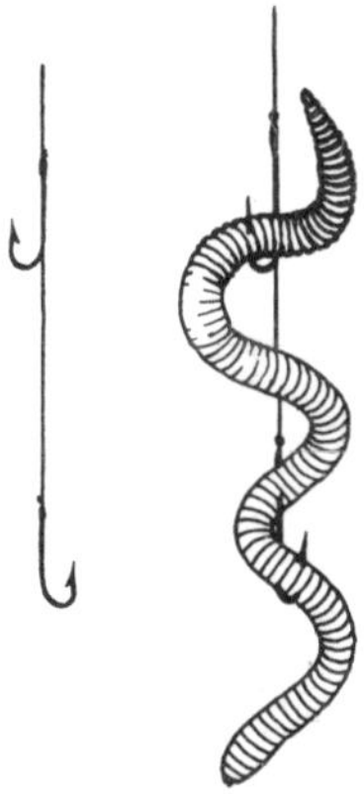

Abb. 200

Abb. 201

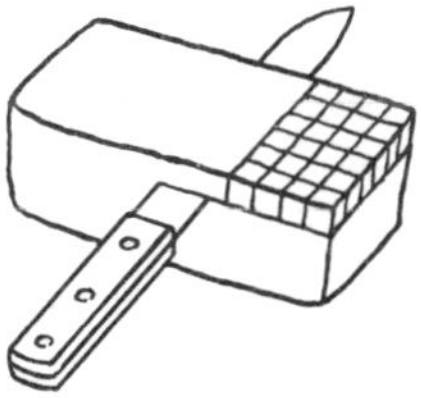

Abb. 202

Abb. 200. Stewarts Wurmvorfach – Abb. 201. Wurmbündel – Abb. 202. Herstellung von Brotwürfeln aus der Unterkante eines Weißbrotes

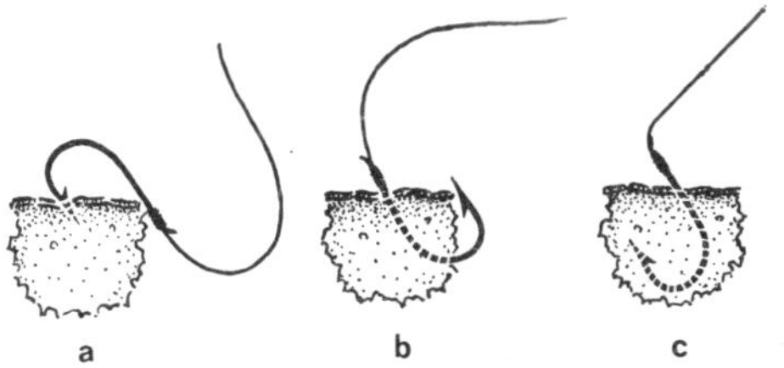

Abb. 203. Anköderung eines Krustenköders. a. Einstich, b. Ausstich, c. Drehung um 180° und Einstich

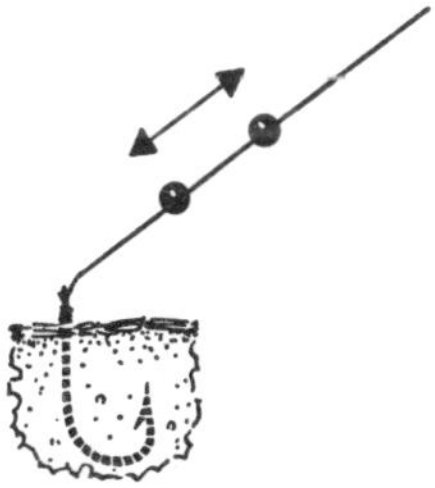

Abb. 204. Krustenköder mit Bleibeschwerung

lungen auf. Solche Ansammlungen findet man gewöhnlich in der Nähe von Unterwasserpflanzen, an Einmündungen von Bächen in größere Gewässer, unterhalb von Staustufen und Wehren, in Seen aber auch im freien Wasser (z. B. Renkenschwärme).

Stahlvorfächer sind beim Hechtfang unerläßlich, weil besonders die kleineren Exemplare mit ihren scharfen Zahnreihen die ungeschützte Schnur leicht durchscheuern. Große Hechte mit zum Teil über einen Zentimeter

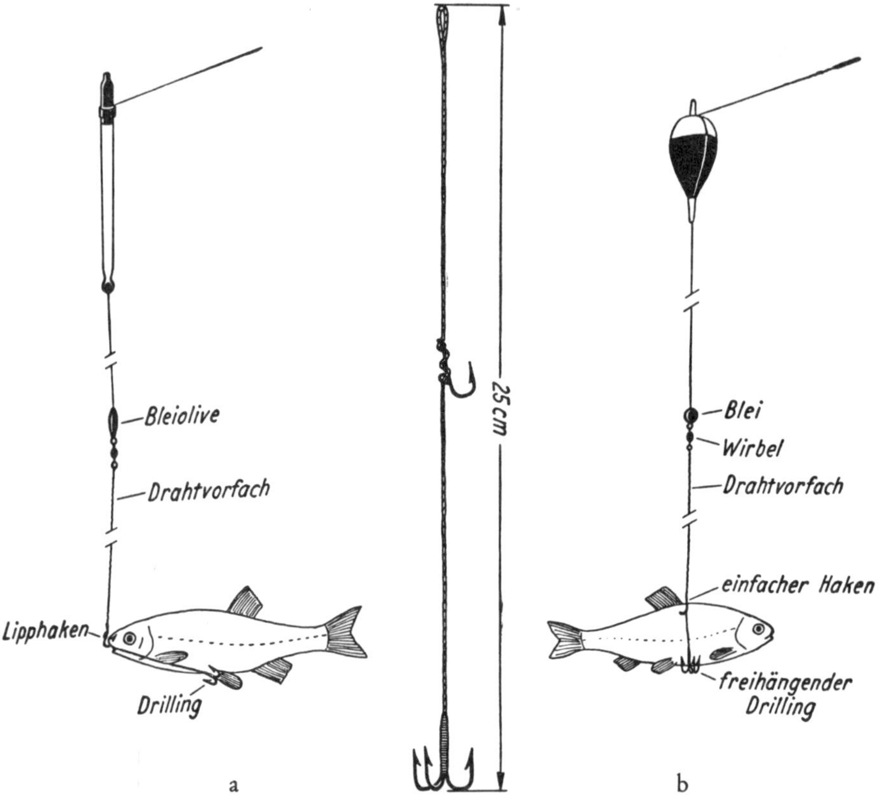

Abb. 205. Schnappangel zum Hechtfang. a. für strömendes Wasser, b. für stilles Wasser. Oft wird auch nur ein einziger Drilling am Stahl(Draht)vorfach verwendet und unter der Rückenflosse bzw. durch das Nasenloch des Köderfisches eingehängt

langen Fangzähnen sind diesbezüglich nicht ganz so gefährlich, da die Schnur während des Drills manchmal zwischen den langen Zähnen liegt und daran gehindert wird, über die Breite des Hechtrachens zu reiben (Abb. 205a, b).

Wirbel zwischen Haken und Stahlvorfach oder zwischen Stahlvorfach und Schnur verhindern das lästige Verdrehen der Schnur, wenn man mit lebenden Ködern angelt, z. B. mit der Schnappangel auf Hechte.

Zander sind vorsichtiger und empfindlicher als Hechte. Sie stehen in Flüssen und Seen oft in der Nähe von Sandbänken. Über Tag mehr in den tieferen Teilen, nachts auch an den flachen Stellen. Drillinge und Stahlvorfächer mindern die Erfolgsaussichten stark, deshalb angelt man besser mit Einfachhaken der Größe 2–4 und Nylonfaden. Vielfach wird der Haken auch direkt an das Ende der Hauptschnur geknüpft.

Mit der Gleitpose bringt man das angeköderte Fischchen (Gründling, Ukelei, Kaulbarsch oder Karausche) leicht an den ausgemachten Fangplatz. Die Angeltiefe wird dabei so gewählt, daß der Köder unmittelbar über Grund schwimmt. Zander nehmen ihre Nahrung aber auch direkt vom Boden auf. Die frühen Morgen- und die späten Abendstunden versprechen besonderen Erfolg.

Barsche sind Schwarmfische wie Zander. Ihre Lebensweise ähnelt diesen. Auch die Köder, mit denen man sie erbeuten kann, sind zum Teil die gleichen. Obwohl man an der Zanderangel oft auch Barsche fangen kann, soll man doch zu dünneren Schnüren, kleineren Haken und kleineren Ködern

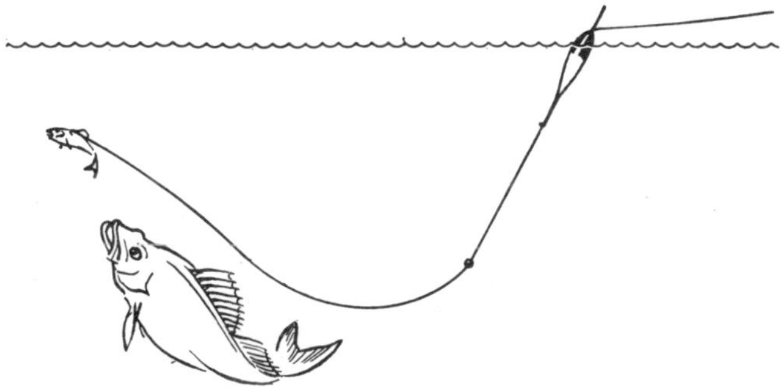

Abb. 206. Barschangel

greifen, denn Barsche sind, besonders in den größeren Exemplaren, sehr mißtrauisch. Dies gilt allerdings meist nicht während der unmittelbaren Jagdzeit dieser Räuber. In diesen Minuten schnappen sie oft nach allem, was sich bewegt. Aufgeregt und gierig auf Beute folgen sie dann ihren eigenen, bereits an der Angel schlagenden Artgenossen und werden eine leichte Beute für den, der diese Minuten zu nutzen weiß. Während der übrigen Zeit hingegen beäugen sie argwöhnisch jeden angebotenen Köder und sind nicht leicht zum Anbiß zu bewegen. Vor ihnen fliehende Fische scheinen sie aber zum Angriff zu animieren. Deshalb ist es vorteilhaft, dem Köderfisch möglichst viel Bewegungsfreiheit zu geben. Durch einen größeren Abstand zwischen Köder und Bleibeschwerung läßt sich auf einfache Weise der Fluchtweg des angeköderten Fischchens vergrößern (Abb. 206).

Zum Barschangeln sind Haken der Größe 5–7 an einer Schnur von 0,25 mm Stärke, mit kleinen Gründlingen, Würmern oder Jungbarschen beködert, sehr geeignet.

Die festliegende Angel

Festliegende Posen (Abb. 48, 50) werden meistens in Verbindung mit längeren Ruten benutzt. Besonders in größeren Flüssen läßt sich mit einer solchen Ausrüstung erfolgreich auf Brassen, Rotaugen, Alande und andere Friedfische angeln. Um die mehr oder weniger flache Uferzone zu überbrücken, sind Ruten von 6–8 m Länge notwendig.

Rutenhalter aus Metall oder Holz werden zum Auflegen der Rute verwendet. Bei windigem Wetter läßt man dabei die Rutenspitze ins Wasser eintauchen, um Schwingungen der Rute durch den Windeinfluß zu verhindern. Die Pose sitzt fest auf der Schnur, Laufposen sind nicht geeignet, weil sie von der Strömung auf der Schnur nach unten gedrückt werden.

Die Entfernung zwischen Pose und Bleibeschwerung ist immer etwas größer als die Wassertiefe zu bemessen. Stärker strömendes Wasser erfordert auf jeden Fall auch eine ausreichende Distanz zwischen Pose und Beschwerung, damit der Köder mit Sicherheit nach dem Einwurf auf dem Gewässerboden liegt.

Posen mit großer Tragfähigkeit sind weniger geeignet für diese Art des Angelns, meistens reicht eine mittlere Stachelschweinpose völlig aus.

Natürlich darf der Lockköder auch hier nicht fehlen. Wegen der Strömung ist besondere Vorsicht am Platze, damit auch wirklich am Angelplatz und nicht etwa an einem viel weiter abwärts gelegenen Platz angefüttert wird.

Als Köder haben sich hier Maden bestens bewährt. Aber auch Teig, Kartoffelstückchen und Weißbrotflocken kann man mit Erfolg verwenden.

Da man bei dieser Methode nur Fische fangen kann, die mit dem aufgenommenen Köder wegschwimmen, darf man nicht zu starke Schnüre oder zu große Haken verwenden. Da derart lange Ruten jedoch sehr dünne Spitzen haben, kann man unbedenklich mit Schnurstärken zwischen 0,15 und 0,20 fischen. Durch die überaus große Federwirkung der sehr langen und dünnen Rutenspitze besteht auch bei größeren Fischen bei entsprechender Vorsicht kaum Bruchgefahr.

Wegen des großen Gewichts der langen Ruten verzichten viele Angler auf das zusätzliche Gewicht einer Rolle mit den dazugehörenden Schnurlaufringen. Dem kann nicht beigepflichtet werden. In Gewässern mit einem Bestand an größeren und wehrhaften Fischen muß man immer auch mit dem Anbiß solcher Schwergewichte rechnen. Eine Rolle gehört deshalb eigentlich an jede Rute.

Kescher zum Ausheben der gehakten Fische sind bei dieser Angelart wegen der dünnen Schnüre noch mehr angebracht als anderswo. Zweckmäßig legt man das Unterfangnetz schon in Reichweite mit dem Netz ins Wasser. Dadurch erspart man sich viel Aufregung durch langes Suchen. Außerdem wird der Fisch kurz vor der Landung durch das bereits im Wasser liegende Keschernetz nicht mehr erschreckt.

Im Gegensatz zur Angel mit treibender Pose muß man bei dieser Angelart mit dem Anhieb warten, bis die Pose deutlich unter Wasser gezogen wird.

Angeln mit der Wasserkugel

Wasserkugeln (Abb. 47) in verschiedenen Größen dürfen in der Ausrüstung des erfolgreichen Anglers nicht fehlen. Ihre Benutzung ist überall dort angebracht, wo der Köder besonders unauffällig angeboten werden muß (wie z. B. in sehr klaren oder flachen Gewässern), oder aber dort, wo man sich das Gewicht der gefüllten Wasserkugel für besonders weite Köderwürfe nutzbar machen will, ohne auf die Vorteile einer Pose bei der Bißanzeige verzichten zu müssen.

Die Kugeln bestehen aus ungefärbtem durchsichtigem Kunststoff. Gefärbte Wasserkugeln werden zwar vom Angler besser gesehen, aber auch vom Fisch, der vor solchen buntgefärbten Kugeln das gleiche Mißtrauen zeigt wie vor jeder anderen Pose. Ihre Verwendung bringt deshalb keinerlei Vorteil. Nur wenn die Wasserkugel einer auf der Wasseroberfläche treibenden Luftblase ähnlich sieht, lassen sich die Fische täuschen.

Durch zwei kleine Löcher mit unverlierbar angeordneten Verschlußpfropfen lassen sich die Kugeln je nach Bedarf mit Wasser füllen. Ösen am äußeren Umfang dienen zum Befestigen an der Schnur.

Bei der praktischen Benutzung kann man wählen zwischen einer posenähnlichen Montage, entweder fest mit der Schnur verbunden oder lose nach

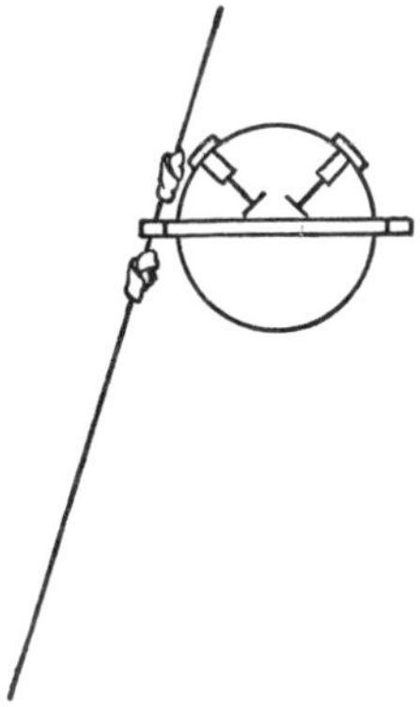

Abb. 207.
Wasserkugel fest montiert

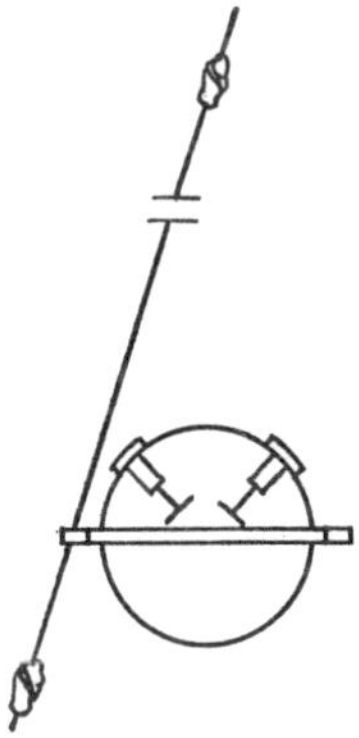

Abb. 208.
Wasserkugel gleitend montiert

Art einer Laufpose auf ihr gleitend (Abb. 207, 208). In anderen Fällen kann man die Kugel auch fest an das Ende der Schnur knüpfen, z. B. beim Fischen mit der Fliege (Abb. 210) oder sie, völlig mit Wasser und einigen kleinen Bleischroten gefüllt, als Laufbleiersatz für das Fischen in stehenden oder nur schwach strömenden Gewässern benutzen.

Karpfen in flachen Gewässern sind besonders scheu. Um den Köder weit vom eigenen Standort anbieten zu können, benutzt man mit gutem Erfolg eine etwa ¾ gefüllte Wasserkugel. Sie wird in Form einer Laufpose montiert, wobei die Schnur nur durch eine Öse der Kugel geführt werden darf. Ober- und unterhalb dieser Öse bringt man einen Stopper an. Danach folgt die Bleibeschwerung mit einigen Schroten (wenn man mit dem Krustenköder fischen will) und zusätzlich mit einem Birnenblei von etwa 15 g, damit der Köder fest am Boden liegt (Abb. 209).

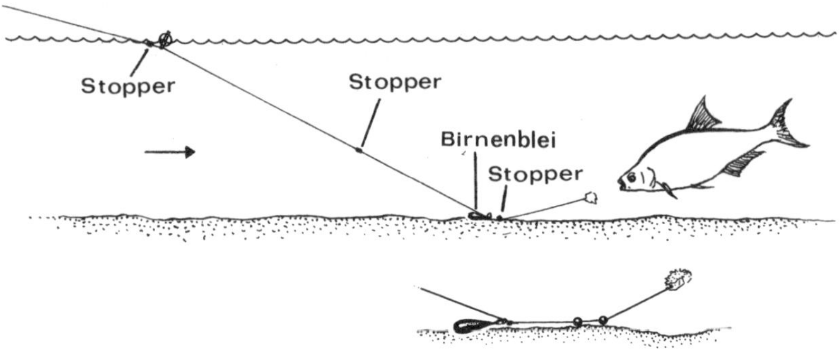

Abb. 209. Friedfischangeln mit der Wasserkugel

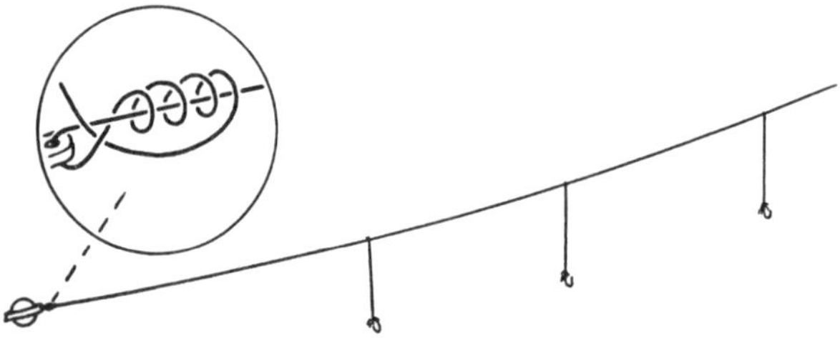

Abb. 210. Fliegenfischen mit der Wasserkugel

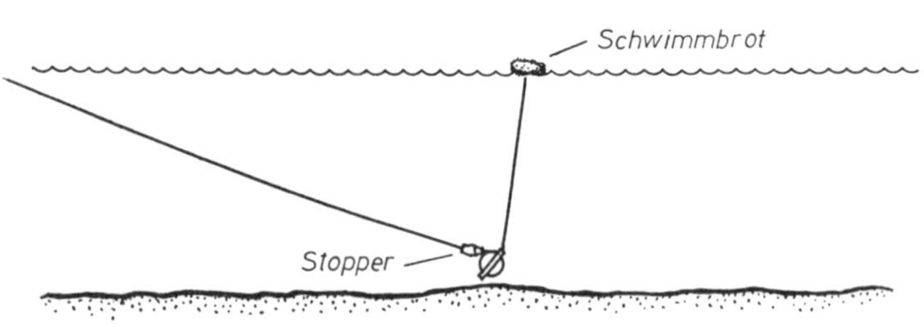

Abb. 211. Angeln mit versunkener Wasserkugel

Da die Wasserkugel zwischen zwei Stoppern auf der Schnur angebracht ist, läßt sie sich sowohl in einer bestimmten Entfernung zum Köder feststellen wie auch laufposenähnlich frei auf der Schnur bewegen. Für größere Wassertiefen kommt letztere Montageart in Betracht. Die Wasserkugel wird

Ein guter Aal. (Phot. E. Wiederholz)

Spiegelkarpfen auf Futtersuche im flachen Wasser. (Phot. W. Rohdich)

Schöne Schleien, ein ganzes Netz voll. Die Männchen haben große, die Weibchen kleine Bauchflossen. (Phot. W. Quint)

selbst von sehr scheuen Fischen nicht als Fremdkörper erkannt. Sie löst deshalb auch keine Fluchtreaktionen aus. Man wird natürlich bestrebt sein, auch die übrigen Teile der Angel so unsichtbar wie möglich zu machen. Besonderes Augenmerk gilt der Schnur, die vom Köder her gesehen möglichst lang auf dem Boden liegen sollte.

Forellen, Äschen, Hasel, Döbel können als insektenfressende Fische gut mit der Wasserkugel beangelt werden. Dazu wird diese fest mit dem Ende der Schnur verbunden. An zwei bis drei Seitenarmen der Schnur knüpft man nun jeweils einen Haken der Größe 8–10 oder einige Kunstfliegen.

Im fließenden Wasser wird aus der Deckung heraus stromaufwärts eingeworfen. Durch Betätigen der Rollenkurbel nach dem Einwurf hält man die Schnur stets etwas gespannt, um bei einem Anbiß sofort anschlagen zu können.

Benutzt man keine Kunstfliegen, sind Grashüpfer u.ä. gute Köder.

Schwimmbrot läßt sich ebenfalls mit Hilfe einer Wasserkugel an den ausgemachten Standort der Fische, meistens Karpfen oder Döbel, ohne große Mühe heranbringen. Dazu eignet sich auch sehr gut die versunkene Wasserkugel (Abb. 211).

Angeln mit der Treibschnur ohne Pose

Im Gegensatz zur Treibangel mit Pose benutzt man an der Treibschnur keinerlei Bißanzeiger. Lediglich die Bewegung der Schnur gibt Aufschluß über das Geschehen unter Wasser. In klaren und flachen Gewässern läßt sich das Aufnehmen des Köders durch den Fisch aus der Deckung heraus auch direkt beobachten.

Besonders für das Angeln auf Nasen, Döbel und Barben bietet sich diese Angelmethode an.

Als Wurfgewicht kann man ein kleines Kugelblei in angemessener Entfernung vom Haken auf die Schnur bringen oder zum Einwurf der beköderten Angel auch ein auf die Schnur gedrücktes Teigkügelchen benutzen, je nach Art des Angelgewässers.

In schmalen, nicht sehr tiefen Fließgewässern kommt man sehr gut ohne Kugelblei aus. Das Gewicht einer kleinen Teigkugel bringt den beköderten Haken gut an den ausgemachten Angelplatz. Durch die Einwirkung der Wasserströmung beginnt der Köder stromab zu wandern, wobei er sich wegen der fehlenden Bleibeschwerung sehr natürlich bewegt und ohne Argwohn selbst von scheuen Fischen genommen wird.

Mit dieser Methode ist es möglich, in klaren Gewässern einem ganz bestimmten Fisch den Köder immer aufs neue zu präsentieren. Der besondere Reiz beim Angeln nach dieser Methode liegt darin, daß man sich den jeweils größten Fisch eines Schwarms aussuchen und ihn dann gezielt beangeln kann.

Ist die Strömung stärker, das Wasser tiefer und ohne direkte Bodensicht, benutzt man zur Beschwerung eine durchlochte Bleikugel, die in etwa

30–40 cm Entfernung vom Haken durch einen Stopper (Bleischrot o. ä.) gehalten wird.

Auch hierbei wird der beköderte Haken stromauf eingeworfen und durch gelegentliches Anziehen der Schnur langsam stromab geführt.

Anbisse sind meist recht deutlich daran zu erkennen, daß die in der Strömung leicht durchhängende Schnur sich plötzlich streckt. Der Anhieb muß unverzüglich gesetzt werden. Als Köder an der Treibschnur haben sich Würmer und Maden besonders bewährt.

Tippfischen

Eine besonders interessante Angelart ist das Tippfischen. Sie läßt sich mit größerem Erfolg allerdings nur dort anwenden, wo starker Uferbewuchs dem Angler eine gute Deckung gegen Sicht durch die Fische gibt.

Außer einer etwa 3–4 m langen Rute mit Rolle, etwa 50–100 m dünner Schnur, einem Haken der Größe 10–12 und einigen natürlichen oder künstlichen Insekten braucht man weiter nichts. Sowohl eine Pose wie auch irgendwelche Beschwerung sind überflüssig.

In der Regel wird man sich einen Angelplatz suchen, an dem man den Wind im Rücken hat, weil man dann unter dessen Ausnutzung auch weiter vom Ufer entfernte Fische beangeln kann.

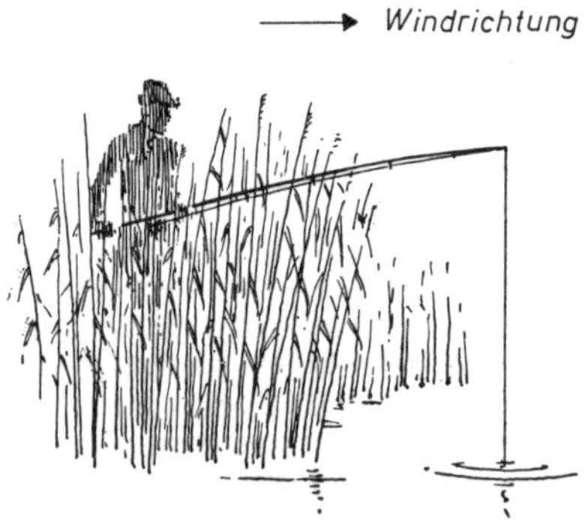

Abb. 212. Tippfischen aus guter Deckung

Beim Tippfischen ist die Rute ständig in leichter Bewegung, wobei der Köder die Wasseroberfläche in kurzen Abständen mehrmals berührt.

Es ist besonders diese Bewegung, die die Fische zum Anbiß verleitet.

Ein Kescher gehört auch hier zur Ausrüstung, weil man die Fische an der meist recht dünnen Schnur nicht aus dem Wasser heben kann.

Alle Oberflächenfische, die auf Insekten Jagd machen, wie z. B. Forellen, Döbel, Hasel, aber auch Rotaugen und Rotfedern, lassen sich mit der Tippangel sehr gut fangen.

Grundangeln mit dem Bodenblei

Im Gegensatz zur Treibschnur, bei der nur sehr leichte oder überhaupt keine Bleigewichte auf der Schnur benutzt werden, muß das Bodenblei zum Grundangeln mit der Stationärrolle von so großem Gewicht sein, daß es von der Strömung nicht mitgenommen werden kann.

Der Köder wird also nicht über eine größere Wasserstrecke bewegt, sondern bleibt fest an einer Stelle liegen.

Aale und Barben, Wels und Zander sowie Karpfen sind die Fischarten, für die sich diese Angelart sowohl im stehenden als auch im fließenden Wasser recht gut eignet.

Da man im allgemeinen größere Fische erwarten darf, die einen Anbiß meist durch recht zügigen Zug an der Schnur anzeigen, genügen zur Bißanzeige recht grobe Geräte, wie z. B. Glocken an der Rute, Teigkugeln oder Klammern auf der durchhängenden Schnur zwischen dem ersten und zweiten Rutenring usw., oder die wippende Rutenspitze selbst ist der Bißanzeiger.

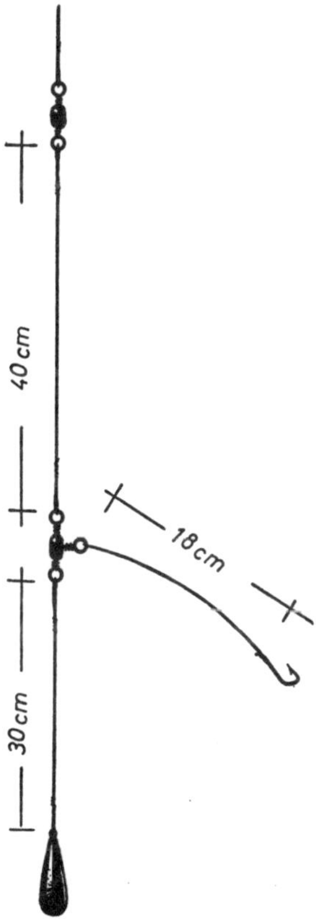

Abb. 213. Paternosterangel

Natürlich lassen sich auch kleinere Fische, wie z. B. Rotaugen und Brassen, an der Bodenbleiangel fangen. Allerdings reichen zur Sichtbarmachung der Anbisse die eben genannten Bißanzeiger nicht mehr aus, weil sie auf die wesentlich feineren Bewegungen beim Anbiß dieser Fische nicht mehr reagieren würden. Sogenannte Schwingspitzen, die man an der Rutenspitze anbringen kann, wobei die Rute waagerecht in einem Rutenhalter liegen muß, sind in diesen Fällen recht brauchbare Hilfsmittel (Abb. 214).

Da sich durchbohrte Sechseckbleie nach dem Einwurf zuweilen verfangen und der Schnur, die sie ganz durchqueren muß (Abb. 216), einen gewissen Widerstand bietet, werden zunehmend birnenförmige Bleie benutzt, bei der die Schnur nur durch eine erheblich weniger Reibung verursachende kleine Schnuröse geführt wird (Abb. 215).

Wegen der zum Teil recht großen Gewichte, die besonders in strömenden Gewässern benutzt werden, muß man Ruten mit starker Aktion benutzen. Nach dem Einwurf schräg stromab wird die Rute in einen Rutenhalter gestellt, und zwar so, daß sie sich dabei in einem Winkel von etwa 60° zur Wasseroberfläche befindet. Die Schnur wird straff gespannt. Anbisse beim Aalfischen werden in der Regel durch Glöckchen signalisiert (Abb. 217).

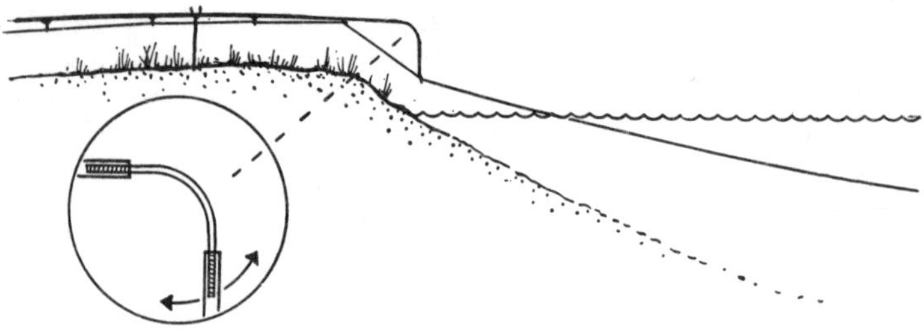

Abb. 214. Grundangeln mit der Schwingspitze

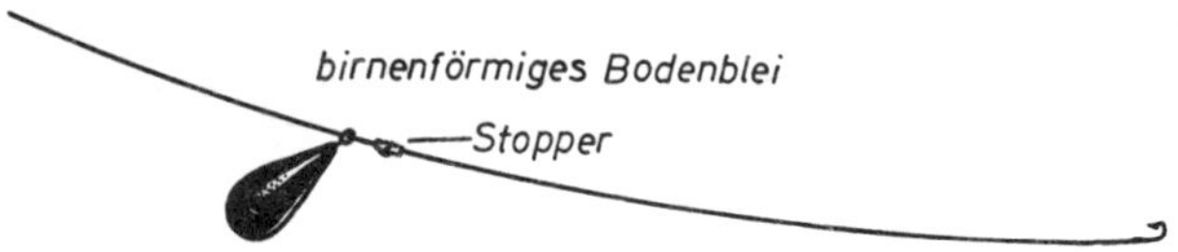

Abb. 215. Grundangel mit birnenförmigem Bodenblei und Ventilgummistopper

Abb. 216. Grundangel mit sechseckigem Bodenblei, Wirbel, Schrotkugel und Vorfach

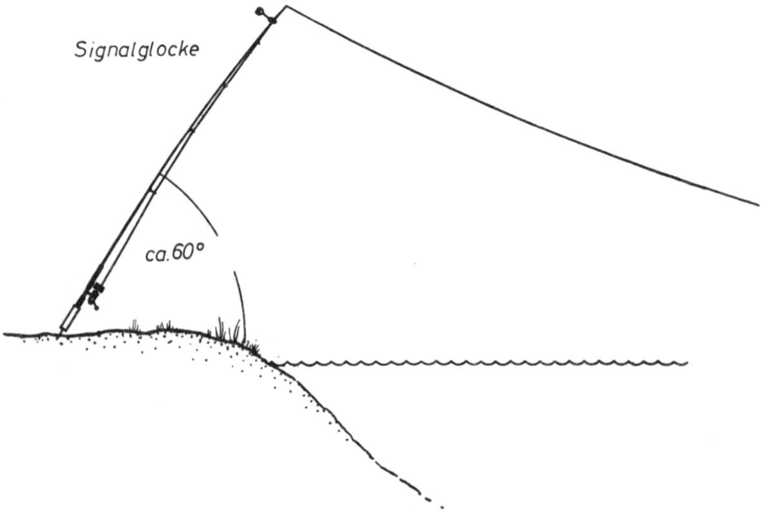

Abb. 217. Grundangel im Rutenhalter mit Signalglocke

Fischen mit der Paternosterangel

Die Paternosterangel (Abb. 213) ist eine Grundangel meist ohne Floß, deren Vorfach am Ende mit einem Senker beschwert ist und in Abständen von 30 cm und mehr an Seitenarmen Perlonfaser oder Stahlseide befestigte Haken trägt. Mehr als 2 Seitenhaken zu verwenden ist unzweckmäßig.

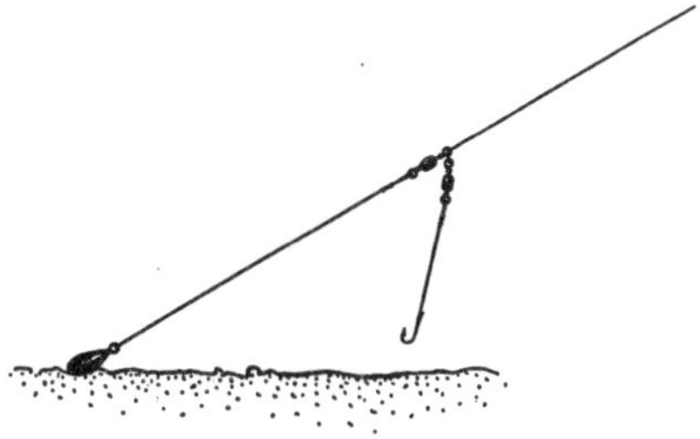

Abb. 219. Festliegendes Paternoster

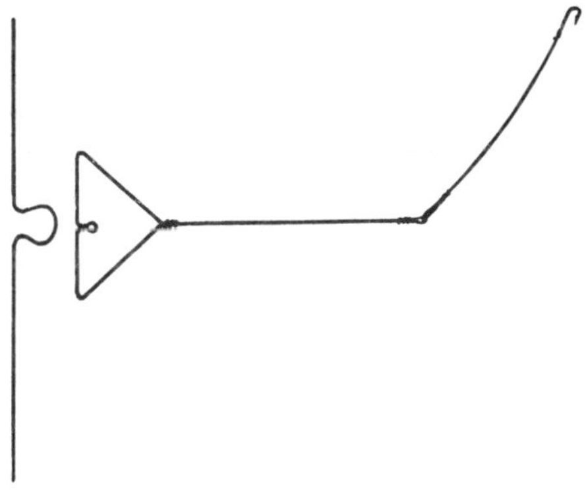

Abb. 218. Festliegendes Paternoster. Der Arm aus Aluminiumdraht kann rasch in die Schnur eingehängt werden, indem man eine Schnurschleife mehrfach um die lange Seite des Dreiecks wickelt

Für den Barschfang ist die Paternosterangel vorzüglich geeignet; man nimmt dazu Regenwürmer oder Fischchen als Köder; zum Stintfang wird fast nur diese Angel benutzt. Sehr viel wird damit nach Raubfischen, besonders nach Hechten und Zandern, geangelt, wobei kleine lebende Fische durch die Lippen angeködert werden.

Man angelt mit 4–5 m langer, nicht zu steifer Rute und macht kurze Würfe vor den Schilfrand, in Krautlücken usw. Nach dem Wurf gibt man Schnur, bis man das Blei auf den Grund aufstoßen fühlt, wartet einige Minuten, bringt dann die Angel an eine andere Stelle und sucht so alle vielversprechenden Plätze ab.

Solange das Blei am Boden liegt, hält man die Schnur mit Daumen und Zeigefinger der linken Hand straff gespannt, damit man fühlt, wenn ein Fisch anbeißt; nach dem Anbiß gibt man etwas Schnur und schlägt nach einigen Sekunden an.

Beim Fang von Welsen, Hechten und großen Barschen ist es mitunter erwünscht, daß sich der Köder längere Zeit an derselben Stelle befindet und nicht ins Kraut flüchten kann. Diesem Zweck dient das festliegende Paternoster (Abb. 218). Es muß so eingestellt werden, daß das Blei am Grund aufliegt und der Signalschwimmer an der Wasseroberfläche zu sehen ist. Beim Angeln in Tiefen, die wesentlich größer sind als die Rutenlänge, kann dieses Paternoster nicht mehr geworfen werden, in diesem Fall bringt man es mit einem Boot an seinen Platz.

Zum Angeln auf Barsche in Seen genügt meist das einfache festliegende Paternoster (Abb. 219), das auch mit mehreren Seitenangeln versehen werden kann.

Das Heben und Senken, Tunk- oder Schottangeln

Zum Heben und Senken im Fluß benutzt man eine Grundrute, als künstliche Köder kommen besonders der Kosak und größere Blinker, als natürliche Köder Regenwürmer, Maden und kleine Frösche, auf Döbel und Rotaugen vor allem Heuschrecken, in Betracht. Man läßt den Köder an lockerer Schnur taumelnd bis zum Grunde sinken, hebt ihn ruckweise wieder bis zur Oberfläche, läßt ihn erneut sinken und hält ihn so in fortwährender Bewegung, von einer Stelle zur anderen fortschreitend, bis man allmählich das Wasser abgefischt hat. Manchmal wird auch ein mehrere Zentimeter langes Federkielfloß angebracht, das anzeigt, wenn der Köder den Grund berührt.

Die Schottangel eignet sich besonders zum Fang von Barsch und Hecht in stark verkrauteten und hindernisreichen Flußstellen sowie vor Buhnen, die mit Faschinen bewehrt sind. Offene Stellen sucht man mit weiten Würfen ab, indem man den Köder unter Heben und Senken einholt.

In großen Seen wird zum Heben und Senken ein Boot notwendig. Es wird mit und ohne Rute gefischt. Der Köder soll um so schwerer sein, je tiefer man fischt. Die Hand, die die Rute oder die Schnur hält, läßt den Köder absinken, bis er am Grund aufstößt. Dann wird der Arm mit der Schnur senkrecht nach oben gehoben – die Bewegung ist am Ende ruckartig – und sofort wieder so rasch gesenkt, daß der Köder an lockerer Schnur nach unten taumelt.

Die Schottangel mit großen Fischködern wird auch zum Hechtfang unter dem Eis benutzt. In den Alpenseen werden mit Heben und Senken Seesaiblinge gefangen („Zupfen").

In großen Seen werden zum Heben und Senken auf Barsche und auf Felchen die Gambe (Abb. 185) und die Hegene viel verwandt (besonders in der Schweiz und am Walchensee). Die Hegene (Abb. 253) ist ein 1,80 m langes Paternoster aus 0,2 mm starkem Perlon mit zahlreichen Seitenarmen und künstlichen Fliegen bzw. Nymphen als Köder. Die mit dem Blutknoten (Abb. 22) gebildeten Seitenarme sollen höchstens 5–8 cm lang sein, damit sie gut vom Vorfach abstehen und sich nicht mit ihm verschlingen.

Die erste Seitenangel wird 14 cm über dem Blei angebracht, die folgenden in Abständen von ca. 20 cm. Die Hegene (der „Baum") ist durch einen Wirbel mit der Angelschnur (0,25–0,30 mm Perlon) verbunden. Brauchbare Fliegen für die Hegene sind Nachbildungen von Nymphen und anderen Insektenlarven, auf Barsche sind Fliegen mit Silber- oder Goldleib und weißen Flügeln, die man sich leicht selbst binden kann, besonders wirksam. Die ähnliche Gambe wurde auf Seite 94 vorgestellt.

Die Spinnfischerei

Die Spinnfischerei ist Bewegungssport, weniger etwas für sitzbedürftige Leute. Worum geht es dabei? Ein Spinnköder – ob Blinker, Spinner, Wobbler, Pilker oder Hakenflucht – wird ausgeworfen und verhält sich bei ködergerechter Führung so, daß Barsche, Hechte, Forellen und andere Raubfische ihn für ein krankes, leicht zu fassendes, auf jeden Fall auffallendes Beutestück halten und zum Anbiß gereizt werden.

Die Bedienung der Spinngerte ist etwas für den fortgeschrittenen Angelfreund oder sollte zumindest voraussetzen, daß er mit der Stipprute oder seiner Grundrute soweit vertraut ist, daß ihm Drill und Landung ansehnlicher Fische sicher gelingen. Erst dann sollte er die Spinnrute zur Hand nehmen.

Geräte und Vorbereitungen

Die notwendige Beweglichkeit und örtliche Ungebundenheit des Spinnfischers erfordern möglichst wenig Gepäck. Auf Überflüssiges muß verzichtet werden, um auf der Pirsch nicht übermäßig belastet zu sein.

Was gehört also zu einer zünftigen und richtigen Spinnfischerausrüstung?

Wichtig sind ein Paar gute Stiefel bzw. sogar Watstiefel mit rutschsicheren, profilierten Sohlen. Darin trägt man möglichst flauschige, atmungsaktive Unterwäsche und warme Strümpfe. Als Oberbekleidung wählt man eine *taschenreiche Weste oder Jacke*, im Winter den Anorak, die gern eine Nummer zu groß sein dürfen, damit die Beweglichkeit erhalten bleibt.

Wünschenswert ist eine *hochwertige Polaroidbrille.* Diese soll dem Sportfischer nicht nur den zu beangelnden Fisch sichtbar machen, sondern dient ihm ebenfalls und hauptsächlich zum Erkunden seiner Umgebung, zum Erkennen von Untiefen und Löchern, zum Ermitteln von Futterfischen und typischen Raubfischstellplätzen.

Wenig hinderlich wird außerhalb der Bekleidung ein gut *funktionierender Klappkescher* an einem soliden und handlichen Karabinerhaken angebracht. Es kann nicht schaden, wenn man die Funktion seines Keschers übt und damit eine schnelle Handhabung erreicht.

Bei einem guten *Rucksack* sollte man an mehrere Außentaschen sowie solide Beriemung mit korrosionsfesten Schnallen, Ringen und Verschlüssen denken. Ein Extrafach zum Unterbringen gefangener Fische ist allemal besser als die keineswegs zu empfehlende Plastiktüte. In dieses Fach gehört ein einfaches Leinentuch, worin abgeschlagene und ausgeweidete Fische eingewickelt werden.

Als Wathilfe sollte man je nach Fließgewässer einen *handfesten Watstock* mit sich führen.

In den Rucksack kommen sämtliche Reservegeräte des Spinnfischers, als da sind *Ködervorratsschachteln, Ersatzspulen* für die Rolle, Schnüre, Vorfächer, Wirbel usw.

Alle Dinge, die direkt beim Spinnfischen gebraucht werden, sind in den Außen- oder Innentaschen der Oberbekleidung unterzubringen. Dazu gehören die *Lösezange (Schere),* ein *Hakenschärfer,* die *Rachensperre,* eventuell ein *Lot,* das *Angelmesser,* der *Fischtöter* und die *Hauptköderschachtel.*

Beide Hände soll der Spinnfischer frei haben, denn er braucht sie, um sich nun ausschließlich mit seiner *Spinnrute* zu beschäftigen.

Dafür ist die beste und solideste Angelgerte gerade gut genug. Sie muß angenehm in der Handhabung sein und darf über mehrere Stunden keine übermäßige Belastung für Arm und Hand darstellen. Also muß eine sorgfältige Auswahl getroffen sein, die den heimischen Fischen vom Barsch bis zum mittelstarken Hecht, von der Forelle bis zum wild kämpfenden Rapfen gerecht wird.

Eine gute Spinnrute sollte folgende Voraussetzungen erfüllen: ca. 2,15 bis 2,70 m lang, höchstens 350 g schwer, $^1/_3$ bis $^1/_4$ Spitzenaktion, also mittelsteifes Rückgrat, ein griffiges Handteil und höchstens 6 gut gleitende Rutenringe. Der erste Rutenring, der Leitring, kann gern übertrieben groß sein. Außerdem sollte die Rute eine festgebundene Öse zum Einhängen der Köder vorweisen. Eine solche Rute ist tauglich für 0,20er bis 0,45er Schnüre und wird in unseren heimischen Gewässern fast jedem Zweck gerecht.

Neben der Rute brauchen wir natürlich eine entsprechende *Qualitätsangelrolle,* wobei wir uns vorerst mit der „Stationären" beschäftigen. Sie sollte dem Gewicht der Rute angepaßt sein. Befestigt wird sie über deren Griffmitte (oft hat die Rute ein Korkgriffteil). Der Rollenfuß liegt bei der Handhabung zwischen Mittel- und Ringfinger. Ideal ist die Zusammenstellung des Geräts, wenn sein Schwerpunkt genau in der Hand liegt. Nicht gut ist es dagegen, wenn die Montage kopflastig ist oder man das Gefühl hat, es sei Blei im unteren Griffteil.

Was ist beim Rollenkauf noch besonders zu beachten? Wichtig sind eine hervorragend kugelgelagerte Achse, gute Spulenkapazität, handliches Kurbelgriffteil, bewegliches Schnurfangröllchen und eine Einzugsgeschwindigkeit zwischen 1:2,8 bis 3,8. Der Spulenrand soll absolut sauber und gleitfähig sein. Die Schnur muß immer korrekt auf die Spule aufgespult werden (gut sichtbare Kreuzlagerung), damit selbst bei vollgewickelter Spule keine Wurfperücken entstehen können. Endlich muß die Spinnrolle eine einwandfrei funktionierende Schleifbremse haben, deren Einstellkopf möglichst nicht vor der Spule, sondern besser am hinteren Gehäuse montiert ist. Auf die Rolle spulen wir eine solide monofile *Spinnschnur,* die hohe Knotenfestigkeit und geringe Dehnung aufweist. Das ist deshalb wichtig, damit der Anschlag den Fisch unmittelbar, und zwar direkt beim Anbiß erreicht.

Die Industrie bietet diesbezüglich sehr gute Schnüre an. Natürlich verbraucht sich eine Spinnschnur schneller als jene für alle anderen Angelarten. Man sollte deshalb nicht zu sehr daran sparen und sie öfter wechseln, um Schnurbruch beim Drill eines gehakten Fisches möglichst auszuschließen. Auch ein solider Hänger will erst wieder gelöst werden.

Beim Angeln auf besonders schwere Fische (Meeresangelei) und bei erhöhten Hängergefahren benutzt man besser die *Multirolle.* Dieser Rollentyp, z. B. die Abu Ambassadeur, ist heute mit einwandfrei funktionierenden Fliehkraftgewichten und Zentrifugalbremsen ausgestattet, so daß bei ein wenig Übung die gefürchteten Perücken nicht mehr auftreten. Die Multirollen haben gegenüber den Stationärrollen beim Angeln mit stärkeren Schnüren einige wesentliche Vorteile: Es gelingen z. B. weite Würfe mit geringen Gewichten, es gibt keinen Schnurdrall, und der Angler hat während des Drills einen sehr guten Kontakt mit dem Fisch durch die unmittelbar auf die Achse laufende Schnur. Ferner ist die Schleifbremse wesentlich feinfühliger einstellbar, da der 90 °-Winkel des Schnurfangbügels, wie an der Stationärrolle, entfällt.

Spinngerät muß sachbezogen, übersichtlich und einfach in der Handhabung sein. Diese Eigenschaften hat die Stationärrolle bei der leichten bis mittelschweren Spinnfischerei fast bis zur Perfektion entwickelt, ebenso wie die Multirolle sich bei der schweren Spinnfischerei vor allem auf Meeresfische als das beste Gerät erweist.

Werfen und Spinnen

Falsch ist die allgemein beim Neuling übliche Ansicht, besonders weite Würfe brächten auch besonders große Fische. Der Spinnfischer soll zunächst aus guter Deckung den ufernahen Bereich seiner Strecke abblinkern, und zwar mit einigen kurzen Unterhand-, Überkopf- oder Seitenwürfen. Erst danach sollte er weiter hinauswerfen und die Würfe sternförmig streuen. Natürlich sind auch Entfernungswürfe weit in das Wasser hinaus durchaus richtig, insbesondere, wenn draußen ein jagender Raubfisch gesichtet wird. Beißt er nicht sogleich, wird er doch häufig angelockt, folgt dem Köder und beißt beim nächsten Wurf, der wieder näher zum Ufer plaziert wird.

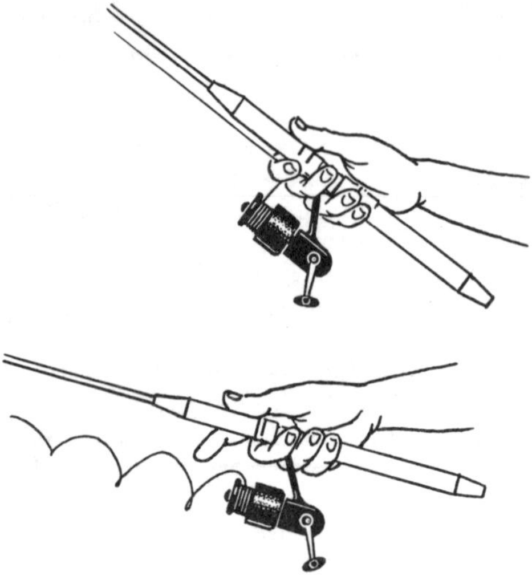

Abb. 220. Werfen mit der Stationärrolle

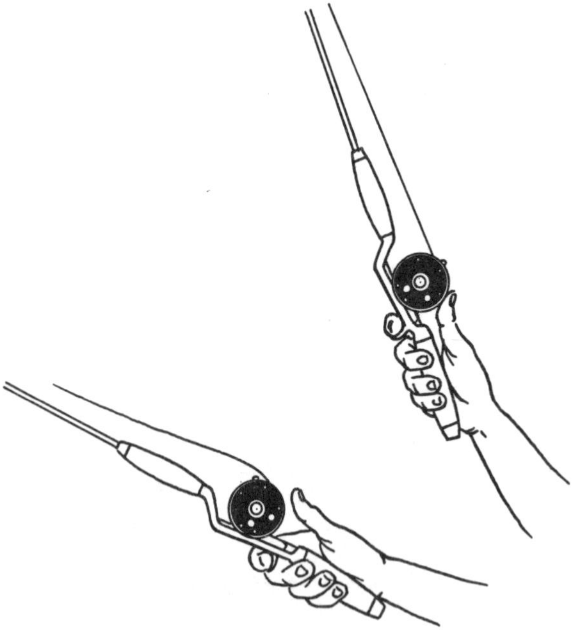

Abb. 221. Werfen mit der Multirolle

Genaues Werfen erfordert einige Erfahrung und Übung. Diese kann man sich natürlich auch auf der grünen Wiese aneignen, wie es manche angehende Spinnfischer tun. Geeigneter ist es aber wohl, am offenen Wasser, möglichst ohne Nachbarn, jedoch mit der kleinen Hoffnung auf einen Anbiß, die ersten Versuche zu wagen. Man sucht sich entsprechende Ziele, vielleicht schwimmende Gegenstände oder den Rand einer Krautbank, aus und wirft einfach darauf los. Nun gibt es leider Spinnrutenangler, die glauben, lediglich der Wurf selbst sei ausschlaggebend für den Erfolg. Sie werfen wie die Weltmeister und kurbeln wie wild wieder ein, um so schnell wie möglich den nächsten Wurf hinauszuschmettern. Dies sieht zwar recht sportlich aus, bringt aber in der Regel nichts.

Das Angeln mit dem künstlichen Köder beginnt erst mit dessen Eintauchen ins nasse Element, mit gefühlvollem Vorführen, „Präsentieren".

Aber zunächst zu den einzelnen Wurfarten beim Spinnfischen: Es gibt

1. weiche Nahwürfe, bei denen der Köder besonders leicht und geräuschlos aufgesetzt wird.
2. Überkopfwürfe mit dem Ziel, größtmögliche Zielgenauigkeit zu erreichen.
3. Seitenwürfe mit vehementem Körpereinsatz für weite Entfernungen.
4. Pendelwürfe unter Hindernisse.
5. Schock- und Katapultwürfe bei extremem Platzmangel oder beengter eigener Stellung.

Alle Würfe sollen möglichst zielgenau sein.

Bei sämtlichen Wurfarten soll die Schnur ferner gut gestreckt und mit wenig

Abb. 222. Überkopfwurf

Bauch geworfen werden. Das Fischen mit dem Spinnköder beginnt dann, wenn die letzte Ausbuchtung der Schnur in der Luft und im Wasser verschwunden ist und ein unmittelbarer Kontakt zwischen der im rechten Winkel zur Schnur gehaltenen Rute und dem Köder besteht.

Spinnfischen kann man in jeder Gewässerzone und je nach Köderart und beangeltem Fisch von flach bis tief. In Fließgewässern wirft man im allgemeinen schräg stromab. Aber auch Quer-, Halb- und Gegenstrom-Würfe sind außerordentlich erfolgversprechend, wobei die Einzugsgeschwindigkeit zu erhöhen ist.

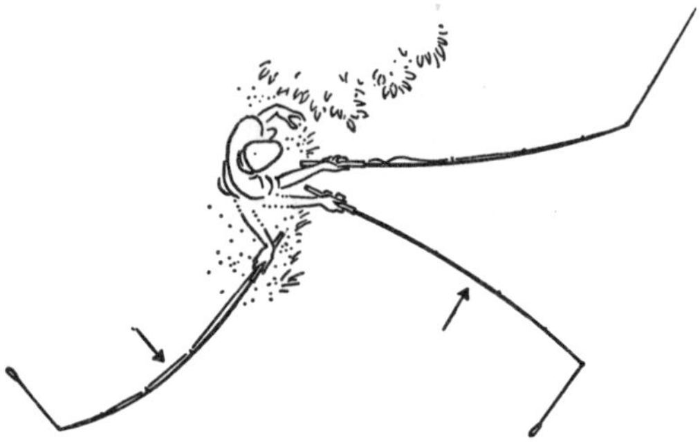

Abb. 223. Seitenwurf

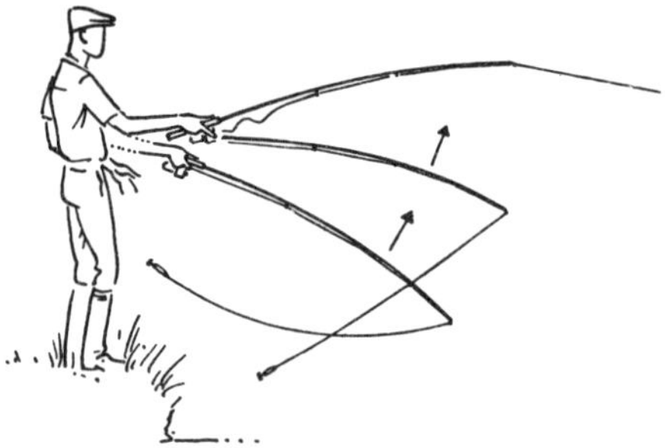

Abb. 224. Pendelwurf

Scharkanten sind sehr schwer zu beblinkern, da der Fisch sehr nahe daran steht und das Hängerrisiko groß ist. Wer also den Köder immer wieder abfallen bzw. absinken läßt, läuft Gefahr, ihn zu verlieren. Möchte man aber fischgerecht längs aufwärts der Schar spinnen, gilt es zuerst, die Tiefe der Anwurfstelle zu ermitteln. Das erreicht man durch rhythmisches Zählen zwischen Einschlag des Köders auf dem Wasser und dessen Aufschlag auf dem Grund. Z. B.: 1 und 2 und 3 und . . . bis 11. Bleibt man hängen, beginnt man nach dem nächsten Wurf bei der Zahl 10 mit dem Spinnfischen und angelt nun tatsächlich in der Fischverdachtszone vor der Schar.

„Zweckloswürfe" gibt es nicht, höchstens Wiederholungswürfe. Nicht jedem Raubfisch begegnet der Blinker oder Spinner beim ersten Wurf maulgerecht. Manchmal verfolgt er ihn nur neugierig. Oft hat er keinen Appetit, so daß erst seine Attacken geweckt werden müssen. Es kann auch vorkommen, daß der Spinnertyp ihm überhaupt nicht gefällt, so daß gewechselt werden sollte. Häufig hat man den Köder lediglich zu flach oder zu tief geführt, zu langsam oder zu schnell. Schon der nächste anders geartete Wurf kann den Erfolg bringen oder der übernächste, vielleicht auch gerade der letzte.

Angeblich überblinkerte Gewässer sollten den richtigen Spinnfischer vom Angeln nicht abhalten. Dort kann er seine Kunst der geschickten Köderauswahl und deren variantenreiche Führung besonders demonstrieren. Natürlich gibt es auch bei Fischen Gewöhnungsprozesse, und das Erkennen des Anglers und seines Gerätes durch den Fisch ist schon eine Gefahr. Die Erfahrung hat aber gelehrt, daß oft auch an stark befischten Gewässern mit den sogenannten Traditionsblinkern wie Heintz und Effzett, wenn sie optimal geführt werden, immer wieder gute und auch kapitale Fische gefangen werden.

In der anschließend aufgeführten Auswahl der verschiedenen Spinnfischköder kann der Angler die ihm sympathischen und seinen Gewässern angepaßten herausfinden.

Köder und ihre Handhabung

Allgemeines

Für den Neuling sind die Angebote und Kataloge der Industrie teils recht verwirrend. Von Nachahmungen der natürlichen Nahrung unserer Flossenträger bis hin zu den eigenwilligsten Phantasieschöpfungen gibt es nahezu nichts, was man nicht käuflich erwerben könnte. Wer soll sich als Neuling da noch durchfinden?

Es gibt unter den Spinnködern verschiedene Typen mit unterschiedlicher Handhabung. Zu nennen sind Blinker, Spinner, Wobbler, Pilker und Systeme. Ordnet man diese sach- und fachgerecht, wird das Riesenangebot schon sehr viel übersichtlicher.

Zum Spinnfischen gehört in erster Linie die richtige Montage des Spinnköders an entsprechender Schnur oder an einem Vorfach. Man sollte es in der Regel unterlassen, mit der feinen 20er bis 25er Barschmonofil-Schnur auf den zufällig auftauchenden Großhecht zu blinkern, insbesondere bei Hindernissen im Wasser. Auch ist es nicht sehr waidmännisch, einen Barsch mit 35er oder 40er Schnur aus der Tiefe zu hieven. Das Richtige in solchen Situationen ist, schnell die Schnurspule zu wechseln und ein *Stahlvorfach* zu montieren. Das sind für den Spinnfischer wenige Handgriffe und meist nur ein Knoten am *unerläßlichen Wirbel.* Bequemlichkeit hat schon so manchen guten Fisch gekostet, der dann zu allem Unglück oft noch elend verludert ist.

Alle Ködermuster können, unterschiedlich präsentiert, dem Fisch mit wechselnder Geschwindigkeit vorgeführt werden. Es gibt hierfür keine

Faustregel, sondern immer nur die Überlegung, wie der Fisch schließlich doch überlistet werden kann.

Jeder Köder kann im flachen Wasser ausprobiert, d. h. mehrmals hin- und hergezogen werden, wobei sich die Bewegungen und der Reizeffekt studieren lassen. Nach diesen Beobachtungen entwickelt der Angler nun seine Technik und erreicht mehr als mit jeder theoretischen Anleitung. Beim Einholen des Spinnköders lassen sich dessen Bewegungen beliebig in zügiges Schwimmen, Verweilen, Flucht, Taumeln, Torkeln, Absacken und Auftauchen verändern. Jedes an diesem Tag für den Fisch typische Verhalten kann man imitieren und damit immer aufs neue versuchen, den Appetit der Raubfische anzuregen.

Wer so verfährt, ist auf dem besten Wege zum erfolgreichen Spinnfischer.

Köderfischsysteme

Hakensysteme sind sehr beliebt und erfolgreich, weil sie die Vorführung eines toten Köderfisches, der natürlichen Nahrung, am besten ermöglichen. Man kann sie für alle Ködergrößen selbst montieren oder kauft sich ein gängiges Muster.

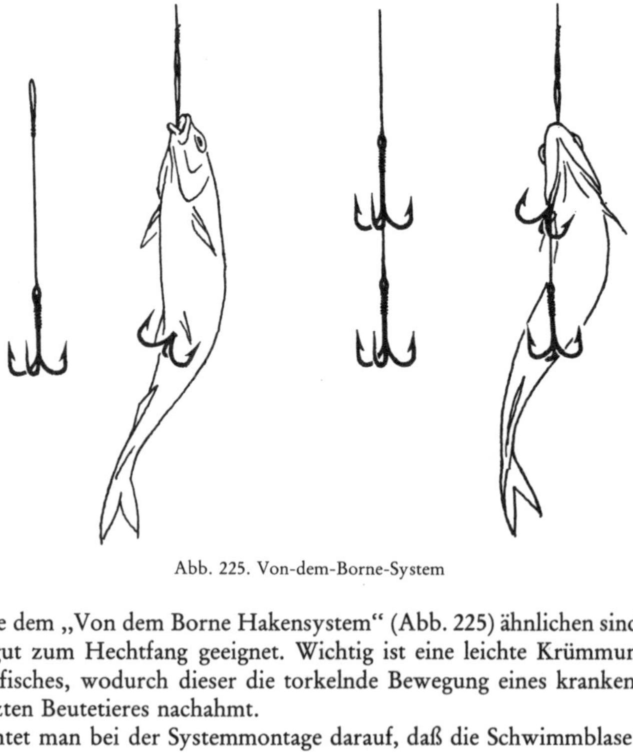

Abb. 225. Von-dem-Borne-System

Alle dem „Von dem Borne Hakensystem“ (Abb. 225) ähnlichen sind z. B. sehr gut zum Hechtfang geeignet. Wichtig ist eine leichte Krümmung des Köderfisches, wodurch dieser die torkelnde Bewegung eines kranken oder verletzten Beutetieres nachahmt.

Achtet man bei der Systemmontage darauf, daß die Schwimmblase nicht verletzt wird, geht der Köder nur langsam unter. Die Blase wird zerstochen, wenn er schnell absinken soll. Zum raschen Absinken des Köders und zum Befischen tieferer Wasserregionen sind solche Modelle sehr geeignet, die mit einem Bleikopf oder einer ins Fischmaul einzuschiebenden Bleiolive (Klammersystem von Niedermeier) versehen sind.

Ihre Wurfeigenschaften sind hervorragend. Ein Überschlagen des Fischchens mit etwaigem Hängenbleiben der Drillinge im Vorfach entfällt hier weitgehend.

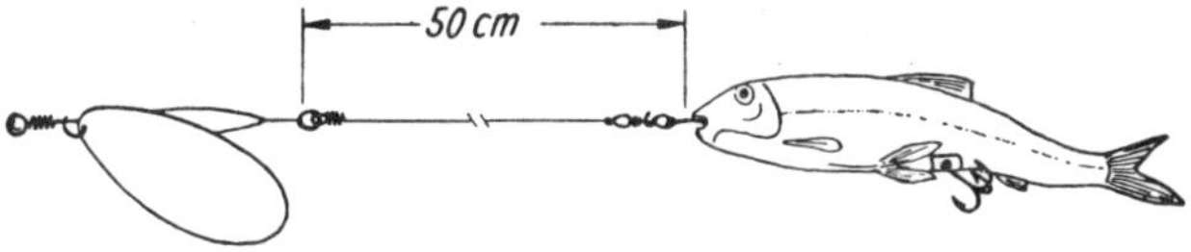

Abb. 226. V.-d.-Borne-System mit vorgeschaltetem Schwinglöffel

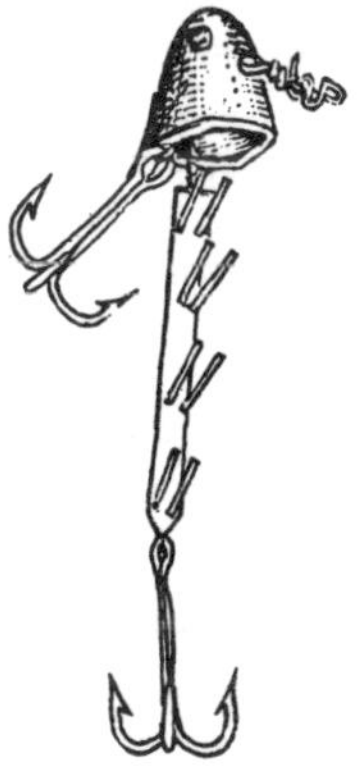

Abb. 227.
Alpina-System oder Li- bzw. Tiroler Flucht

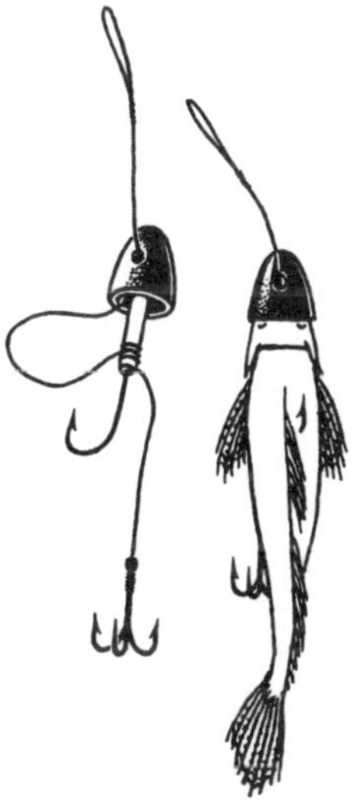

Abb. 228.
Verbessertes Tiroler Bleikopf-System

Die Reizwirkung von Systemfischen läßt sich durch Vorschalten eines Spinnblattes oder Schwinglöffels nach Abb. 226 noch wesentlich erhöhen.

Beim Systemfischen kann man sowohl frische als auch konservierte, eingefrorene oder angetrocknete Köder benutzen und mit einem kleinen Hering sogar etwas ganz Besonderes anbieten. Wichtig für jede Angelfischerei mit dem System ist die Ködermontage, ganz gleich, ob es mit kleinem System auf Forelle und Saibling oder mit großem auf Hecht und Waller geht. Der Angler sollte sich genügend Zeit nehmen, den Fisch sorgfältig anzubringen und den Sitz eventuell noch mit einem dünnen Faden am Maul oder an der Schwanzwurzel je nach Modell des Systems zu verstärken. Bleikopfsysteme nach Tiroler Muster (siehe Abb. 227) sind mehr oder weniger für Kleinköderfische gedacht, die ohne das Gewicht nicht weit genug geworfen werden könnten. Ihre Fängigkeit auf Forellen und Barsche ist in Fließ- und stehenden Gewässern außerordentlich gut.

Systeme und Hakenfluchten mit mehr als 2 Drillingen werden hier nicht empfohlen, da ihre Benutzung unwaidmännisch ist.

Früher wurde der Anschlag beim Systemfischen nach dem Biß des Räubers hinausgezögert, damit er den Köder völlig erfassen und etwas schlucken könnte.

Heute wird beim Systemfischen sofort kräftig angeschlagen, und zwar energisch. Ein Raubfisch, vornehmlich ein Hecht, ist durchaus in der Lage, mit seinen starken Kiefern die gepackte Beute derart festzuhalten, daß sie ein ungenügender Zug oder Ruck in ihrer Lage im harten Hechtmaul überhaupt nicht verändert, wodurch also auch kein Haken eindringen kann. Beim Blinker ist das anders. Dieser rutscht ab, und der Drilling findet oft in den Maulrandzonen seinen Halt, was bei großen Systemfischen nicht so leicht zu erreichen ist. Deshalb wird heute nach dem Biß mehrmals kräftig angeschlagen. Geht der Fisch dennoch verloren, d. h. gelingt es ihm, die hakenbewehrte Beute wieder loszuwerden, so hat man wenigstens alles versucht und eben nicht gewonnen.

Beim Systemfischen dürfte die Wahrscheinlichkeit, den Fisch nach sofortigem kräftigen Anschlag am Haken zu behalten, um vieles größer sein, als wenn man ihm mit verzögertem Anhieb die Gelegenheit gibt, zu entdecken, daß seine Beute einen Haken hat.

Blinker

Verbreiteter, obgleich keineswegs erfolgreicher als das Fischen mit Systemen, ist das Angeln mit Blinkern. Fälschlicherweise werden oft zu den Blinkern auch die Spinner gezählt, obwohl letztere sich in Bauweise und Anwendung sehr deutlich von Blinkern unterscheiden. Blinker sind künstliche Köder aus einem Metallteil (selten zwei gekoppelte) in Form ihrer berühmten Vorbilder wie der Heintz, Effzett, Tobi und der Löffel. Wie der Name bereits sagt, wird eine lockende Wirkung durch das Blinken ihrer blanken Flanken erreicht, wenn sie durch das Wasser geführt werden.

Beim Führen von Blinkern sind der Phantasie des Anglers wiederum keine Grenzen gesetzt. Je ideenreicher es geschieht, desto leichter kann der Raubfisch darauf hereinfallen. Das Blinkern entsteht bei einer wechselseitigen Taumel- und Zupfführung. Mal dreht der Angler die Schnur schneller, mal langsamer ein, senkt und hebt die Rutenspitze, schnellt sie gelegentlich ein wenig nach vorn. Im allgemeinen, ausgenommen beim Fischen auf Forellen – insbesondere auf Seeforellen – und auf Rapfen, sollte man den Blinker nicht zu schnell führen. Als Regel gilt, daß je trüber und je kälter das Wasser ist, desto langsamer geblinkert wird. Kommt man gar nicht zum Zuge, wird empfohlen, es mit ganz ruhiger und gerader Köderführung zu versuchen. Der

Flugangler am Gebirgsbach. (Phot. E. Wiederholz)

Eine schöne Bachforelle. (Phot. C. A. Moser)

Eine prächtige Äsche hat dieser Flugangler erbeutet. (Phot. E. Wiederholz)

Hecht ist nämlich an manchen Tagen, insbesondere zur kalten Jahreszeit, und bei schlechten Sichtverhältnissen ein sehr ungeschickter Fänger. Je unregelmäßiger der Köder an solchen Tagen geführt wird, desto größer ist die Möglichkeit, daß er immer wieder verfehlt wird und der Hecht, dem Blinker nachlaufend, schließlich den Angler doch noch entdeckt. Ähnliches kann man zuweilen auch bei Forellen beobachten.

Der Anschlag beim Blinkern erfolgt unmittelbar mit dem Biß. Auch dann, wenn man glaubt, der Fisch habe sich durch sein kräftiges Rucken und Zupacken selbst gehakt, wird mit energischem Anhieb geantwortet. Wer hierbei zimperlich ist, wird so manchen Geschuppten wieder verlieren.

Spinner

Die Vielzahl von Spinnern ist geradezu verwirrend. Im Grunde aber kommt man mit wenigen Modellen wie dem Mepps, Colonel oder dem Droppen vollkommen aus. Die Bauweise des Spinners beruht stets auf einem sich um eine feste Achse rundherumdrehenden Blatt, sprich Schwinglöffel, das bei gesteigerter Zuggeschwindigkeit schneller und aggressiver wirbelt. „Spinnfischen" ist zwar nicht so variabel wie das Angeln mit System oder anderen Kunstködern, da die Führung des Spinners fast geradlinig verläuft. Die Lockwirkung des wirbelnden Blattes aber ist oft um sehr vieles größer als bei anderen Ködern.

Man unterscheidet zwischen Langblatt- und Breitblattspinnern. Kleine Spinner, u. a. Erfolgsköder auf Forellen und Barsche, lassen sich wegen ihres geringen Gewichtes nicht sehr weit werfen, und man erreicht den Fisch oft nicht. Hier hilft bisweilen ein größeres Bleischrot, das 10 bis 20 cm vor dem Spinner auf die Schnur geklemmt wird. Die Industrie hat aber auch außerordentlich wurffreudige und fängige sog. Bleikopfspinner entwickelt, z. B. den Abu Mörrum, die nicht nur für solche Zwecke bestens geeignet sind, sondern auch in größeren Ausführungen und in tieferen Gewässerzonen für stärkere Räuber besonders empfohlen werden können. Spinnfischen ist äußerst reizvoll, setzt aber ein klein wenig Training voraus. Im Gegensatz zum Blinkern wird das Handgelenk fast immer durch einen mehr oder weniger gleichmäßigen Druck belastet, der nach längerem Fischen die Hand ermüdet, erst recht dann, wenn kein Fisch für eine Unterbrechung der dicht aufeinanderfolgenden Würfe sorgt. Das kann man vermeiden, indem der Spinnköder kurzfristig gegen einen schmalen Blinker ausgewechselt wird, der sich mit der Rolle wesentlich leichter einziehen läßt und dadurch eine kleine Erholungsphase einleitet, bei der der Angler trotzdem aktiv bleibt. Oder er legt überhaupt eine Pause ein.

Beim Spinnfischen geht der Anschlag hart und direkt vor sich. Der Drill sollte nie in Spielerei ausarten und nicht künstlich hinausgezögert werden. Denn dadurch gehen sehr oft Fische verloren, die man sicher bekommen hätte, wenn durch energischen Zug und eine richtig eingestellte Bremse für ständig guten Sitz des Hakens gesorgt worden wäre. Das gilt allerdings auch für die anderen Angelarten.

Pilker oder Tucker

Eine vierte Spezies in der Eisenkollektion des Anglers, speziell des Meeresanglers, ist der gewichtige Pilker. Rank und schlank ist er, wenn es auf Makrelen gehen soll, kantig und klobiger, wenn man Dorsche fangen will. Darüber hinaus gibt es Stabpilker für Lachse und Meerforellen, Buckelpilker für Barsch und Zander, Saiblingspilker, Kleinzocker, Großpilker für Seeforellen sowie flach geformte, langsam sinkende Pilker oder Tucker (bis 35 g) zum Brandungsangeln, schwere für tiefes Wasser und stärkere Drift, dunkle Pilker für helles Wasser und klares Wetter, helle Pilker für trübe Witterung, zuletzt Pilker mit diversen Reizgarnierungen oder mit Zusatzausstattung wie Garnelen oder Wattwürmern an einem über ihnen abzweigenden Seitenvorfach (Springer).

Mit all diesen Gebilden kann man auch regelrecht spinnfischen. Viele Angler lassen ihre Pilker lediglich zum Grund taumeln und praktizieren dann das sogenannte Heben und Senken. Unvergleichlich größer aber ist die Fläche, die befischt wird, wenn man den Pilker vom Schiff weit auswirft und ihn dann durch ruckweise Führung (Treppenspinnen) über den Grund zu sich zurückspringen läßt. Auch Hechte und sogar Aale können auf diese Weise gefangen werden.

Bei der Jagd auf den Barsch im tiefen Wasser braucht man den Pilker durchaus nicht immer bis zum Grund taumeln zu lassen. Sobald man merkt, daß der Barsch im Mittelwasser oder an der Oberfläche jagt, läßt man den Pilker nur so weit absinken und beginnt nun mit der Rückführung.

Hinsichtlich der Größe des Rucks und der Länge der Sprünge des Pilkers sollte der Angler experimentieren, bis er herausbekommen hat, worauf der Fisch am besten reagiert. Beim Dorsch reizen häufig starke Ausschläge und längere Pausen am meisten. Der Barsch greift auch bei kleineren und langsamer gezogenen Rucken an. Im Winter sollten Barsch-orientierte Aktionen mit dem Pilker noch verhaltener sein als in der warmen Jahreszeit. Beködern wir in dieser beißunlustigen Periode den Haken zusätzlich mit einem kleinen schmackhaften Bissen (z. B. Maden), erhöhen sich die Fangchancen ungemein. Denn auch der Fisch speist nicht mit dem Auge allein.

Wobbler

Wobbeln kann man als das Systemfischen mit künstlichen Ködern bezeichnen, denn der Wobbler stellt mehr oder weniger eine kompakte Nachbildung natürlicher Köder dar.

Nicht nur dort, wo Blinker und Spinner anscheinend kaum mehr wirken, werden Wobbler verwendet. Sie gelten auch generell als Erfolgsköder. Das Herstellungsangebot ist riesengroß und die Auswahl schwer. Wiederum sollte man hierbei nach praktischen Gesichtspunkten verfahren. Was braucht der Angler?

Zuerst langsam sinkende Wobbler in den Größen klein, mittel und groß (bis 20 cm) für alle heimischen Raubfische, möglichst in einer fischähnlichen und natürlichen Bewegungsform. Alle „Hilo"-ähnlichen Muster erfüllen diese Voraussetzungen und sind zum Teil noch mit einer verstellbaren, tieferegulierenden Schnauzenschaufel ausgerüstet.

Dazu wird man sich, insbesondere für flache Gewässer, einige schwimmende Wobbler nach „Rapalla"-Art zulegen, die bei Zug wedelnd untertauchen.

Zweigeteilte Wobbler in mittelgroßer Ausführung sind besonders beweglich und anbißfreundlich. Kurze und kompakte Modelle, wie der „Big S" erzielen mit ihrer zitternd vibrierenden Aktion Erfolge und gelten als Erfolgstip für alle mit künstlichen Ködern fangbaren Fische. Besonders fängig ist auch der „Mirrolure" in allen Größen. Damit lassen sich sowohl Forelle und Barsch als auch Hecht, Waller und Huchen gleichermaßen betören. Natürlich entscheidet auch beim Wobbeln der Angler selbst über Erfolg, Mißerfolg oder seine Aktionen. Seine Möglichkeiten in der Köderführung sind außerordentlich groß. Er kann zügig einholen, das Tempo verschleppen, den Köder pausieren lassen, Fluchten ansetzen. Ganz je nach Einschätzung der Lage am Wasser. Bisse auf Wobbler sind meistens vehement und hart. Doch sollte man nur nicht glauben, der Anschlag sei deshalb entbehrlich. Das ist falsch. Der Anschlag muß sofort und sehr kraftvoll erfolgen. Denn es gibt keinen Köder, von dem sich der Fisch derart leicht lösen kann wie vom Wobbler mit seiner relativ großen kompakten Masse. Deshalb sollte der Drill auch energisch und so kurz wie möglich sein. Entsprechend sind die Schnüre darauf abzustimmen, und sie müssen etwa 0,05 mm stärker sein als beim üblichen Spinnfischen. Der Wobbler gleicht durch sein natürliches Aussehen und Verhalten die bekannte Schnurscheu des Raubfisches wieder aus, so daß sich kaum weniger Bisse einstellen.

Ein Problem kann beim Keschern mit Wobbler gehakter Fische auftreten, da meistens ein Drilling aus dem Fischmaul herausragt und sich allzu schnell im Netz verstrickt. Wenn der Hecht dann noch einen unvermuteten Sprung macht, sitzt manchmal nur der Wobbler noch im Kescher, und der Räuber ist davon. Möglichst große Kescher beugen diesem Übelstand vor.

Im Handel gibt es zum Teil noch Wobbler mit mehr als 2 Drillingen, die als nicht waidgerecht abzulehnen sind. Die Hochseeangler haben sich bereits strenge Regeln auferlegt und diese Köder verboten. Hakenstarrende Köder waren übrigens noch nie eine Garantie für den Erfolg. Eher sollte zu denken geben, daß es sehr viele Angler gibt, die mit einem Einzelhaken am Kunstköder hervorragend fangen und selten einen Fisch verlieren.

Kunst- und Kleinköder

Ein Beispiel für Kunst- oder Kleinköder ist der künstliche Wurm. Doch warum nicht einmal mit einem lebenden spinnen? Der Versuch lohnt sich, und zwar nicht nur auf Raubfische. Auch ein Bündel Maden hat schon manchen beißfaulen Fisch aus seinem Unterschlupf hervorgelockt. Bleikopfjigs aller Schattierungen sind absolut prädestinierte Kleinköder und führen genauso zum Erfolg wie ein Fetzenköder aus der Filetseite oder dem

Schwanzstück eines Kleinfisches. Als Spezialwaffe der Huchenfischer ist der berühmte Neunaugenzopf, entstanden aus natürlichen Ködern, jetzt imitiert aus Leder und Kunststoff, zu nennen. Er läßt sich auch bei anderen Fischarten verwenden. Devons und kleine Kompaktspinner wie das Rote Rapfenblei sind je nach Gewässer und vorkommenden Fischarten ebenfalls empfehlenswert. Plastikfrösche, Mäuse, Garnelen und Krebse können zudem je nach Fischarten erfolgreich verwendet werden. Wer es mit springerartig montierten Streamern und Großfliegen versucht, wird auch zum Ziel kommen.

Ein paar Wollfäden um einen blanken Hakenschaft geknotet, haben schon zu überraschenden Fängen verholfen, ebenso ein dünner Speckstreifen am Enddrilling des Blinkers, der besonders verführerisch gewedelt hatte.

Beim Angeln kommt es auf sehr viel Phantasie und Einfallsreichtum an, ganz besonders aber beim Fischen mit der Spinnrute und beim Umgang mit den vorstehend genannten Ködern.

Spinnfischen gehört zu den Hauptangelarten. Ob es allgemein erfolgreicher ist als andere Techniken, ist schwer zu sagen. Zweifellos aber ist die Spinnfischerei und auch das an anderer Stelle dargestellte Flugangeln eine sehr aktive und körperertüchtigende Form unseres Hobbys. Spinnfischer, die

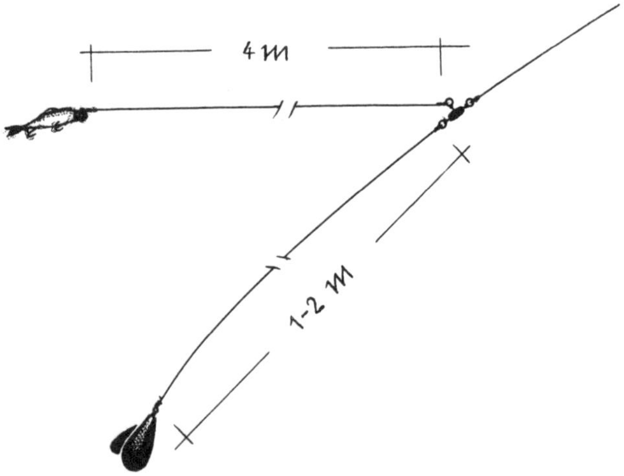

Abb. 229. Schleppmontage für das Fischen mit der Schlepprute. Statt des Köderfisches am System *ohne* Bleikopf kann ebenso ein sehr leichter, dünnblechiger Blinker verwendet werden

einen ganzen Tag in voller Ausrüstung am Gewässer verbracht haben, wissen am Abend, was sie getan haben. Ein ruhiger, tiefer Schlaf ist ihnen gewiß. Es sei denn, ein besonders Kapitaler konnte mit dem Kunstköder sicher gelandet werden. Dann ist ihm der Angler schon eine gründliche, wiederholte Drillschilderung bei einigen Gläschen schuldig.

Schleppangeln

Die Schleppangel dient zum Befischen von Seen, Staubecken und breiten Flußstrecken mit schwacher Strömung. In kleineren Seen und im Fluß genügt das Verfahren mit einer oder zwei Gerten oder Schleppschnüren, für große Seeflächen wird der Seehund oder Otter benutzt, die tiefstehenden Fische (Seeforellen, Saiblinge) sind oft nur mit der Tiefseeschleppangel zu erreichen.

Zur Schleppfischerei sind kurze (1,50–2,50 m), steife Ruten notwendig. Ein schweres Schleppblei (Abb. 70) wird am Ende der mindestens 0,40 mm starken monofilen Schnur eingehängt, darüber in 1 bis 2 m Abstand am Dreier-Wirbel die ca. 4 m lange Seitenschnur mit dem Köder (Abb. 229). Man gibt so viel Schnur aus, bis sich der Köder in der gewünschten Tiefe bewegt. Man kann aber auch auf alle Raubfische mit eigenschweren Systemen ohne Schleppblei fischen. Hierzu eignen sich alle Bleikopfsysteme, z. B. das Planseesystem in den größeren Ausführungen, sehr gut. Es wird 40 bis 60 m je nach notwendiger Tiefe langsam oder schnell hinter dem Boot hergezogen.

Für die Schleppfischerei ohne Rute sind besondere Rollen (Schiffshaspel) im Handel; gut geeignet für diese Art der Fischerei und wesentlich billiger sind große Multirollen mit Übersetzung, Freilauf und Schleifbremse. Die Anordnung des Bleis ist wie vorher beschrieben. Die Schnur läßt man während der Fahrt entweder unmittelbar von der Rolle auslaufen oder man hält sie in der Hand. Angehauen wird durch zügiges Erheben des Arms.

Für große Seen ist der Raum, der mit ein oder zwei Schlappschnüren bestrichen werden kann, zu klein. Der sog. *Seehund* dagegen erlaubt, vier Köder in verschiedener Tiefe gleichzeitig zu führen. Diese Vorrichtung ist

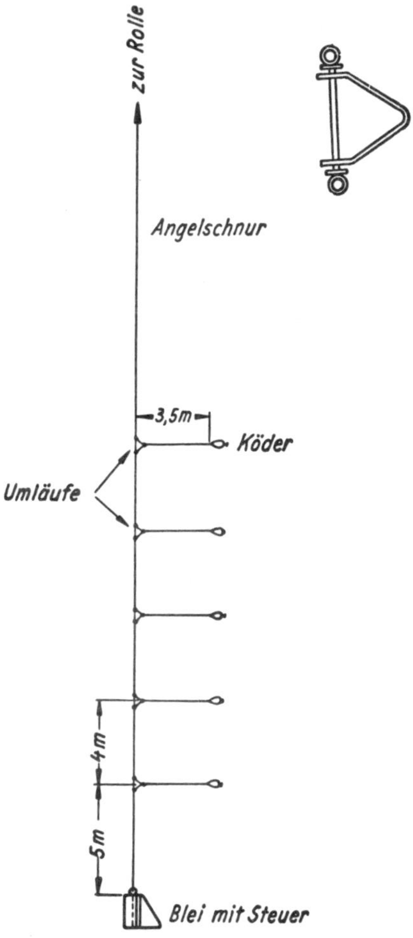

Abb. 230. Tiefseeschleppangel. Rechts: Umlauf

ein Schwimmkörper, der seitlich vom Boot läuft. Es gibt Seehunde in Angelgerätehandlungen zu kaufen.

Die Tiefseeschleppangel zum Fang tiefstehender Salmoniden besteht aus einer Rolle mit Gleitbremse, 100 m Schnur aus Kupferdraht oder einfädigem Perlon von etwa 0,6 mm Durchmesser und einem schweren Blei mit Steuerfahne, das am Ende der Schnur befestigt ist (Abb. 230). Mit Hilfe von Umläufen werden in die Schnur im Abstand von je 4 m Seitenschnüre von 3,5 m Länge mit dem Köder eingehängt. Die erste Seitenschnur ist 5 m über dem Blei befestigt, in der Regel werden fünf Seitenschnüre benutzt. Zur Kontrolle des Tiefgangs der Angel ist die Schnur mit verschiedenfarbigen Markierungen aus Lack im Abstand von 5 m versehen. Je nach der Tiefe, in der gefischt werden soll, und den Seeströmungen sind Bleie im Gewicht von 200–1000 g notwendig. Als Köder für die Seeforelle und den Seesaibling eignen sich leichte, blitzende Blinker, vor allem der Comer-See-Blinker und Lauben am System. Blinker und Systeme brauchen nur mit einem Schwanzdrilling versehen zu sein.

Flugangeln

Zweifellos auf höchstem sportlichem Niveau stehend, wird das Flugangeln von Jahr zu Jahr populärer. Der Umstand, daß es zu den „saubersten" und fischschonendsten Methoden im Angelsport gehört und ebenso sehr gute Beute bringen kann, macht das Fischen mit der Fliegenrute zu einem immer weiter verbreiteten Zweig des sportlichen Fischefangens.

Man fischt mit der Flugangel hauptsächlich auf Salmoniden (Forellen, Saiblinge und Äschen), aber zunehmend verbreitet sich ihre Anwendung auch zum Fang anderer Fische wie z. B. Döbel, Rotfedern und anderen Cypriniden. Immer mehr Anhänger findet auch das Angeln auf große Raubfische wie Hecht, Zander und Huchen mit der Fliegenrute.

Der Begriff Fliegenfischen oder Flugangeln ist ein Sammelbegriff für mehrere Arten des Fischens mit der Fliegenrute. Die Wurftechnik ist grundsätzlich die gleiche. Die zu verwendenden Köder unterscheiden sich dadurch, daß verschiedene Nahrungstiere bzw. deren Entwicklungsstufen imitiert werden. So z. B. imitiert ein Streamer (Abb. 148) ein Fischchen oder ein anderes größeres Nahrungstier, eine Naßfliege ein ertrunkenes Insekt oder ein Subimago (ein Wasserinsekt vor dem endgültigen Stadium, dem Imago) usw.

Das Gerät (Rute, Schnur, Rolle und Vorfach) ist bei den einzelnen Arten des Fliegenfischens unterschiedlich. Eine Rute, mit der man einen Streamer wirft und mit der man mit einer sinkenden Schnur fischt, muß kräftiger sein als eine Rute zum Fischen mit winzigen Trockenfliegen. Es gibt keine Universal-Fliegenrute. Ein erfahrener Flugangler besitzt immer mehrere Ruten in verschiedenen Längen und Stärken.

Folgende Flugangelmethoden gibt es:

1. Das Fischen mit der Trockenfliege (vielleicht die bekannteste Art),
2. Naßfischen (heute noch die populärste Art des Fliegenfischens in Großbritannien),

3. Nymphenfischen (in den letzten Jahren immer beliebter),
4. Streamerfischen (erst in letzter Zeit hierorts näher bekanntgeworden).

Das Fischen mit der Trockenfliege

In der Regel fischt man mit der Trockenfliege, wenn die Fische steigen (von der Wasseroberfläche Nahrung aufnehmen). Das tun sie durchaus nicht immer oder regelmäßig, es hängt ganz von den jeweiligen Gegebenheiten, vom Wetter, Nahrungsverhältnissen u. a. Fakten ab. Dennoch gelingt es besonders in kleineren und klaren Gewässern (Flüßchen und Bäche) auch zu Zeiten, wenn kein Ring eines steigenden Fisches auf der Wasseroberfläche zu sehen ist, die Fische an der Trockenfliege zu fangen.

Es ist nicht einerlei, ob man eine Kunstfliege zu einem steigenden Fisch einfach einwirft oder diese dem Fisch kunstgerecht „präsentiert". Die meisten natürlichen Insekten setzen so sanft wie Schneeflocken auf der Wasseroberfläche auf. Kunstfliegen sind dagegen viel schwerer als ein Naturinsekt, schon allein durch den eisernen Haken bedingt, und ein zartes Aufsetzen ist nur durch gekonnte Wurftechnik möglich. Auch die Bauart der Kunstfliege spielt eine gewisse Rolle (Parachout-[Fallschirm-]Wirkung). Allerdings ist

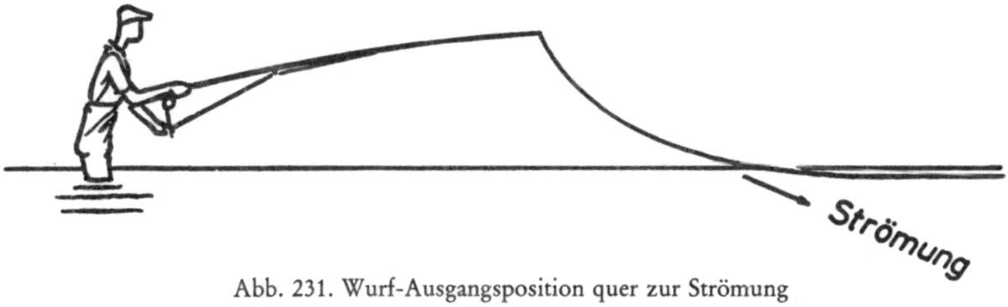

Abb. 231. Wurf-Ausgangsposition quer zur Strömung

nicht immer eine zarte Präsentation richtig. In der Zeit der Sedges (Köcherfliegen), die etwa in die Monate Juli/August fällt, ist es oft besser, die Fliege (Sedge-Imitation) derb aufzusetzen, ähnlich wie es die natürlichen Vorbilder tun.

Forellen nehmen in der Regel die antreibende Fliege, Äschen dagegen die abgetriebene. Das heißt, daß die Forellen gegen die Strömung nach der Fliege steigen; Äschen dagegen lassen die Fliege vorbeitreiben, drehen sich, schwimmen ihr nach und nehmen sie dann mit der Strömung. In jedem Fall ist eine quer zur Flußrichtung geworfene Fliege fängig. Bietet man einer Forelle die Fliege stromaufgeworfen an, kann es Fehlbisse geben. Dasselbe gilt umgekehrt für die Äsche. Die Wurf-Ausgangsposition soll also quer zur Stromrichtung sein, wenn man in Gewässern mit Mischbestand (Forellen und Äschen) fischt.

Im schnell fließenden Wasser steigen die Fische in der Regel vom Grund hoch, im langsam oder träge fließenden Wasser stehen sie oft knapp unter der Wasseroberfläche. Das hat einen besonderen Grund. Der Fisch braucht eine gewisse Reaktions- oder Bedenkzeit, um eine Fliege kritisch zu begutachten.

In langsam fließendem Wasser hat er dazu Zeit genug, auch wenn er knapp unter der Wasseroberfläche steht. Im stark strömenden Wasser dagegen würde eine schnell heranschwimmende Fliege dem flach stehenden Fisch kaum Zeit lassen, sie zu beurteilen, da sie sich zu kurzfristig in seinem Blickfeld befände. Also nimmt er die Fliege in stark strömendem Wasser lieber vom Grund hochsteigend, weil sie dort viel eher in seinen Gesichtskreis gerät (siehe S. 97).

Folglich ergibt sich, daß man die Fliege dem vom Grund her steigenden Fisch mit weiterem Abstand anbietet als dem hochstehenden. Besser gesagt: man soll die Ringe eines aus der Tiefe steigenden Fisches nicht direkt anwerfen, sondern mit entsprechendem Abstand (einen halben Meter oder mehr), andernfalls bestehen weit weniger Chancen für einen Anbiß.

Zur Fliegenwahl (Trockenfliegen)

Vier Forderungen stellen wir an eine gute Trockenfliege:

1. gute Schwimmfähigkeit,
2. gute Sichtbarkeit,
3. gute Parachoutwirkung,
4. Fängigkeit.

Bei der Schwimmfähigkeit kommt es auf die Machart und auf die Materialien an, mit denen eine Fliege gebunden ist. Hinsichtlich der Sichtbarkeit werden oft Konzessionen bei der Imitation gemacht, zumindest was die Farbe betrifft. Weil helle Farbtöne in der Regel vom Angler am besten gesehen werden, werden manche Fliegen mit einer „Signalhechel" gebunden, die weiß oder sehr hell ist (Tricolore, Bivisible u. a.). Es ist erwiesen, daß der Fisch bei der Trockenfliege nur den Helligkeitswert unterscheidet, so daß es eigentlich nicht so sehr auf eine bestimmte Farbe ankommt als auf den Schwarzweißeffekt bzw. auf den Grauwert. Die Parachoutwirkung ist notwendig, um die Fliege sanft präsentieren zu können. Sie wird dadurch erreicht, daß der Schwerpunkt bei der gebundenen Fliege möglichst in die Mitte gelegt wird, ergänzt durch eine bestimmte Stellung des Schwänzchens. Die Fängigkeit hängt also durchaus nicht nur von der Qualität der Imitation ab, wobei gleich gesagt werden kann, daß eine perfekte Imitation sowieso nicht erreichbar ist.

Wichtiger ist die Präsentation und der Gesamteindruck auf den Fisch. Dieser beurteilt nicht Details, sondern läßt sich vor allem von der Silhouette zum Nehmen verleiten. Aus diesem Grunde ist es auch nicht ratsam, bei der Fliegenwahl auf Kleinigkeiten zu achten. Entscheidender ist, daß man Größe, Beschaffenheit (zart- oder dichtgebunden) und Helligkeitswert einigermaßen richtig trifft. Beim Einkauf von Kunstfliegen sollte man nach diesen Gesichtspunkten auswählen und nicht nach den vielen, oft irreführenden Namen (Märzbraune, Steinfliege etc.). Weiter gilt es, beim Einkauf zu bedenken, daß man keine Vorteile am Wasser hat, wenn man eine riesige Auswahl an Mustern hat, jedoch von jedem Muster nur zwei oder gar nur ein Stück besitzt. Erweist sich ein Muster dann als besonders fängig, ist der Ärger gewaltig, wenn diese einzige fängige Fliege abreißt. Besser ist, weniger

Fliegenmuster, dafür aber von jeder ausgewählten Sorte und Größe mindestens drei Stück in seinen Bestand aufzunehmen.

Um die richtige Fliege zu finden, die man am Wasser ans Vorfach binden soll, ist es am besten, erst die Wasseroberfläche zu beobachten und die eben schwärmenden Fliegen genau anzusehen. Es ist nicht notwendig, die natürlichen Vorbilder nach ihren Namen zu erkennen – was oft nicht einmal einem Entomologen auf Anhieb gelingt –, aber ihre Größe und ihren Helligkeitswert festzustellen.

Fast jeder Fliegenfischer hat persönliche „Fancies“, seine bestimmten Lieblingsmuster. Es ist schwierig, beinahe unmöglich, eine allgemein gültige

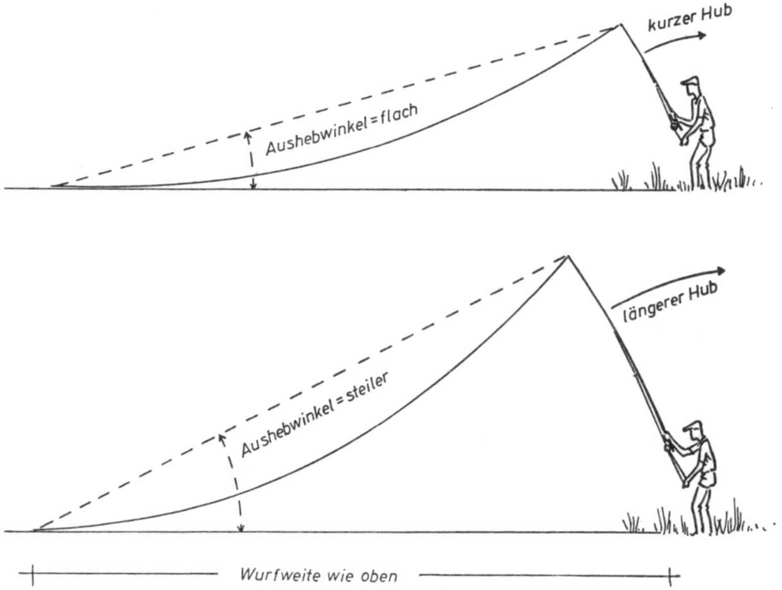

Abb. 232. Spitzer Aushebewinkel bei kurzer Rute, stumpfer Aushebewinkel bei langer Gerte

Aufstellung über die Fliegen zu machen, die da und dort am fängigsten sind. Die auf den Seiten 82/83 und 144–146 aufgezählten erprobten Muster können aber als Anhaltspunkte bei der Fliegenauswahl angesehen werden.

Für das Fischen mit der Trockenfliege eignen sich alle Ruten, die ein gutes Rückgrat haben und eher steif als weich sind. Die gebräuchlichsten Längen schwanken zwischen 2,10–2,90 m. Längere Ruten werden heute kaum mehr verwendet.

Ob Glasfiber, Kohlefaser oder gespließt bleibt dem persönlichen Geschmack überlassen. Es gibt Kunststoffruten auf dem Markt, welche die höchsten Anforderungen auch eines erfahrenen Fliegenfischers erfüllen. Näheres wurde bereits im Kapitel Angelruten gesagt. Es sei noch darauf hingewiesen, daß gewichtmäßig leichte Ruten nicht immer leicht werfen. Der Aushebwinkel bei der Verwendung von extrem kurzen Ruten (unter 2,10 m) ist sehr spitz. Bei Weitwürfen ist es daher schwierig, die Schnur sanft abzuheben.

Auch über Fliegenrollen wurde bereits gesprochen. Es gibt sehr viele Marken und Ausführungen. Außer Einfachrollen und Automatikrollen sind seit einiger Zeit auch Rollen mit Übersetzung im Handel. Einfachrollen gehören zum klassischen Gerät. Automatikrollen sind zwar sehr praktisch, aber außer den bereits im Kapitel „Rollen" besprochenen Vor- und Nachteilen (große Empfindlichkeit) ist bei ihnen noch in Kauf zu nehmen, daß die Lebensdauer der Flugschnüre erheblich reduziert werden kann (Überdehnung der Oberschicht). Bei leichtem Gerät, wie es zum Trockenfliegen-Fischen erforderlich ist, ist in den meisten Fällen eine gewichtige Automatikrolle nicht sehr geeignet (ungünstige Verlegung des Schwerpunktes). Übersetzte Fliegenrollen, soweit bei diesen die Kurbelachse zentrisch ist (Hardy-Marquis Multiplier, Gear Fly von Intrepid), stellen einen Kompromiß zwischen Einfach- und Automatikrollen dar, sie sind aber immer noch schwerer als einfache Rollen.

Die Größe der Rolle wird auf die Schnurstärke abgestimmt (ATMA-Klasse), wobei die Länge der Backing-Schnur (Füllschnur) einkalkuliert werden muß, die sich nach der Größe der Fische richtet, auf die man rechnen kann.

Beim Angeln mit der Trockenfliege empfiehlt es sich, nur mit einer Fliege zu fischen. Mit einer kurzen Rute ist es auch kaum möglich, mit mehreren Fliegen zu fischen. Als Vorfach wird in der Regel Monafilment entweder in Form eines knotenlos gezogenen konischen Vorfachs oder eines geknüpften konischen Vorfachs verwendet. Letzteres wird aus wurftechnischen Gründen von Experten vorgezogen. Die Vorfächer wurden bereits in einem anderen Kapitel behandelt (S. 19). Hier sollte nur das beste Material verwendet werden. Die Stärke der Vorfachspitze hängt von der Art des zu befischenden Gewässers und von der Größe der Fliege ab. Zweifellos ist ein sehr dünn zulaufendes Vorfach (etwa bis 0,14 oder gar 0,12) unsichtbarer und daher, speziell bei der Verwendung von kleinsten Fliegen, fängiger als ein stärkeres.

Beim Trockenfliegenfischen kommt es weit mehr auf einen sauber ausgeführten Wurf an als bei anderen Arten der Flugangelei. Grundregel: man fischt möglichst auf die Distanz, für die die Rute besonders gut geeignet ist. Kurze, steife Ruten werfen größere Distanzen (etwa bis 20 m) zwar gut, aber zum sauberen Abheben der Schnur fehlt eben die Länge. Als Ausgleich muß dann der Arm gestreckt werden, was auf die Dauer recht ermüdend wirkt.

Das Ab- oder Ausheben der Schnur von der Wasserfläche soll so sanft (lautlos) wie möglich geschehen, weil gerade im ruhig fließenden Wasser die Fische leicht vergrämt werden können, wenn die Schnur zu ruckartig aus dem Wasser gerissen wird. Abgesehen davon, daß es unschön ist, wenn die Wasseroberfläche „zerrissen" wird, gibt es noch andere Nachteile eines derben Wurfstils. Der sogenannte „3-timing"-Wurf, der Wurf mit den drei Tempos, ist mit einer kurzen Rute etwas schwierig. Dieser Wurf (1. Rückschwung, 2. Pause und 3. Vorschwung) wird aber beim Fischen mit der Trockenfliege am meisten ausgeführt, schon deswegen, weil die Fliege während des Wurfes trocknen soll. Rollwürfe macht man nur im Notfall, weil damit die Fliege nicht zart genug aufgesetzt werden kann und auch ihr Trocknen mit Rollwürfen nicht möglich ist.

Das Fischen mit der Naßfliege

Beim Naßfischen braucht das Wasser nicht ganz klar zu sein, aber es muß doch „sichtig" sein. Man kann hier aufs Geratewohl fischen, ohne den Fisch vorher, wie beim Trockenfischen, exakt ausgemacht zu haben.

Irrtümlich werden zuweilen alle Arten des Fischens mit versunkenen Ködern unter der Rubrik „Naßfischen" geführt. Dabei unterscheidet sich das Fischen mit der Naßfliege sogar wesentlich etwa vom Nymphen- oder gar vom Streamerfischen.

Früher hat man zum Naßfischen weder selbstschwimmende noch schnell- oder extra schnell sinkende Schnüre gehabt. Man verwendete geklöppelte Seidenschnüre, die man aber zum Fischen mit der Naßfliege nicht zum Schwimmen einfettete. Solche Schnüre „schwebten" knapp unter der Wasseroberfläche und waren zum Naßfischen exzellent geeignet, weil sie keine Furchen zogen. Vom derzeitigen Marktangebot ausgehend, kann man zum Naßfischen entweder eine schlechtschwimmende Trockenschnur oder eine leichtsinkende Schnur der Type I verwenden.

Der orthodoxe Naßfliegenwurf wird schräg stromab ausgeführt (downstream). Man läßt die Fliege nach dem Wurf abtreiben und zieht sie dann langsam gegen die Strömung oder hält sie auch eine Weile an gestreckter Schnur. Der Wurf wird dann wiederholt. So fischt man langsam flußabwatend oder am Ufer gehend systematisch eine Flußstrecke ab. Man kann auch quer zur Stromrichtung oder auch stromauf werfen und die Naßfliege etwa in eine Kehre treiben lassen.

Eine Naßfliege soll ein ertrunkenes oder ein eben geschlüpftes Insekt (Subimago) darstellen. Nicht immer wird vielleicht eine Naßfliege als eine solche von den Fischen angesehen und genommen. Manche Naßfliegenmuster gehen schon in einen Streamer über oder auch in eine Nymphe (Golden Demon, Palaretta). Die Fische halten die Naßfliege vielleicht für ein Brutfischchen, eine abgetriebene Nymphe oder für sonst etwas und nehmen sie.

Hinsichtlich der Muster gibt es bei den Naßfliegen eine ebenso große Auswahl wie bei den Trockenfliegen. Es ist aber einfacher, gute oder gut brauchbare Naßfliegen zu finden als Trockenfliegen, und zwar schon allein deshalb, weil eine Naßfliege weder schwimmen noch gut aufsetzen muß. Muster mit einer weichen Hechel sind vielleicht um eine Spur fängiger als andere Muster. Die Hechel etwa bei einer Palaretta oder einem Subimago spielen sehr schön in der Strömung und mögen dadurch einen zusätzlichen Anreiz zum Anbiß geben.

Die gängigsten Hakengrößen liegen zwischen 8 und 12. Es wird empfohlen, nur mit einer Fliege am Vorfach zu fischen, obwohl es Angler gibt, die beim Naßfischen zwei oder gar drei Fliegen ans Vorfach binden. Man erspart sich aber mit einer Fliege viel Ärger, schon aus wurftechnischen Gründen. Der größte Nachteil aber liegt beim Drill bzw. bei der Landung einer Doublette oder gar Trilette. Der gehakte Fisch kann beim Vorbeiziehen am Ufer die anderen Fliegen an Hindernissen verhaken und geht dann meistens verloren.

Naßfischen ist sozusagen zeitlos. Man ist nicht an die Schwarmzeit bestimmter Insekten gebunden, auch nicht an eine bestimmte Tageszeit. Praktisch kann man die ganze Saison über erfolgversprechend mit der Naßfliege fischen.

Nymphenfischen

Man unterscheidet zwei Arten des Nymphenfischens:
1. das Fischen mit der sinkenden Schnur (Sinking-line-Technik),
2. das Fischen mit der schwimmenden Schnur (Floating-line-Technik oder Kite-Technik).

Nymphen sollen in Grundnähe angeboten werden. Das wird entweder durch Beschweren der Imitation oder durch Verwendung einer sinkenden Schnur erreicht. Die Methode mit schwimmender Schnur und schwerer Nymphen-Imitation ist die reizvollere. Mit der sinkenden Schnur kann man dagegen fast überall fischen, was bei der erstgenannten Methode nicht der Fall ist. Die Floating-line-Technik eignet sich nur für langsam fließende Gewässer, die auch nicht zu tief sein dürfen.

Sinking-line-Technik

Mit der sinkenden Schnur fischt man vorwiegend in tieferen Gewässern, in Wehrgumpen, Kolken etc. Die sinkende Schnur bringt den Köder in die Tiefe.

Der Wurf erfolgt in Fließstrecken in der Regel schräg stromauf, worauf man einen sogenannten Nachwurf anschließt, damit der Schnurbogen nicht gleich von der Strömung erfaßt wird und dadurch die Nymphe nicht zu rasch abgetrieben wird. Da man meistens nicht sehen kann, wann ein Fisch die Nymphe nimmt, fischt man bei der Sinking-line-Technik auf „Gefühl“. Die lockere Schnur wird von der linken Hand aufgenommen (bei Linkswerfern von der rechten), und dann wird der Wurf wiederholt, sobald die Nymphe abgetrieben ist.

Den Biß spürt man meistens durch einen kleinen Ruck, manchmal aber auch nur durch ein Stehenbleiben der Schnur. Der Anhieb muß sofort und zügig gesetzt werden. Da man beim Nymphenfischen mit der sinkenden Schnur nicht mit allzu dünnen Vorfächern fischt (durchweg nicht unter der Stärke 0,18) kann man schon etwas stärker anschlagen als beim Trockenfischen. Es empfiehlt sich auch deshalb, weil der Wasserwiderstand einkalkuliert werden muß.

Es gibt vier Typen von sinkenden Schnüren:
die Type I ist langsam sinkend (für stehende und ganz langsam fließende Gewässer),

Type II ist schnell sinkend (für nicht zu tiefe, mäßig stark fließende Gewässer),
Type III ist extra schnell sinkend (für tiefe, rasch fließende Gewässer).
Type IV ist erst neu auf dem Markt und nennt sich Supersinker.

Ferner gibt es noch eine Flugschnur mit einem sinkenden Vorderteil (Sinktip), die für stehende Gewässer sehr geeignet ist. Beim Fischen in Flüssen soll die ganze Schnur möglichst schnell sinken und der Köder am besten am Grund schleifen. Dann hat man die größten Bißchancen.

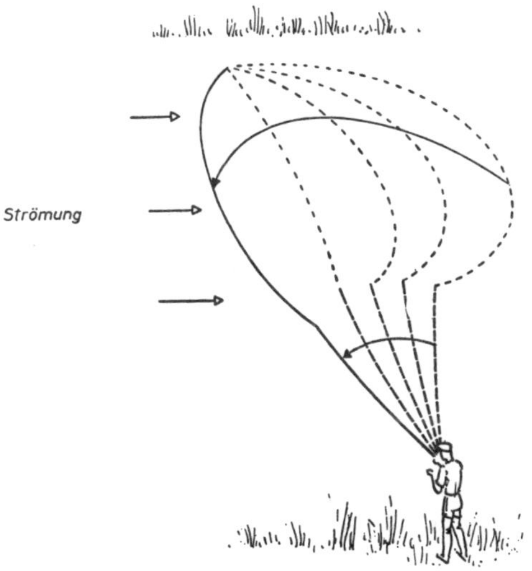

Abb. 233. Nachwurf

Floating-line-Technik (auch Kite-Technik)

Zum Unterschied von der Sinking-line-Technik, bei der man den Biß erfühlen muß, kann man bei der Floating-line- oder Kite-Technik einen Anbiß optisch an der schwimmenden Schnur erkennen. Ein weiterer Vorteil ist, daß die Nymphe direkt stromab treibt, wie es die natürlichen Vorbilder tun, wenn sie von ihrer Unterlage abgekommen sind (Nymphen können kaum gegen die Strömung schwimmen).

Der Wurf wird durchwegs stromauf oder nur wenig seitlich-stromauf ausgeführt. Lose Schnur muß ständig mit der linken Hand aufgenommen werden, um bei einem eventuellen Anbiß gestreckte Schnur zu haben. Die Wiederholung des Wurfes erfolgt, wenn die Nymphe nahe zum Werfer angetrieben ist.

Das vielleicht Wichtigste beim Nymphenfischen mit der Schwimmschnur ist, daß man gut sinkende (beschwerte) Nymphen verwendet und daß das Vorfach gut entfettet ist. Letzteres ist vor allem notwendig, wenn man mit kleinen Nymphen fischt.

Das Gerät selbst ist in der Regel normales Trockenfliegen-Gerät, auch wenn eine gewisse Tendenz besteht, beim Nymphen- wie auch beim Naßfischen weichere Ruten zu verwenden als beim Trockenfliegenfischen. Weichere Ruten „fühlen" besser, haben aber weniger Rückgrat als steife und damit auch weniger Direktwirkung beim Anschlag. Bei der Nymphe muß aber der Anhieb sofort gesetzt werden, weil der Fisch die Nymphe nicht vehement, sondern eher vertraut nimmt, sie aber auch schneller wieder ausspuckt, als es uns recht ist.

Alle gut sinkenden Nymphen sind für die Floating-line-Angelmethode geeignet. Für den Amateurbinder gibt es hier ebensowenig Schranken wie bei Trocken- oder Naßfliegen hinsichtlich der Musterauswahl. Sie ist sogar unkomplizierter als bei Trockenfliegen. Denn die meisten natürlichen Nymphen sehen sich ziemlich ähnlich, sie unterscheiden sich lediglich in der Größe. Besonders markante Typen sind die Köcherfliegenlarven (Sprock), Steinfliegenlarven und Maifliegenlarven. Es empfiehlt sich deshalb, beim Kauf von Nymphen mehr Augenmerk auf die Beschwerung zu legen als auf die Ausführung. Gut sinkende Nymphen sind z. B. finnische Nymphe, Arthofer Nymphe, Universalnymphe, einige Typen der Ritz-Nymphen und Lalex-Nymphen.

Den Anbiß erkennt man

1. durch Stehenbleiben der Schnur,
2. durch Beobachten der Fische (Polaroidbrille),
3. durch seitliches Wegziehen der Schnur,
4. durch eine Bugwelle oder einen Schwall in der Nähe des Vorfachs.

Das Schwierigste beim Nymphenfischen mit der Schwimmschnur ist, den Biß zu erkennen und den Anhieb richtig zu setzen. Es gibt zwar einige Hilfsmittel, wie z. B. das Anbinden einer gut schwimmenden Zweitfliege an einen Springer oder absichtliches spiralförmiges Krümmen des Vorfaches am stärkeren Teil. Diese Behelfe sind aber unzweckmäßig und nicht anzuraten.

Ob Sinking-line- oder Floating-line-Methode, das Nymphenfischen erfordert Konzentration und Einfühlungsvermögen. Man hat aber dafür die Chance, gute Fänge zu machen, und man kann zu jeder Jahres- und Tageszeit auf Erfolg rechnen.

Streamerfischen

Noch nicht allzu lange ist es her, daß das Angeln mit dem Streamer überhaupt erst bei uns bekannt wurde, obwohl es sicher zu den ältesten Methoden des Fischefangens mit künstlichem Köder zählt. Viele Angler stehen dem Streamer auch heute noch skeptisch gegenüber, vor allem glauben sie nicht, daß sich auch andere Raubfische als Salmoniden damit fangen lassen. Manche Angler wissen nicht einmal, was ein Streamer (siehe S. 84/85) darstellen soll und wie er geführt wird.

Ein Streamer ist ein Köder für die Fliegenrute, der ein Fischchen oder ein anderes größeres Nahrungstier (eventuell auch eine Maus) imitieren soll. Er wird aus denselben Materialien gefertigt wie andere Köder für die Fliegenrute (Vogelfedern, Haare etc.). Ein Streamer ist nicht eigenschwer (das soll er auch nicht sein), um genügend rasch zu sinken, er wird durch eine sinkende Schnur (Sinking-line) in die Tiefe gebracht. Der Vorteil des Streamerfischens liegt darin, daß man den Köder in der Strömung spielen lassen kann, weil er unbeschwert ist. Das äußerste ist ein kleines Bleischrot am Vorfach, um den Streamer rascher hinunterzubringen. Außerdem wirkt ein solches Spaltblei wie ein Exzenter, welcher das Spiel des Streamers fördert.

Der Streamer ist zu schwer, um einen normalen 3-timing-Wurf möglich zu machen. Der geeignetste Wurfstil ist der Rollwurf. Bei einem kleineren Streamer (Hakengröße 8,10) und unbeschwertem Vorfach mag noch der Rückschwungwurf gelingen. Die Durchschnittsgröße für Streamer beträgt 4 zum Angeln auf Forellen, für Hechte und Zander Größe 1. Der Schrägstromab-Wurf (bei kleineren Gewässern schräg-stromab-zum gegenüberliegenden Ufer) ist der zweckmäßigste. Auch beim Streamerfischen ist ein Nachwurf vorteilhaft, besonders wenn die Strömung etwas stärker ist. Anschließend zieht man den Streamer in ruckartigen Bewegungen oder auch ruhig ein, indem man die Schnur in die linke Hand aufnimmt.

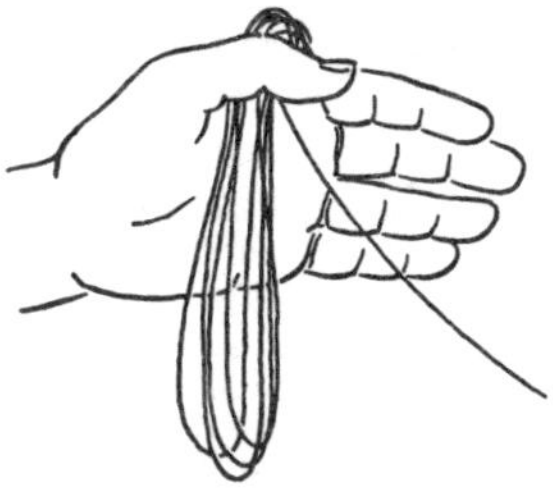

Abb. 234. Aufnehmen der Schnur in die linke Hand

Wenn ein Biß erfolgt, kann man nach dem Anschlag die in Achterschlingen in der Hand befindliche Schnur mit entsprechendem Widerstand durch Daumen und Zeigefinger gleiten lassen.

An „fischverdächtigen" Stellen (Wurzelstöcke etc.) läßt man den Streamer längere Zeit in der Strömung spielen. Hier liegt ein Vorteil gegenüber dem Spinner, der in den meisten Fällen seine Reizwirkung nur beim Ziehen hat. Den Streamer kann man, da er unbeschwert ist, beliebig oft abtreiben lassen und wieder einziehen.

Gerade große Fische brauchen oft eine gewisse „Bedenkzeit", bis sie den Köder annehmen. Ein weiterer Vorteil gegenüber anderen Kunstködern ist, daß Fehlbisse den Fisch nicht gleich vergrämen. In der Regel gibt es nur selten Fehlbisse (ausgenommen beim Zander), da der Streamer als größeres Beutetier mit weit geöffnetem Maul genommen wird.

Streamerfischen ist eine fairere und auch manchmal fängigere Methode, Raubfische zu fangen als andere Angelarten. Dazu ist es sehr interessant und reizvoll. Drill und Landung z. B. eines Hechtes von nur einigen Pfund Gewicht mit der Streamerrute ist ein aufregendes Erlebnis.

Da man es beim Streamerfischen mit durchwegs größeren Fischen zu tun hat, ist robusteres Gerät angebracht. Streamerruten sollen nicht unter 2,70 m lang (lange Ruten sind besser für den Rollwurf geeignet), kräftig (AFTM Klasse 8–10), aber nicht zu schwer sein. Die Rute muß in ihrer ganzen Länge arbeiten (Parapolik- oder ausgeglichene Aktion), Spitzenaktion ist dagegen für das Streamerfischen und vor allem für Rollwürfe ungeeignet.

Beim Streamerfischen braucht man in der Regel viel Schnur, weil Fische –

wie Hechte, Rapfen oder Großforellen – lange Fluchten machen. Deshalb sollte man eine Rolle mit entsprechend großem Fassungsvermögen wählen. Während bei anderen Arten des Flugangelns gewöhnliche Trommelrollen empfehlenswert sind, ist es beim Streamerfischen günstig, Übersetzungsrollen zu verwenden. Bei schweren Ruten, wie es die Streamerruten sind, stört das höhere Gewicht dieser Rollen nicht.

Man verwendet auch stärkere Vorfächer. Für Forellen genügt eine Vorfachspitze von 0,20–0,30, für andere Fische (Hecht, Zander) muß man mindestens 0,35 (Vorfachspitzendurchmesser) nehmen. Ein dünnes, kurzes Stahlvorfach, am Ende des monofilen Fliegenvorfaches angebracht, erspart manchen Ärger beim Hechtfischen. Das Führen und Spielen des Streamers wird allerdings dadurch etwas beeinträchtigt.

Fliegenmusterauswahl

Es wurde bereits gesagt, daß ein erfahrener Angler mit relativ wenig Mustern an Kunstködern für die Fliegenrute auskommt. Die große Kollektion von Fliegen, Nymphen und Streamer, die der eine oder andere Flugangler so im Laufe der Zeit zusammensammelt, bleiben in der Praxis zum Großteil ungenützt. Man fischt am meisten mit seinen „Fancies", mit seinen Lieblingsfliegen. Es gibt gewisse Grundregeln, die hinsichtlich der Fliegenwahl Geltung haben. Dennoch gehört es zur Eigenart eines jeden Fluganglers, hin und wieder neue Muster zu erproben. Es ist sehr schwierig, eine gültige Auswahl fängiger Fliegen zu bringen, weil die Verhältnisse sehr unterschiedlich sind. Man kann als Anhaltspunkt Muster nennen, die sich in verschiedenen Gewässertypen besonders bewährt haben; persönliche und lokale „Fancies" wird für sich jeder Angler selbst herausfinden.

Zu der folgenden Aufstellung sei besonders bemerkt, daß es sich zum Teil um persönliche „Fancies" des Verfassers handelt, die aber in vielen Gewässern – entgegen anderer Meinung ortsansässiger Angler – sicher Fische brachten.

Trockenfliegen

Irresistible: Ein aus USA stammendes Muster, das den großen Vorteil hat, gut zu schwimmen, auch wenn schon mehrere Fische damit gefangen wurden. Gut sichtbar, besonders gut für schnelle Gewässer geeignet. Imitiert kein bestimmtes Insekt, dürfte aber als Käfer genommen werden.

Greenwells Glory: Ein altbewährtes englisches Muster in kleinen Größen, gute Äschenfliege.

Gelbe Eintagsfliege: Als Allroundmuster verwendbar, wenn gerade „graue" Fliegen schwärmen (was übrigens sehr häufig der Fall ist).

Märzbraune: Ebenso ein altbewährtes Muster, das für die ganze Hauptsaison verwendet werden kann.

Weiße Motte (weiße Sedge): Gut sichtbar, besonders günstig für die Abendfischerei.

Tricolore: Schlechthin *„das"* Universalmuster. In Größe 16 und 18 sehr

Biß! Der Karpfen nimmt Schnur. (Phot. J. Kramer)

Karpfen, eben gekeschert. (Phot. W. Quint)

Der Umgebung angepaßt – der Angler darf kein „Fremdkörper“ in der Landschaft sein. Ein Kanal muß übrigens nicht eintönig wirken, wie unser Bild vom Elbe-Trave-Kanal beweist. (Phot. H. J. Wohlfahrt)

Schwer befischbarer Platz. Hier muß man sich schon einiges ausdenken, um einen Fisch an die Angel zu bekommen und sicher zu landen. (Phot. E. Wiederholz)

gute Äschenfliege. Wenn man einmal nicht weiß, was für eine Fliege man ans Vorfach binden soll, ist dieses Muster immer ein Ausweg. Gut sichtbar. Schwimmt gut.

Sedges: Ob dunkelbraune, hellbraune oder graue Sedge, es gibt beinahe keine bessere Fliege für den sommerlichen Abendsprung. Erstklassige Äschenfliege.

Hechelfliege: In Grau, Schwarz, Weiß und Braun. Zartgebundene Hechelfliegen bringen vorsichtige Fische an den Haken. Am Ende der Saison und zum spätherbstlichen Äschenfang sind solche Fliegen unentbehrlich. Sie imitieren hervorragend die vielen zarten Mücken, die zu dieser Zeit schwärmen.

Naßfliegen

Golden Demon: Dieses Muster verdient es, an erster Stelle genannt zu werden. Die Originalausführung mit den Dschungelhahnfedern ist die fängigste Ausführung. Größe 8 ist Durchschnittsgröße.

Palaretta: Ein Muster, das durch das Buch „Erlebtes Fliegenfischen“ von Ch. Ritz bekannt wurde. Ein Allroundmuster besonderer Art. Alle Größen gleich gut fängig.

Subimago: In den Farben (Körperfarben) Geld, Grün, Grau und Schwarz erhältlich. Bindeweise ähnlich wie Palaretta, jedoch zarter. Für launische Fische bestens geeignet.

Steinfliege: Gutes geflügeltes Muster, das als bewährte Forellenfliege gilt.

Blue Dun: Altbewährt und gut brauchbar die ganze Saison über.

Schwarze Zulu: Wird meistens als Trockenfliege verwendet, ist aber als Naßfliege besser fängig. Ideale Döbel-(Aitel-)Fliege.

Nymphen

Finnische Nymphe: Muster in Weiß und Gelb bewährten sich vielleicht am meisten. Aber auch in Braun und Rot sind finnische Nymphen gute Köcherfliegenlarven-Imitationen und gelten als Universalmuster ersten Ranges (auch auf Nichtsalmoniden aller Art).

Braune Arthofer Nymphe: Eine extraschwere Nymphe, die – speziell in den Größen 8 und 6 – hervorragende Fänge brachte.

Schwarze Nymphe: Einfaches, aber in bezug auf Fängigkeit verblüffendes Muster. Stellt schwarze Wasserkäfer dar. Bachforellen bevorzugen diesen Köder.

Universalnymphe: Der aus einem exotischen Fasanstoß gebundene Körper wirkt sehr natürlich (scheckig). Großartige Nymphe für kleinere Gewässer.

Maifliegen-Larve: Ganz besonders gut fängig, wo Maifliegen noch vorkommen, besonders in den Schwarmzeiten, die allerdings nur selten in den Monat Mai fallen, eher in die Sommermonate (je nach Höhenlage).

Latexnymphe: Wird in mehreren Ausführungen angeboten. Es dürfte jedoch die Type „Röhrlimade“, die besonders in der Schweiz beliebt ist, die fängigste Allround-Latexnymphe sein.

Streamer

Fuzzy-Wuzzy: Der englische Name klingt ulkig. Bachforellen, besonders kapitale, nehmen ihn jedoch sehr ernst. Wird in den Farben Schwarz (die meistverwendete Variante), Weiß oder Grauweiß geliefert.

Taupo-Tiger: Ebenso wie das vorgenannte Muster aus Neuseeland stammend, könnte die Ausführung mit grünem Körper eine Pfrillen-Imitation sein. In den Größen 1/0 und größer ist er ein erstklassiger Hecht- und Zanderstreamer.

Professor: Ein universell verwendbares, aus Amerika stammendes Muster mit losen (nicht am Körper festgebundenen) Hechelflügeln. Für starke Strömung besonders geeignet.

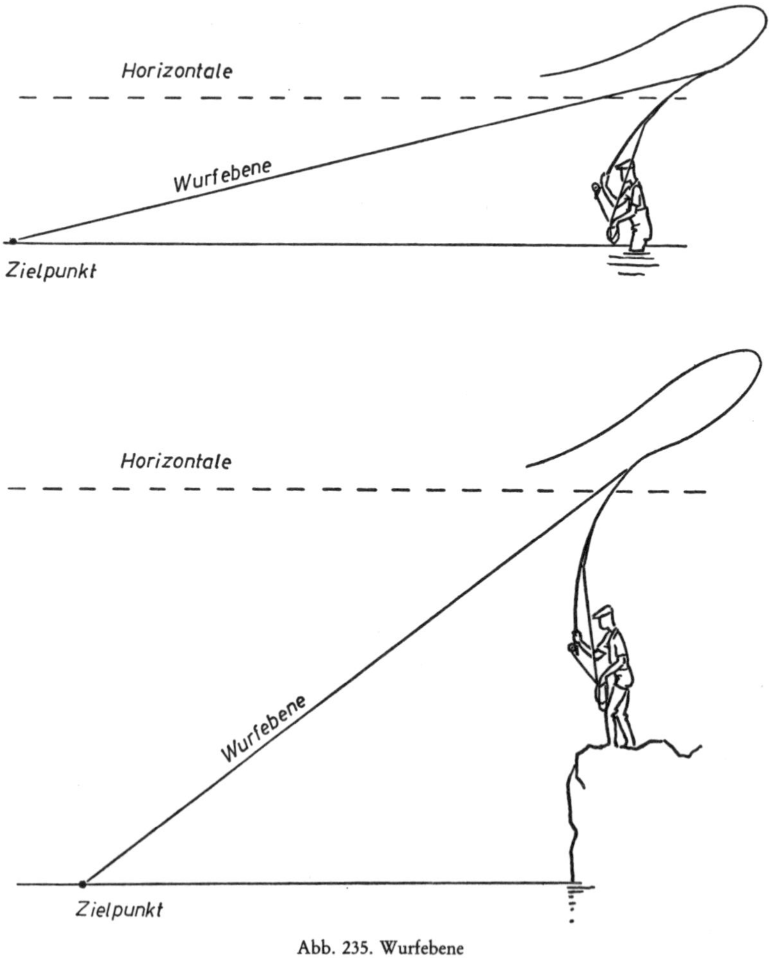

Abb. 235. Wurfebene

Hechtstreamer: Speziell für Hechte konstruiert. Grellgelb mit rotem Körper stellt dieser Streamer zwar ein ausgesprochenes Phantasiemuster dar, ist aber – wahrscheinlich auf Grund der Farbkombination – sehr fängig. In den Größen 4 und 6 ist der „Hechtstreamer“ auch ein vorzüglicher Köder für Forellen, speziell für Regenbogenforellen.

Das Werfen mit der Fliegenrute

Zum Unterschied von anderen Angelarten, bei denen man eigenschwere Köder verwendet, ist es mit der Fliegenrute nicht möglich, den Köder einfach auszuwerfen. Es erfordert eine bestimmte Wurftechnik in Verbindung mit gut abgestimmtem Gerät (Rute und Schnur), um eine Fliege auf größere Distanz zu bringen. Die Fliegenschnur ersetzt das Wurfgewicht, wobei das Gewicht der Schnur der Leistung (Aktion) der Rute entsprechen muß. In vielen Fällen ist die passende Schnurstärke bei der Rute angegeben. Das international anerkannte AFTM-System löste die alte Bezeichnung der Schnurstärken nach Buchstaben ab. Die Nummer der AFTM-Klasse einer Schnur gibt die ideale Schnurstärke für eine bestimmte Wurfdistanz an. Diese beträgt inklusive Vorfach etwa 12 Meter. Fischt man vorwiegend auf weitere

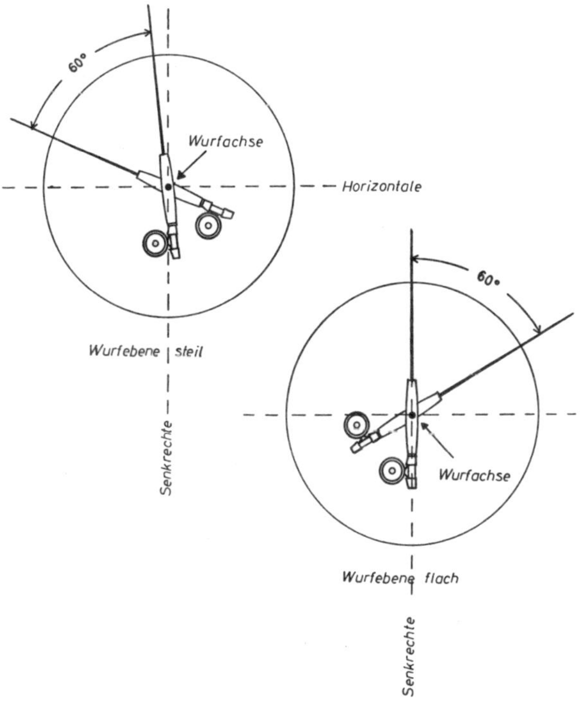

Abb. 236. Wurfebene

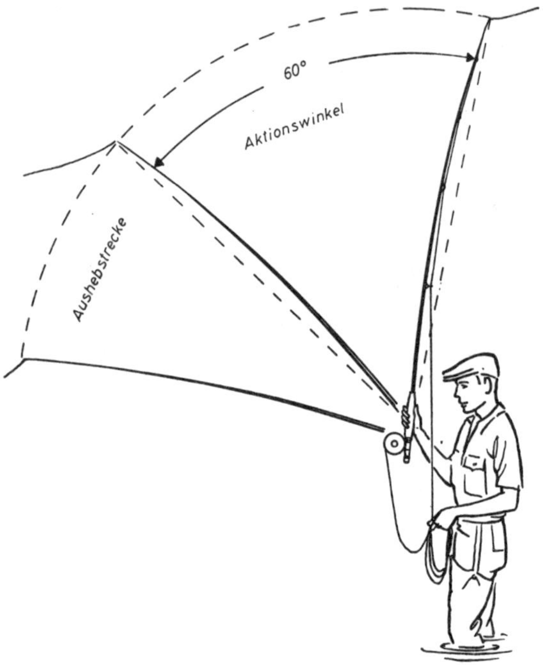

Abb. 237. Aktionswinkel der Gerte beim Schwingen

Distanz, wählt man die AFTM-Nummer kleiner, umgekehrt – wenn man im Durchschnitt kürzere Würfe macht – um eine Nummer größer.

Grundsätzlich gibt es eigentlich nur zwei verschiedene Wurfarten:

1. der Überkopfwurf (3-timing-Stil),
2. der Rollwurf (besteht nur aus einem Tempo).

Zweifellos der häufigste Wurf ist der Überkopfwurf, deshalb auch als Normalwurf bezeichnet. Leider braucht man dazu viel Platz. Im Rollwurf kann man viele Geländeschwierigkeiten überwinden, aber nicht so lautlos und zart werfen.

Der Überkopfwurf (Normalwurf)

Die Wurf-Ausgangspositionen sind verschieden; manchmal steht man am Steilufer, oft fischt man watend. Die Wurfebene verlagert sich daher verschiedentlich (vgl. die Abb. 235 u. 236).

Der Normalwurf besteht aus drei Phasen:

1. Rückschwung,
2. Pause (bis die Schnur sich rückwärts gestreckt hat),
3. Vorschwung.

Um zunächst „Wurfgewicht" (einige Meter Schnur) zu erhalten, verlegt man die ersten Würfe (Leerwürfe) in die Horizontale und läßt jeweils nach jeder dritten Phase Schnur schießen. Dann erst legt man die Schnur aufs Wasser und wiederholt den Wurf mit jeweiligem Schießenlassen der Schnur nach Beendigung des Vorschwunges, bis man die gewünschte Distanz erreicht hat. Die Endstellung der Rute nach dem Rückschwung hängt – wie schon gesagt – von der Wurfebene ab, liegt jedoch durchschnittlich bei der Senkrechten. Die Länge der Pause richtet sich nach der Schnurlänge. Der Vorschwung bringt die nach hinten gestreckte Schnur vorwärts zur Wasserfläche.

Die Kraft, die man verwendet, um die Rute in Aktion zu bringen, nennt man Impuls. Dieser Impuls wird in bewegliche Energie umgewandelt und soll gleichmäßig über Rute und Schnur auf das Vorfach übertragen werden.

Abb. 238. Schwerpunkt = Wurfachse

Das ist nur möglich, wenn die Konstruktion und die Zusammenstellung des Gerätes (Schnur, Rute und Vorfach) eine perfekte Einheit bilden. Die Wurfachse soll womöglich im Schwerpunkt des kompletten Gerätes liegen. Das erreicht man durch eine entsprechend schwere oder leichte Rolle. Aus diesem Grunde sind, wie bereits erwähnt, Automatikrollen für kurze (leichte) Ruten nicht gut geeignet.

Abb. 239. Kurze Rute = Arm hoch, lange Rute = Arm abgewinkelt

Das Halten der Fliegenrute

Es gibt zwei Arten, eine Fliegenrute zu halten und zu führen. Entweder Daumen am Griff nach oben oder Zeigefinger nach oben. Es bleibt dem einzelnen überlassen, wie er seine Fliegenrute hält, aber eines ist wichtig: man muß die Rute so halten, daß die Kraftübertragung direkt erfolgt, Hand und Rutengriff müssen eine Einheit bilden, wobei man die Fliegenrute nicht krampfhaft halten darf. Mit dem Zeigefinger am Griff kann man nur leichte (kurze Ruten) führen, selten hat jemand die Kraft in der Hand, auch Ruten mit kräftiger Aktion mit dem Zeigefinger steuern zu können. Vielleicht kann man mit dem „Zeigefingerstil" zielgenauer werfen, sonst aber ist diese Fingerstellung für den Wurf belanglos.

Das sogenannte „Timing" sollte immer wieder geübt werden, bis man die drei Phasen so beherrscht, daß man ohne nachzudenken den kompletten Wurf ausüben kann. Das „Schießenlassen" der Schnur darf erst erfolgen, wenn sich die Schnur nach vorne gestreckt hat, sonst geht viel Übertragungsenergie verloren und der Wurf „fällt zusammen". Anfänger sollten zuerst

Abb. 240. Rollwurf

davon absehen, weit zu werfen, aber versuchen, in der praktischen Distanz (AFTM-Distanz) Perfektheit im Wurf zu erlangen.

Die Stellung des Wurfarmes richtet sich nach der Länge und Art der Rute sowie nach der Wurfweite. Kurze Ruten wirft man mit hochgehaltenem Arm am besten, mit mehr Armbewegung als Bewegungen im Handgelenk. Längere Ruten (ab ca. 2,40 m) wirft man mit abgewinkeltem Arm (Abb. 239). Man sollte sich gleich am Anfang (womöglich unter Hilfestellung eines Fachkundigen) eine gute Haltung und einen sauberen Wurfstil angewöhnen.

Der Rollwurf

Rollwürfe lernt man leichter als Überkopfwürfe. Die Anwendung des Rollwurfes ist vielseitig und manchmal der einzige Wurfstil, den man in schwierigem Gelände ausführen kann, z. B. bei starkem Uferbewuchs (Bäume, Büsche, Schilf), bei einer Mauer oder Felswand im Rücken.

Ausgangsstellung: Rute etwas über die Senkrechte (schräg nach rückwärts) halten, so daß sich die Schnur hinter der Rute befindet (s. Abb. 240). Der Rollwurf besteht nur aus einem Tempo. Die Rute wird zügig (in gleicher Art wie beim Vorschwung im Normalwurf) zur Wasseroberfläche geschnellt, ohne daß die Rutenspitze ins Wasser taucht. Dadurch rollt sich die Schnur nach vorne ab. Für die Vergrößerung der Wurfdistanz zieht man lockere Schnur nach und wiederholt den Rollwurf.

Wurfstil-Varianten

Überkopfwurf (Normalwurf) und Rollwurf kann man variieren und auch kombinieren. Wie beim Tennis sind seitliche Würfe (backhand und forehand) möglich. Mit viel Übung kann man z. B. die Wurfebene eines Normalwurfes nach oben abwinkeln, also die Schnur beim Rückschwung fast senkrecht hochziehen und beim Vorschwung wieder in die Horizontale bringen (Fallschirmwurf). Um Wurfschnur (Schnurgewicht) hinauszubekommen, verbindet man Rollwurf mit Normalwurf. Oder – wenn Platz ist – man versucht zuerst einige Meter Schnur im 3-timing-Stil (Normalwurf) ins Wasser zu bekommen und setzt dann erst den Rollwurf an.

Es gibt viele Wurfmöglichkeiten. Jeder erfahrene Flugangler hat da seine verschiedenen Tricks und Kniffe, denn in manchen Gewässern kommt man einfach nicht mit Standardwürfen aus. Aber wenn man sich die entsprechende Mühe macht und alles versucht, wird man auch dort Fische fangen – und meistens große – wo vielleicht andere Sportfreunde sagen: Da kann man doch gar nicht mit der Fliegenrute angeln!

Eisfischen

Selbst wenn im Winter Flüsse und Seen mit Eis bedeckt sind, braucht der begeisterte Angler nicht auf seine Lieblingsbeschäftigung zu verzichten. Einige Fische, bei den Raubfischen vor allem Barsch und Hecht, bei den Friedfischen die Plötze (Rotauge), beißen auch bei Wassertemperaturen wenig über null Grad noch auf die Angel und können durch Löcher im Eis gefangen werden. Die Eisfischerei wird hauptsächlich in stehenden Gewässern betrieben, in Seen, Baggerteichen und Altwässern. Auch in Buchten der Ostsee kann durch das Eis gefischt werden, Hauptbeute ist hier der Dorsch.

Zum Schlagen der Eislöcher dienen der Eismeißel und der Eisbohrer. Vor dem vielfach geübten Verfahren, hierfür ein gewöhnliches Beil zu verwenden, muß gewarnt werden, da fliegende Eisstücke schwere Verletzungen der

Augen verursachen können. Für Eisdicken von weniger als 30 cm genügt der Eismeißel, dickeres Eis wird besser durchbohrt. Der Meißel besteht aus gut gehärtetem Stahl, ist etwa 1 m lang und mit einem Schaft aus Hartholz versehen (Abb. 241). Am Griff wird eine lange Schlaufe aus Leder oder Hanf befestigt, die man beim Meißeln um das Handgelenk legt, damit das Gerät nicht bei einem Fehlhieb im Wasser verschwindet. Die Schneide des Meißels ist auf der einen Seite gerade, auf der anderen schräg angeschliffen.

Der Eisbohrer trägt am Unterende die Bohrschale mit einem Durchmesser von 12 bis 15 cm (Abb. 242) und ist so geschliffen, daß die Schale sich ohne besonderen Druck in das Eis einbohrt.

Die Eisbrocken, die bei der Herstellung eines Lochs anfallen, schöpft man mit einem langstieligen Küchensieb aus dem Wasser.

Die beiden Angelmethoden, die für die Eisfischerei in Betracht kommen, sind Grundangeln mit Floß sowie Heben und Senken. Eine Angelrute ist für diese Fangweisen nicht unbedingt notwendig, bietet aber doch den Vorteil,

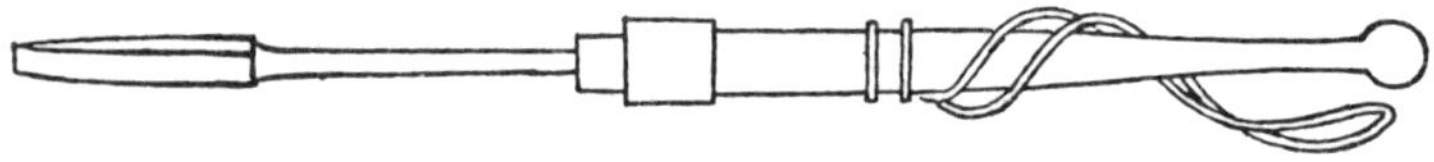

Abb. 241. Eismeißel

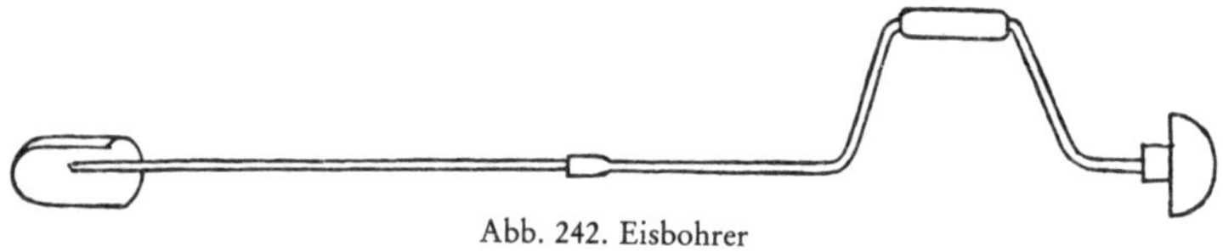

Abb. 242. Eisbohrer

daß man nicht mit nasser oder gar vereister Schnur zu hantieren braucht. Lange Ruten sind beim Eisfischen unpraktisch. Die skandinavischen Angler verwenden deshalb Eisruten von 40–50 cm Länge mit verschiebbaren Rollenhaltern und ziemlich weicher Aktion, mit der auch zarte Anbisse gefühlt werden.

Für den Fang von Barschen würde eine einfädige Schnur von 0,20 bis 0,25 mm Dicke ausreichen, wenn jedoch mit dem Anbiß von Hechten gerechnet werden muß, ist eine Schnurstärke von 0,35 mm sicherer.

Eine Nottinghamrolle ist zum Eisfischen ebenso brauchbar wie eine Stationärrolle, wichtig ist ein großer Trommeldurchmesser, damit die Schnur rasch eingeholt werden kann.

Zur Landung gehakter Fische aus Eislöchern ist ein Kescher ungeeignet, kleinere Fische hebt man an der Schnur heraus, stärkere Exemplare müssen mit dem Landehaken geborgen werden. Den Haken führt man von hinten in die Kiemenspalte und zwischen die Unterkiefer.

Schwierigkeit macht die Beschaffung natürlicher Köder für die Eisfischerei, man sollte deshalb schon im Herbst Vorsorge treffen und sich einen Vorrat von Würmern, Maden, Mehlwürmern und Fischchen in einem frostsicheren Raum zulegen. Auch künstliche Köder sind unter dem Eis wirksam.

Da jedoch die Kunstköder nur hebend und senkend auf und ab bewegt werden können, sind nur solche Modelle hierfür brauchbar, die sich bei dieser Bewegung nicht überschlagen, ihren Schwerpunkt also in der Nähe des hinteren Endes haben. Bewährte Eisköder sind der Kosak (Abb. 184), das Wunderfischli (Abb. 182) sowie der Effzet-Blinker (Abb. 165). Diese Köder werden sowohl vom Barsch wie vom Hecht genommen, die beste Größe für Barsche ist etwa 4 cm, für den Hecht 6–8 cm. Die Wirksamkeit der Kunstköder, vor allem auf den Barsch, kann mitunter dadurch erhöht werden, daß man auf den Haken einen natürlichen oder künstlichen Wurm, einen kleinen Streifen aus Fleisch, Speck, Fischhaut oder das Auge eines gefangenen Fisches befestigt.

Günstige Stellen zum Schlagen der Eislöcher sind nicht immer leicht zu finden. Im Vorteil ist der Angler, der sich mit den Tiefenverhältnissen und der Beschaffenheit des Gewässeruntergrunds während der sommerlichen Angelei vertraut machte. Hecht und Barsch suchen im Winter solche Gewässerteile, die bei günstiger Wassertemperatur Deckung und Futter bieten. Um die Tiefe mit der günstigsten Wassertemperatur zu finden, ordnet man die Löcher zunächst in der Richtung an, in der der Seegrund abfällt, das ist meist senkrecht zur Uferlinie. Bekommt man in einem dieser Löcher Fische, so kann man sicher sein, eine Stelle getroffen zu haben, in der die Wasserschicht mit günstiger Temperatur an den Gewässeruntergrund stößt. Weitere Löcher schlägt man dann in der gleichen Tiefenlinie, die meist parallel zur Uferlinie verläuft.

Unter dem Eis ändert sich die Wassertemperatur sehr langsam, da die Wirkung des Windes wegfällt. Hechte und Barschschwärme halten sich deshalb oft viele Tage lang in der gleichen Tiefe auf, und die gleichen Eislöcher können über längere Zeit befischt werden. Damit die Löcher nicht zufrieren, bestreut man sie mit Strohhäcksel oder Ruß. Natürlich müssen solche offenen Löcher durch einen Zweig oder ein paar Eisbrocken gekennzeichnet sein, um Unfälle zu vermeiden.

Barsch und Hecht finden ihre Beute hauptsächlich mit den Augen und suchen deshalb, wenn sie raublustig sind, die helleren Stellen unter der Eisdecke auf. Wenn Schnee liegt, sind dies Stellen, die vom Wind freigeweht wurden oder an denen der Schnee dünner liegt. Unter blankem Eis mit einzelnen Schneeflecken nutzen die Fische mitunter den Schatten dieser Schneeflecke als Deckung aus.

Barsche werden unter dem Eis auch an der Grundangel mit oder ohne Floß gefangen. Hakengröße und Bleibeschwerung wählt man wie sonst im Jahr. Da die Barsche sich jedoch im Winter am Grund aufhalten, muß die Tiefe ausgelotet und das Gleitfloß so eingestellt werden, daß der Köder nicht mehr als eine Handbreite über dem Grund hängt. Beim Angeln ohne Floß markiert man die Tiefe durch einen in die Schnur gebundenen Wollfaden. Wenn die Barsche nicht auf den ruhig im Wasser hängenden Köder beißen wollen, reizt sie manchmal langsames Heben und Senken zum Zugriff.

Auch das lebende Fischchen für Hechte wird am zweckmäßigsten an die Floßangel mit Gleitfloß angeködert. Größere Köder befestigt man an der

Flucht (Abb. 205), die bei niederen Wassertemperaturen meist fängigeren Köder von 8–10 cm Länge werden besser nur mit einem einzigen Drilling oder einfachen Haken im Maul oder an der Rückenflosse angeködert.

Die Kunstköder zum Heben und Senken auf Barsche können unmittelbar an der Angelschnur mit Hilfe eines kleinen Wirbels befestigt werden, wenn jedoch die Möglichkeit besteht, daß der Köder von Hechten genommen wird, verbindet man Köder und Schnur besser durch ein kurzes Vorfach aus Wolframdraht mit Sicherheitseinhänger am unteren und Wirbel am oberen Ende.

Heben und Senken wird auf Barsche und Hechte in gleicher Weise ausgeübt. Nachdem der Köder den Grund erreicht hat, was man daran erkennt, daß die Schnur schlaff wird, hebt man ihn ein paarmal rasch an und läßt ihn wieder am Grund aufstoßen, um die Neugier der Fische zu wecken. Dann zieht man ihn 20 oder 30 cm hoch und hält ihn einige Minuten ruhig in dieser Stellung, damit die Fische Zeit haben, ihn zu beäugen; kommt kein Anbiß, so beginnt man mit dem eigentlichen Heben und Senken. Zu diesem Zweck hebt man die Rute etwa 30–40 cm mit langsamer und gleichmäßiger Bewegung an und senkt sie rasch wieder, so daß der Köder an lockerer Schnur nach unten taumelt. Hat nach einer Viertelstunde noch kein Fisch angebissen, so sucht man sich einen anderen Platz.

Ist man in einen Schwarm beißlustiger Barsche geraten, so empfiehlt es sich, gehakte Fische möglichst zügig aufzuholen und den Köder rasch wieder auf den Grund zu senken, damit der Schwarm sich nicht zerstreut.

Beim Drill starker Fische hat man darauf zu achten, daß sich die Schnur nicht an scharfen Eiskanten durchscheuert. An Tagen mit scharfem Frost gefriert die Schnur in wenigen Sekunden am Eis, dies muß besonders beim Angeln mit dem Floß beachtet werden.

Es ist wohl selbstverständlich, daß man zum Eisfischen warm gekleidet sein muß. Wollene Unterkleidung und winddichte Überkleidung sind auch an sonnigen Tagen nicht zu entbehren. Man hat außerdem darauf zu achten, daß man beim Schlagen der Eislöcher nicht in Schweiß gerät. Benutzt man zum Transport des Geräts einen Schlitten, so kann dieser gleichzeitig als Sitzgelegenheit beim Angeln dienen. Ein wichtiges Ausrüstungsstück für das Eisfischen ist eine Sonnenbrille, da das von Eis und Schnee zurückgestrahlte Licht Entzündungen der Augen hervorrufen kann.

Die Gewässer

Die Verbreitung der Fischarten in fließenden und stehenden Gewässern

Die Gewässer – wie auch Teile eines Gewässers – unterscheiden sich z. T. beträchtlich in den physikalischen Gegebenheiten (wie Temperatur, Strömung, Bodenbeschaffenheit, Tiefe), in den chemischen (wie Kalkgehalt,

Säuregrad, Salzgehalt) und in den biologischen (wie Wasserpflanzen, Fischnährtiere, Plankton). Wir finden daher entsprechend den unterschiedlichen Lebensbedürfnissen der Fischarten von Gewässer zu Gewässer wie in einzelnen Gewässerabschnitten zahlen- wie artenmäßig unterschiedliche Zusammensetzungen des Fischbestandes.

Fischarten mit gleichen oder ähnlichen Lebensbedürfnissen lassen sich nach verschiedenen Gesichtspunkten zu Gruppen zusammenfassen. Wir unterscheiden z. B. Kalt- und Warmwasserfische, Strömungs- und Stillwasserfische, Raub- und Friedfische, Ufer- und Freiwasserfische, Boden- und Oberflächenfische. Einige Arten können sich den unterschiedlichsten Lebensbedingungen gut anpassen. So finden wir den Aal im stark strömenden und im stehenden Wasser, im Süß- wie im Salzwasser. Auch der Barsch kommt mit Ausnahme der Gebirgsbäche und kleiner Rinnsale in fast allen Gewässern vor. Die Forellenarten dagegen sind empfindlich gegen hohe Wassertemperaturen und niedrige Sauerstoffwerte.

Für die Gewässer sind einige Gesetzmäßigkeiten zu erkennen, die eine Aufteilung in Regionen zulassen. Die fischereiliche Wissenschaft hat diese Regionen der Fließgewässer und die verschiedenen Seentypen nach jeweils dort vorkommenden typischen Fischarten benannt, eine Einteilung, die sich auch für die fischereiliche Praxis als zweckmäßig erwies.

Fließgewässer

Forellenregion. Grundwasser hat über das ganze Jahr hinweg eine ziemlich konstante Temperatur von 9 bis 10 °C. An die Oberfläche tretendes Grundwasser bildet als Quelle den Ursprung eines Fließgewässers. Das zunächst sauerstoffarm austretende Grundwasser reichert sich rasch mit Sauerstoff an. Das Gefälle eines Fließgewässers nimmt von der Quelle zur Mündung hin ab, entsprechend auch die Strömungsgeschwindigkeit. Die stärkeren Gefällstrekken des oberen Flußbereiches bewirken eine Turbulenz des Wassers. Hierdurch und durch die höhere Löslichkeit des Sauerstoffs im kühlen Wasser sind die Sauerstoffwerte über das ganze Jahr hinweg hoch. Das Wasser ist im Sommer um so kühler und die Temperatur fällt im Winter um so weniger, je näher wir der Quelle kommen. Der Gewässerboden ist durch die starke Strömung steinig bis kiesig, in Kolken und im Flachland auch sandig. Auswaschungen des Bodens führen zu rasch wechselnden Tiefenverhältnissen. Diese Region ist der Lebensraum der Bachforelle und nach ihr Forellenregion benannt.

Als allgemeine Regel gilt, daß ein Forellenwasser um so nahrungs- und damit fischreicher ist, je reicher sein Bestand an Wasserpflanzen und je gleichmäßiger Wasserführung und Temperatur sind. Die Nahrungsproduktion wird außerdem durch die chemische Beschaffenheit des Wassers beeinflußt. Bäche und Flüsse, die aus Moorgebieten kommen, führen saures Wasser und bieten ebenso wie Gewässer, die starke Schmelz- und Hochwasser führen, den Forellen weit weniger Nahrung als Flüsse in Gebieten mit kalkigen und mergeligen Böden und alkalischem Wasser. Die Unterwasserflora und -fauna gedeiht außerdem um so besser, je regelmäßiger die Wasserführung ist, denn durch starkes Hochwasser werden Pflanzenbestände zerstört und Futtertiere fortgeschwemmt. Die regelmäßigste Wasserführung haben Gewässer, die aus Karstquellen entspringen. Da sie außerdem klares, kalkreiches (alkalisches) Wasser führen und durch geringe Temperaturschwankungen ausgezeichnet sind, gedeihen Forellen und Äschen in ihnen besonders gut.

Im kälteren Teil der Forellengewässer ist meist der einzige Nebenfisch die Mühlkoppe, die bis in die Quelltöpfe vordringt. Auch der amerikanische Bachsaibling fühlt sich hier selbst dann wohl, wenn es an Unterständen und Verstecken fehlt. In den tieferen, träger fließenden Forellengewässern kommen zur Koppe die Elritze und Bartgrundel, mitunter ist hier auch die Regenbogenforelle Standfisch. Am Übergang zur Äschenregion gesellen sich Äsche, Nase und Hasel dazu, in tieferen Kolken und Stauen auch Döbel und Hecht. In Gewässerabschnitten mit weichem Grund lebt die Larve des Bachneunauges, der Querder. Im Donaugebiet tritt auch der Huchen auf.

An die Forellenregion schließt sich die *Äschenregion* an. Das Wasser erwärmt sich hier im Sommer schon stärker. Der Fluß ist breiter und tiefer geworden. Die Strömung hat sich bei immer noch stärkerem Gefälle strekkenweise schon etwas vermindert. Der Boden ist in der Regel noch fest. In den meisten Flüssen hat sich schon ein stärkerer Pflanzenwuchs eingestellt.

Die Äsche gedeiht sowohl in raschfließenden, steinigen Flußstrecken wie in trägen, krautreichen Abschnitten mit weichem Grund, sofern nur das Wasser rein ist und sich im Sommer nicht zu sehr erwärmt. Das Gepräge der Flußstrecken in der Äschenregion ist daher kaum weniger verschieden als in der Forellenregion. Zur Äschenregion gehören reißende Abschnitte der Alpenflüsse ebenso wie die Unterläufe der Flüsse der Schwäbischen und Fränkischen Alb und Flüßchen der Lüneburger Heide.

Die Äsche ist besonders anfällig gegen Wasserverschmutzungen und fehlt daher heute häufig in dem Flußabschnitt, in dem sie ursprünglich Leitfisch war. Außerdem wurde die Äschenregion durch Stauwehre und Begradigung oft so verändert, daß das ursprüngliche Gepräge kaum mehr zu erkennen ist. Weißfische haben darin überhand genommen, und in den tieferen Stauen und Kolken trifft man sogar Karpfen, Schleien und Barsche an. Außer der Äsche sind Huchen (Donaugebiet), Nase, Forelle, Döbel (Aitel), Quappe (Rutte, Trüste), Hecht, Bartgrundel und Aal verbreitet.

In der folgenden *Barbenregion* wechseln raschfließende, kiesig-sandige Strecken und tiefere Flußabschnitte mit weichem Grund ab. Obwohl sich hier das Wasser in der wärmeren Jahreszeit für längere Perioden über 20 °C erwärmt, ist es doch sauerstoffreich. Die in den ruhigeren Flußstrecken üppig gedeihenden Krautgelege bieten den Krautlaichern die Möglichkeit zur Fortpflanzung und die größere Tiefe der Barbe die Winterruhe. Döbel, Nase, Rotauge, z. T. auch Rotfeder, sind hier häufig, ebenso wie die Laube, der Schneider und der Gründling. Auch der Barsch ist meist verbreitet, aber nicht sehr großwüchsig. Raubfische sind Hecht, Quappe, daneben kann hier schon der Zander auftreten, im Donaugebiet und den Ostseezuflüssen der Rapfen.

Andere für diese Teile Deutschlands bezeichnende Fische mit regional begrenzter Verbreitung sind Frauenfisch und Zährte. In tiefen Kolken mit geeigneten Unterständen findet sich auch der Wels ein. Der Aal ist häufig, auch im Donaugebiet, wo er eingesetzt wurde.

Vor der Einmündung von kalten Seitenbächen und an Stellen mit besonders sauerstoffreichem Wasser kommen Bach- und Regenbogenforelle vereinzelt, aber mitunter in kapitalen Exemplaren vor. Auch Äschen werden an rasch fließenden Stellen angetroffen. In den tiefsten Teilen der Barbenregion erscheint der Brachsen. Erosion bei Hochwässern führte früher in der Barbenregion nicht selten zu Laufverlegungen und Durchbrüchen. Die auf diese Weise entstandenen Buchten und Altwässer sind als Unterstände bei Hochwässern, als Laichreviere und Winterstände von höchstem Wert für den Fischbestand.

Besonders nährstoff- und fischreich ist die *Brachsenregion*. Ihr Wasser ist durch Sinkstoffe und Organismen meist etwas getrübt und die Wassertemperatur in der warmen Jahreszeit vielfach hoch, so daß in der Tiefe ein gewisser Sauerstoffschwund eintreten kann. Die Uferregion ist stark bewachsen mit Unter- und Überwasserpflanzen. Wo die Strömung sich verlangsamt, setzen

Fließgewässer

Beginn	Forellen-R.	Äschen-R.	Barben-R.	Brachsen-R.	Brackwasser
Temperatur	meist	selten	längere Zeit		
Sommer	unter 20°	über 20°	über 20°	20–25°	20–24°
Winter	6–10°	3–6°	4° u. wenig.	unter 4°	unter 4°
Sauerstoff	hoch	hoch	gut	zeitweise Mangel	Mangel mögl.
Strömung	stark bis reißend	schnell bis stark	mäßig bis schnell	langsam bis mäßig	langsam
Boden	steinig, kiesig bis sandig	steinig, kiesig, sandig	sandig bis weich	sandig bis schlammig	sandig bis schlammig
Tiefe	kolkig, rasch wechselnd	flach bis kolkig, wechselnd	mittel bis tief	mittel bis vorwiegend tief	tief und gleichförmig
Leitfische	Bachforelle	Äsche	Barbe	Brachsen	Kaulbarsch bzw. Flund.
Nebenfische	Koppe, Bachsaibling, Elritze, Bartgrundel, Regenbogenforelle, Huchen	Regenbogen- u. Bachforelle, Nase, Huchen, Döbel, Quappe, Bartgrundel	Gründling, Aland, Forellen, Döbel, Nase, Hecht, Aal, Quappe	Weißfische, Schleie, Aal, Hecht, Barsch, Zander	Stint, Aal Brachsen, Plötze (Rotauge) Zander

sich Sand und Schlamm ab. Ruhige Buchten und zahlreiche Altwässer gaben der Brachsenregion früher das Gepräge, heute haben künstlich angelegte Buhnen eine ähnlich günstige Wirkung auf den Fischbestand.

Begünstigt durch den Krautreichtum, die höhere Wassertemperatur und den vielfach weichen Untergrund gedeihen in dieser Region vor allem die Krautlaicher (Schlei, Hecht, Barsch, Brachsen) sowie Fische, die, wie der Brachsen, tiefes, mäßig strömendes Wasser bevorzugen. Der Aland und der Aal sind häufig, besonders gut gedeiht der lichtscheue Zander. Der Barsch erreicht stattliche Gewichte.

In den Nord- und Ostseezuflüssen traten früher in der Brachsenregion Wanderfische zahlreich auf, unter diesen Wanderern ist der Stint noch häufig, Schnäpel, Finte, Maifisch und Stör dagegen sind selten geworden oder ganz verschwunden.

In der *Brackwasserregion,* nach den Leitfischen auch Kaulbarsch- oder Flunderregion genannt, macht sich die Nähe des Meeres häufig durch sich ändernden Salzgehalt bemerkbar, an der Nordseeküste kommen dazu der kurzfristig wechselnde Wasserstand und wechselnde Strömung unter dem Einfluß der Gezeiten. Dadurch entsteht eine scharfe Auslese, und die Artenzahl der Süßwasserfische nimmt in der Brackwasserregion ab. Dafür treten Salzwasserarten auf, wie die Flunder. Besonders häufig sind im Brackwasser Kaulbarsch, Aal und Stint, daneben kommen vielfach noch Brachsen, Güster, Plötze und Laube im nicht versalzten Bereich vor.

Stehende Gewässer

Die Seen werden unterteilt in die nahrungsarmen oder oligotrophen Seen und in die nahrungsreichen oder eutrophen Seen. Die tiefen oligotrophen Seen sind planktonarm und haben daher klares, blau oder grünlich erscheinendes Wasser. Der Boden ist sandig bis kiesig mit keiner oder geringer Schlammablagerung. Krautwuchs findet sich nur in den flachen Uferzonen. Das Wasser ist infolge der Tiefe der Seen kühl und hat über das ganze Jahr einen hohen Sauerstoffgehalt. Zu den nahrungsarmen Seen gehören die Forellen- und Coregonenseen.

Die Forellenseen sind Gebirgs- oder Gebirgsrandseen. Je nach Charakter des Sees und nach den hauptsächlich vorkommenden Fischarten unterscheidet man kleinere, nicht allzu tiefe Seen mit sehr klarem und meist sehr kühlem Wasser, die sog. *Bachforellenseen* (z. B. Hintersee), die größeren *Seeforellenseen* (z. B. Gardasee, Genfer See, Millstätter See) und die sehr tiefen, kalten *Saiblingseen* (Königsee, Wolfgangsee, Walchensee). Natürlich kommt der spezifische „Leitfisch“ einer dieser Seenarten auch in einer anderen See-Kategorie vor, ist dort mitunter sogar häufig und vielerorts der Zweitfisch. So z. B. die Seeforelle im Walchen- und Königsee oder der Saibling in den genannten Seeforellen- und Bachforellenseen. Außerdem finden wir in allen drei genannten Seenarten weitere sauerstoffliebende Kaltwasserfische wie Elritze, Koppe und Maränen. Auch Quappe, Barsch und Hecht sind häufiger vertreten.

Die *Coregonenseen* sind tiefe, klare, große Gewässer mit vorwiegend festem Untergrund (Bodensee, Chiemsee, Ammersee, Starnberger See). Die Uferpartien sind flacher abfallend, häufig mit breiteren Schilf- und Rohrbeständen. Das Wasser ist sauerstoffreich und zumindest in tieferen Bereichen auch im Sommer kühl. Neben den Hauptfischen, den verschiedenen Coregonen-(Renken-, Felchen, Maränen-)Arten finden sich hier noch Salmoniden, Barsch, Hecht, Zander, Quappe, Aal und Weißfischarten.

Die nährstoffreichen *eutrophen Seen* sind warme Seen des Flachlandes mit durch Plakton getrübtem Wasser und oft dichten Beständen an Wasserpflanzen. Es gibt Seen mit ausgedehnter Schar und dann tiefer abfallendem, sandigem Grund, in denen besonders der Zander vorkommt, also *Zanderseen,* wie z. B. der Wagingersee, der Staffelsee oder der Ossiachersee und die vielen großen und kleinen Bleiseen, die teils flach, teils tiefer sind und verschiedene Wasserbeschaffenheit und wechselnden Untergrund, teils Sand, teils Schlammboden aufweisen.

Die Ufer dieser Seen zeigen nicht selten starke Verlandungserscheinungen. Häufigste Fischarten sind die stillwasserliebenden Weißfischarten (Brachsen, Plötze, Rotfeder, Güster, Karpfen, Schleie u. a.) und Aale sowie neben dem Barsch die großen Raubfische Hecht und Zander.

Stehende Gewässer

Seentyp	oligotroph	eutroph	Moorgewässer	Tümpel
Wassertemp.	kalt	sommerwarm	sommerwarm	sommerwarm
Sauerstoff	Sommer und Winter hoch	wechselnd, Mangel im Sommer und unter Eis möglich	meist ausreichend	häufig niedrig, besonders unter Eis
Boden	kiesig, sandig, kaum Schlamm	stärkere Faulschlammbildung häufig	torfig bis schlammig	schlammig
Tiefe	tief	mäßig tief bis flach	meist flach	flach
Unterwasserpflanzen	Steilufer bei Gebirgsseen ohne, sonst wenig	stark bei nicht zu starker Trübung	häufig gering	stark
Leitfische	Forellen, Saiblinge, Maränen	Brachsen, Hecht, Zander	Schleie, Aal	Karausche
Nebenfische	Elritze, Koppe, Quappe Hecht, Barsch	Weißfische, Karpfen, Schleie, Aal, Barsch	Weißfische, Karpfen	Schleie, Aal

Von geringer Bedeutung sind die in der Regel nahrungsarmen und sauren Braunwasserseen in moorigen Gebieten. An Fischen treffen wir Schleie, Aale, kleinwüchsige Weißfische, gelegentlich Hecht, Karpfen und Barsch an.

Schließlich sind bei den stehenden Gewässern noch die Tümpel zu erwähnen, in denen Karauschen bisweilen die einzigen Fische sind. Häufiger finden sich auch Schleie, kleinwüchsige Weißfische, (eingesetzte) Karpfen und Aale.

Die von Menschen künstlich geschaffenen Kiesbaggerseen sind zunächst nahrungsarm, gehen aber im Flachland je nach Größe und Tiefe mehr oder weniger schnell in den Typ des eutrophen Sees über. Talsperren und Stauseen, deren Zahl zur Freude der Angler ständig wächst, sind künstliche Seen, die vorwiegend im Bereich der Forellen- und Äschenregion der Fließgewässer liegen und klares, sauerstoffreiches Wasser haben. Der Fischbestand in ihnen ist meistens sehr gut und raschwüchsig, da sie nicht zuletzt durch den oft wechselnden Wasserstand außerordentlich nahrungsreich sind.

Hege und Pflege des Fischbestandes

Ein unbeeinflußtes, natürliches Gewässer besitzt einen Fischbestand, der sich in einem Gleichgewicht befindet. Die Eigenschaften des Gewässers, wie Tiefe, Strömung, Temperatur und andere Faktoren, die wir im Abschnitt Fischregionen näher kennenlernten, sowie die Nahrungsproduktion bestimmen die Zusammensetzung des Fischbestandes sowie die Anzahl und Größe der Fische. Besondere Witterungseinflüsse wie ein trockener Sommer bzw. ein kaltes oder niederschlagsreiches Frühjahr können zwar in manchen Jahren das Aufkommen bestimmter Fischarten begünstigen und auch die Gesamtmenge des Bestandes beeinflussen, über einen längeren Zeitraum hinweg bleibt aber das Gleichgewicht stabil.

Fische weisen im Vergleich zu Säugetieren außerordentlich hohe Ei- und damit Nachkommenzahlen auf. Bei Salmoniden geht die Anzahl der aus den Eiern geschlüpften Jungfische in die Hunderte bis Tausende, bei den Weißfischen, Hechten und anderen Süßwasserfischen in die Zehn- bis Hunderttausende. Um einen Fischbestand im Gleichgewicht zu halten, dürfen aber hiervon pro Elternpaar nur jeweils zwei Nachkommen wieder zu Laichfischen heranwachsen, extrem hohe Verlustraten sind also eine Notwendigkeit. Während bei den sich entwickelnden Eiern und bei der Brut eine ganze Anzahl von Tieren wie Wasserinsekten und Fische sowie Umweltbedingungen wie Strömung und Nahrung zur Dezimierung der Stückzahl beitragen, entstehen die Hauptverluste bei den heranwachsenden Jungfischen durch Raubfische. Ein ausgewogenes Verhältnis zwischen Raubfisch- und Friedfischbestand ist daher wichtig für die Erhaltung eines gesunden und gutwüchsigen Fischbestandes.

Greift der Mensch durch Veränderung des Gewässers in die Umwelt der Fische ein, wird damit zwangsläufig meistens auch das natürliche Gleichgewicht im Fischbestand gestört, es stellen sich andere Verhältnisse ein. Einzelne Fischarten können verschwinden, wie der Aal, wenn er durch Stauanla-

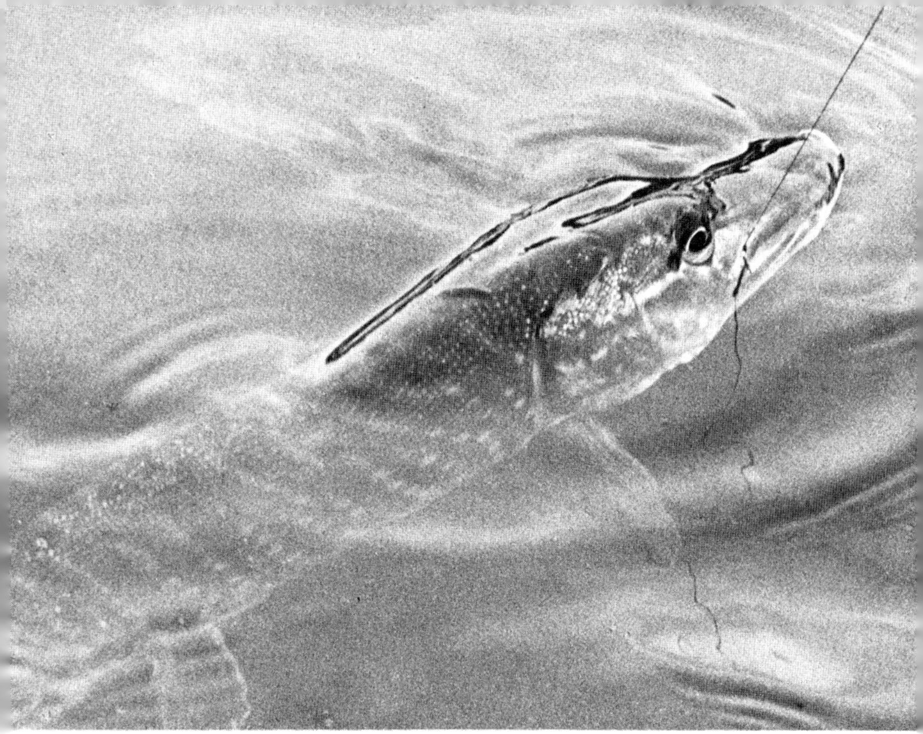

Zwei Raubfisch-Porträts. Oben: Hecht. (Phot. H. Brozio); unten: Zander. Deutlich sind die Hundzähne am Unterkiefer zu erkennen, durch die er sich neben anderen Merkmalen vom Hecht unterscheidet. (Phot. E. Wiederholz)

Aus guter Deckung mit dem treibenden Heuschreck. (Phot. J. Kramer)

gen am Aufstieg gehindert wird oder die Salmoniden, deren Laichgebiete durch Begradigungen zerstört wurden. Andere Fischarten können erheblich zurückgehen, wie Hechte in Stauseen mit stark wechselnden Wasserständen, die den Laich trocken fallen lassen und vernichten. Die Folge in diesem Falle wäre z. B. Überhandnehmen von Weißfischen, die bei der begrenzten Nahrungsmenge kleinwüchsig bleiben.

Greift der Mensch durch die Fischerei – sei es Netz- oder Angelfischerei – in den Fischbestand ein, so bedeutet dies zunächst nur, daß ein Teil der Fische, die ohnehin durch natürliche Verluste (Raubfische) hätten dezimiert werden müssen, durch den Menschen entnommen wird. Er tritt an die Stelle des Raubfisches. Nur wird die Fischerei in der Regel selektiv ausgeübt, d. h., es werden Raubfische, wie besonders der Hecht, manchmal im Verhältnis zu stark befischt. Die Folge davon ist, daß sich in einem stehenden Gewässer die Weißfischbestände überstark entwickeln. In Gewässern, die Weißfische und vorwiegend Salmoniden beherbergen, hat der Hecht allerdings nichts zu suchen, hier muß er so stark wie möglich befischt werden. Seine Rolle übernehmen die großen Salmoniden.

Es ist an der Zeit, manche Schonmaßnahmen, die die Sportfischerei als Hege betreibt und deren ideeller, wie in einzelnen Fällen praktischer Wert nicht verkannt werden soll, kritisch zu betrachten.

Mindestmaße sollen in der Regel sichern, daß die Fische nicht zu früh herausgeholt und nicht vor dem ersten Laichen gefangen werden, damit eine ausreichende Nachkommenschaft gesichert ist. Oft bestehen gesetzliche Mindestmaße für eine große Anzahl der Weißfischarten. In einem Gewässer, wo z. B. der Brachsen zu den häufiger vorkommenden Fischarten zählt, bedeutet dies, daß das Gewässer die Bedingungen für die Entwicklung von Eiern, Brut und Jungfischen bietet. Laichen 100 Elternpaare und schlüpfen pro Elternpaar 100 000 Fischlarven, ergibt dies 10 Mill. Stück Fischbrut, von denen aber nur wieder 200 zum Laichen kommen sollen. 9 999 800 Fische sind zuviel und müssen sterben, sei es durch Raummangel, Nahrungsmangel oder Wegfraß. Die 200 Stück als bis zum Laichen überlebend notwendigen Fische wären wahrscheinlich auch aufgekommen, wenn nur ein Elternpaar gelaicht hätte und von 100 000 geschlüpften Fischen 99 800 nicht soweit gekommen wären. Dieses Beispiel soll deutlich machen, daß Mindestmaße aus Gründen der Bestandserhaltung nicht unbedingt erforderlich sein müssen und im Grunde auch nicht für alle Gewässer eines Landes oder Gebietes gleichermaßen sinnvoll sein können. Entsprechendes kann man auch hinsichtlich der Schonzeiten anführen. Ob ein Hecht im Juni oder im März kurz vor dem Laichen gefangen wird ist im Grunde gleichgültig, in beiden Fällen kann er nicht zum Laichen kommen. Hier ist nur die Waidgerechtigkeit ein berechtigts Argument.

Mindestmaße sind natürlich bei einigen Fischarten zweckmäßig. In ausgesprochenen Forellengewässern z. B. sind Fangbeschränkungen wie Mindestmaße, Schonzeiten, Höchstzahl von gefangenen Fischen und Zulassung nur bestimmter Fangmethoden völlig am Platze. Aber auch bei Forellen sind Schonzeiten während der Laichzeit im Grunde dann sinnlos, wenn durch

Kanalisierung und Stau die Laichplätze zerstört sind und damit kein Aufkommen des Laichs möglich ist.

Nun ist es durchaus die Regel, daß die Sportfischerei sich selbst über die gesetzlichen Vorschriften hinausgehende Mindestmaße und Schonzeiten auferlegt. Diese sind weitgehend emotionell begründet. Die Tatsache allein, sich dererlei Beschränkungen aufzuerlegen, hat noch wenig mit Hege und Pflege des Fischbestandes zu tun.

Nur bei ausreichender Sachkenntnis über das Gewässer selbst und über den Fischbestand sowie bei gutem Grundwissen über die Faktoren, die die Zusammensetzung eines Fischbestandes regeln, wird eine Abschätzung des tatsächlich Erreichbaren und der notwendigen Maßnahmen möglich sein. Zu beurteilen, ob getroffene Maßnahmen auch tatsächlich den erhofften Erfolg zeitigen, erfordert zudem möglichst genaue Fangstatistiken und die Fähigkeit, diese interpretieren zu können.

Zu den Maßnahmen zur Pflege des Fischbestandes gehören vor allem Besatzmaßnahmen, die häufig in großem Umfang getätigt werden. Auch beim Besatz ist aber wiederum zu sagen, daß die Tatsache allein, daß ausgesetzt wird, noch keine Maßnahme der Hege und Pflege ist. Hierzu wird sie erst, wenn man beurteilen kann, ob hierdurch ein konkretes Ziel erreicht werden kann.

Es können hier nur wenige der häufigsten Fehler bei Besatzmaßnahmen kurz angedeutet werden. Gewässer mit guten Nahrungsbedingungen ermöglichen Jahresfangerträge bis zu 100 kg pro ha in Seen und bis zu 200 kg in Flüssen. (Als Randbemerkung: Bei einem Druchschnittsfang von 20–25 kg pro Angler und Jahr wäre eine Höchstzahl von 4–5 Erlaubnisscheinen pro ha für Seen und 8–10 für Flüsse angemessen.) Der Fischbestand eines Gewässers ist in der Regel der produzierten Nahrungsmenge angepaßt. Werden zusätzlich Fische ausgesetzt, verteilt sich die Nahrungsmenge auf eine größere Anzahl, wird also ungünstiger. In Flüssen hat dies oft zur Folge, daß die jetzt überschüssige Bestandsmenge wenigstens zum Teil in andere Flußabschnitte abwandert. In beschränktem Maße ist es möglich, durch Besatz „minderwertige" Fische durch „wertvollere" zu ersetzen. Häufig genug wandern allerdings gerade die frisch eingesetzten Fische ab. In abgeschlossenen, stehenden Gewässern hat Friedfischbesatz weitreichendere Folgen, da ein Abwandern nicht möglich ist und die pro Kopf verminderte Nahrungsmenge zu einem Wachstumsrückgang führen kann. Dieser Wachstumsrückgang kann hauptsächlich zu Lasten einer Fischart gehen, wenn es sich um direkte Nahrungskonkurrenten wie Brachsen, Karpfen und Aale handelt.

Ausgesprochen unwirksam, häufig sogar schädlich, wird Friedfischbesatz zur „Blutauffrischung" in stehende Gewässer gegeben. In vielen Fällen handelt es sich hierbei um Gewässer mit Kümmerfischbestand, in denen die Fische wegen überstarker Entwicklung aus Nahrungsmangel kleinwüchsig bleiben. Aus diesem Grunde, nicht aus erblichen, sind sie „degeneriert". Zu fordern wäre statt eines Besatzes, der das Problem nur noch weiter verschärft, eine möglichst intensive Befischung, die oft nicht mit der Angel, sondern durch Netzbefischung erreichbar sein wird. Auch Barsche in solchen Gewässern bleiben kleinwüchsig, wenn sie aus Nahrungsmangel die Raubfischgröße gar nicht erst erreichen.

Hechtbesatz kann nur dann wirksam werden, wenn ausreichend freie Unterstände für zusätzliche Hechte vorhanden sind. Anderenfalls würde sich die Zahl wieder auf ein Normalmaß reduzieren, sei es, daß die eingesetzten Hechte ihrerseits sich zunächst an den kleineren Hechten der gewässereigenen Nachkommenschaft gütlich tun.

Ein weiterer Hauptbesatzfisch ist der Karpfen. Das Aussetzen von einsömmrigen Karpfen in Flüsse oder in Seen mit starkem Raubfischbestand ist aber in der Regel erfolglos. Auch die Hoffnung, die Karpfen mögen erfolgreich ablaichen und es würde sich damit ein gewässereigener Karpfenbestand aufbauen, wird sich selten erfüllen. Zweisömmrige oder größere Karpfen in Flüssen ausgesetzt, wandern häufig im Spätherbst gleich nach dem Einsetzen stromab. Frühjahrsbesatz, der einen erheblichen Wiederfang noch im gleichen Sommer ermöglicht, kann dagegen zu einer erheblichen Bereicherung der Angelmöglichkeiten führen. Karpfen werden fast ausschließlich aus Teichwirtschaften bezogen. Auf gesundes Besatzmaterial ist hierbei verstärkt zu achten, wobei natürlich generell für jeglichen Besatz die Forderung nach krankheitsfreien Fischen zu stellen ist.

Es ist in diesem Rahmen nicht möglich, weiter auf die Hege- und Pflegemaßnahmen einzugehen. Nähere Informationen liefern Fachbücher und Veröffentlichungen in Fachzeitschriften. Abschließend kann gesagt werden, daß jegliche Maßnahmen zur Hege und Pflege des Fischbestandes, wozu selbstverständlich auch Arbeiten zur Erhaltung der Fischwasser gehören, ein begründetes Ziel haben müssen und in ihrer Wirksamkeit stets der Kontrolle bedürfen. Die Wünsche der Sportfischerei können hierbei durchaus von denen einer beruflichen Nutzung abweichen und müssen sich nicht in erster Linie an Rentabilitätsüberlegungen orientieren, aber sie müssen mit der Wirklichkeit vereinbar sein. Setzen wenige Gewässerpächter für Forellen ein Mindestmaß von 50 cm fest und besetzen die Gewässer jährlich stark, werden sie eine beschränkte Anzahl kapitaler Fische fangen, ihr Bewirtschaftungsziel ist realisierbar. Tut das gleiche ein zahlenmäßig starker Verein und wünscht jedes Mitglied etliche dieser kapitalen Fische zu fangen, ist dies nicht zu verwirklichen. Besitzt ein Verein einen kleinen kleinen Teich und besetzt ihn ausschließlich mit Karauschen mit dem Ziel, Köderfische zu ziehen, ist dies möglich. Setzt er gleichzeitig einsömmrige Karpfen ein, damit diese zu großen Fischen zum Angeln heranwachsen, wird dies nur möglich sein, wenn die Karauschen stark mit Netzen befischt werden. Wollte man die Karauschen durch Hechtbesatz reduzieren, um mehr Platz und Nahrung für die Karpfen zu schaffen, wird dies fehlschlagen, weil zunächst die Karpfen gefressen würden.

Nicht Schonmaßnahmen und Besatz allein machen Hege und Pflege aus, gleich wichtig sind Fang bzw. Entnahme von Fischen.

Angelstellen

Gute Angelstellen sind in Fließgewässern meistens leichter zu finden als in Seen. Im Fluß strömt das Wasser, abgesehen von Zeiten mit Hochwasser, stets in derselben Richtung. Die günstigsten Stellen, die den Fischen Nahrung und Deckung geben, bleiben deshalb in der Regel die gleichen und bestimmen den Standort der Fische. Werden an solchen guten Plätzen Fische weggefangen, so ziehen bald wieder andere in die gute Wohnung ein. Im Fluß wechseln die Fische ihren Standort wie in Seen, und zwar je nach Nahrungsangebot, Wasserstand, Witterung, Tages-, Nacht- und Jahreszeit sowie nach dem eigenen Größenwachstum. Dieser Wechsel folgt einfachen Regeln, mit denen der kundige Angler rasch vertraut wird. Bei Hochwasser suchen die meisten Fische ruhige Stellen im Fluß und besonders gern nahe am Ufer auf, bei hellem Sonnenschein und klarem Wasser gehen manche Fische (Rotaugen, Schleien) in tieferes Wasser, andere (Döbel, Nerflinge und Salmoniden) stellen sich mit Vorliebe in den Schatten überhängender Büsche und Bäume. Wieder andere nehmen gern ein Sonnenbad dicht unter der Oberfläche an geschützten Stellen und in Buchten (Karpfen, Hechte). Im Sommer ziehen viele Fischarten in der Abenddämmerung und nachts in flaches Wasser (Karpfen, Brachsen und Zander). Im Winter halten sich die meisten Fische im tiefen Wasser mit geringer Strömung auf.

In stehenden Gewässern dagegen kann das scheinbar ruhige Wasser in den flachen und mittleren Schichten schnell in Bewegung geraten. Strömungsrichtung und Wassertemperatur ändern sich manchmal schon im Lauf eines Sommertages. Damit ändert sich aber auch die Lage der Lebens- und Nahrungsgebiete der Fische im See. Die Folge ist, daß die Fische wandern. Sie tun das sehr schnell. Eine Stelle im See, die heute als ein guter Angelplatz gilt, ist es morgen vielleicht nicht mehr. An einer anderen Stelle dagegen, wo sich vorher tagelang kaum etwas rührte, wird jetzt plötzlich gefangen. Es ist deshalb notwendig, die Angelstellen in fließenden und in stehenden Gewässern getrennt zu behandeln.

In fließenden Gewässern wählen die einzelnen Fischarten ihren Standort, ihren Lebensbedürfnissen entsprechend, nach der Beschaffenheit der Fließstrecke. Oft wechseln in kurzen Strecken die Fischarten ebenso, wie sich die Natur des Gewässers verändert. Die Beschaffenheit des Grundes (ob felsig, steinig, kiesig, sandig oder schlammig), die Stärke der Strömung (ob mit schäumender, wogender, welliger, gekräuselter oder glatter Wasseroberfläche), die Temperaturschwankungen des Wassers, die Eisbildung, seine Sichtigkeit, seine Tiefe, der Wasserstand, das Vorhandensein oder Fehlen von Krautbetten und Unterständen sowie das jeweilige Nahrungsangebot beeinflussen ebenso wie Lage und Umgebung des Gewässers und dessen chemische und biologische Beschaffenheit die Art, Menge und das Wachstum der Fische.

Man unterscheidet in fließenden Gewässern flachere, schneller durchströmte Fließstrecken und ruhigere, in der Regel tiefere Stellen (Gumpen, Kolke, Kessel und Wehrvorstaue). Die Strömungsrinne ist meist der tiefste

Teil des Fließgewässers, der bei niedrigem Wasserstand allein zurückbleibt. Die an die Rinne ein- oder beiderseitig längs anschließenden Teile der Fließstrecke bis zur Grenze des ruhigen Wassers bilden die Schar. Riesel (Rolle, Wasserschnelle oder Rausche) nennt man den flachen und welligen Wasserlauf über Kiesgeröll.

Etwas über die Lage von Gumpen (Kessel, Kolke): Sie befinden sich z. B. an der Außenseite der Bach- bzw. Flußkurven. Dort ist die Strömung stark und schnell, der Grund ausgewaschen und tief. Gumpen bilden sich aber auch unterhalb von Stromschnellen, angeschwemmten Hindernissen, Felsblöcken, Wasserfällen und Wehren. In Gebirgsgewässern ist die Außenkurve meist felsig, ihre flache Innenseite sandig oder kiesig. Die Gumpen bilden für das Schuppenwild gute Unterstände und Nahrungsplätze. Die Fische stellen sich dabei besonders gern an den flachen Strömungsauslauf der Gumpen sowie an die kaum durchströmten, ruhigen Randstellen und in die großen, langsam kreisenden Rückströmungen.

Wirbel, in denen das Wasser sich um eine gedachte senkrechte Achse dreht, gibt es in den Gumpen hinter Hindernissen in der Strömung, hinter Buhnen, vorspringenden Felsblöcken, Wurzelstöcken und dergleichen. Das hier angeschwemmte Futter verweilt kreisend einige Zeit in den Wirbeln, die daher als gute Nahrungsplätze gelten.

Ferner sind günstige Angelstellen die Mündungen kleinerer Nebengewässer, unterspülte Baumwurzeln, Ufer und Faschinen, tief über das Wasser hängende Zweige, die den Fischen Deckung gewähren und von denen Insekten ins Wasser fallen, ferner Lücken zwischen groben Ufersteinen, versunkene Äste und Schwemmholz. Ihren Stand wählen Fische auch hinter hohlen Verschalungen und weit überspringendem Mauerwerk an Wehren und Mühlschüssen, hinter Brückenpfeilern, unter kleinen und großen Brükken, in Verrohrungen, neben verankerten Schiffen, bei verborgenen Klippen und Felsblöcken sowie an und in Krautbetten. Vielversprechend für den Angler sind alle Stellen, an denen wegen Hindernissen von einem eventuell noch vorhandenen Berufsfischer nicht mit dem Netz gefischt werden kann.

Gute Angelstellen sind in der Regel auch die ruhigeren Stellen unmittelbar neben schnell durchströmten. Barsche, Brachsen und Rotaugen trifft man fast mit Sicherheit unter frisch ins Wasser gestürzten Bäumen oder unter größerem Geäst an, weil sie darunter Schutz und zugleich Futter durch die unter der Borke lebenden Larven finden. Sehr fischreich sind ebenso ruhige Altwässer, die mit dem Fluß – oft nur bei Hochwasser – verbunden sind. Selbst in kleinsten Bächen und Gräben gibt es meistens an einzelnen Stellen große Fische.

Flüsse mit rasch und stark wechselnder Wasserführung sind für den Angler hauptsächlich bei Niedrigwasser von Interesse. Bei extrem niedrigem Wasserstand dagegen ziehen die größeren Fische stromab ins tiefere Wasser und steigen erst bei höherem Wasserstand wieder auf.

Bei Hochwasser suchen die Fische meist die schützende Uferzone auf. Nur mäßige Angelergebnisse gibt es, wenn das Wasser zu steigen beginnt und sich trübt, gute aber, wenn es wieder fällt und sich fast geklärt hat.

Man beobachtet auch in Flüssen häufig Streifen und Anhäufungen von Schaum, die ertrunkene Insekten bergen. Diese locken namentlich Forellen, Äschen, Döbel, Rotaugen und Nerflinge an.

Die Flußbetten in den Alpen, die viele Zuflüsse aus Gletschergebieten haben, bestehen häufig aus grobem Geröll. Ihr Wasser ist bis zum Frühsommer meistens getrübt und klärt sich erst im Spätsommer, wenn die Zuflüsse aus den Gletschergebieten wieder abnehmen. Viele Alpenflüsse können deshalb nur im zeitigen Frühjahr und dann erst wieder vom Spätsommer an mit Fliege oder Spinner befischt werden. Durchströmen sie dagegen einen größeren See, verlassen sie ihn klar und sind die ganze Saison hindurch vorzügliche Angelgewässer.

Bäche, die aus Kalksteingebirgen kommen, stehen oft mit vielen unterirdischen Wasserläufen in Verbindung und erhalten Zufluß aus wasserreichen Quellen. Sie haben sehr gleichmäßige Temperaturen, sind also im Sommer kalt, im Winter warm, trüben sich selten und eignen sich vorzüglich für Salmoniden. Hierzu gehören vornehmlich die Bäche des Schweizer Jura, der Schwäbischen und Fränkischen Alp und der Julischen Alpen.

Das Verhalten der Fische erfordert bestimmte Angelmethoden. In stehenden Gewässern sind entscheidend: Temperatur, Strömung, Form und Beschaffenheit des Seegrundes.

Über den Verlauf des Seegrundes größerer Gewässer geben topographische Karten Auskunft, die bei den Vermessungsämtern der Länder oder in speziellen Kartengeschäften erhältlich sind. Auch über Staubecken kann man wertvolle Angabenkarten – am besten Flurkarten mit Höhenlinien – bekommen, die jedoch vor dem Einstau aufgenommen worden sein müssen. Die Mühe, die es kostet, solche Karten ausfindig zu machen, lohnt sich für den Angler manchmal reichlich.

Die Formen großer Seenbecken ähneln einander. An das Ufer schließt sich meist ein flach absinkender Seeteil an, dessen mehr oder weniger abrupter Übergang ins Tiefe als *Schar* oder *Uferbank* bezeichnet wird und bis zu 15 m tief sein kann. Dies ist der Teil des Sees, in dem Temperatur, Durchlichtung und Strömungen besonders häufig wechseln. Hier wächst besonders viel Fischnahrung heran, die Schar ist deshalb der bevorzugte Aufenthaltsort vieler Uferfische, die hier auch laichen und ihre Jugend verbringen.

In tieferen Seen fällt der Außenrand der Schar oft steil in die Tiefe ab. Dieser Abhang wird *Halde* oder *Scharberg* genannt. Höhere Wasserpflanzen gedeihen an der Halde nur in Tiefen bis zu etwa 7 m, ihr tieferer Teil ist meist kahl.

Am Scharberg halten sich vor allem größere Raubfische, wie Hecht, Zander und Wels, zeitweilig auch die Seeforelle auf und ziehen von hier aus auf die Scharkante zum Rauben.

An ihrem unteren Teil verflacht sich die Halde und geht in die *Tiefenregion,* den eigentlichen Seegrund über, der meist ziemlich eben ist, in Alpenseen aber durch steil aufragende Felswände, Felsrücken oder eiszeitliche Findlingsblöcke unterbrochen sein kann.

In der unmittelbaren Uferregion fallen auch dem weniger pflanzenkundigen Angler mehr oder weniger deutlich ausgeprägte Pflanzengürtel auf. Im flachsten Teil finden wir den *Schilfgürtel* oder das *Röhricht* aus Schilf, Binsen, Schachtelhalmen, Rohrkolben und Seggen. Hier ist im Sommer der Weidegrund der Jungfische und der Plötzen, Rotfedern, Schleien, Brachsen und Karpfen.

Mit zunehmender Wassertiefe geht das Röhricht über in den *Seerosengürtel* oder die *Zone der Schwimmblattpflanzen,* die in Seebuchten mit geringer Wasserbewegung besonders ausgebildet ist und bis in eine Wassertiefe von ungefähr 2 m reicht. Im Sommer und Herbst ist der Seerosengürtel der bevorzugte Aufenthaltsort von Wels, Zander, Hecht und Barsch. Auch Brachsen, Karpfen und Schleien trifft man häufig dort an.

Wo die Tiefe dann auf über 2 m bis zu etwa 7 m zunimmt, treten an die Stelle der Schwimmblattpflanzen die reinen Unterwasserpflanzen, wie das Hechtkraut, die Laichkräuter, Tausendblatt, Hornkraut und die Wasserpest. Hier, im *Gebiet der Unterwasserpflanzen* und der *unterseeischen Krautbetten* lauern im Sommer Hecht, Zander und Wels auf Beute, große Brachsen und Karpfen weiden das Kleingetier von den Pflanzen. Es ist dies das bevorzugte Aufenthaltsgebiet der großen Fische.

Weitere gute Angelplätze im See: Bade-, Boots- und Dampferstege, Hafen- und Werftanlagen, Landzungen, Inseln, überflutete Bäume und Bauwerke und vor allem in der Nähe der Einmündung oder des Abflusses von Flüssen oder Bächen.

Die genaue Beobachtung der Pflanzengürtel gibt einen ersten Anhalt über die Tiefenverhältnisse in Ufernähe. Wenn kein Boot zur Verfügung steht, kann man sich einen Überblick über das Abfallen und die Gestalt des Untergrundes auch durch Auswerfen eines größeren Bleigewichtes vom Ufer zur Seemitte hin verschaffen. Dabei steigert man die Wurfweite von Mal zu Mal. Nach jedem Wurf bestimmt man durch Zählen die Zeit, die das Bleigewicht braucht, um auf den Seegrund abzusinken. Dieses Verfahren liefert zwar keine wirklichen Tiefenwerte, vermittelt aber ein gutes Bild von den Tiefenunterschieden und dem wahrscheinlichen Aufenthalt bestimmter Fische, wie z. B. Brachse, Schleie, Karpfen und Barsche.

Die Beschaffenheit des Grundes großer Seen kann man am besten durch Befragen einheimischer Angler oder durch Loten ermitteln. Wichtig für den Angler sind vor allem der Verlauf des Außenrandes der Schar, der Scharkante, die Erhebungen auf der Schar, die Scharinseln oder Barschberge, die Verteilung unterseeischer Krautbetten und Hindernisse, plötzliche Vertiefungen oder ansteigende Untiefen. Der Außenrand der Schar ist fast immer an der Änderung der Wasserfarbe von hellgrün zu dunkelgrün zu erkennen. Untiefen und Tiefenverhältnisse lassen sich dadurch schnell ermitteln, daß man eine mit Metermarken versehene Schleppschnur mit einem schweren Blei versieht und dieses zum Ufer in unterschiedlichen Abständen über den Boden zieht. Genaue Wassertiefen mißt man vom stilliegenden Boot aus.

Wer wissen will, wie tief die Schleppangel bei einer bestimmten Schnurlänge sowie mit einem bestimmten Bleigewicht und Köder läuft, rudert in normalem Schlepptempo auf das flach ansteigende Ufer zu, bis Blei oder

Köder den Grund berühren. Nun zurückrudern, bis das Boot senkrecht über dem Blei steht. Hier wird die Wassertiefe gemessen. So tief läuft die Schleppangel mit der gerade montierten Köderart.

Wird ein See im Urlaub längere Zeit befischt oder ein vollkommen neues Gewässer beangelt, lohnt sich der Zeitaufwand.

Die Wassertemperatur hat großen Einfluß auf das Verhalten der Fische in Seen, da jede Fischart zur Nahrungsaufnahme eine bestimmte Temperaturspanne bevorzugt. Bei vielen karpfenartigen Fischen liegt die günstigste Temperatur hoch, beim Karpfen und der Schleie um 20 Grad, bei den Salmoniden dagegen tief, oft unter 10 Grad. Die Fische suchen zu jeder Jahreszeit die ihnen am meisten zusagende Temperaturzone auf.

Das Wasser eines Sees wird vorwiegend vom Sonnenlicht erwärmt. Je nach der Sichtigkeit des Wassers reicht die aufheizende Wirkung der Sonnenstrahlen in geringere oder größere Tiefe. Abgekühlt wird das Wasser vom Wind – infolge Verdunstung – durch Wärmeabstrahlung, kalten Regen oder Schnee. Mit der Temperatur des Wassers ändern sich auch seine Dichte und Zähigkeit. Ungleiche Erwärmung oder Abkühlung eines Sees haben daher immer Strömungen zur Folge, und da Wasserkörper mit verschiedener Zähigkeit sich schwer mischen, können solche Strömungen weit reichen und lange anhalten.

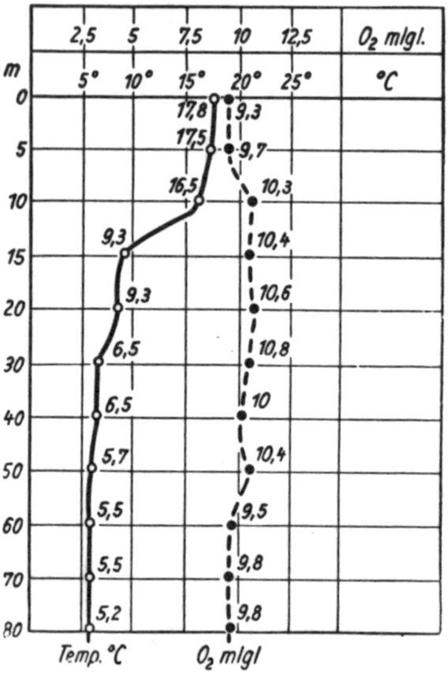

Abb. 243. Temperatur- und Sauerstoffverteilung im Starnberger See (nach O. Koller 1955)

Wasser hat bei + 4 Grad Celsius seine größte Dichte. Erwärmt sich Wasser von 0 Grad auf 4 Grad, so wird es schwerer, steigt seine Temperatur auf über 4 Grad an, wird es leichter und weniger zäh.

Im Frühjahr nach dem Aufgang des Eises erwärmt sich das Wasser, erreicht bei + 4 Grad Celsius seine größte Dichte und sinkt auf den Seegrund ab. Unter normalen Umständen nimmt dadurch das gesamte Wasser eines Sees eine Temperatur um 4 Grad an.

Durch Winde erzeugte Strömungen können sich in dieser Zeit weit ausbreiten, die gesamte Wassermasse des Sees kommt dann in Bewegung und wird durchgemischt. Sobald mit zunehmender Sonneneinstrahlung die Temperatur an der Oberfläche auf über 4 Grad ansteigt, nimmt hier die Dichte des Wassers ab, das wärmere leichtere Wasser bleibt in der Nähe der Oberfläche, die Strömungen nach der Tiefe hören auf, das Tiefenwasser kommt zur Ruhe. Im Lauf der Zeit bildet sich auf diese Weise eine warme Oberflächenschicht aus, deren Tiefe im Lauf des Frühjahrs weiter zunimmt. Besser als eine lange Beschreibung veranschaulicht diese Verhältnisse die Abb. 243, die auf Grund von Temperaturmessungen und Sauerstoffbestimmungen am 24. August 1954 im 123 m tiefen Würmsee (Starnberger See) gezeichnet wurde. Die Kurve auf der linken Seite zeigt die Temperatur. Die warme Oberflächenschicht, die in ständiger Bewegung ist, weist eine Temperatur von 17,8 Grad bis 16,5 Grad auf und reicht bis in 10 m Tiefe. Von 10 bis 15 m Tiefe fällt die Temperatur rasch ab auf 9,3 Grad. Darunter, bis zum Seegrund, der an der Meßstelle in 84 m Tiefe lag, sinkt die Temperatur erst rascher, dann langsamer auf 5,2 Grad.

Im Sommer ist also in tiefen Seen und Staubecken eine Grenzschicht, die sogenannte *Sprungschicht*, vorhanden, in der die Wassertemperatur sprunghaft abnimmt. Unter der Sprungschicht liegt das kalte, wenig bewegte Tiefenwasser, das seine Temperatur kaum ändert. Diese Art der Wasserschichtung ist bis in den Herbst hinein sehr beständig und wird auch durch den Wind nicht zerstört. Im Würmsee hat die Oberflächenschicht eine Tiefe von 10 m, in anderen Seen kann sie erheblich größer sein.

In einem flachen See oder Staubecken geht die Erwärmung des Wassers im Frühjahr zunächst ähnlich vor sich wie in einem tiefen See. Nach kürzerer oder längerer Zeit erreicht jedoch die Sprungschicht den Seeboden und damit verschwindet das kalte Tiefenwasser.

Mit der Temperatur ändert sich auch der für das Lebensverhalten der Fische überaus wichtige Sauerstoffgehalt des Seewassers. Dieser Sauerstoffgehalt des Wassers resultiert aus der Berührung mit der Luft, aus der Lebenstätigkeit der Pflanzen und dem Regen. In der Oberflächenschicht, die vom Wind ständig bewegt und durchgemischt wird und in der sich das Pflanzenleben hauptsächlich abspielt, ist der Sauerstoffgehalt das ganze Jahr über hoch. Im Tiefenwasser dagegen kann unter Umständen, vor allem, wenn viele organische Stoffe verwesen, Sauerstoffschwund eintreten. In den meisten tiefen Alpen- und Voralpenseen ist jedoch die Masse des Tiefenwassers so groß, daß es nicht zur Abnahme des Sauerstoffs kommt. In manchen größeren Seen ist sogar, wie die Sauerstoffkurve des Würmsees zeigt (Abb. 243), das Tiefenwasser sauerstoffreicher als das Wasser über der Sprungschicht.

Im Herbst kühlt sich das Wasser der Seen zunächst an der Oberfläche ab, das kältere Wasser sinkt ab, verdrängt wärmeres Wasser nach oben, das ebenfalls abgekühlt wird. Schließlich ist im Spätherbst die Temperatur des Oberflächenwassers soweit gesunken, daß die Sprungschicht verschwindet. Die gesamte Wassermasse wird unter der Wirkung der Herbst- und Winterstürme erneut durchgemischt.

Im Winter wird, je nach der geographischen Lage des Sees, unter Umständen das Oberflächenwasser unter 4 Grad abgekühlt. Da unter 4 Grad das Wasser wieder leichter wird, bleibt das kalte Wasser an der Oberfläche und bildet bei längerem Frost schließlich eine Eisdecke.

Die Sprungschicht, die in den Alpenseen 10–15 m tief liegt, bildet, wie wir sahen, im Sommer eine scharfe Grenze zwischen bewegtem Oberflächenwasser und ruhendem Tiefenwasser. Im allgemeinen liegt die Sprungschicht waagerecht (Abb. 244). Stetig über längere Zeit wehende Winde drücken jedoch das Oberflächenwasser in der Windrichtung vor sich her, es strömt auf die Leeseite des Sees ab und fließt dort unter Umständen parallel zum Ufer weiter. Durch diese Strömungen wird das Wassergleichgewicht gestört, die Sprungschicht stellt sich schief (Abb. 245). Dies kann soweit gehen, daß an der Luvseite kaltes Tiefenwasser an die Seeoberfläche kommt.

Der über die Wasseroberfläche streichende Wind kühlt das Wasser durch Verdunstung ab, dieses kühlere Wasser sinkt ab und strömt über der Sprungschicht entgegen der Windrichtung zurück. Der Wind erzeugt daher in der Oberflächenschicht einen regelmäßigen Wasserkreislauf (Abb. 245).

Da für den Strömungs- und Temperaturverlauf in Seen außer der Gestalt des Sees selbst auch das örtliche Klima und die Landschaftsform in der Umgebung des Sees eine Rolle spielen, sind die Verhältnisse von See zu See

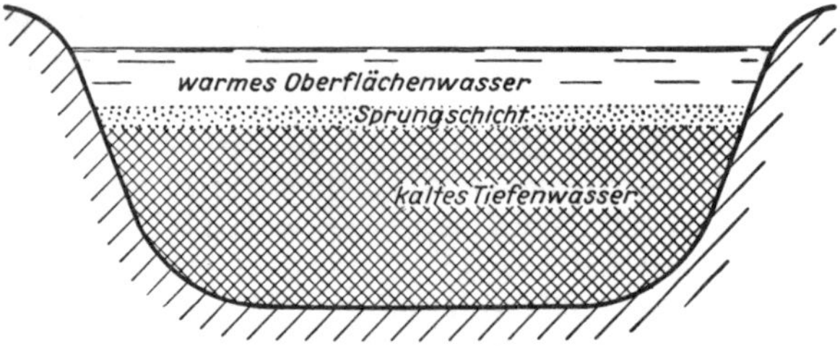

Abb. 244. Schnitt durch einen See mit Temperaturschichtung

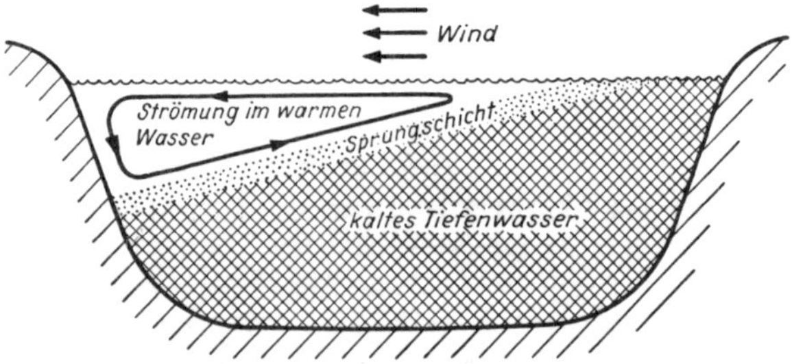

Abb. 245. Einwirken des Windes auf die Schichtung

verschieden. Einzelne Teilbecken eines Sees, wie z. B. der Ober- und der Untersee des Bodensees, können verschiedenes Verhalten zeigen. Für den Angler soll hier jedoch eine allgemeine Einteilung der stehenden Gewässer in zwei Gruppen genügen:

1. *Tiefe Seen* und *Staubecken,* die im Sommer eine Sprungschicht ausbilden, im Frühjahr und Herbst in voller Bewegung sind und im Sommer ruhendes Tiefenwasser haben.

2. *Flache Seen* und *Staubecken,* in denen die Sprungschicht im Lauf des Frühjahrs verschwindet.

In den Seen mit sommerlicher Sprungschicht suchen alle Fische, die warmes Wasser bevorzugen, im Frühjahr und Sommer die Oberflächenschicht auf. Die Kaltwasserfische dagegen, Bachforelle, Seeforelle, Saibling und Renken, sind nur im Frühjahr und Herbst, solange die Temperatur des gesamten Seewassers niedrig ist, auch im Oberflächenwasser zu finden und zu fangen und gehen im Lauf des Frühjahrs in die Tiefe. Allerdings steigen sie – insbesondere die Forellen – bei der Jagd oft in die Oberflächenschichten auf. Auch gewisse Renken folgen nach Sonnenuntergang den aufsteigenden Planktonkrebsen bis an die Oberfläche. In der Regel jedoch halten sich die Salmoniden den ganzen Sommer hindurch an und unter der Sprungschicht auf.

In flachen Seen und Teichen ist auch im Sommer die Wassertemperatur einem ständigen Wechsel unterworfen, je flacher und kleiner der See, um so kurzfristiger ist dieser Wechsel. Bei Wind wird in solchen Seebecken die Wassertemperatur auf der Luvseite des Sees ebenfalls niedriger sein als auf der Leeseite, so daß unter Umständen die wärmeliebenden Fische, also Karpfen, Schleien und Brachsen, auf die Leeseite wandern und nur dort zu fangen sind. Auch im Sommer kann während einer kühlen, windigen Wetterperiode das Wasser in seichten Seen so abgekühlt werden, daß Karpfen und Schleien vorübergehend zu beißen aufhören, während umgekehrt Fische, die in kühlerem Wasser besser Nahrung aufnehmen, in dieser Periode anfangen, gut zu beißen, wie z. B. Hecht und Barsch. Allein schon die Kühle sternklarer Spätsommer- und Herbstnächte vermag im flachen Wasser die Temperatur so weit herabzudrücken, daß Karpfen und Schleien nicht mehr beißen.

Wenn längere Zeit warmes, windstilles Wetter herrscht, tritt auch in flachen Seen vorübergehend Temperaturschichtung auf. Wie jeder Schwimmer weiß, bildet sich unter diesen Verhältnissen eine ½–1½ m tiefe, sehr warme Oberflächenschicht, die mit scharfer Grenze nach unten an kälteres Wasser stößt. Wenn sie jedoch einige Tage besteht, kann in nicht sehr klarem Wasser in der kälteren Unterschicht Sauerstoffschwund eintreten und den Fischen den Appetit völlig nehmen. Da auch kräftiger Regen und der meist damit einsetzende Wind die Temperatur des Oberflächenwassers rasch erniedrigen und seinen Sauerstoffgehalt erhöhen, ist es verständlich, daß mit dem Regen, der auf stilles, sehr warmes Wetter folgt, die Fische oft schlagartig zu beißen anfangen.

Es würde zu weit führen, hier alle Änderungen der Temperatur und der Strömungen, die sich in stehenden Gewässern abspielen, sowie ihren Einfluß auf das Verhalten der Fische im einzelnen zu schildern. Es sollte vor allem gezeigt werden, daß die Lebensäußerungen der Fische in stehenden Gewässern von Vorgängen abhängen, deren Gesetzmäßigkeiten bekannt sind. Dem Angler, der diese Regeln des Wasserkreislaufs in Seen kennt, werden sie helfen, Fehler bei der Wahl der Angelmethoden und Angelstellen in stehenden Gewässern zu vermeiden.

Hat der Angler eine verheißungsvolle Angelstelle gefunden, muß er sich darüber klar werden, auf welche der verschiedenen Fischarten er angeln will. Hiernach richten sich die Fangmethoden und die Art des Köders. Immer aber muß der Köder in der richtigen Wassertiefe angeboten werden, also an der Oberfläche, im Mittelwasser oder am Grund. Dabei muß vor allem bedacht werden, daß die Fische sich je nach Jahreszeit und Wasserstand in verschiedenen Tiefen aufhalten. Die Köderarten für die verschiedenen Fische werden in den Abschnitten „Köder" und „Süßwasserfische" ausführlich abgehandelt.

Man angelt im allgemeinen z. B. an der Oberfläche auf: Äsche, Forelle, Döbel, Hasel, Rapfen; in mittleren Tiefen auf: Barsch, Hecht, Aland, Döbel, Forelle, Huchen, Rapfen und Saibling; am Grund auf: Aal, Barbe, Brachse, Karpfen, Schleie, Rotauge, Wels, Saibling, Zander und Barsch.

Sportfischerei und Gewässerschutz

„Auf die Verschmutzung des Wassers hat
die Natur die Todesstrafe gesetzt."
MAX VON PETTENKOFER

In diesem Kapitel ist von wenig Erfreulichem die Rede, es wäre schön, wenn es nicht geschrieben werden müßte. Es handelt von der wachsenden Verunreinigung unserer Gewässer, von der fortschreitenden Vergiftung des Lebensraumes unseres Schuppenwildes.

Die Verseuchung der Bäche, Flüsse, Seen und Meere in Deutschland wie in allen hochindustrialisierten Ländern Europas und der ganzen Welt durch giftige Abwässer und Müllablagerungen hat in den letzten Jahren in derart erschreckendem Ausmaß zugenommen, daß wir Sportfischer in unserem Kampf um die Reinhaltung des Wassers nicht mehr allein stehen. Er ist zunehmend ein Anliegen der Öffentlichkeit geworden; denn es geht nicht mehr nur um das Leben der Fische, sondern auch um die Existenz des Menschen.

Das Wort „Umweltschutz" ist in aller Munde. Es liefert fast täglich Schlagzeilen in der Presse, beschäftigt die Regierungen. Plötzlich hat man erkannt, welchen schlimmen Tribut die Natur, besonders unsere Gewässer, der Technik und Industrie, den „Aushängeschildern" dieses Jahrhunderts, zollen: Viele Flüsse und Bäche sind keine „Lebensadern der Volksgesundheit" mehr, sondern schmutzig trübe, übelriechende Wasserläufe, in denen kaum noch Leben ist. Eine Anzahl von Seen bietet das gleiche Bild. Und auch die Meere sind in größter Gefahr. Ihre Mikroorganismen, das Plankton, Produzent eines Großteils des lebensnotwendigen Sauerstoffs für diese Welt, werden durch eingeleitete Giftstoffe riesigen Ausmaßes vernichtet. Kilometerweite Öllachen bedecken die Ozeane. Dieser Alarmruf der Wissenschaft ist bereits da: „Sterben die Meere, stirbt der Mensch!" (JACQUES COUSTEAU im März 1971).

Auf nationalem und internationalem Feld finden Anstrengungen statt, um das jahrelang Versäumte nachzuholen. Umweltkonferenzen und -kongresse tagen, Ämter und Ministerien wurden errichtet. Ein Bundesamt für Umweltschutz soll helfen, die Mißstände zu beseitigen. Viele Länder verfügen mittlerweile über Umweltministerien. Als eine der Organisationen und Vereine, die unermüdlich für die Erhaltung der Natur und insbesondere für die Reinhaltung der Gewässer kämpfen, soll der Bund Naturschutz in Bayern besonders erwähnt werden.

Sieht man von der beispielhaften Ringkanalisation einiger Seen und der bemerkenswerten Reinhaltung großer Flüsse ab, wird es mit den kleineren Gewässern vorerst immer noch schlechter. Es vergeht im Gegenteil kaum ein Tag in der Bundesrepublik Deutschland, an dem nicht von einem neuen Fischsterben berichtet, eine erneute Wasserverseuchung gemeldet wird.

Nur aus einem Drittel aller Haushalte in der Bundesrepublik Deutschland fließen die Abwässer in Kläranlagen, und diese sind zum überwiegenden Teil unzureichend. Zehn Millionen Bürger leiten ihre Abwässer völlig ungereinigt in Flüsse und Seen. Im Bereich der Industrie müßten unverzüglich 40 Milliarden DM investiert werden, um die notwendigsten Kläranlagen für die dort anfallenden Abwässer zu schaffen. Der Abwasserzuwachs in den kommenden Jahren ist dabei nicht berücksichtigt. Insgesamt wären rund 200 Milliarden DM erforderlich, um unsere Gewässer ausreichend zu reinigen. Dies ist eine riesige Summe. Doch sie muß in den nächsten Jahren aufgebracht werden. Alle werden Konsumverzicht leisten müssen – für das Wasser.

Es gibt fünf Hauptgründe der Gewässerverunreinigung:

1. Nicht oder ungenügend gereinigte Abwässer;
2. Transportunfälle und unerlaubte Handlungen;
3. Landwirtschaftliche Maßnahmen (z. B. Düngung, Schädlingsbekämpfung mit Chemikalien, die bei Regen in die Gewässer eingeschwemmt werden);
4. Abfallablagerungen, Streusalzmaßnahmen auf dem Straßennetz im Winter, Abschwemmungen von Verunreinigungen in die Gewässer;
5. Luftverschmutzung und Niedergang von Schadstoffen z. B. mit dem Regen.

Hinzu kommen noch die Gewässererwärmung durch konventionelle und atomare Kraftwerke und radioaktive Abfälle der Kerntechnik, die im Augenblick noch weniger Sorgen bereiten.

Die Zahl unterschiedlicher Schadstoffe, die in unsere Gewässer geleitet werden, ist ungeheuer groß. Man hat von 6000 solcher Stoffe im Rhein gesprochen.

Wegen der großen Wasserführung des Rheins konnten bisher viele Fische noch überleben. Es gibt dagegen kleinere Flüsse, in denen heute kein Lebewesen mehr vorkommt. Genannt seien nur die Emscher in Westfalen oder die Hengersberger Ohe im Bayerischen Wald. Die Ohe war vor wenigen Jahrzehnten noch berühmt für ihren Fischreichtum.

Oft erweist sich die Ansicht von den „sauberen, klaren“ Bächen und Flüssen gerade in den ländlichen, wirtschaftlich schwächeren Gebieten als Trugschluß. Selten eine Gemeinde, die nicht die Ansiedlung eines Industriebetriebes mit schädlichen Abwässern der Reinhaltung des fischreichen Wiesenbaches vorzog. Kaum eine Gemeinde auch, die es wagte, gegen ihren besten Steuerzahler aufzumucken, wenn dieser durch die Abwässer und

Abfälle seiner Fabrik Fischwasser verschmutzte. Aber nicht nur Industrie und Haushalte führen die vielfältigsten Schadstoffe den Gewässern zu, sondern auch landwirtschaftliche Betriebe. Jährlich produziert die Industrie etwa 500 neue Chemikalien. Als vor Jahren die modernen Waschmittel riesige Schaumberge auf Flußläufen und Seen verursachten und die Bevölkerung protestierte, wurden nach Inkrafttreten des Detergentiengesetzes neue Waschmittel-Detergentien produziert. Sie sind zu 80 % kurzfristig biologisch abbaubar. Allerdings bestehen die Waschmittel auch weiterhin zu 40–50 % aus Phosphaten, die zwar keine auffälligen, unappetitlichen Schaumberge erzeugen, das biologische Gleichgewicht der Gewässer aber ebenso gefährden wie die Einschwemmung mineralischen landwirtschaftlichen Düngers und menschliche Fäkalien. Tonnenweise gelangen die Phosphate in Flüsse und Seen und bewirken dort die Eutrophierung, d. h. die Anreicherung von Nährstoffen im Gewässer und ein daraus resultierendes rasantes Wachstum von Algen und anderen Wasserpflanzen. Die absterbenden Pflanzenmassen sinken zu Boden und verbrauchen beim Zersetzen so viel Sauerstoff, daß für die Lebewesen Sauerstoffmangel, evtl. auch Bildung giftiger Gase, auftritt. Das Gewässer „kippt" um. So hat sich die Fauna des Bodensees, ihr Wachstum, ihre Vermehrung und Verbreitung in den letzten Jahren durch neue Lebensbedingungen tiefgreifend verändert. Es besteht keinerlei Anlaß, die große Gefahr, die dem See droht, zu verharmlosen. Leider geschieht es nur zu oft. Nicht nur dort, sondern vielerorts immer wieder. Viele oberbayerische Seen, inzwischen von der Bayerischen Staatsregierung ringkanalisiert, werden noch jahre- und jahrzehntelang unter der durch die Eutrophierung verursachten Verschlammung über Seeböden, die keinen Fischlaich hochkommen läßt, leiden (z. B. der Starnberger See).

Immer wieder gehen verantwortungslose Profitstreber den Weg der Bequemlichkeit und leiten vorsätzlich Schadstoffe in den nahen Fluß oder See.

Was können wir dagegen tun? Wir sollten uns nicht darauf beschränken, in unserem Kreis zu lamentieren, verbittert neue Fische einzusetzen oder gar zu resignieren und irgendwo ein abgelegenes Baggerloch als letzte Zuflucht zu suchen. Die wichtigste Gegenmaßnahme ist ein sofortiger Gang zu den Gerichten und zugleich, was vielleicht noch wichtiger ist, die „Flucht an die Öffentlichkeit". Gerade in letzterer liegt unsere große Chance, bei der Bedeutung, die das Wort „Umweltschutz" erhalten hat. Der entsprechende Druck der Öffentlichkeit bewirkt sehr viel.

Im folgenden seien einige praktische Ratschläge gegeben, wie wir unsere Gewässer schützen können und welche Maßnahmen es zu ergreifen gilt, wenn eine Wasserverunreinigung auftritt.

Wasserrechtliches und Fischereischädigungen

Die schädliche Verunreinigung von Gewässern oder auch nur die nachteilige Veränderung der Eigenschaften des Wassers ist nicht mehr im Wasserhaushaltsgesetz unter Strafe gestellt, sondern hat als Straftatbestand in § 324 des Strafgesetzbuches Platz gefunden und damit aufgehört, nur ein Kavaliersdelikt zu sein. Abwassereinleitungen können allerdings wasserrechtlich genehmigt werden. Diese Ausnahmegenehmigungen sind jedoch nahezu immer mit Auflagen verbunden. Wer diese Auflagen nicht einhält, macht sich strafbar. Das Abwasserabgabengesetz, das den notwendigerweise strengen Anforderungen des Gewässerschutzes nicht voll gerecht wird und auch verwaltungstechnisch sehr kompliziert ist, erlegt dem Abwasserausleiter „Schmutzgebühren“ auf. Die Gebühren sollen ihm den Entschluß, eine Kläranlage zu bauen, also das öffentliche Interesse vor dem Privatinteresse zu sehen, erleichtern und lassen ihn, solange er diesen Entschluß nicht in die Tat umsetzt, mit der Gebühr für die Verursachung der Verunreinigung buchstäblich haften.

Der Fischerei entstehen nicht nur durch Abwassereinleitungen, sondern auch durch Ausbaumaßnahmen im und am Gewässer immer wieder große Schäden. Einem solchen Ausbau geht ebenso wie der Erteilung einer Einleitungsgenehmigung ein wasserrechtliches Verfahren voraus, und zwar häufig mit öffentlicher Bekanntmachung, was immer dann der Fall ist, wenn mit Einwänden gegen das Projekt gerechnet wird. Jeder Fischereiberechtigte oder Fischereiausübungsberechtigte sollte derartige Veröffentlichungen deshalb wachsam verfolgen, um keine Frist zu versäumen, wenn sein eigenes Gewässer einmal betroffen wird. Es gilt dann, fristgerecht vorsorglich Einwendungen geltend zu machen, mit dem Ziel, entweder das ganze Vorhaben zu Fall zu bringen, oder ausreichende Auflagen zum Schutz der Fischerei durchzusetzen.

Dies gilt bei sog. Planfeststellungsverfahren zum Ausbau von Flüssen für die Schiffahrt oder für die Energieversorgung ebenso wie bei Flurbereinigungsverfahren, in denen Bäche begradigt werden sollen, wie auch bei Anträgen auf Abwassereinleitungen, beim beabsichtigten Aufstau kleiner Gewässer, bei Teichbauvorhaben.

Findet man sich im Behördendickicht nicht zurecht, kann man den Fischereisachverständigen des Regierungsbezirks oder der Landwirtschaftskammer um Rat fragen, der gern Aufklärung geben und ggf. auch Hilfe leisten wird.

Verhalten bei Fischsterben und Fischkrankheiten

Droht ein Schaden unmittelbar einzutreten oder hat ein Fischsterben schon stattgefunden, so heißt es, sofort zu handeln. Zunächst gilt es festzustellen, ob das Fischsterben krankheits- oder abwasserbedingt ist. Es gibt, das darf gleich hervorgehoben werden, keine Krankheit, bei der schlagartig der ganze Fischbestand eines Gewässers zugrunde geht. Fischkrankheiten befallen meistens nur eine einzige Fischart, und selbst bei rasantem Krankheitsverlauf geht das Sterben mindestens über Tage, meistens aber über Wochen.

Schleichender Sauerstoffschwund kann ein ähnliches Bild des Sterbens erzeugen, aber hier sterben dann eben doch verschiedene Fischarten, woran man erkennt, daß der Tod der Fische auf einen äußeren schlimmen Einfluß zurückzuführen ist.

Krankheiten in offenen Gewässern lassen sich praktisch nicht bekämpfen. In geschlossenen, kleineren Gewässern, z. B. in Teichen, kann man die Tiere füttern und ihnen dabei Medikamente zuführen, oder man kann sie abfischen und in Medikamenten baden. In offenen Gewässern kann man allein durch sorgfältig ausgesuchten Besatz dafür sorgen, daß nur gesunde Fische in das Gewässer kommen.

Stellt man indessen fest, daß die Fische einer Verunreinigung des Wassers zum Opfer fallen, dann heißt es, so schnell wie möglich an die Beweissicherung zu gehen, denn Entschädigungen werden nur bezahlt, wenn der Tatbestand restlos aufgeklärt ist. Zahlreiche Abwassermerkblätter sind im Gebrauch. Sie wollen richtiges Verhalten im Schadensfall lehren. Oft ist das Merkblatt der örtlichen Fischereiorganisation oder der örtlichen Wasserbehörde das geeignetste, weil es die zuständige Untersuchungsstelle nennt. Das beste Beweismaterial ist die chemische Analyse. Es heißt deshalb sofort Wasserproben zu entnehmen. Jeder Fischereiberechtigte, ja jeder Angler sollte ständig mindestens drei saubere Plastikflaschen von ¾ bis 1 Liter Inhalt parathalten.

Besser als jede Beschreibung vermittelt das nachstehende Muster eines Berichtes, welche schriftlichen Erläuterungen man den Wasserproben bei der Einsendung an die Untersuchungsstelle beifügen soll. Abbildung 246 zeigt, an welchen Stellen mindestens Proben entnommen werden müssen. Zuvor noch die folgenden allgemeinen wichtigen Regeln:

1. Flaschen vorher mit heißem Wasser gründlich spülen, jedenfalls aber vor der Probenentnahme mehrfach mit dem zu untersuchenden Wasser ausschwenken.
2. Bei der Probeentnahme, die in der Regel etwa 5 cm unter der Wasseroberfläche erfolgen soll, ist das Eindringen von Bodenschlamm in die Flaschen zu vermeiden. Verendete Fische, Kaulquappen usw. gehören nicht in die Wasserprobe.
3. Beim Verschließen der Flaschen etwa 3 cm Luft unter dem Verschluß lassen (sonst können die Flaschen beim Transport platzen).
4. Die Wasserproben so gut verpackt und so schnell wie möglich an die Untersuchungsstelle einschicken, besser, sie persönlich überbringen. Die Sendung möglichst telefonisch anmelden.
5. Die Einsendung von Fischen hat nur dann einen Sinn, wenn eine Fischkrankheit ermittelt werden soll. (Die Ursache von Fischsterben durch Abwässer kann am Fisch in der Regel nicht erkannt werden.)
6. Bericht nach folgenden Muster fertigen (s. S. 178).
7. Skizze nicht vergessen!

Nach Möglichkeit zieht man die örtliche Gendarmerie oder den Gemeindebürgermeister oder sonst eine Amtsperson hinzu. Wenn eine Amtsperson nicht erreichbar ist und vor dem Abfließen der Abwasserquelle auch nicht herangeholt werden kann, so zögere man nicht, die Proben dennoch zu nehmen. Möglichst sollte ein Zeuge dabeisein. Ist auch das ausgeschlossen, so muß man eben allein handeln. Besser das Cyan eines Galvanisierbetriebes, der das Fischsterben verursacht hat, wird in den Proben, die gewissermaßen

Abendlicher Ansitz.
(Phot. O. Volgmann)

Ein uriger Waller.
(Phot. E. Wiederholz)

Schöner Angelplatz am Altwasser. (Phot. E. Wiederholz)

Jungbarsche. (Phot. Taege)

im Alleingang sichergestellt wurden, vom chemischen Untersuchungsamt nachgewiesen (und dann soll erst mal jemand behaupten, die Proben wären nicht richtig entnommen worden), als daß man auf die gerade mit einem Verkehrsunfall beschäftigten Gendarmen wartet und dann in den zwar offiziell, aber zu spät entnommenen Proben nichts mehr nachzuweisen ist.

Abb. 246. Bei Verdacht der Verschmutzung: Die Skizze zeigt, an welchen Stellen Wasserproben zu entnehmen sind

Um es noch einmal zu wiederholen: Die Einsendung von Fischen in solchen Fällen ist meistens nicht sehr sinnvoll. Auch bei Verdacht auf Krankheiten ist es eine fragwürdige Sache. Denn in neun von zehn Sendungen kommen die Fische halb verwest an und können nicht mehr untersucht, sondern nur noch eingegraben oder verbrannt werden. Liegt der Verdacht auf eine Krankheit vor, so ist es immer am besten, wenn man die frisch verendeten, oder besser noch die verendenden Fische der Untersuchungsstelle nach telefonischer Voranmeldung *unmittelbar* überbringt. Lediglich ein benachbarter Fischzüchter könnte einem dazu verhelfen, die erkrankten, aber noch lebenden Fische in einem Plastikbeutel mit etwas Wasser und darüberstehender Sauerstoff-Füllung per Expreß zu versenden. Allerdings bringt das wieder andere Umständlichkeiten für Absender und Empfänger mit sich. Am besten also – und das gilt letzten Endes auch für Wasserproben – *gleich hinbringen!*

Viel Unheil ist in den letzten Jahren über unsere Fischbestände in den offenen Gewässern auch dadurch gekommen, daß den jeweiligen Pächtern an einer vernünftigen Hege nichts gelegen war. Sie waren an einer echten Bewirtschaftung, einem harmonischen, kontinuierlichen Aufbau der Bestände durch Brut- und Setzlingsbesatz nicht interessiert, sondern nur auf baldiges Beutemachen aus und setzten zur schnellen Erreichung dieses Zieles fangreife oder nahezu fangreife Fische ein. Viele Züchter vermochten die

Muster eines Berichtes

Eilt

An Ort, Datum

(Anschrift der Untersuchungsstelle)

Betr.: Wasseruntersuchung nach Verunreinigung/Fischsterben*

A. *Notwendige Angaben* zum Ereignis

1. Name des Gewässers
2. Die Verunreinigung bzw. das Fischsterben wurde zuerst
   am .... um .... Uhr
3. von ....
   .... beobachtet.
4. Die Wasserproben wurden entnommen von
   ....
5. Flaschen-Kennzeichen
   O = ... m oberhalb der verdächtigen Einleitung
   Zeit der Entnahme: ....
   X = ... Abwasserausfluß der/des ....
   Zeit der Entnahme: ....
   U = ... m unterhalb

   Weitere Proben

   ....
   ....
   ....
6. Skizze!

B. *Nützliche Angaben* zum Ereignis

7. Wassertemperatur (Badethermometer):
8. Es sind pro .... m .... Stück/kg* Fische zugrunde gegangen.
9. Fischarten: ....
10. Oberhalb des Abwasserzuflusses wurden lebende Fische/keine lebenden Fische* beobachtet.
11. Welche Fabrik ist in der Nähe?
12. Was wird dort verarbeitet?
13. Besondere Feststellungen:

* Nichtzutreffendes streichen.

Nachfrage nach so vielen großen Fischen aus eigenem Bestand nicht zu befriedigen und kauften deshalb aus dem Ausland große Fische hinzu. Dieser verstärkte „Besatzfisch"-Handel führte gleichzeitig zu einer ausgedehnten Verbreitung aller möglichen Seuchen, unter denen die sogenannte Atlantische Lachskrankheit (Ulcerative Dermalnekrose = UDN) eine der gefährlichsten war. In unseren schönsten Forellen- und Äschengewässern hat sie in den letzten Jahren enorme Verluste gebracht.

Erfreulich ist, daß es jedes Jahr mehr Jünger der Zunft Petri gibt, die

Freude am Fischfang draußen am Wasser haben. Das aber sollte stets mit fischgerechtem Köder und Gerät geschehen. Es hat sehr wenig mit Sportfischerei zu tun, wenn manche Vereine immer mehr dazu übergehen, ihre Salmonidenstrecken, die zwar sauber, aber dennoch leer sind, weil mit allen Mitteln und Ködern alles herausgefangen wurde, zweimal und oft sogar mehrmals im Jahr, besonders vor großen Veranstaltungen, bereits mit fangfähigen Fischen „aufzufüllen“. Solche Besatzfische, sehr oft als reine Speisefische rasch herangezogen, sind weder für das Fischwasser, in dem sie sich – wenig widerstandsfähig – kaum zurechtfinden, ein Gewinn, noch für die Fischer. Wer daran Freude hat, eine Forelle an Land zu ziehen, die zwei Tage vorher noch in einem Zuchtteich schwamm, der sollte lieber gleich ins nächste Fischgeschäft gehen. Ein richtiger Angler ist er sicher nicht.

In zunehmendem Maße vernimmt man auch noch andere Kritik der Gewässerüberwachungsbehörden an uns Fischern: Nicht nur, daß die Zahl der Fischteiche ins Kraut schießt und der Wasserhaushalt dadurch mancherorts durcheinandergebracht wird, es geht auch um die Anreicherung der Gewässer mit organischen Stoffen (Eutrophierung) durch – das Anfüttern. Zwei Eimer, voll der interessantesten Futtermischungen im Kofferraum des Anglers für einen Angeltag oder für ein Wettfischen von wenigen Stunden, sind keine Ausnahme. Hier müssen wir mit Recht mit dem Protest der Gewässerschützer rechnen, besonders bei stehenden Gewässern. Und hier haben wir einmal mehr Gelegenheit zu beweisen, daß es uns mit dem Gewässerschutz ernst ist.

Zur Systematik der Fische

Die Fische (Pisces) bilden die niedrigsten Klassen der Wirbeltiere. Man teilt sie in größere Gruppen, die Ordnungen, ein. Diese gliedern sich wieder in Unterordnungen, Familien, Gattungen, Untergattungen und Arten. Bei den letzteren unterscheidet man oft noch Unterarten oder geographische Rassen.

Die deutschen Süßwasserfische gehören zumeist zur Klasse der *Knochenfische (Osteichthyes)*, deren Vertreter ein knöchernes inneres Skelett und Gräten besitzen. Zu einer primitiveren Ordnung von Knochenfischen gehören die Störe (Acipeoseroidei). Eine Vorstufe in der Entwicklung zu den Fischen bildet die Klasse der Rundmäuler (Cyclostomi). Sie haben keine Kiefer und ein knorpeliges Skelett. Sie kommen für den Angler allenfalls als Köder im sogenannten „Zopf“ auf Huchen in Betracht.

Man unterscheidet an den Fischen *unpaarige* und *paarige Flossen*. Die paarigen entsprechen den Vorder- und Hinterbeinen der Vierfüßler und heißen *Brustflossen* und *Bauchflossen* nach ihrer ursprünglichen Ansatzstelle. Dem Aal fehlen die Bauchflossen. Zu den unpaarigen Flossen, die in der Mittelebene des Körpers ansetzen, gehören die einfache oder doppelte *Rükkenflosse*, die *Afterflosse* hinter dem After und die *Schwanzflosse*. Alle Flossen sind gestützt durch knöcherne und hornige Stäbchen, die *Flossenstrahlen*, deren Anzahl ein wichtiges Merkmal für die Unterscheidung der

Arten bildet. Die *Salmoniden* (Lachsarten) tragen auf dem Rücken vor der Schwanzflosse eine kleine, fleischige, strahlenlose „Fettflosse", desgleichen übrigens auch der aus Amerika bei uns eingeführte Zwergwels (*Ictalurus nebulosus* Raf.).

Zur Unterscheidung der Arten dienen:

1. Die Stellung der *paarigen* Flossen zueinander. Die Brustflossen stehen stets an den Außenseiten des Leibes dicht hinter dem Kiemendeckel. Die Bauchflossen stehen nach der Mittellinie des Bauches hin und näher aneinander. Stehen sie weit nach hinten, so heißen sie „bauchständig"; rücken sie dicht hinter oder zwischen die Brustflossen, so werden sie „brustständig"; stehen sie vor den Brustflossen, so sind sie „kehlständig".

2. Anordnung und Beschaffenheit der Flossenstrahlen. Man unterscheidet im allgemeinen harte oder „Stachelstrahlen" und „Weichstrahlen". Die letzteren sind am Grunde stammartig, einfach, knorplig und schmäler als an dem weichen, besenartig verbreiterten Ende. Die Zahl der Flossenstrahlen gibt man in Formeln an, in denen bedeutet:

R oder D = Rückenflosse, Br oder P = Brustflosse, B oder V = Bauchflosse, A = Afterflosse, S oder C = Schwanzflosse.

„R: 3–4" bedeutet eine Rückenflosse mit 3–4 Strahlen. Stehen in einer Flosse vor den Weichstrahlen noch Stachelstrahlen, so zählt man beide Arten einzeln und trennt beide Zahlenangaben durch einen Schrägstrich, so daß also z. B. „R: 3–4/17–22" bedeuten würde, daß in der Rückenflosse vorn 3–4 Stachelstrahlen und dahinter 17–22 Weichstrahlen stehen, wie dies beim Karpfen der Fall ist.

3. Die Beschaffenheit der Schlundzähne sowie der Schwimmblase, von der wir hier absehen. Wichtig für die Unterscheidung der *Weißfischarten* ist die Zahl und Anordnung der *Schlundzähne*, abgekürzt „Schldz".

Die Schleie z. B. hat jederseits eine einfache Reihe von 4–5 Schlundzähnen, als Formel ausgedrückt „Schldz. 4–5", der Döbel besitzt jederseits zwei Reihen zu je 2 und 5 Zähnen, Formel: „Schldz. 2.5–5.2", der Karpfen jederseits drei Reihen, von denen zwei je einen, die dritte Reihe je drei Zähne tragen, Formel: „Schldz. 1.1.3–3.1.1."

Die Schlundknochen löst man zum Zählen der Schlundzähne am besten aus dem *abgekochten* Fischkopf aus, da sie sich sonst schwer präparieren lassen.

Wo es für die Unterscheidung wichtig ist, finden sich nachstehend Angaben nach den eben entwickelten Formeln. Zur Unterscheidung einzelner Salmonidenarten reicht das äußere Ansehen nicht immer aus; zu ihrer genauen Bestimmung hilft die Beschaffenheit des Pflugscharbeines, des *Vomer*, und seiner Bezahnung. Man unterscheidet an ihm die vordere, mehr oder minder eckige Platte und den Stiel sowie die mehr oder minder gebogene Form. Der Vomer liegt in der Mitte des Gaumens und läßt sich aus dem gekochten oder durch Flüssigkeit aufgeweichten oder mazerierten Kopf des Fisches leicht herauspräparieren.

Wer sich eingehender über die deutschen Süßwasserfische unterrichten will, dem seien nachstehende Bücher empfohlen:

K. Rühmer: „Die Süßwasserfische und Krebse der europäischen Gewässer“, 3. Auflage, Ebenhausen 1952.

Ladiges/Vogt: „Die Süßwasserfische Europas“, 2. Auflage, Hamburg 1979.

Einteilung der Fische nach biologischen Grundsätzen

Nach der Ernährungsart

Die biologische Einteilung faßt Fischarten gleichartiger Lebensweise zusammen und gibt auch dem Angler wichtige Hinweise für die Wahl der Köder und der Angelmethoden.

Nach der überwiegenden Art der Ernährung wird unterschieden zwischen *Raubfischen* und *Friedfischen.* Raubfische ernähren sich vorwiegend von anderen Fischen, aber auch von ihren eigenen Artgenossen sowie von Fröschen, Mäusen, Wasservögeln und Fischlaich. Die Friedfische teilt man ein in *Kleintierfresser,* die Würmer, Krebstierchen, Insekten und Insektenlarven verzehren und Pflanzenfresser sind. Bei den Kleintierfressern wird weiterhin unterschieden zwischen Boden- und Ufertierfressern, Planktonfressern und Luftnahrungsfressern.

In der Jugend sind mit Ausnahme des Hechtes und vielleicht des Welses alle Fische Friedfische. Die meisten Raubfische werden erst später Vertilger anderer Fische. Hierher gehören außer dem Hecht: Barsche, Forellen, Zander, Quappen, Lachse, Aale, Rapfen, Welse und deren nächste Verwandten.

Auch manche Friedfische nehmen gelegentlich Fischlaich oder Fischbrut. Die europäischen pflanzenfressenden Fischarten ernähren sich weniger von höheren Wasserpflanzen als von Aufwuchs, also der auf höheren Wasserpflanzen siedelnden Mikrofauna und Flora. Die Kleintierfresser verzehren Ufer- oder Bodentiere oder ernähren sich als Planktonfresser von der im Wasser frei schwebenden mikroskopischen Lebewelt, dem „Plankton“. Luftnahrungsfresser endlich nehmen die aus der Luft (z. B. von Büschen und Pflanzen des Ufers) ins Wasser fallenden Insekten.

Zu den häufig oder gelegentlich Pflanzennahrung aufnehmenden Fischen gehören: Gründling, Nase, Rotauge, Rotfeder u. a., zu den Kleintierfressern, insbesondere Boden- und Ufertierfressern: Karpfen, Schleien und andere Cypriniden, dann Forellen, Äschen, Saiblinge und Renken. Zu den Planktonfressern zählen außer Maränen, Seesaiblingen (zur Sommerzeit) und Felchen die Stinte, Strömer, Lauben und verwandte Fische. Reine Luftnahrungsfresser gibt es nicht. Die Luftnahrung wird von den meisten Fischen nur als Gelegenheitsnahrung genommen. Bei Forellen und Äschen besteht zeitlich und örtlich ein verhältnismäßig großer Teil der Nahrung aus Luftnahrung.

Nach dem Aufenthaltsort

Die größeren stehenden Gewässer sind, wie im Abschnitt „Gewässer“ näher ausgeführt, in bestimmte Gebiete mit verschiedenen Lebensbedingungen für die Fische gegliedert, nämlich in die Uferzone, die Schar, die Bodenregion und das freie Wasser. Hiernach unterscheidet man: *Ufer-*, *Schar-*, *Boden-* und *Freiwasserfische*. Typische Uferfische sind Plötzen, Schleien und Rotfedern. In flacheren Gewässern nehmen diese auch die Lebensweise der Bodenfische an. Zu den Scharfischen gehört in erster Linie der Hecht, der am Scharberg, hinter Kraut verborgen, auf vorüberziehende Ufer- und Freiwasserfische lauert. Freiwasserfische sind die meisten Felchen- bzw. Maränen-(Renken-)Arten, der Seesaibling zu bestimmten Jahreszeiten, der Stint, gewisse Formen des Barsches. Ausgesprochene Bodenfische sind Brachsen, Zander, Karpfen und Aal.

Nach der Ausbildung des Wandertriebes (Ortswechsel)

Der Hunger und die Suche nach geeigneten Laichplätzen veranlassen jede Fischart, mindestens zeitweilig ihren Standort zu verlassen. Fische, deren Leben sich in verhältnismäßig kleinem Umkreis abspielt, heißen *Standfische*. Das sind z. B. Hecht, Barsch, Karpfen, Schleie, die meist in nächster Nähe des Standortes Nahrung und Laichplätze finden.

Fische dagegen, die wenigstens zur Laichzeit *größere* Wanderungen nach zusagenden Laichplätzen unternehmen, zählt man zu den *Wanderfischen*. Zu ihnen gehören: Forellen, Huchen, Barben, Nasen u. a. Weiterhin sind als Zugfische anzusprechen solche, die zur Laichzeit aus Seen in die Flüsse wandern, z. B. Seeforellen. Umgekehrt wandern manche Flußfische zur Ablaiche in Seen, z. B. mancherorts die Brachsen, und die Hechte wiederum aus den Seen in Laichgräben. Nach der Laichzeit oder nach befriedigtem Nahrungsbedürfnis kehren auch die Zugfische regelmäßig an ihren ursprünglichen Standort oder doch in seine Nähe zurück.

Endlich gibt es Fische, die zur Laichzeit oder unter dem Einfluß der Geschlechtsreife außerordentlich große Wanderungen unternehmen, entweder aus dem Meer ins Süßwasser und zurück oder umgekehrt, wie z. B. der Lachs, der im Süßwasser laicht, sein Dasein im übrigen aber im Meer verbringt, ebenso wie die Meerforelle, der Maifisch, die Finte u. a. m. Der Aal dagegen wandert zum Laichen viele tausend Kilometer weit ins Meer.

Nach Art und Ort des Laichens

wird unterschieden zwischen *Meereslaichern* und *Süßwasserlaichern*. Die Süßwasserlaicher werden weiterhin eingeteilt in *Kieslaicher* (Salmoniden, Barben, Nasen usw.) und in *Kraut-* oder *Pflanzenlaicher* (Karpfen, Schleien, Hechte, Barsche u. ä.). Endlich gibt es noch *Freiwasserlaicher*, die, wie z. B. manche Maränen (Renken), ihre Eier in das offene Wasser über der Gewässertiefe entlassen, von wo sie auf den Grund sinken. Zu den Meereslaichern gehören Flundern und Aal.

Nach der Laichzeit

Winterlaicher sind die Bachforelle, der Großteil der Bach- und Seesaiblinge (manche Seesaiblinge laichen ab den Sommermonaten), die Quappe, der

Lachs, die Meerforelle, die meisten Renkenarten. Die Laichzeit dieser Fischarten fällt in die Monate September bis Februar. *Frühjahrslaicher* sind Hechte, Barsche, manche Regenbogenforellen sowie Flundern, Stinte, Huchen, Äschen, Strömer, Nasen, Hasel, Zwergwelse und Neunaugen, die bald nach der Schneeschmelze etwa vom Februar bis April laichen. Die *Sommerlaicher* endlich laichen von April bis Juli. Zu ihnen gehören Karpfen, Schleien und die Mehrzahl der übrigen Cypriniden (Weißfische).

Die einzelnen Fischarten

Der Aal (Fußaal), *Anguilla anguilla* (L.)

(Tafel I, Abb. 1)

Schlangenähnlicher Körper, von einem weichstrahligen, vom Rücken über die Schwanzflosse verlaufenden, hinter dem After endenden Flossensaum umzogen, Bauchflossen fehlen. Rücken grau bis blauschwarz, Bauch gelblich weiß. Die kleinen Schuppen sind in der stark schleimigen Haut verborgen. Man unterscheidet: den Breitkopfaal, der vorwiegend Raubfisch ist, und den Schmal- oder Spitzkopfaal, der Friedfischcharakter hat. Der „Blankaal" ist der ausgewachsene Aal, der sich anschickt, zum Laichen ins Meer zu ziehen. Er hat einen blanken, silbrig-weißen Bauch.

Der Aal kommt in allen europäischen Gewässern vor, die mit dem Meer Verbindung haben, selten aber in den Zuflüssen des Schwarzen Meeres, es sei denn, daß er hier eingesetzt wurde. Die Aale laichen im Frühjahr im Atlantischen Ozean, etwa in der Mitte zwischen den Bermuda- und Westindischen Inseln und in Tiefen von vermutlich über 100 m. Nach dem Ablaichen sterben die Elternaale im Meer. Die aus den Eiern ausschlüpfenden weidenblattähnlichen, glasartig durchsichtigen Larven gelangen nach etwa 3–4 Jahren mit etwa 75 mm Länge im Golfstrom an die europäischen Küsten, wo sie sich zum drehrunden, zunächst noch farblosen „Glasaal" (Aalbrut, Aalmontée, Steigaal) auswachsen. Nach und nach färbt sich der Glasaal und steigt nun im Frühjahr in gewaltigen Scharen in unseren Flüssen auf. In Kolonnen von mehreren Kilometern Länge und bis zu 20 m Breite wälzen sie sich stromaufwärts und überklettern mit märchenhafter Geschicklichkeit steile Wehre und sonstige Hindernisse, wenn sie irgendeinen Anhalt, eine Haftmöglichkeit finden. Während nun die Männchen hauptsächlich nahe der Küste anzutreffen sind und kleiner bleiben, kommen die Weibchen weiter stromaufwärts vor, und meist sind es nur diese, die unsere Binnenflüsse bevölkern, sofern Wehre, Abwasserzonen und dergleichen sie nicht während der Wanderung hindern. 8–9 (selten bis 12) Jahre weilt der Aal im Süßwasser, erreicht als Weibchen 1½ m und ein Gewicht bis zu 6 kg, gewöhnlich allerdings nur ein solches von 1 kg.

Der Aal ist im Binnenland in der Regel ein ausgesprochenes Nachttier.

Tagsüber hält er sich gern in Löchern am Ufer, unter Wurzeln, im Schlamm oder Sand verborgen. Nachts geht er auf Raub, nährt sich von Bodentieren, kleinen Fischen, Krebsen und mit Vorliebe von Fischlaich und -brut. Der Aal ist wahrscheinlich der schädlichste Raubfisch im Süßwasser, sein Einsatz in Gewässer, die noch andere Angelfische enthalten, muß deshalb, wie oben erwähnt, sehr sorgfältig überlegt werden. Er wächst relativ langsam. Im 9. bis 11. Süßwasserlebensjahre verändert er sein Äußeres. Der gelbliche Körper („Gelbaal") wird silberfarben bleich („Blankaal"). Die kleinen Augen wachsen zu großen „Tiefseeaugen" aus, die Seitenlinien und deren Verästelungen auf dem Kopf werden deutlich sichtbar – kurz: Er bereitet sich auf seine Meereswanderung vor. In einer dunklen, gewitterschwülen Spätsommernacht läßt er sich nicht mehr halten. Zu gewaltigen Scharen vereint, wandert er im Bereich der tiefsten Stromrinne die Bäche, Flüsse, Ströme hinab, um so schnell wie möglich das Meer zu erreichen. Nichts hält ihn zurück. Hohe Wehre läßt er sich hinabfallen, andere Hindernisse überklettert er. Nicht aber geht er, wie der Aberglaube annimmt, „nachts in die Erbsenfelder, um dort Mahlzeit zu halten", wenn er auch bei einer Landwanderung gelegentlich in ein Erbsenfeld geraten mag.

Erst im Meer beginnen seine Geschlechtsorgane zu wachsen, die Geschlechtsprodukte sich zu entwickeln und zu reifen. Daher ist die Anschauung, der Aal bringe im Süßwasser lebendige Junge zur Welt, eine Fabel, die daraus entstand, daß man im Aalinnern öfters Schmarotzer fand, die jungen Aalen ähneln. Laichreife Aale gibt es im Süßwasser nie, abgelaichte, lebende fand man auch noch nicht. So nimmt man an, daß der Aal, poetisch ausgedrückt, dem Geschlecht der Asra angehört, „welche sterben, wenn sie lieben".

Der Aal ist ein ungemein geschätzter Speisefisch. Sein weißes, fettes, grätenloses Fleisch ist in jeder Zubereitungsart ein Leckerbissen und im geräucherten Zustand als „Spickaal" ein bedeutender Handelsartikel. Da er in nahezu allen Gewässern (außer in sehr kalten Forellenbächen) gedeiht, als zählebiger Fisch weite Transporte gut übersteht und sich erwerbs- und sportmäßig fangen läßt sowie außerdem ein leicht zu beschaffender Besatzfisch für korrigierte und kanalisierte Ströme ist, hat man ihn auch dort überall eingesetzt, wo er sonst fehlt. An der Küste und in den Küstengewässern Englands, Italiens, Frankreichs und Deutschlands wird im Frühjahr der Steigaal in großen Mengen gefangen, ins Binnenland verbracht und in Gewässer eingesetzt, die er auf natürlichem Wege nicht erreichen kann. Dieser Besatz heißt Aalbrut. In gleicher Weise werden im Vorsommer aus den Unterläufen unserer norddeutschen Ströme ältere, sogenannte Satzaale gefangen und zum Besatz der Binnengewässer verwendet. Obgleich die Satzaale größer sind, also in kürzerer Zeit zu fangbaren Speiseaalen werden, ist die Besetzung mit Aalbrut vorzuziehen.

Lockköder für den Aal sind Regenwürmer, geronnenes Blut, Schlachthausabfälle und zerschnittenes Gedärm.

In Deutschland ist für den Aalfang *keine Schonzeit* festgesetzt.

Angelköder: Regenwürmer (dicke, große Tauwürmer), Fischchen, Stücke von Fischchen, Eingeweide von Fischen, Schnecken, Egel, Engerlinge, Muschelfleisch, Krebse, frisches Rindfleisch.

Der Köder soll in der Regel am Grunde liegen. Im ruhigen Wasser genügt ein großes Schrot am Vorfach, in der Strömung fischt man entweder mit dem Floß oder dem Bodenblei (Abb. 214 u. 215).

Kräftige Haken Nr. 1–3. Da man auf den Aal mit kräftigem Zeug fischt, kann man mit Vorteil mehrere Ruten auslegen, wie bei der Quappe beschrieben wird (S. 189). Ein guter Köder für *große* Aale ist ein Fischchen, das nach

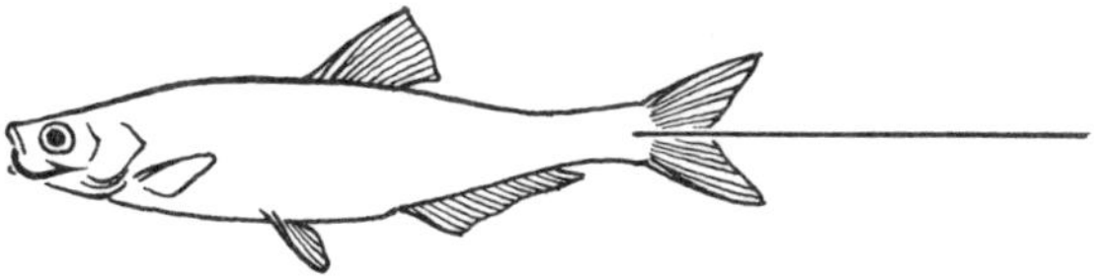

Abb. 247. Toter Köderfisch am Schluck-System zum Aalangeln

Abb. 247 angeködert wird. Wenn der Aal beißt, so läßt man ihn ungehindert Schnur abziehen und gibt ihm Zeit, den Köder zu verschlucken, was er fast immer tut. Wenn er gelandet ist, tötet man ihn durch einen Stich in das Genick, wirft ihn aber vorher am besten nochmals kräftig auf harten Boden. Zum Halten des Aales kann man eine Aalzange oder Tücher benutzen. Da Aalblut, in Wunden gebracht, giftig wirkt, hüte man sich beim Töten und bei der Zubereitung vor Verletzungen.

Soll der Aal lebend erhalten werden, so läßt man ihn in den Transportbehälter mit dem Schwanz voran einschlüpfen und schließt die Öffnung fest ab. Hat man kein Sauerstoffgerät, so transportiert man den Aal am besten in einem dunklen, feucht gehaltenen Behälter, der mit feuchtem Gras, Moos oder Tüchern ausgelegt ist.

Der Aal beißt am besten in warmen, dunklen Sommernächten vor Mitternacht. (Zum Angeln bei Nacht ist unter Umständen jeweils besondere Erlaubnis einzuholen!). Seltener bekommt man den Aal tagsüber an die Angel, trübes Wasser ist dann günstig. Gute Angelstellen sind meist in der Umgebung – etwa oberhalb – von Uferlöchern und sonstigen Schlupfwinkeln, im übrigen lege man den Köder in der Uferzone aus. Man benutze kräftiges Zeug (stets mit Wirbel am Vorfach, s. Abb. 215), um den Aal sofort nach dem Anhieb zu landen. Die wilden Fluchten, auf denen der Aal sich regelmäßig um irgendwelche Gegenstände windet und daran festhält, sind oft genug verhängnisvoll. Man versuche in solchem Falle, den Aal dadurch freizubekommen, daß man bei gestraffter Schnur kräftig auf die Angelrute klopft. Der Aal schluckt den Köder oft so tief, daß Haken und Schnur abgeschnitten werden müssen. Vor allem bei Nacht läßt man den Haken besser im Fisch und hängt ein neues Vorfach mit Haken in den Karabiner vor dem Blei.

Da der Aal ein großer Freund von Forellenbrut und auch ein starker Nahrungskonkurrent in Forellenbächen ist, sollte man ihn dort so kurz wie möglich halten. Dazu eignet sich der Pödder besonders gut, ein auf einen

Wollfaden aufgezogenes Bündel Würmer. Da er ohne jeden Angelhaken geführt wird, erleidet der Forellenbestand dadurch keinerlei Einbuße. Der Aal beißt sich an den Wollfadenwürmern fest und kann zügig aus dem Wasser geholt werden. Erforderlich ist eine an der Spitze stumpfe Pöddernadel zum Aufziehen der Würmer, die diese nicht zu stark verletzt, ein der Strömung gewichtsmäßig angepaßtes Blei, um den Pödder zum Grund zu bringen und auf dem Platz zu halten, eine schwippige, aber stärkere Rute und 40er bis 50er Schnur. Hohes Wasser und heißes Wetter sind beim Pöddern zu empfehlen. Abgesehen vom Aufziehen der Würmer ist das Pöddern die sauberste Angelmethode auf Aale, da ein Abködern der gefangenen Fische nicht notwendig ist und man sich nicht mit Aalschleim beschmutzt. An der Küste kann der Pödder mit Wattwürmern bestückt werden und ist bei Flut am wirksamsten.

Die Quappe, *Lota lota* (L.)

Aalraupe, Rutte, Dreische, Trüsche, Rufunkel (Tafel I, Abb. 2)

Kehlweichflosser, Familie der Schellfische, Kopf abgeflacht, Leib rundlich, Schwanz zusammengedrückt. Ein Bartfaden am Kinn. Oberseite olivgrün oder hellbraun, dunkelbraun marmoriert. Unterseite schmutzig-weiß. Länge bis 80 cm, Gewicht bis 8 kg. Fleisch wohlschmeckend, ganz besonders die Leber. Raubfisch, gefräßiger Laichräuber.

Die Quappe laicht von Dezember bis Februar und legt je nach Größe etwa eine Million Eier und mehr. Sie lebt am Grunde und verkriecht sich unter Steinen, Wurzeln und in Löchern. In Seen, vor allem in den Alpen- und Voralpenseen, z. B. im Walchensee, findet sie sich von der Uferzone bis in große Tiefen (bis 80 m) und erblindet nicht selten im Alter durch einen Parasiten. Sie frißt Insekten, Würmer, Laich und Fische. Im Sommer fängt sie sich selten an der Handangel, am besten noch beim Dunkelwerden oder wenn sich das Wasser nach einem Gewitter trübt, aber leicht an der Legangel, namentlich während der Laichzeit und im frühen Frühjahr, nachdem der strenge Frost vorüber ist. Köder sind Fischchen, nicht zu große Tauwürmer, Hühnerdärme und dergleichen. In gehegten Sportwässern muß man sie so weit wie möglich herauszufangen versuchen.

Man angelt mit bestem Erfolg auf sie vom November bis Januar und verwendet das Bodenblei und einfachen Haken. Kleine Fische werden getötet angeködert, damit sie nicht unter Steine flüchten. Es empfiehlt sich, mehrere Ruten gleichzeitig auszulegen. Den Rutengriff bindet man an einem in den Boden gesteckten Pflock fest, auf der Rutenspitze befestigt man ein Glöckchen, das den Anbiß meldet. Dunkle Abende mit Wind, Regen und Schnee eignen sich zu diesem Fang besonders. In tiefen Kolken im Fluß und in Seen beißt die Quappe gelegentlich auch auf den Zocker.

Der Flußbarsch, *Perca fluviatilis* L.

(Tafel I, Abb. 3)

Der Barsch gehört zu den Stachelflossern. Kennzeichen: Der Kiemendeckel endet hinten in einer dornigen Spitze. Körper messinggelb, ins Grünliche schillernd, mit dunkelgrünem Rücken, schwärzlichen Querbinden und einem blauschwarzen Fleck am Ende von R 1. Br. gelbrot, B. und A zinnoberrot, R. II 14 Strahlen. R 1 und R II ohne Zwischenraum hintereinander stehend. Maul stark bezahnt. Laichzeit: März bis Juni. Länge bis 50 cm, Gewicht bis über 3 kg beobachtet.

Der Barsch ist, sobald er größer wird, ein gefräßiger Raubfisch, Laich- und Bruträuber, der von Fischen, Flohkrebsen, Insekten und Würmern lebt. Er findet sich in der Barbenregion an geschützten Stellen und ist eigentlich in der Bleiregion zu Hause. Er liebt ruhiges Wasser und meidet starke Strömungen. Sein Fleisch ist sehr wohlschmeckend und nicht zu grätig, es steht dem der Forelle wenig nach.

In *Flüssen* liebt der Barsch Kolke unter Wehren, wo er gern an der Grenze zwischen Strömung und ruhigem Wasser steht; Baumwurzeln, Brückenpfeiler, Altwässer, Buhnenköpfe und Vertiefungen zwischen Buhnen, Schleusen, Floßholz, Schiffen, Bachmündungen, Steinanhäufungen am Grunde sind bevorzugte Standplätze.

In Seen sind Scharberge, die landzungenartig vorspringen, und Barschberge, d. h. Erhebungen des Seebodens mit Pflanzenwuchs, Lieblingsaufenthaltsorte des Barsches.

In der *Ostsee*, wo der Barsch zahlreich und in großen Exemplaren vorkommt, liebt er steinigen, sandigen, krautigen Grund und schwache Strömung. An den Molen der Seehäfen mit Gezeiten sucht er den Fuß der Molenköpfe und beißt hier in tiefem Wasser im Juni, Juli und August sehr gut vor dem Wasserhöchsstand. Bei ablaufendem Wasser läßt die Beißlust nach.

In *norddeutschen Landseen* ist die beste Fangzeit von Mitte Juni bis Ende August. Man angelt an Barschbergen und vortretenden Scharbergen. Er schwimmt meist in Schwärmen, und wo man einen fängt, kann man auch auf weitere rechnen, wenn man die gehakten Barsche das Wasser nicht zu sehr beunruhigen läßt.

Der Barsch ist einer der wenigen Süßwasserfische, die in der Hauptferienzeit, im Juli und August, gut an die Angel gehen, und wohl auch aus diesem Grund einer der beliebtesten Angelfische. Leider haben viele Seen einen Bestand aus überwiegend kleinwüchsigen Zwergbarschen (Bürschlinge), und es ist schwierig, die vorhandenen großen Barsche an die Angel zu bekommen. Diese großen Barsche stehen in der Regel auch im Sommer in Seen im tieferen Wasser, kommen aber häufig frühmorgens oder abends in Ufernähe oder an die Wasseroberfläche.

Im Winter vereinigen sich die Barsche in Seen zu großen Schwärmen und gehen in tiefes Wasser, je kälter das Wasser, um so tiefer stehen sie. Große

Barsche sind sehr vorsichtig und launisch. Feines Angelzeug ist daher sommers wie winters Voraussetzung für den Erfolg.

Lockköder. Kluge Anwendung von Lockködern kann auch beim Barschfischen sehr wesentlich zum Erfolg beitragen. Je nach den Verhältnissen verwendet man entweder solche, durch die Kleinfische und mittelbar auch Barsche an die Angelstelle gelockt werden, oder solche, die die Barsche selbst anlocken. In nicht zu großen Seen mit klarem Wasser ist in der wärmeren Jahreszeit, wegen der hier zahlreich vorhandenen Kleinfische, Pulverköder ein gutes Mittel zum Anlocken der Barsche. Man wirft in regelmäßigen Zeitabständen Pulverköder ein und versucht, Schwärme von Kleinfischen anzulocken. Aus dem Kleinfischschwarm kann man geeignete Köderfische herausfangen und mit diesen dann auf Barsche angeln. Ausdauer ist bei dieser Fangart notwendig, denn es kann mehrere Stunden dauern, bis sich größere Barsche am Köderplatz einfinden.

Wenn das Wasser nicht zu tief ist, werden auch durch Würfe mit einem großen Spinner in allen Richtungen Barsche angelockt, die man durch Lockköder zum Anbeißen auf den Wurm oder ein totes Fischchen an der bereitgehaltenen Floßangel reizt. Zu diesem Zweck eignen sich zerschnittene Fischchen samt den silbrigen Schuppen oder Würmer. Auch für Seen mit angetrübtem braunem oder grünem Wasser sind zerschnittene Fische mit Schuppen ein guter Grundköder.

Angelköder. Die besten Köder für Barsche sind Fischchen und Würmer. Fischchen sollten höchstens 6–8 cm lang sein, besonders wirksam sind 3–5 cm lange Barsche. Es ist nicht nötig, unbedingt lebende Fischchen anzuködern, sie werden tot genauso gut genommen. Brauchbare Köder sind außerdem Garnelen (besonders im Gezeitenbereich, lebend oder gekocht), rohes Fleisch, Stücke von Fischen, besonders der rote Kiemenkorb von kleinen Barschen, Maden, Sprock, Pferdeegel, Augen von toten Fischen zusammen mit einem Wurmstück; Tauwürmer eignen sich besonders zum Angeln bei angetrübtem Wasser im Fluß und See und für weite Würfe mit dem Grundblei zum Befischen im Fluß und See und der tiefen Teile von Seen und Staubecken im Winter. Rotwurm und Goldschwanz sind Köder für klares Wasser. Zeitweilig beißen Barsche auch gut auf künstliche Köder, Löffel, Spinner, Mormyschken, Holzköder sowie auf tiefgeführte Kunstfliegen (Streamer), Nymphen, Röhrchenfliegen oder sonstige Naßfliegen. Ein ganz hervorragender Barschköder sind die Köder an der Gambe (vgl. S. 94).

Die zweckmäßigsten Methoden für verschiedene Gewässer und Jahreszeiten zeigt nachstehende Übersicht:

1. *Floßangel.* In verkrautetem Wasser fischt man nur mit einem Haken, Größe 3–8, feinem Vorfach, leichter Bleibeschwerung und kugeligem Korkfloß. Der Köder soll in die Nähe des Grundes kommen; wenn die Barsche jagen, setzt man flacher. Von Zeit zu Zeit zieht man den Köder in die Nähe der Oberfläche und läßt ihn wieder sinken.

2. *Paternoster.* Zum Abfischen tiefer Kolke im Fluß, von Flußbänken, der Stellen vor Seerosenbetten und vor Unterhöhlungen des Ufers verwendet man das Paternoster (Abb. 217 u. 218) mit einer oder zwei Seitenangeln, die

Gewässer	Sommer	Winter
Fluß	Leichte Spinnangel Floßangel Paternoster Naßfliegen	Grundangel mit und ohne Floß Bodenblei u. U. abwechselnd mit Spinnangel. Paternoster in der Nähe von Verstecken
Klare, nicht zu große Seen, Teiche, Staubecken, Altwässer	Floßangel mit Wurm, totem Fischchen und Fetzen, Spinner, Paternoster, Gambe, Naßfliegen, Anfüttern mit Pulverköder	Floßangel und Bodenblei auf Bergen und Schwellen neben tiefen Stellen. Anfüttern Eisangeln
wie vor, aber mit angetrübtem Wasser	Floßangel Spinnangel Fetzen Gambe Anfüttern!	wie oben
Große, tiefe Seen und Staubecken	Heben und Senken Zocken Gambe Schleppangel Leichte Spinnangel auf jagende Barsche	Hegene, Gambe Heben und Senken

untere mit Wurm, die obere mit einem kleinen Gründling oder einer Elritze beködert.

Für weite Würfe und zum Absuchen größerer Seeflächen im Winter eignet sich das einfache Paternoster (Abb. 217), mit einem Tauwurm beködert, besser.

3. *Grundblei.* Zum Angeln in Flüssen mit sauberem Grund, im tiefen strömenden Wasser und zum Abfischen der Stromkanten wird das Grundblei nach Abb. 218 mit einem Tauwurm oder Fischchen benutzt. Zur Winterfischerei in Seen und Staubecken, die mitunter sehr weite Würfe erfordert, ist ein Grundblei notwendig, das dem Fisch erlaubt, viel Schnur ohne Hemmung abzuziehen.

4. *Spinnangel.* Der Barsch setzt sich beim Drill nicht sehr energisch zur Wehr, das Spinnzeug kann daher fein sein. Fischchen an Hakenfluchten, Schmidt-Flucht und Schwinglöffel sind gut. Sehr kleine Löffel kann man größer und verlockender erscheinen lassen durch einen in den Drilling eingehängten Fetzen. Wenn die Barsche nicht jagen, ist es wichtig, den Spinner abwechselnd in verschiedener Tiefe zu führen.

5. *Schleppangel.* In großen Seen und Staubecken verspricht auch die Schleppangel mit natürlichen und künstlichen Ködern bis zu 10 cm Länge Erfolg. Wichtig ist ausreichende Beschwerung der Schnur durch ein Exzenterblei etwa 80 cm oberhalb des Spinners.

6. *Grundangel ohne Floß.* Mit einfachem Haken und einer Bleibeschwerung von etwa 6–10 g am Vorfach lassen sich ein Wurm, ein totes Fischchen, ein toter kleiner Frosch oder ein Fetzen von der Stationärrolle sehr weit werfen. Nach dem Wurf zieht man den Köder unter Heben und Senken ein. Zur Abwechslung läßt man das Fischchen an einer vielversprechenden Stelle auch auf den Grund absinken und legt die Rute auf den Bootsrand oder auf eine Gabel. Der Bügel der Rolle bleibt nach dem Wurf geöffnet, damit ein beißender Fisch ungehindert Schnur abziehen kann. Vor steil abfallenden Ufern in Seen und Staubecken ist dies eine besonders fängige Methode. Dabei werden häufig auch Hechte erbeutet, es ist deshalb ratsam, mit Haken an feiner Stahlseide oder Wolframdraht zu angeln.

7. *Heben und Senken.* Diese Fangart wird entweder mit natürlichen Ködern (Wurm, Frosch, Fischchen) oder Kunstködern (Gambe, Kosak), Bodensee-Zocker, Eskimo, Wunderfischli, Kugelspinner, Barschfliegen) oder der Hegene (Abb. 253) ausgeübt.

8. *Fetzen.* Der Fetzen wird beim Barschfischen ähnlich geführt wie beim Angeln auf Zander. Als Vorfach genügt jedoch einfädiges Perlon, den 4–6 cm langen Fetzen schneidet man aus der Bauchhaut eines kleinen Barsches. Es lohnt sich, beim Einziehen der Angel den Köder nach jedem Absinken einige Sekunden ruhig auf dem Seegrund liegen zu lassen. Häufig wird er in diesem Augenblick gepackt.

Abb. 248. Fischfetzen

9. *Zocken.* Am Bodensee und anderen großen Alpenseen ist im Sommer, solange die Barsche noch hoch stehen, eine Fangweise auf Barsche gebräuchlich, die eine Verbindung von Schleppangel und Heben und Senken vorstellt. Als Angelleine dient eine schwere Metallschnur, vielfach wird Kupferdraht von etwa 0,6 mm Dicke verwendet, der aber schlecht zu handhaben ist. Geschmeidiger, aber leider auch leichter ist Damylon, am besten eignet sich die Monelschnur, die aber schwer zu bekommen ist. Als Vorfach wird 2–3 m Perlon von etwa 3 kg Tragkraft und einfachem, mit Tauwurm, einem halben Barschschwanz oder den käuflichen Gummiködern (Nuggi) beködertem Haken oder ein Kunstköder (kleiner Löffel, Mepps) verwendet. Je nach der Tiefe, in der man die Barsche zu suchen hat, läßt man vom fahrenden Boot 30 oder mehr Meter Schnur aus, ergreift die Schnur mit Daumen und Zeigefinger, hebt den waagerecht gestreckten Arm ruckartig in die Senkrechte, läßt den Köder wieder langsam sinken und wiederholt diese Bewegung, bis das Boot Fahrt verloren hat, worauf man durch einige Ruderschläge das Boot wieder antreibt. Mit dieser Methode können große Wasserflächen abgesucht werden, ein weiterer Vorzug besteht darin, daß der Köder mit Bleibeschwerung tief geführt werden kann.

Der Barsch hat ein sehr weiches Maul und muß deshalb mit leichter Hand und elastischer Rute gedrillt werden. Beim Spinnfischen unterbleibt ein Anhieb besser, beim Angeln mit natürlichen Ködern setzt man den Anhieb auch auf große Entfernung nicht mit einem plötzlichen Ruck, sondern nur durch zügiges Anheben der Rute.

10. *Mormyschken.* Das Angeln mit der Mormyschka ist besonders für Barsche geeignet und in osteuropäischen Ländern *die* Barschangelmethode. Der Köder wird an feinster Schnur mit einem Mormyschkenrütchen zitternd dicht über dem Boden angeboten.

11. *Flugangel.* Barsche nehmen sehr gern Nymphen, Bachflohkrebse und kleinste Fischbrut. Imitationen hiervon können an der Flugangel recht erfolgreich sein, wenn die Barsche sonst nichts zum Anbiß verlockt. Diese Fliegen werden der Bewegung der Beutetiere entsprechend geführt, also beispielsweise mit kleinen Rucken oder zitterndem Hin- und Herschießen. Schnellste unnatürliche Bewegungen wären falsch.

Der Zander, *Stizostedion lucioperca* (L.)

Schill, Amaul, Sandart, Sandbarsch, Fogosch, Hechtbarsch

(Tafel I, Abb. 4)

Der Zander ist in ganz Deutschland in Seen und Flüssen häufig und, wo er fehlte, wie z. B. im Rheingebiet, mit Erfolg eingeführt. An sehr vielen Gewässern, ob groß oder klein, ist er der begehrteste und interessanteste Fisch geworden, und mit Recht nimmt seine Verbreitung ständig zu. Er ist auch ein wegen seines vorzüglichen Fleisches sehr geschätzter Raubfisch, der sich züchten läßt. Der Zander gehört zu den Stachelflossern, Familie der Barsche. Körper gestreckt, spindelförmig, Rücken und Seiten grünlichgrau mit verwaschenen Flecken, Bauch weißlich, Kiemenvorderdeckel gezahnt, zwischen den kleinen Bürstenzähnen starke Hundszähne. R I und II mit kleinem Zwischenraum hintereinanderstehend, schwarzpunktiert. R II 20–22. A 2/11–12. Laichzeit April bis Juni. Länge bis 130 cm, Gewicht bis 15 kg. Er liebt tiefes, fließendes, wärmeres Wasser und Seen und hält sich häufig in der Tiefe in der Nähe von haftigem Grund auf, ist aber auch in Kanälen und tiefen Abzugsgräben zu Hause. In Flüssen ist er am unteren Ende der starken Strömungen oder hinter Buhnen und großen Felsen oder in den Stromschnellen da zu suchen, wo sich das Wasser über Felsen bricht. Er frißt Fische, der kleine Zander gelegentlich Insekten wie der Barsch, besonders gern Stinte, so daß man häufig dort, wo der Stint vorkommt, auch den Zander vermuten kann. Seen mit dunklerem, bräunlichem Wasser, auch kleinere Moorseen, liebt er besonders. Hervorragende Zander-Seen sind z. B. der Waginger See in Bayern und der Ossiacher See in Kärnten.

Gute Fangzeit für den Zander ist der Juni nach dem Laichen und vor allem im Spätherbst an milden Tagen der dunklen Jahreszeit. Im Sommer beißt der Zander frühmorgens oder in der Abenddämmerung, an bedeckten Tagen auch unter Tag. Einsatz von Ebbe und Flut lassen ihn dort finden, wo ein Engpaß für Überschwemmungsgebiete besteht. Hat man an einer Zanderstelle einen Zander gefangen, kann man meistens mit weiteren rechnen, da er gern in Rudeln raubt. Das Gerät zum Fang des Zanders muß mit Rücksicht auf das kleinere Maul und die Empfindlichkeit dieses Fisches gegen Widerstände beim Nehmen des Köders feiner sein als beispielsweise beim Hechtangeln. Drahtvorfächer eignen sich nicht zum Zanderangeln. Sollte gleichzeitig häufig mit dem Anbiß von Hechten zu rechnen sein, hilft ein stärkeres Vorfach aus Hartfaser.

1. *Schnappangel.* Je nach Gewässer werden kleine bis 8 cm große Gründlinge, Karauschen und andere lebende oder tote Köderfischchen an einem einfachen, aber kräftigen Haken Gr. 5–8 durch die Nasenöffnung geködert. Bei ständigen Fehlbissen empfiehlt sich jedoch die Schwanzköderung. Man nimmt das Floß klein und bringt soviel Blei am Vorfach an, daß der Köder dicht über dem Grund schwimmt. Er darf zeitweilig auch dem Grund aufliegen. Da der Zander lichtscheu ist, bringt die Schnappangel dann am meisten Beute, wenn man sich die Mühe nimmt, Stellen mit verschiedenen Wassertiefen abzusuchen. Nach weiten Würfen mit der Schnappangel soll diese nicht in langem, gleichmäßigem Zug eingerollt werden, sondern in jeweils kurzen Zügen, worauf man dem Köder Zeit gibt, auf den Grund zu sinken. Der Köder wird demnach unter stetigem Heben und Sinkenlassen eingeholt, denn diese Bewegung scheint den Zander besonders zum Anbiß zu reizen. In Buhnenfeldern ist oft das Treibenlassen des Köders bis vor die nächste Buhne erfolgreich. Es eignen sich dafür besonders tiefe Buhnen. In einzelnen Gewässern können ausnahmsweise auch größere Köderfische erfolgreich sein. Hier muß die Erfahrung helfen.

2. *Paternoster.* Kleine Fischchen oder ein Fetzen werden an den einfachen Haken eines leichten Paternosters geködert. Man sucht damit tiefe Kolke im Flußbett, neben Brücken und Einbauten, in Seen den Rand der Seerosenbetten ab. Besonders feinfühlig ist das *gleitende* Paternoster, bei welchem das Senkblei durch ein Stück Schnur und einen Wirbel oder eine Schlaufe auf der Hauptschnur gleitet bis ein Bleischrot oder auch Gummistopper den Wirbel oder die Schleife aufhält.

3. *Spinnangel.* Der Zander beißt auch auf die Spinnangel, doch wenn sie erfolgreich geführt werden soll, erfordert sie ihre eigene Technik. Der Köder soll ein längliches Fischchen imitieren und möglichst tief und langsam geführt werden. Je nach Gewässer etwa 6 bis 10 cm lange, schlanke und kopflastige Spinner sind sehr gut geeignet. Die größeren eignen sich am besten für das Angeln im Strom. Sie müssen, wenn gegen den Strom, beispielsweise an einem Buhnenkopf, geworfen wird, naturgemäß schneller geführt werden. Gute Erfolge kann man auch mit dem Streamer (Abb. 148) erzielen. Beim Zanderspinnen ist bei jedem Halten des Spinners, auch auf die Gefahr des Festsitzens, leicht anzuschlagen. Geschieht dieses feinfühlig, so läßt sich, falls es sich um einen Haft und nicht um einen Zander handelt, der Spinner oft noch abschütteln. In größeren Seen ist auch die tief geführte Schleppangel zeitweise erfolgreich. Kunstköder für die Spinnangel und Schleppangel kann

Süßwasserfische

Tafel I

1. Aal
2. Rutte oder Quappe
3. Flußbarsch
4. Zander

Tafel II

5. Kaulbarsch
6. Mühlkoppe (Groppe)
7. Lachs
8. Bachforelle

Tafel III

9. Seeforelle
10. Meerforelle
11. Regenbogenforelle
12. Huchen

Tafel IV

13. Seesaibling
14. Bachsaibling
15. Blaufelchen
16. Äsche

Tafel V

17. Stint
18. Wels
19. Hecht
20. Karpfen

Tafel VI

21. Karausche
22. Schleie
23. Barbe

Tafel VII

24. Gründling
25. Brachsen
26. Güster

Tafel VIII

27. Ucklei (Laube)
28. Rapfen
29. Aland (Nerfling)

Tafel IX

30. Rotfeder
31. Plötze (Rotauge)
32. Döbel (Schuppfisch)

Tafel X

33. Hasel
34. Elritze
35. Nase

Entnommen aus „Grote/Vogt/Hofer, Die Süßwasserfische von Mittel-Europa"

1. Aal (Flußaal), *Anguilla anguilla* (L.), 1/8 mittlerer Größe

2. Rutte oder Quappe, *Lota lota* (L.), 1/5 mittlerer Größe

3. Flußbarsch, *Perca fluviatilis* L., 1/3 mittlerer Größe

4. Zander, *Stizostedion lucioperca* (L.), 1/5 mittlerer Größe

5. Kaulbarsch, *Gymnocephalus cernua* (L.), 1/2 mittlerer Größe

6. Groppe (Mühlkoppe), *Cottus gobio* L., 3/4 mittlerer Größe

7. Lachs, *Salmo salar* L., 1/10 mittlerer Größe

8. Bachforelle, *Salmo trutta* forma *fario* L., 1/3 mittlerer Größe

9. Seeforelle, *Salmo trutta* forma *lacrustis* L., 1/8 mittlerer Größe

10. Meerforelle, *Salmo trutta* forma *trutta* L., 1/8 mittlerer Größe

11. Regenbogenforelle, *Salmo gairdneri* Richds., 1/4 mittlerer Größe

12. Huchen, *Hucho hucho* (L.), 1/10 mittlerer Größe

13. Seesaibling, *Salvelinus alpinus* (L.), 1/4 mittlerer Größe

14. Bachsaibling, *Salmo fontinalis* (Mitchill.), 1/3 mittlerer Größe

15. Blaufelchen (Renke), *Coregonus lavaretus* (L.), 1/4 mittlerer Größe

16. Äsche, *Thymallus thymallus* (L.), 1/4 mittlerer Größe

17. Stint, *Osmerus eperlanus* (L.), $^{1}/_{2}$ mittlerer Größe

18. Wels, *Silurus glanis* L., $^{1}/_{15}$ mittlerer Größe

19. Hecht, *Esox lucius* L., $^{1}/_{7}$ mittlerer Größe

20. Karpfen (Spiegelkarpfen), *Cyprinus carpio* L., $^{1}/_{5}$ mittlerer Größe

21. Karausche, *Carassius carassius* (L.), 1/2 mittlerer Größe

22. Schleie, *Tinca tinca* (L.), 1/4 mittlerer Größe

23. Barbe, *Barbus barbus* (L.), 1/5 mittlerer Größe

24. Gründling, *Gobio gobio* (L.), 1/2 mittlerer Größe

25. Blei (Brachsen), *Ambramis brama* (L.), 1/5 mittlerer Größe

26. Güster, *Blicca björkna* (L.), 1/2 mittlerer Größe

27. Ukelei (Laube), *Alburnus alburnus* (L.), 1/2 mittlerer Größe

28. Rapfen, *Aspius aspius* (L.), 1/6 mittlerer Größe

29. Aland (Nerfling), *Leuciscus idus* (L.), 1/5 mittlerer Größe

Tafel IX

30. Rotfeder, *Scardinius erythrophthalmus* (L.), 1/2 mittlerer Größe

31. Plötze (Rotauge), *Rutilus rutilus* (L.), 1/2 mittlerer Größe

32. Döbel (Aitel), *Leuciscus cephalus* (L.), 1/4 mittlerer Größe

Tafel X

33. Hasel, *Leuciscus leuciscus* (L.), $^{1}/_{2}$ mittlerer Größe

34. Elritze, *Phoxinus phoxinus* (L.), $^{7}/_{8}$ mittlerer Größe

35. Nase, *Chondrostoma nasus* (L.), $^{1}/_{4}$ mittlerer Größe

man mit einem Fetzen am Enddrilling versehen, sofern die Bewegung des Köders dadurch nicht beeinträchtigt wird.

4. *Flugangel.* Auch mit großen Naßfliegen (Streamerart) lassen sich Zander fangen. Diese Naßfliegen sind am besten kopflastig mit einem Schrotkorn zu versehen und wirken dann ähnlich dem Taucher. Es ist eine, wenn vielleicht nicht immer die erfolgreichste, aber doch elegante Methode von besonderem Reiz. Streamer lassen sich auch mit dem gleitenden Paternoster im Strom verwenden.

5. *Fetzen.* Ein einfacher, aber sehr erfolgreicher Köder zum Zanderfang ist der Fetzen (Abb. 248), dessen Vorbereitung auf Seite 190 beschrieben wurde. Man befestigt den Fetzen auf einem kräftigen, einfachen Haken Größe 3–5. 30–50 cm oberhalb des Hakens wird ein Blei angebracht, das so schwer sein soll, daß der Fetzen, den man wie einen Spinnköder wirft, dicht über dem Grund langsam und ruckweise eingeholt werden kann.

Für Seen und ruhige Flußstrecken mit gleichmäßiger Wassertiefe kann man den Fetzen auch an der Floßangel, wenn nötig mit Gleitfloß, befestigen. Das Floß wird so angebracht, daß der Köder auf Grund aufliegt. Nach dem Wurf läßt man den Köder auf den Grund sinken, zieht dann etwas Schnur ein, läßt wieder absinken und sucht auf diese Weise die vielversprechenden Stellen ab. Nach dem Anbiß gibt man dem Fisch einige Sekunden Zeit, um den Köder richtig ins Maul zu nehmen und schlägt zügig an.

Auch beim Angeln mit der Schnapp-, Paternoster- und Grundangel ist es wichtig, daß der Zander zunächst ungehindert Schnur abziehen kann, ehe man den Anhieb ansetzt.

Der Zander ist ein lichtscheuer und launischer Fisch. Welche der erwähnten Methoden an einem bestimmten Tag erfolgreich ist, läßt sich nicht voraussagen. Wenn die eine Fangweise versagt, kann sehr wohl eine andere Beute bringen.

Der Kaulbarsch, *Gymnocephalus cernua* (L.)

Stuhr, Kugel- oder Steuerbarsch, Goldbarsch, Rotzbarsch, Schroll, Rauhigel, Pfaffenlaus (Tafel II, Abb. 5)

Körper kurz gedrungen, Kopf groß. Die großen Augen nahe dem Scheitel stehend. Schnauze stumpf. Rücken und Seiten olivgrün mit dunkleren Flekken. R 12–16/11–15. Wird selten über 20 cm lang und höchstens 150 g schwer. Laichzeit März bis Mai. Fleisch wohlschmeckend. Berühmt ist die Kaulbarschsuppe.

Der Fang des Kaulbarsches mit der Angel ist unterhaltend, er kann aber beim Angeln auf andere Fische äußerst lästig werden, weil er gierig beißt und in großen Schwärmen lebt.

Er liebt tiefes, ruhig fließendes Wasser, langsam bewegte Wirbel, sandigen und kiesigen Grund, die Nähe von Wasserpflanzen, überhängenden Zweigen und Plätze neben den besten Stellen für Gründlinge. Vorkommen im Brackwasser besonders häufig.

Man angelt mit Floß, Haken Nr. 15 und Wurm am Grunde und kann die Fische durch Einwerfen von Kies und Sand anlocken. Auch Erschütterungen des Wassers ziehen sie an, man braucht sich im Kahn also nicht ruhig zu verhalten. Sie beißen von April bis September.

Kleine Kaulbarsche sind gute Zanderköder.

Der Schwarzbarsch und der Forellenbarsch

Micropterus dolomieui und *Micropterus salmoides*

Der Schwarzbarsch, *Micropterus dolomieui,* und der Forellenbarsch, *Micropterus salmoides,* der erste als „kleinmauliger", der zweite als „großmauliger" Schwarzbarsch unterschieden, gehören zu den wertvollsten Süßwasserfischen Nordamerikas und haben dort eine weite Verbreitung. 1883 wurden sie durch Max von dem Borne in Deutschland eingeführt, haben aber vielerorts die in sie gesetzten Hoffnungen noch nicht gerechtfertigt.

Der Schwarzbarsch kennzeichnet sich etwa wie folgt: Maul groß, aber nur bis unter das Ausge gespalten. Schuppen klein. Kopf und Ansätze der Rücken- und Afterflosse mit Schuppen bedeckt; Färbung grüngrau mit Bronzeglanz, in der Jugend mit dunkleren, bräunlichen Flecken und nie einen Längsstreifen bildenden Querbinden, Bauch hell. Zwei Rückenflossen, die hintere größer und höher. R I mit 9–11 Stachelstrahlen, R II mit 13–14 Weichstrahlen.

Der Forellenbarsch hat ein sehr großes, bis hinter die Augen gespaltenes Maul. Die Schuppen sind größer. Kopf und Ansatz der Rückenflosse beschuppt; Färbung grünlich mit einem dunkelgrünen Längsstreifen an den Seiten und dunkleren Flecken über diesem. R I 9–11 Stachel-, R II 11–13 Weichstrahlen.

Ihre *Nahrung* besteht aus Tieren aller Art, namentlich Würmern, Muscheln, Schnecken, Krebstieren, Insekten, Wasserkäfern und Larven, Fröschen, Froschlarven und Fischen. In sehr kaltem Wasser, während der Laichzeit und wenn sie ihre Brut bewachen, fressen die Schwarz- und Forellenbarsche nicht.

In ihrer Heimat in Nordamerika beißen die Schwarzbarsche mit Vorliebe auf Wobbler und große Haarfliegen, bei uns versagen diese Köder jedoch meistens. Obwohl der Schwarzbarsch überaus neugierig und keineswegs scheu ist, nimmt er in manchen Gewässern, in denen er mit Erfolg eingebürgert wurde, z. B. im Wörthersee in Kärnten, in der wärmeren Jahreszeit oft nur Würmer oder kleine lebende Fischchen, die an die unbeschwerte Angel angeködert werden. In kleineren Seen des oberbayerischen Chiemgau nimmt er auch gut mittlere Schwinglöffel. Man sucht frühmorgens oder in der Abenddämmerung die Bootsstege und Schiffshütten, tagsüber auch das Schilf, nach streunenden Barschen ab und wirft die Angel aus guter Deckung in ihre Nähe.

Eine andere amerikanische Barschart, der Sonnenbarsch, *Lepomis gibbosus*

(L.), ist sehr hochrückig, bis 15 cm lang, mit schwarzem, manchmal auch rotem Fleck auf dem Hautlappen des Kiemendeckels. Er wurde 1887 in Europa eingeführt und findet sich in vielen Seen und Teichen, namentlich des südlichen Europas.

Die Groppe, *Cottus gobio* L.

Koppe, Mühlkoppe, Dickkopf, Kaulkopf (Tafel II, Nr. 6)

Grundfisch mit breitem, flachem Kopf und weitem Maul. Am Kiemendeckel ein starker, krummer Dorn. Körper keulenförmig. Brustflossen sehr groß. Zwei Rückenflossen. R I 6–9; R II 15–18; A 12–13. Länge 10–15, höchstens 18 cm. Färbung braun oder grau, gescheckt mit dunklen, verwaschenen Flecken. Kommt überall vor in Seen, auch im Brackwasser der Ostsee. Besonders zahlreich bevölkert sie die schnellfließenden Bäche der Forellenregion, wo sie unter Steinen haust. Sie schwimmt eigenartig, ruckweise und im Zick-Zack huschend. Laicht im März und April, übt dabei Brutpflege. Ist ein gefräßiger Kleintier- und Laichfresser und dadurch in Forellenbächen schädlich. Fleisch sehr wohlschmeckend, besonders in Butter gebacken. Wird mit der Angel auf kleine Würmer, meist aber bei vorsichtigem Aufheben von Steinen im Bach mit der Hand gefangen.

Die Koppe ist einer der besten und ausdauerndsten Köder für alle Salmoniden, besonders Huchen, sowie für Hecht, Barsch und den Döbel in Seen.

Mit ihr zusammen und ähnlich wie sie lebt die Schmerle oder Bartgrundel, *Noemacheilus barbatulus* (L.), Abb. 117, mit drehrundem, braun marmoriertem Leib, sechs mäßig langen Bartfäden an der Oberlippe und stumpfem Stachel am Augenwinkel. Sie ist ebenfalls ein guter Köderfisch und wohlschmeckend. Sie erreicht bis 15 cm Länge.

Der Lachs, *Salmo salar* L.

Salm (Tafel II, Abb. 7)

Körper langgestreckt mit schlankem Schwanzstiel, Kopf klein, Schnauze gestreckt, der Unterkiefer alter Männchen hakenartig gekrümmt. Die fünfeckige Vomerplatte ist zahnlos, der Stiel zeigt eine Längsreihe, im Alter häufig ausfallender Zähne. Rücken blaugrau, Seiten silbergrau mit vereinzelten kleinen schwarzen Flecken. Bauch silberfarben. Alte Männchen zur Laichzeit mit purpurfarbenem Schimmer. Gewicht bis zu 45 kg beobachtet.

Als Unterscheidungsmerkmal zwischen Junglachs und Meerforelle, die sich äußerst ähnlich sehen, gilt, daß der Junglachs zwischen der Basis der Fettflosse vorn und der Seitenlinie 10–13 Reihen Schuppen hat, die Meerforelle aber deren 13–16. Der Lachs hat einen schlankeren Schwanzstiel, eine stärker ausgeschnittene Schwanzflosse und weniger schwarze Flecken als die Meerforelle.

Der Lachs ist ein Wander- und Raubfisch. Er laicht in den Flüssen von Oktober bis Januar; seine Brut lebt dort ein bis drei Jahre und zieht dann stromabwärts zum Meer, wo sie außerordentlich schnell heranwächst. Die Junglachse können leicht mit Forellen verwechselt werden, da sie wie diese rote Flecken tragen. Ein besonderes Kennzeichen für die Lachse sind sieben bis neun bräunliche oder blaugraue, bindenartige Streifen oder ovale Flecken, die sich vom Rücken auf die Seiten herunter erstrecken, und sie haben keine rote Fettflosse. Auf der ersten Meerwanderung verliert sich dieses Jugendkleid. Diese wird gewöhnlich im zweiten Lebensjahr vorgenommen, dauert nur wenige Monate und hebt das Gewicht um das Mehrfache. Nach 1–4 Jahren steigt der Lachs zum ersten Laichen wieder in seinen Geburtsfluß, den er meist, aber nicht immer wieder auffindet, wie an gezeichneten Lachsen beobachtet worden ist. Die Mehrzahl der Lachse geht nach dem Laichgeschäft zugrunde, nur wenige Lachse laichen zweimal oder öfter. In England ist ein Lachsweibchen gefangen worden, das fünfmal laichte. Der älteste bisher bekannt gewordene Lachs hatte ein Alter von 13 Jahren, die meisten gefangenen Lachse sind 4 bis 6 Jahre alt und brachten 2–3 Jahre im Meer zu.

Obgleich die aus dem Meer aufgestiegenen Lachse oft viele Monate in den Flüssen verweilen, nehmen sie hier keine Nahrung zu sich und zehren nur von ihrem Überfluß an Fleisch und Fett, den sie mitbringen. Je länger der Lachs im Süßwasser weilt, desto mehr reifen seine Geschlechtsprodukte und beengen mehr und mehr die Leibeshöhle, bis schließlich auch Magen und Darm ganz zusammengedrückt sind und keine Füllung mehr vertragen. Je weniger dieser letzte Zustand der völligen Laichreife erreicht ist, um so eher schnappt der Lachs noch einmal nach einer Beute und geht auch an die Angel. Das wird nach kurzem Aufstieg aus dem Meere eher der Fall sein, als wenn der Lachs schon eine lange Reise und längeren Aufenthalt im Flusse mit zunehmender Laichentwicklung hinter sich hat. Die Weibchen steigen meist zuerst auf, die Männchen folgen später, die sogenannten Jakobs-Lachse sind fast immer Männchen. Ein sicheres Zeichen, daß der Lachs erst vor kurzem aus dem Meer gekommen ist, bilden die ihm anhaftenden Lachsläuse, harmlose Parasiten, deren Weibchen spätestens nach einem Aufenthalt im Süßwasser von 70 Stunden abfallen, während die Männchen schon nach 24 Stunden den Lachs verlassen.

Das Aufsteigen in den Flüssen findet zu so verschiedenen Zeiten statt, daß in manchen Flüssen das ganze Jahr hindurch Lachse in Netzen gefangen werden und man „Sommer“- und „Winterlachse“ unterscheidet, die letzteren laichen erst im folgenden Herbst. Zumeist aber erfolgt der Aufstieg von Mai bis August, namentlich auch in allen Lachsangelflüssen.

Die Laichzeit fällt in die Monate Oktober, November, Dezember, Januar.

Der Lachs ist der König der Angelfische. Leider gibt es in Deutschland kaum mehr Gelegenheit, ihn mit der Angel zu fangen. Vereinzelte Exemplare werden in Schleswig-Holstein erbeutet. Wer gute Lachsfischerei erleben will, muß eine größere Reise nach Irland, Schottland, Island, Schweden, Norwegen, Alaska etc. machen, doch kostet die Angelerlaubnis überall große, zum Teil immense Summen. Die Angelsaison beginnt im Mai, in dem weniger, aber große Lachse gefangen werden, hat ihren Höhepunkt im Juni bis Mitte Juli und zeitigt auch im August noch leidliche Erfolge, wenn dann auch mehr Meerforellen an die Angel gehen.

Deutsche Angler unternehmen in zunehmendem Maß weite und kostspielige Reisen ins Ausland zum Lachsfischen. Oft endet eine solche Fahrt mit Enttäuschungen. Nachstehend werden deshalb die erforderlichen Geräte und die Fangweisen etwas ausführlicher beschrieben, denn die wichtigste Voraussetzung für den Erfolg beim Lachsangeln, nächst Wasserstand, Aufstiegszeiten und Witterung, ist zweckmäßiges Gerät und Kenntnis der Fangmethoden.

Da der Lachs, wie erwähnt, im Süßwasser keine Nahrung zu sich nimmt und nur bei günstigen Wasserverhältnissen und in bestimmten Phasen seines Aufstiegs an Kunstköder geht, ist Lachsfischen auch unter besten Voraussetzungen ein unsicheres Unternehmen. Bevor man eine weite Reise zum Lachsfischen antritt, sollten daher genaue Erkundigungen über die beste Fangzeit und das notwendige Gerät bei einem zuverlässigen Kenner des Gewässers eingeholt werden.

Die sportlichste Fangweise ist Flugangeln, an vielen guten Lachsflüssen darf bei einem bestimmten Wasserstand nur mit der Fliege gefischt werden. Geangelt wird auf zweierlei Weise, im zeitigen Frühjahr und Herbst mit der sinkenden Schnur und tief geführter großer Fliege, im späten Frühjahr und im Sommer mit schwimmender Schnur und kleineren Fliegen, eine Methode, die von den Engländern als greased line fishing bezeichnet wird.

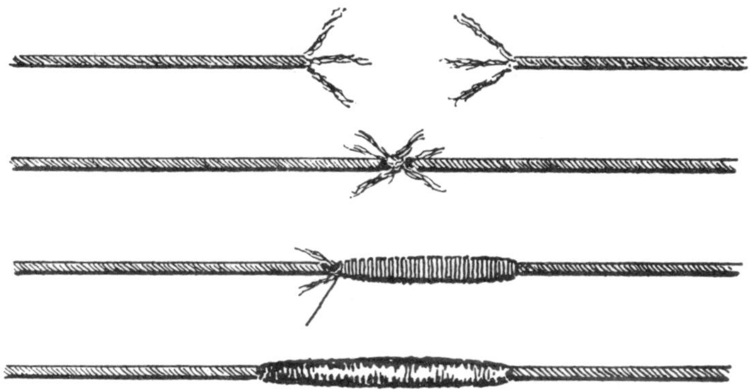

Abb. 249. Splißen der Flugschnur an geklöppelte Füllschnur

Zum Angeln mit sinkender Schnur ist eine lange Rute von mindestens 3,80 m notwendig, die schwere sinkende Schnur Nr. 8–10 ist doppelt verjüngt und wird an 60 m geklöppelte Füllschnur gesplißt (Abb. 249). Die Rolle hat einen Durchmesser von mindestens 12 cm und muß mit guter Hemmfeder versehen sein. Als Vorfachmaterial wird heute kaum noch Seidenwurmdarm verwendet, gutes, starkes, monofiles Material hat sich jedoch auch bewährt. In bezug auf die Lachsfliegen hält man sich am besten an die örtlich bewährten Muster. Für das Angeln mit der sinkenden Schnur werden Fliegen von 5 bis 7,5 cm Länge an starken Haken benutzt, Größe 3/0 kann als guter Durchschnitt gelten. Die Fliegenfarbe wählt man nach der Wasserfarbe und Beleuchtung. Bei klarem Wasser und heller Sonne zieht der Lachs hellfarbige, glänzende Fliegen vor, bei bedecktem Himmel und angetrübtem Wasser gehen dunkle Fliegen besser. Eines der bewährtesten Muster für durchschnittliche Verhältnisse ist die Ackroyd, an sonnigen Tagen ist die Mar Lodge beliebt, für trübe Tage gilt die Thunder and Lightning als eine der besten Fliegen. Neuerdings ist die Röhrchenfliege (Abb. 150) zum Fang des Lachses sehr beliebt geworden. Da sie in allen Farben und Größen fanggerecht geführt werden kann, leicht und billig zu binden ist, ihr Drillinghaken den Lachs auch eher und besser faßt als ein Einzelhaken, hat sie Vorteile, die der klassischen Lachsfliege fehlen.

Die Fliege wird quer zur Strömung geworfen, je stärker die Strömung ist, desto mehr stromab muß der Wurf ausgeführt werden. Dadurch wird vermieden, daß sich ein zu großer Schnurbogen bildet und die Fliege zu rasch quer zur Strömung über den Fluß gezogen wird, denn bei jeder Art von Flugfischerei reizen offenbar solche Fliegen den Lachs am stärksten, die sich wie ein lebendes Wesen, schräg zur Strömung und nicht allzu schnell bewegen.

Sobald die Schnur nach dem Wurf gesunken ist, kann die Schnurlage nicht mehr verbessert werden. Deshalb wirft man sofort, nachdem die Fliege im Wasser liegt, durch eine leichte Drehbewegung mit der Rute einen Schnurbogen, je nach den Verhältnissen flußauf- oder abwärts, der sich dann in der Strömung streckt und langsamere Fliegenführung ermöglicht. Dieser Vorgang wird von den Engländern als mending the line bezeichnet und ist eine der wichtigsten Hilfen für erfolgreiches Fischen mit der sinkenden und in noch höherem Maß mit der schwimmenden Schnur.

Das Wasser wird mit regelmäßigen Würfen abgesucht, und es gilt als zweckmäßig, nach jedem Wurf etwa einen Meter flußabwärts zu gehen. Sieht man einen Fisch nach der Fliege steigen, sie aber nicht nehmen, dann sollten die Würfe nicht sofort wiederholt werden. Besser ist es, sich den Platz genau zu merken, weiterzugehen und die Stelle nach einiger Zeit wieder zu befischen. Nimmt ein Lachs die Fliege, so darf auf keinen Fall sofort angeschlagen werden. Erst wenn man den Widerstand des Fisches spürt, wird der Haken durch Erheben der Rute eingetrieben.

Man weiß mit Sicherheit, daß der Lachs die Fliege nur in ganz bestimmten Strecken im Fluß nimmt, das Befischen anderer, scheinbar günstiger Plätze ist Zeit- und Kraftvergeudung. Es ist deshalb sehr zu empfehlen, daß man sich die Standplätze der Lachse von Kennern der Strecke zeigen läßt.

Wenn sich das Wasser im Frühjahr auf eine Temperatur von 9 °C erwärmt hat, ändert sich das Verhalten der Lachse. Sie stehen nun im flacheren, rascher strömenden Wasser und nehmen mit Vorliebe kleinere, hoch im Wasser treibende Fliegen. Dann ist die Zeit für die schwimmende Schnur und leichteres Gerät gekommen. Die Rute für die schwimmende Schnur ist etwa

3,20 bis 3,50 m lang und so leicht, daß sie auch einhändig geführt werden kann. Das Gewicht der Schnur, die tadellos schwimmen soll, richtet sich nach der Rutenstärke. Das Vorfach ist 3 m lang. Die Größe der Fliege wird mit der Wassertemperatur geändert. Im Wasser mit einer Temperatur von 9°–12 °C und bei mittlerem Wasserstand sind Fliegen Größe 4 oder 5 angezeigt, je wärmer und niedriger das Wasser, um so kleinere Fliegen sind wirksam. Bei einer Wassertemperatur über 15 °C wird mit Fliegen Größe 10 gefischt. Für die Fliegenfarbe gilt die gleiche Regel wie bei der Frühjahrsfischerei, und es werden dieselben Muster verwendet. Die Fliege wird quer über den Fluß oder schräg stromab geworfen und soll möglichst langsam treiben. Besonders wichtig ist es, wie erwähnt, Bögen der Schnur, die sich in ungleicher Strömung bilden, in der geschilderten Weise auszugleichen. Auch beim Angeln mit der Schwimmschnur darf der steigende Lachs nicht sofort angehauen werden. Erfahrene Lachsangler empfehlen sogar, sobald man einen Lachs die Fliege nehmen sieht, noch einen Meter lockere Schnur von der Rolle zu ziehen.

Die Spinnfischerei auf Lachse ergibt meist größere Beute als die Fliege, gilt aber als wirklich waidgerecht nur bei höherem, etwas getrübtem Wasser und in tiefen Gumpen mit wenig Strömung. In zunehmendem Maß wird für diese Angelart heute die Stationärrolle, eine Rute von 2,40 m Länge und eine Schnur von 8–10 Pfd. Tragkraft verwendet. Solange das Wasser kalt und der Wasserstand hoch ist, fischt man mit Devonspinnern, Löffeln, Schwinglöffeln, Wobblern aus Holz und Plastik und goldgefärbten Sprotten an Hakenfluchten. Die Größe der Köder beträgt 7,5–10 cm. Sie werden tief geführt. Bei klarem Niederwasser, wenn die Fliege an schwimmender Schnur angezeigt wäre, sind kleinere 2,5–5 cm lange, hoch und schneller geführte Köder, vor allem Devonspinner aus Plastik, wirksamer. In kleineren, seichten Flüssen wird der Spinnköder flußaufwärts geworfen.

Zeitweilig, besonders im klaren Niederwasser, nimmt der Lachs auch sehr gern gekochte Garnelen, die entweder hebend oder senkend geführt oder an einer Spinnflucht montiert werden. Da aber an manchen Tagen die Lachse durch den Anblick von Garnelen so vergrämt werden, daß sie auch andere Köder nicht mehr nehmen, sollte das Angeln mit diesem Köder auf die Zeit beschränkt werden, wenn andere Fangweisen versagen.

In vielen Flüssen kann die Flugfischerei nur watend ausgeübt werden. Dafür sind die auf Seite 52 erwähnten Wathosen mit kräftigen Lederstiefeln unerläßlich. Ein Watstock ist vor allem an tiefen Stellen und bei angetrübtem Wasser eine gewisse Hilfe, er sollte aber nie als Stütze, sondern nur zum Abtasten der Wassertiefe verwendet werden.

Die Landung des Lachses geschieht mit dem Netz, mit der Landeschlinge (Tailer) oder durch Ergreifen des Schwanzstiels. Der Landehaken (Gaff) ist mit Recht bereits vielerorts verboten.

Die Bachforelle, *Salmo trutta* forma *fario* L.

Stein-, Alpen-, Fluß-, Berg-, Wald-, Gold-, Weiß-, Schwarz-, Lachsforelle (Tafel II, Abb. 8)

Die Forelle hat eine weiche Haut mit sehr kleinen Schuppen, die bei der Zubereitung nicht entfernt zu werden brauchen. Ihr Rücken ist dunkelolivgrün, die Seiten sind gelblich glänzend gefärbt und mit vielen roten, weißlich oder blau umrandeten Flecken gesprenkelt, die Unterseite ist dunkler oder heller gelblich. Die Färbung wechselt je nach Standort, Bodenfärbung usw. außerordentlich; man hat die Forelle deshalb auch das Chamäleon unter den Fischen genannt. Platte des Vomer mit einer Querreihe, Stiel meist mit zwei Längsreihen von Zähnen. Alte Männchen zeigen Hakenbildung am Unterkiefer. Die Bachforelle wandert, wenn ihr Wohnbereich keine Laichplätze bietet, zum Laichen flußaufwärts, starke Stücke kehren aber regelmäßig wieder auf ihren Standplatz zurück. In der Jugend lebt sie von Kleinfauna, im fortschreitenden Alter wird sie mehr und mehr ausgesprochener Raubfisch. Winterlaicher. Wird in großem Umfang in Brutanlagen vermehrt und zum Satzfisch aufgezogen. Ausgezeichneter Angelfisch. In den Kreideseen Irlands wird sie sehr schwer, fühlt sich aber auch in Hochgebirgen und Quellseen noch recht wohl. Der ständig wachsende Bedarf an Trinkwasser hat bei uns zur Errichtung vieler Talsperren und Stauseen geführt, die teilweise reine Salmonidengewässer sind und heute wohl die beste und preiswerteste Gelegenheit zum Fang von Forellen, zum Teil kapitaler Exemplare, bieten.

Sie wächst je nach Gewässer sehr unterschiedlich, so daß die vielfach regional bestehenden Mindestmaße einigermaßen problematisch erscheinen. Bei sehr gutwüchsigen Beständen kann das Mindestmaß über 27 cm liegen. Bei den sehr langsam wachsenden sog. „Steinforellen" nahrungsarmer Gebirgsbäche ist jedoch ein Mindestmaß unter 20 cm vertretbar.

Die Forelle füllt sich im September mit Laich und darf örtlich schon von Mitte dieses Monats bis zum Frühjahr nicht gefangen werden. Sie laicht von Anfang Oktober bis Ende Dezember, ihre Eiproduktion ist aber im Vergleich mit Cypriniden nicht stark, da sie pro Kilogramm ihres Gewichtes nur etwa ein- bis höchstens zweitausend Eier reift. Schwere Forellen entwickeln mehr und größere Eier, so wurden bei einer Forelle von 6 kg Gewicht 20 865 Eier gezählt.

Tafelfähig ist sie meistens erst von Ende April bis Anfang September. Wer sie im Winter auf den Tisch bringt, beweist wenig guten Geschmack. Am besten ist sie von Mitte Mai bis Mitte Juni, also zur „Fliegenzeit", die auch ihre beste Fangzeit bildet.

Im Winter hält sie sich in tiefem, ruhigem Wasser auf und erscheint erst, sobald die ersten Fliegen zum Vorschein kommen. Wenn die ersten Eintagsfliegen einige Zeit auf dem Wasser gewesen sind, verlassen die Forellen das stille Wasser und lauern an den Rändern der Gumpen auf Beute. Sind die kalten Frühlingstage vorbei und die Fliegen zahlreich, so werden die Forellen schnell kräftig, suchen stärkere Strömungen auf und fangen allmählich an, sich im Flusse zu verteilen. Im Mai erscheinen Steinfliegen, Erlfliegen und etwas später die Maifliege. Die Forellen sind nun wohlgenährt und gehen auf die Rollen.

Die besten Standorte entsprechen den besten Futterplätzen und den geschütztesten Stellen. Sie werden von den größten Forellen besetzt. Dies sind namentlich die Wirbel an der Seite der Strömungen und zwischen Buhnen; die Schaumstreifen, die immer eine Menge ertrunkener Insekten enthalten; tiefes Wasser unter überhängenden Zweigen; der Einfluß und Ausfluß der Tümpel; große Steine, Grasbülten, Baumwurzeln, versunkenes Holz, hohle Ufer; die Mündung von Zuflüssen; die Gumpe unter Wehren, wo man den Köder bis in das schäumende, stürzende Wasser werfen muß.

In Bächen mit nicht allzu starken Wasserstandschwankungen erweist sich die Bachforelle als in der Regel sehr standorttreu. Wenn aber im Sommer nach anhaltender Dürre der Bach sehr wasserarm wird, wandern die großen Forellen stromab in tieferes Wasser. Sobald dann Hochwasser eintritt, steigen sie wieder stroman, und zwar oft in ein paar Tagen mehrere Kilometer. Bei Hochwasser verlassen die Forellen die starken Strömungen, sobald das Wasser steigt und sich trübt, und sammeln sich in ruhigerem Wasser an den Rändern der Kolke und der Strömungen. Die größten Fische stehen da, wo das Wasser anfängt, tief zu werden. In kleineren Seen sind die Forellen an flacheren, evtl. verkrauteten Ufern, an Bachmündungen und an der Peripherie des Windeinfalls zu suchen, vorzüglich wenn sie Insektennahrung nehmen.

Die Bachforelle ist in nahrungsreichen Gewässern, insbesondere in tiefen Flußstrecken und Staubecken kaum weniger rasch- und großwüchsig als die Regenbogenforelle. Es gibt viele beglaubigte Berichte über den Fang von Bachforellen mit über 15 kg Gewicht. Zwei in Nordamerika gefangene Bachforellen von 23 bzw. 21 ½ Pfund Gewicht hatten ein Alter von 12 und 9 Jahren. Transportiert man seine gefangenen Forellen lebend in einem Lagel, so wechsle man das Wasser häufig. Sobald die Forellen im Lagel ihre dunkle Farbe verlieren und hell werden, haben sie Sauerstoffmangel, und es ist höchste Zeit, ihnen frisches Wasser zu geben!

Der Forellenfang mit der künstlichen Fliege

Die eleganteste und in insektenreichen Gewässern zeitweilig erfolgreichste Methode ist der Fang mit der Trockenfliege. Alles in allem werden jedoch mit der nassen Fliege mehr und schwerere Forellen gefangen. Von 100 Bachforellen, die von der amerikanischen Zeitschrift „Field and Stream" mit einem Preis ausgezeichnet wurden und von 9 bis 19 amerikanische Pfund wogen, gingen an

nasse Fliegen	60 %
Haarfliegen	22 %
Streamer	12 %
Trockenfliegen	2 %
Nymphen	2 %
unbekannte Köder	2 %

Seite 82/83 und 144/146 enthalten eine Zusammenstellung bekannter Forellenfliegen, die Technik der Flugangelei mit der „nassen" und „trockenen" Fliege ist auf Seite 135 ff. ausführlich besprochen worden.

Der Erfolg der Fliegenfischerei hängt wesentlich davon ab, daß ein möglichst feines Vorfach verwendet wird, daß man sich möglichst unauffällig am Wasser bewegt und saubere und weiche Würfe macht. Die beste Zeit beginnt bald nach dem Erscheinen der Märzbraunen und endet mit dem Verschwinden der Maifliege Mitte Juni; besonders die wärmeren Tage des Mai und Anfang Juni sind günstig. Im frühen Frühjahr, solange die Nacht frostig ist, sind sonnige Morgen und die Abende am besten. Kalter Ostwind ist ungünstig, dagegen sind Westwind, bedeckter Himmel und Regenschauer verheißungsvoll. Die Zeit von Mitte Juni bis Anfang August gilt als weniger günstig für die Fliegenfischerei, wahrscheinlich unter anderem deshalb, weil, wie Magenuntersuchungen in England ergaben, die Forellen vieler Gewässer in dieser Zeit vorwiegend oder ausschließlich Dipteren in ihren verschiedenen Entwicklungsstadien, vor allem als Larven und Puppen, fressen. Wer sich jedoch auf das Fischen mit kleinen Trockenfliegen und Nymphen versteht, kann auch in dieser Zeit gute Beute machen. Ruhige Luft, weiße Haufenwolken, trüber Himmel ohne Wind sind ungünstig; helle windige Tage sind mittelmäßig, bei Sonnenschein benutze man die Zeit, wenn Wolkenschatten vorüberziehen; wolkige Tage und Strichregen sind am besten. Vor Gewittern, wenn diese keinen Temperatursturz zur Folge haben, können die Forellen bis zum Eintritt der Wassertrübung außerordentlich beißlustig sein. Löst Gewitter jedoch Hagelfall oder starke Abkühlung aus, ist mit Beißunlust zu rechnen. Im *August* nimmt die Forelle die Fliege wieder besser, und der *September* ist fast ebenso gut wie der Anfang der Beißzeit, nur sind die Fische nicht mehr in bester Verfassung und setzen bereits Laich an.

In Gewässern, die reich sind an Eintagsfliegen, ist die Beißzeit hauptsächlich vom Schwärmen der Insekten und damit von der Tageszeit abhängig. Hier fangen die Forellen von Mai oder Juni ab schon etwa um 9 oder 10 Uhr morgens an zu steigen. Gegen den späten Mittag läßt die Beißlust meist etwas nach, gegen Abend lebt sie wieder auf und dauert als „Abendsprung" häufig bis in die Dunkelheit fort.

Die Forellen fließender, nahrungsreicher Gewässer suchen sich unter den vielen Fliegen, die am Wasser sind, meist bestimmte Arten aus. Ist eine solche Forelle erst einmal nach der Kunstfliege des Anglers aufgegangen und hat sie inspiziert und nicht genommen, dann ist die Aussicht, daß die Fliege bei einem weiteren Wurf doch noch gepackt wird, gering und ein Wechsel des Fliegenmusters zu empfehlen.

Der Forellenfang mit der Spinnangel

Diese Methode bringt zwar zeitweise reiche Beute, ist aber zweifellos auch die primitivste Fangart, abgesehen vielleicht von der Wurmangel im angetrübten Wasser. Die Spinnfischerei auf Forellen wird leider viel zu häufig und in gedankenloser Weise ausgeübt, denn mit der Einführung der Stationärrolle ist auch dem ungeschicktesten Angler diese Angelart zugänglich geworden. Sie hat eine gewisse Berechtigung, wenn die Flugangel versagt, weil noch keine Insekten am Wasser sind, oder in Wassern, wo die Forelle die Fliege nicht oder weniger gut nimmt, und zum Fang der alten Raubforellen.

Große Forellen sind Fischräuber und müssen aus richtig bewirtschafteten Gewässern herausgefangen werden. Diese Fische versuchen, ihr Jagdgebiet „sauber" zu halten, wodurch einer größeren Zahl guter Artgenossen der Lebensraum vorenthalten wird. Die Behauptung, daß diese Übeltäter sich hauptsächlich von Forellenbrut nähren, stimmt aber bei weitem nicht für alle Gewässer. Hunderte von Mägen großer Forellen bis über 2,5 kg Gewicht wurden untersucht und noch nie eine Jungforelle gefunden, wohl aber zu gewissen Zeiten Frösche, Koppen, Elritzen, zu anderen Zeiten dagegen Insekten in jeder Form und Schnecken. Es gibt gute Gründe für die Annahme, daß die großen Forellen im freien Wasser auch von Nutzen sind; sie versehen sozusagen die Rolle der Hechte und sorgen dafür, daß die Beifische sich nicht zu sehr breitmachen und kranke Tiere entfernt werden. Auf jeden Fall waren vor dem letzten Krieg die Gewässer mit kapitalen Forellen meist auch die, die den besten Bestand nach Zahl und Beschaffenheit der Fische hatten. Das freie Wasser ist eben kein Zuchtteich, in ihm haben alle Altersklassen, auch die Kapitalen, ihren Platz. Heute besteht allerdings durch Raubfischerei, Umweltschädigung oder nicht sachgemäße Befischung in manchen Gewässern ein gewisses Mißverhältnis der Altersklassen der Fische; wenn dazu noch der Angler mit Spinner und Wurm die halbwüchsigen Forellen verhakt und fängt, dann kann ein Wasser nicht in ein natürliches Gleichgewicht kommen. Aber daran sind nicht die alten Forellen schuld!

In Flüssen und Bächen, an denen Erlfliegen, große Steinfliegen, gewisse Seggenarten oder die Maifliege reichlich vorkommen und eine ausgeprägte Schwarmzeit haben, macht der Fang großer Forellen mit der Fliege in der Regel keine Schwierigkeit, sofern der Angler willens ist, auf große Fangzahlen zu verzichten und einige Zeit auf die Erkundung der Standplätze der kapitalen Forellen zu verwenden.

Wo allerdings der Fang der Großforellen mit der Fliege nicht möglich oder nicht erfolgreich genug ist, muß der Angler zur Spinnrute oder zu anderen Ködern greifen.

Die beste Zeit zum Fang der großen Forellen mit der Spinnangel ist das zeitige Frühjahr. Hin und wieder kommen auch noch im August günstige Tage. Geeignete Spinnköder sind Mühlkoppen und Elritzen an Spinnsystemen; außerdem die auf Seite 88/89 erwähnten Spinnköder (Abb. 152 bis 154 sowie Abb. 148, 161 etc.). Da die großen Forellen um diese Zeit meist in tiefen Gumpen stehen, nehme man die Köder groß und schwer.

Bei *Hochwasser* ist steigendes und fallendes Wasser gut, sofern die Trübung nicht zu stark ist. Bei hohem, trübem Wasser ist ein gelegentlicher heller Sonnenblick von Vorteil.

Bei *niedrigem, klarem Wasser* sind die Ein- und Ausflüsse der Gumpen, die Kolke unter Wehren und Wasserfällen und reißende, wenig tiefe Strömungen am besten. In kleineren Bächen sucht man die hohlen Ufer ab; in klarem Wasser fischt man ohne Blei. Die günstigste *Tageszeit* ist bei hellem Wetter im zeitigen Frühjahr die Mittagszeit, im Mai nachmittags, im Juni und Juli frühmorgens und spät abends. *Trübes Wetter* ist am günstigsten, besonders im Juni und Juli, die Fische beißen in der Regel um so besser, je trüber der Tag ist.

Zum Forellenfang mit dem Regenwurm

Die Forelle nimmt den Regenwurm fast immer gern. Trotzdem sollte man seine Anwendung zum Fangen dieses edlen Fisches auf solche Gewässer, Stellen und Zeiten beschränken, wo man mit der Fliege oder dem Spinner oder anderen Ködern nicht fischen kann, was wirklich kaum vorkommt. Eine über 3 Jahre sich erstreckende Untersuchung an Bachsaiblingen ergab, daß von den mit der Fliege gehakten und zurückversetzten Fischen 3,3 % eingingen, von den mit dem Wurm gefangenen dagegen 32,4 %! Wenn man schon mit dem Wurm fischt, dann benütze man wenigstens bartlose Haken.

Sehr viel Geschick und Erfahrung erfordert dagegen das Angeln mit dem Wurm im Sommer bei klarem Niederwasser stromauf mit einer langen Fliegenrute und einem kleinen 5–6 cm langen Wurm. Vorsichtiges Anpürschen und genaue Bekanntschaft mit den Standorten der Fische sind die Voraussetzungen für den Erfolg mit dieser Methode, die der Flugfischerei an Reiz kaum viel nachsteht.

Der Forellenfang mit Heupferdchen, lebenden Fliegen und Fliegenlarven

Die Larve der Steinfliege ist Anfang Mai ein ausgezeichneter Köder, ebenso Fliegen, namentlich die Steinfliege, Maifliege, Bachschnaken und andere große Fliegen, ferner Heupferdchen. Für diese Angelart eignet sich am besten eine lange Grundrute. Bei windigem Wetter ist an offenen Gewässern auch die Treibschnur anwendbar (siehe Seite 113). In niedrigem, klarem Wasser fängt man die meisten Forellen in den Strömungen und in den Kolken an den Rändern der Strömung. In hohem, trübem Wasser fischt man am Rande zwischen ruhigem und strömendem Wasser. Die beste Tageszeit ist der Morgen, die beste Jahreszeit Anfang Juni. Im Schatten überhängender Zweige, wo meistens die größten Forellen stehen, wird mit Vorteil die *Tippfischerei* (Seite 114 mit künstlichen Fliegen oder Naturködern angewandt.

Der Forellenfang durch Heben und Senken

Zweckmäßig ist die Fangweise in tiefen ruhigen Gumpen, in Seen und im Oberwasser von Mühlen. Man fischt mit den unterschiedlichsten künstlichen Ködern. Der Haken wird zuweilen mit einem kleinen roten Wurm oder mit einer Made bedeckt. Auch ein Paternoster nach Art der Hegene (Abb. 253) mit mehreren Seitenarmen und Kunstfliegen als Köder bringt manchmal Erfolg.

Drill und Landung großer Forellen in verkrauteten Gewässern erfordern – besonders wenn sie an kleinen Trockenfliegen gehakt sind – eine geschickte Hand und rasche Entschlüsse. Wenn man die Forelle nicht gleich nach dem Anbiß überrumpeln und auf ein Krautbett ziehen kann, flüchtet sie über kurz oder lang ins Kraut und kommt dann häufig ab. Diese Flucht ins Kraut läßt sich manchmal durch Lockern der Schnur verhindern (siehe Seite 100). Man begebe sich aber doch auf jeden Fall nach dem Anhieb so rasch wie möglich, wenn es sein muß im Laufschritt, stromab vom gehakten Fisch. Will ein ins Kraut geflüchteter Fisch trotz stetigen Zugs flußabwärts nicht frei werden, so lockere man die Schnur etwas und lege die Rute weg, behalte aber die Schnur im Auge. Meist kommt dann nach kürzerer oder längerer *Zeit* der Fisch von selbst aus dem Kraut. Die Wartezeit – manchmal in der besten Beißstunde – kostet Nerven, aber das Verfahren ist erprobt.

Angelmethoden in verschiedenen Forellengewässern

Die Bachforelle gedeiht nur in reinem Wasser, das sich im Sommer nicht über 20° C erwärmt. Ist diese Bedingung jedoch erfüllt, so paßt sie sich den verschiedensten Verhältnissen an und kommt im steinigen Hochgebirgsbach und Bergsee ebenso fort wie im schmalen Wiesengraben, im Heidebach oder an der Ostseeküste. So unterschiedlich wie diese Lebensräume sind auch die Freßgewohnheiten der Bachforelle, und die Angelmethoden müssen diesen Gewohnheiten und den Besonderheiten der Gewässer angepaßt werden.

Bäche im Hochgebirge

Steinige, raschfließende Gebirgsbäche sind in der Regel nicht sehr reich an Flugnahrung, trotzdem bringt auch an ihnen die Flugangel manchmal guten Erfolg, sofern das Wasser klar ist und tiefere Strecken, Gumpen und Hinterwasser vorhanden sind. Geeignete Fliegenmuster sind im Mai und Juni die Blaustelze, ab Juni die Goldfliege, schwarzer und brauner Palmer, Rotspinner, die Francisfliege und der Kutscher, naß oder trocken. Wie beim Angeln in Bergseen sollte man sich auch für eine Angelfahrt an einen Gebirgsbach mit natürlichen Ködern versehen, mit Holzwürmern, Mehlwürmern, Sprock oder Steinfliegenlarven. In den Bergwiesen ist meist die Heuschrecke an der Tippangel ein guter Köder. Für tiefere Strecken eignet sich die leichte Spinnangel mit Kunstködern sowie Koppen oder Elritzen am System. Sehr geeignet zur Anköderung von Elritzen und sehr fängig ist das Einhakensystem mit Kopfblei sowie das Planseesystem (Abb. 251). Schwere Forellen in tiefen Kolken fängt man am besten mit einer Koppe an der Tiroler- (Abb. 227) oder Etschflucht, die man auf dem Grund aufliegen läßt oder in kurzen Sprüngen dicht über den Grund führt. Bewährte Köder, auch in größeren Gebirgsflüssen, sind kleine Steinkrebse. Solange das Wasser durch die Schneeschmelze getrübt ist, verspricht der Koppen am Grundblei Erfolg.

Überwachsene Bäche im Mittelgebirge und in der Ebene

Forellenbäche im Mittelgebirge und Flachland, die nicht aus wasserreichen Karstquellen, sondern unmittelbar durch die Niederschläge gespeist werden, weisen sehr stark schwankenden Wasserstand auf. Bei Niederwasser sind sie in der Regel klar und die Forellen entsprechend scheu. Lange seichte Strecken mit rascher Strömung wechseln mit tiefen Kolken und gestauten Strecken ab. Die Ufer sind meist so dicht mit Gebüsch und Bäumen bewachsen, daß der Bach von weitem wie eine geschlossene Busch- und Baumwildnis erscheint. Trotz der Hindernisse ist auch in solchen Bächen das Angeln mit der Fliege wenigstens streckenweise eine einträgliche Fangmethode, wenn die richtige Taktik angewandt wird.

Bäche dieser Art sind fast immer nahrungsreich, die große Maifliege *(Ephemera danica)* und Erlfliegen kommen meist vor, daneben sind in der Regel auch Seggen und kleine Steinfliegen vorhanden, die wichtigste Flugnahrung bilden aber die Eintagsfliegen. Da in den überwachsenen Strecken zudem Insekten verschiedenster Art vom Gebüsch ins Wasser fallen, sind die Forellen in bezug auf die Fliegenmuster nicht sehr wählerisch, und die Fliegenwahl macht selten Kopfzerbrechen.

Am besten wird in solchen Bächen die Kunstfliege dann genommen, wenn sich das Wasser nach einem Gewitterregen zu klären beginnt. Mit Tippen und kurzen Würfen durch Gebüschlücken kann man in dieser Zeit den Korb meist mühelos füllen. Bei klarem Niederwasser dagegen macht schon die geringste Bewegung des Anglers oder die geschwungene Rute die Forellen scheu, und die mit einer Bugwelle flüchtenden Fische vergrämen auf eine lange Bachstrecke sämtliche Forellen.

Unter diesen Verhältnissen bringt nur noch Watfischen Erfolg. Man angelt mit möglichst kurzer Rute und leichter Schnur bachaufwärts. Der vielen Hindernisse wegen ist ein stärkeres Vorfach notwendig, das die Fangchancen kaum beeinträchtigt. Weite Würfe sind im Gebüsch nicht möglich und auch unnötig. Vorzüglich geeignet ist hier der Katapultwurf. Man kann jedoch auch von den flachen Strecken aus die Fliege in die Gumpen schwimmen lassen. Je langsamer und vorsichtiger man dann bachabwärts fischt, je länger die Schnur ist, an der man die Fliege in die Kolke dirigiert, um so größer ist die Ausbeute. Die nasse Fliege eignet sich für diese Angelart besser als die Trockenfliege, buschige, gut schwimmende Trockenfliegen sind geeigneter als leicht gebundene.

Die Ausbeute mit der Fliege in Gewässern dieser Art ist in der Regel so gut, daß keine Notwendigkeit besteht, mit der Spinnangel oder gar mit natürlichen Ködern zu fischen. Wenn es jedoch nicht gelingen sollte, mit der Mai- oder Erlfliege die großen Forellen zu dezimieren, dann empfiehlt es sich allerdings dringend, ein- oder zweimal im Jahr die Standplätze der Großforellen mit der Koppe abzufischen. Ein Flugangler, der ein solches Wasser regelmäßig mit offenen Augen befischt, kennt meist nach kurzer Zeit die Verstecke der Kapitalen und hat es dann nicht nötig, die ganze Bachstrecke mit dem Wurm oder Koppen durchzukämmen und viele kleine Forellen zu verhaken. Er kann sich auf das Abfischen der Stellen beschränken, von denen er weiß, daß sie solche Forellen beherbergen.

Offene Gewässer im Mittelgebirge

In den deutschen Mittelgebirgen gibt es zum Glück noch zahlreiche Bäche und Flüsse mit gutem Forellenbestand. Ihr Wasserstand schwankt ebenfalls sehr stark mit den Niederschlägen, rasch fließende Strecken mit grobsteinigem oder felsigem Grund, Schnellen und Wasserfälle wechseln ab mit tieferen, ruhig strömenden, ja gestauten Abschnitten. Der Nahrungsreichtum dieser Gewässer ist meist größer, als es scheint, Eintagsfliegen, vor allem die Blaugeflügelte, sind im Sommer häufig. Im Frühjahr schwärmen die Märzbraune und die Olivfarbene, eine nicht unwichtige Fischnahrung sind Dipteren und Flohkrebse.

In den rascher strömenden Strecken bringt auch tagsüber die nasse Fliege – flußaufwärts gefischt – gute Erfolge, in den ruhigen Strecken sind dagegen die Trockenfliege oder die Naßfliege als Nymphen- und Flohkrebsnachbildung – bachaufwärts gefischt – geeigneter. Wichtig ist werfen aus guter Deckung. Besonders lebhaft steigen die Fische sommers wie üblich in der Abenddämmerung, die Fliegenwahl, die auch tagsüber manchmal nicht leicht fällt, ist dann besonders schwierig. Man bemühe sich vor allem, die richtige Fliegengröße zu finden. Roter Kiel, Greenwellsfliege, Goldfliege, Blaustelze, kleine Steinfliege und Rotspinner sind naß und trocken gleich bewährt. Ab Juni steigen tagsüber die Fische vor allem auf Blaßwasserfarbene und die Kleine Olivfarbene, man wird also zunächst Nachbildungen dieser Fliegen versuchen. Große Forellen nehmen bei hohem Wasserstand oft eine tief geführte Alexandra, einen Streamer oder eine Röhrchenfliege besonders gut. Wo das Wasser am Ufer zwischen Steinblöcken oder Grasbülten oder vor einem Binsensaum tief ist, fängt man mit einem aus guter Deckung getippten Palmer die schwersten Fische; diese Art zu tippen ist tagsüber bei klarem Niederwasser meist viel einträglicher als das Werfen mit der Trockenfliege.

Karstbäche und -flüsse

Fließgewässer, die aus wasserreichen Karstquellen entspringen, wie die Blau und Lauchert in der Schwäbischen Alb, die Wiesent und Püttlach in Franken, sind durch sehr regelmäßige Wasserführung und geringe Schwankungen der Wassertemperatur ausgezeichnet. Ihr alkalisches Wasser ist fast immer klar, sehr nährstoffreich und erzeugt erstaunliche Mengen von Fischnahrung. Forellen dieser Gewässer sind deshalb rasch- und großwüchsig und zeitweilig ausgesprochene Nahrungsspezialisten. Am Ufer dieser Gewässer wachsen meist nur wenig Büsche und Bäume, die einzige Deckung bietet allenfalls ein Saum aus Binsen oder Schilf, es wird deshalb mit der trockenen und nassen Fliege vorwiegend flußaufwärts gefischt.

Die Fliegenwahl ist nicht immer einfach, man wird sich alle auf Seite 136/137 genannten Hinweise zunutze machen, um die richtige Fliege zu finden:

Untersuchung der auf dem Wasser treibenden Insekten, Beobachtung steigender Fische und Untersuchung des Mageninhalts. An keinem anderen Gewässertyp lohnt sich die Kenntnis der Insekten, besonders der Eintagsfliegen, für den Angler so wie an Karstbächen und -flüssen.

Die Forellen dieser Gewässer sind nicht nur anspruchsvoll in bezug auf die Fliegenmuster, sie wollen die Fliege auch auf richtige Weise vorgesetzt bekommen. Hastiges Werfen ist meist zwecklos, man mache wenige aber sorgfältig ausgeführte und gezielte Würfe mit fast horizontal geschwungener Rute aus knieender Stellung oder aus der Deckung, die zur Verfügung steht. Wenn die Fliege nicht auf den ersten gut ausgeführten Wurf genommen wird, wiederhole man die Würfe so lange, bis man wirklich überzeugt ist, daß die Fliege am Vorfach den Fischen nicht zusagt.

Zur Schwarmzeit einiger Insekten, der Erlfliege, der großen Maifliege, der Blaugeflügelten und der großen Ameisen steigen auch die schwersten Forellen oft schon tagsüber, sicher aber in der Abenddämmerung auf diese Fliegen. In viel befischten Gewässern werden die schweren Forellen jedoch sehr bald überaus vorsichtig, nehmen die Kunstfliege oft erst nach zahllosen Würfen und wohl mehr aus Versehen. Es kommt also vor allem darauf an, aus guter Deckung zu werfen, die Fliege erst weit unterhalb des Fisches zum Rückschwung aufzunehmen und auch den zehnten Wurf ebenso sorgfältig zu machen wie den ersten. Wenn Erlfliegen oder Ameisen am Wasser sind, ist die Fliegenwahl meist nicht schwierig, die große Maifliege und die Blaugeflügelte dagegen werden in allen Entwicklungsstadien genommen, und der Angler hat die Wahl zwischen Nachbildungen der Nymphe, der Braunen und des weiblichen Spinners. Als allgemeine Regel für das Angeln mit der Maifliege gilt, daß im Anfang der Schwarmzeit Nachbildungen der Nymphe und der aus der Nymphenhaut schlüpfenden Braunen genommen werden, nach einigen Tagen ziehen die Fische Nachbildungen der Braunen vor, in der Abenddämmerung und gegen Ende der Schwarmzeit bringt die abgestorbene Maifliege gute Erfolge. Sorgfältige Beobachtung der steigenden Fische ist auch in der Maifliegenzeit notwendig. An stark befischten Gewässern versuche man sein Glück mit Maifliegenmustern, die den Fischen neu sind.

Die große Zahl der Maifliegen, die in der Schwarmzeit gegen Abend auf der Wasseroberfläche dahertreiben, täuscht den Angler oft darüber, daß auch andere Eintagsfliegen, Seggen und unter Umständen auch noch Erlfliegen am Wasser sind und von manchen Fischen den Maifliegen vorgezogen werden. Wenn daher die Maifliege auf einen guten Fisch versagt, dann können ein Roter Kiel, eine Goldfliege, ein Palmer oder eine Erlfliege Erfolge bringen.

Besonders hinderlich ist beim Fischen in Karstflüssen das viele Kraut. Da die Krautfahnen flußabwärts fluten, so ist die Gefahr, daß ein Fisch sich im Kraut losschlägt oder das Vorfach abreißt, dann am kleinsten, wenn der Angler sich beim Drill flußabwärts vom gehakten Fisch befindet und ein stetiger Zug mit waagerecht gehaltener Rute flußabwärts ausgeübt wird. Eine Forelle, die in gefährlicher Nähe einer Krautbank gehakt wurde, läßt sich meist dadurch von der Flucht ins Kraut abhalten, daß man die Schnur sofort nach dem Anhieb lockert. Denn eine Forelle, die keinen Zug spürt und den

Angler noch nicht gewahr wurde, versucht meist durch Wälzen und Springen an der Oberfläche den Haken loszuwerden. Auch wenn ein Fisch im Kraut fest geworden ist, begibt man sich flußabwärts und lockert die Schnur, über kurz oder lang kommt dann der Fisch von selbst wieder ins freie Wasser.

Die Spinnangel bringt in Karstgewässern in der Regel nur im Frühjahr gute Beute, solange das Kraut noch nicht zu üppig gewachsen ist und die großen Forellen auf Elritzen, Koppen und Frösche Jagd machen. Im übrigen ist Spinnfischen in solchen Gewässern unnötig, ja sogar unsportlich, weil die kapitalen Forellen mit der Erl- und Maifliege ebenso gut, wenn nicht besser gefangen werden können, und man dabei keine untermaßigen Fische verhakt.

Forellenfang in der Barbenregion

Die Forelle kommt auch im Mittellauf der Flüsse, in der Äschen- und Barbenregion, nicht selten vor, sofern das Wasser nicht durch Abwässer verschmutzt ist. Sie ernährt sich hier überwiegend von Fischen, Wasserschnecken und Flohkrebsen und erreicht in kurzer Zeit kapitale Gewichte. In dieser Flußregion suchen sich die Forellen Stellen aus, deren Wasser sich auch im Sommer nicht zu sehr erwärmt und sauerstoffreich bleibt. In Wehrschüssen, hinter Turbinen, an der Einmündung kalter Bäche und in tiefen Unterständen im Fluß, die durch austretendes Grundwasser oder Quellen gekühlt werden, hat man die Forellen zu suchen. Die vielversprechenden Plätze an Triebwerken und Wehren sind am leichtesten zu finden, werden aber in der Regel so häufig befischt, daß die Forellen hier kaum Aussicht haben, schwer zu werden. Schwieriger sind gute Stellen im freiem Fluß zu entdecken; beim Baden im Sommer oder durch Messungen mit dem Thermometer wird man am ehesten auf sie aufmerksam. Nicht selten verraten springende Kleinfische eine jagende Forelle.

Auch in der Barbenregion sind die Forellen natürlich am leichtesten nach einem Hochwasser zu fangen, wenn das Wasser fällt und sich klärt. Sie stehen dann auch tagsüber im freien Wasser, unmittelbar neben der starken Strömung, vor allem unter Wehren, in den Kanälen der Triebwerke, an Buhnen und in der Einmündung von Seitenbächen.

Schwieriger ist der Fang der schweren Forellen bei klarem Niederwasser, weil sie in der Barbenregion mehr noch als in der Forellenregion ausgesprochene Dämmerungs- und Nachträuber sind. Wenn das Flußbett nicht zu stark verkrautet ist – also vorwiegend im Frühjahr –, hat der Angler, der die Standplätze der starken Forellen nicht kennt, tagsüber einige Aussicht auf Beute mit einem nicht zu kleinen, tief geführten schweren Blinker – der Z-Blinker eignet sich dafür besonders gut – oder mit einem Fischchen am System. Der Köder muß dicht über dem Grund geführt werden; ob die Köderführung richtig ist, erkennt der Angler daran, daß sich der Blinker von Zeit zu Zeit verhängt. Der Verlust von Blinkern und Systemen ist bei dieser Art zu fischen, nicht zu vermeiden, aber man hat auch gute Aussicht, eine starke Forelle zu fangen.

Im freien Fluß stehen die großen Forellen tagsüber meist in tiefen Kolken.

Sind solche Stellen bekannt, dann sind dort das Heben und Senken mit Blinker, totem Fisch oder Frosch, das Angeln mit einem toten Fischchen am Grundblei oder, wenn die Umstände es erlauben, sogar die Schnappangel in der Regel ergiebiger als die Spinnfischerei.

In der Dämmerung kommen die starken Forellen auch ins flache Wasser; Rasseln und Schnellen in der Nähe tiefer Kolke sind dann geeignete Angelplätze. Abends und nachts bringt sowohl die Spinnfischerei wie auch Flugangeln mit großen Palmerfliegen, einer großen Alexandra oder Streamerfliege mitunter gute Beute.

Mit Annäherung der Laichzeit wandern die Forellen der Äschen- und Barbenregion flußaufwärts, sind um diese Zeit weniger scheu und leichter an die Angel zu bekommen als im übrigen Jahr. Während in der eigentlichen Forellenregion der Fang mit Rücksicht auf den Bestand Ende August oder in der ersten Septemberwoche sein Ende finden sollte, ist gegen den Fang der Forellen in der Barbenregion bis zum Beginn der Schonzeit nichts einzuwenden, wenn es sich um wirklich starke Stücke handelt.

Forellenfang in Seen und Staubecken

Das Verhalten der Forellen in stehenden Gewässern und damit auch die Fangmethoden sind etwas verschieden, je nachdem ob es sich um einen hochgelegenen See im Gebirge, um kleine, nahrungsreiche Staue im Mittelgebirge oder um tiefe Seen und Staubecken in den Alpen und im Vorland handelt.

In den hochgelegenen Bergseen, deren Wasser sich auch während der kurzen eisfreien Zeit im Sommer nur wenig erwärmt, verhalten sich die Forellen ähnlich wie in einem klaren, kalten Forellenfluß und sind mit ähnlichen Methoden zu fangen. Hochstehende oder steigende Fische nehmen nicht selten die nasse oder trockene Fliege. Gute Naßfliegen sind Nachbildungen der Elritze, also Alexandra und Streamerfliegen, als Trockenfliegen eigenen sich zart gebundene Hechelfliegen. Feinstes Zeug bildet die Voraussetzung für den Erfolg. Weite Würfe sind mit einer Wasserkugel möglich.

Erfolgreicher, auch auf steigende Fische, ist jedoch in der Regel die Spinnangel mit feinem Zeug und kleinen matten oder dunklen, ja schwarzen Blinkern und Löffeln. Wenn irgend möglich, sollte man sich für eine Angelfahrt an einen Bergsee auch mit Naturködern versehen oder solche Köder unterwegs oder am See zu erbeuten suchen, wozu aber die Zeit meist nicht reicht. Elritzen und Koppen, lebend oder tot am einfachen Haken oder an einfachen Systemen, insbesondere dem Tiroler-System (Abb. 228) und dem Planseesystem (Abb. 251) sind meist sehr wirksam. Auch mit der Floßangel und Larven (Steinfliegen, Sprock, Holzwürmer, Maden) oder Heuschrecken, sofern sie am See vorkommen, erzielt man gute Erfolge. Mit Hilfe eines Gleitfloßes, eines Buloval oder einer Wasserkugel kann man weite Seeteile befischen. Der Wurm ist in den hochgelegenen Seen in der Regel nur wirksam, wenn das Wasser getrübt ist oder an der Einmündung von Bächen, die durch Regen getrübt sind.

Auch die wärmeren kleinen und seichten Stauseen im Mittelgebirge haben mitunter einen guten Bestand an starken Forellen. Deren Hauptnahrung sind zwar Fischchen, Schnecken, Flohkrebse und Insektenlarven, zeitweilig, vor allem während der Schwarmzeit der Maifliege und großer Seggen verspricht aber auch die Trockenfliege gute Beute. Große buschige Fliegen (Hechelmaifliegen, Palmer) sind manchmal auch in der Dämmerung wirksam. Man bewegt sie langsam, wie eine eierlegende Segge über die Wasseroberfläche, indem man in kurzen Zügen mit der linken Hand Schnur einholt. Auch die Tippfischerei in unmittelbarer Nähe des Ufers liefert in der Abenddämmerung manchmal überraschende Beute.

Tagsüber versprechen noch am ehesten große Palmer, Taucherfliegen, Streamer und Optikfliegen Erfolg, die man an den tiefsten Stellen des Beckens an langem Vorfach so weit wie möglich wirft, auf den Grund sinken läßt und langsam unter zitternden Bewegungen mit der Rutenspitze einholt. Um das Sinken der Fliege zu beschleunigen, kann man ein oder zwei winzige Schrote unmittelbar über dem Fliegenöhr anklemmen, oder, was oft noch wirksamer ist, eine gelbe oder orangerote Glas- oder Kunststoffperle auf das Vorfach ziehen. Obwohl das Wasser dieser Staubecken meist sehr klar ist und die Forellen entsprechend scheu sind, wäre es verkehrt, mit feinem Zeug zu fischen. Die starken Forellen in Stauseen haben meist ein Maul voller Zähne, die einem Hecht anstehen würden, und packen die Fliege mit einem Schwung, dem feines Zeug nicht gewachsen ist. Ein auf 0,18 oder 0,22 mm verjüngtes Vorfach hält viel aus und macht untergetaucht die Fische kaum mißtrauisch.

Für Angler, die in der Nähe ihres Wassers wohnen und sich das Wetter zum Angeln aussuchen können, ist auch die geblasene Leine mit Maifliegen, Steinfliegen, Junikäfern, großen Bremsen, Seggen und Heuschrecken zu mehreren Exemplaren am Haken eine fängige Methode. Es bedarf allerdings einer sehr geschickten Hand, um vielpfündige Bachforellen in verkrauteten Stauen an einer leichten Leine, wie sie für diese Angelart notwendig ist, zu landen.

An der Spinnangel wirken auch in solchen Stauseen gefleckte und dunkle Köder besser als blanke, und da man ja vor allem kapitale Forellen erbeuten möchte, sind Hechtspinner mittlerer Größe angebracht. Bei Tag sucht man die tiefsten Stellen des Staus ab, abends wird man auch in den seichteren Teilen des Beckens und mit Würfen parallel zum Ufer Fische fangen.

Natürliche Köder – Koppen, Elritzen oder auch Barsche – befestigt man an einer Flucht ohne Turbine. Sind im Staubecken jedoch Stellen mit reinem festem Untergrund ohne Kraut vorhanden, so lohnt es sich, ein totes Fischchen – mit einem oder zwei Drillingen bewehrt – ohne Blei auf den Grund zu legen, ein Verfahren, das schon mehr an die Legangel erinnert und einige Geduld erfordert, über kurz oder lang jedoch die ältesten und scheuesten Forellen mit Sicherheit an den Haken bringt.

In großen tiefen Staubecken und Seen, die sich im Sommer oberflächlich stark erwärmen und eine Sprungschicht ausbilden, verhalten sich die Bachforellen ähnlich wie Seeforellen, gehen Ende des Frühjahrs in die Tiefe und halten sich in der Nähe der Sprungschicht auf oder am Austritt kalter Quellen. Im zeitigen Frühjahr können die Forellen mit Blinker, einem Fischchen am System oder der Schnappangel im Oberflächenwasser gefangen werden. Spinnköder führt man entweder an der Schleppangel oder wirft sie vom Boot oder Ufer aus. Vom Ufer aus sind meist sehr weite Würfe notwendig, eine Stationärrolle mit großem Trommeldurchmesser ist daher unentbehrlich und Köder mit Eigengewicht den Spinnfluchten mit exzentrischem Blei vorzuziehen. Die starken Forellen jagen meist morgens oder abends, und statt planlos draufloszuwerfen, sucht man besser das Wasser sehr sorgfältig, unter Umständen mit Hilfe eines Fernglases, nach aufschlagenden Forellen ab. Hinweise erhält man oft durch Schwärme von Möwen oder Seeschwalben, die sich gerne dort sammeln, wo Raubfische jagen.

In der warmen Jahreszeit halten sich die Forellen in der Tiefe auf und kommen nur noch zum Rauben frühmorgens oder abends oder während eines Gewittersturmes in die Nähe der Wasseroberfläche. In der Tiefe müssen sie vor allem dort gesucht werden, wo die Sprungschicht an steil abfallende Felsen oder andere Verstecke auf dem Seegrund stößt, sodann in alten Bach- und Flußbetten, um eingestaute Felsen oder Gemäuer, oder, wie mehrfach erwähnt, am Austritt von kalten Quellen. Hier kann der Forelle der Köder meist nur noch mit der Tiefseeschleppangel, mit dem Gleitfloß oder mit Heben und Senken angeboten werden. Bisher ist nichts über Versuche bekanntgeworden, Forellen an solche Stellen, die den Einheimischen zwar bekannt, aber vom Ferienangler schwierig zu entdecken sind, anzulocken. Zu vermuten ist, daß sich das Anfüttern mit zerkleinerten Fischen, folgerichtig durchgeführt, lohnen würde.

Eine Abart der Bachforelle, die *Marmorforelle (Salmo trutta marmorata)*, lebt in den Zuflüssen der Adria. Von der Bachforelle, mit der sie sich kreuzt, unterscheidet sie sich durch die dunkle Marmorierung auf den Flanken und das Fehlen der roten Punkte. Sie ist großwüchsig und wird auch heute noch im Gewicht bis über 8 kg gefangen. Die günstigste Fangzeit beginnt unmittelbar nach der Laichzeit im Januar oder Februar und reicht bis zum Beginn der Trübung der Flüsse durch Schnee- und Gletscherschmelzwasser, die in der Regel im April oder Mai eintritt. Kleinere Stücke der Marmorforelle bieten ausgezeichneten Sport für die Trocken- und Naßfliege schon im Februar, die starken Exemplare werden fast ausschließlich mit Mühlkoppen, schweren Effzet-Blinkern und Löffeln erbeutet. Die großen Marmorforellen haben ihren Stand in der Regel in den reißendsten Flußstrecken hinter Felsblöcken und an Uferverbauungen. Die besten Fangstellen liegen in den Gumpen und Wirbeln unterhalb überronnener Kiesbänke. Der Spinnköder muß dicht über dem Grund geführt werden, deshalb geht viel Gerät verloren. Die besten Erfolge bringt eine Mühlkoppe am Alpina-System (Abb. 227) oder der leicht selbst zu bastelnden Etschflucht. Die angeköderte Mühlkoppe wird in der Regel stromaufwärts geworfen und muß dicht über dem Grund in der Strömung treiben. An günstigen Stellen läßt man die Koppe auch einige Minuten ruhig auf dem Grund liegen. Hänger vermeidet man dadurch, daß man den Köder zum neuen Einwurf möglichst senkrecht hochzieht.

Die meisten Heimatflüsse der Marmorforelle, wie z. B. die Etsch, beherbergen heute auch starke Regenbogenforellen, die auf gleiche Weise gefangen werden können.

Die Seeforelle, *Salmo trutta* forma *lacustris* L.

Lachsforelle, Grundforelle, Rheinlanke, Illanke, Seeferche, Herbstlachs, Zahl- oder Saalfisch, Schild, Schwebforelle, Maiforelle, Silberlachs, Förche, Ferchen, Carpione (Tafel III, Abb. 9)

Die Seeforelle lebt in den großen Seen der Alpen und steigt im Herbst in die Flüsse, um zu laichen. Sie ist ein großwüchsiger, gedrungener, walzenförmiger Fisch, auf dem Rücken dunkelgraublau oder grüngrau, an den Seiten silberfarben, am Bauch weißlich und trägt auf den Seiten zahlreiche, eckige, sternförmige oder x-förmige schwarze Flecken. Das Maul ist bis hinter das Auge gespalten. Das Pflugscharbein ist in seinem vorderen Teil mit einer Querreihe, sein Stiel mit einer nach hinten zu sich verdoppelnden Reihe von Zähnen, die nach rechts und links gebogen sind, versehen. Das Hochzeitskleid des Männchens zeigt oft eine rötliche Bauchfärbung.

R: 3–4/8–10. Br.: 1/13
B: 1/8. A: 3/7–8. S: 19

In der Jugend Kleintierfresser, wird die Forelle später zum ausgesprochenen Raubfisch. Sie laicht im Oktober oder November auf dem Kiesboden der in die Seen einfließenden Gewässer, und da ihr sonst schwer beizukommen ist, wird sie von Berufsfischern gerade in der Laichzeit gern gefangen. Leider ist sie infolge starker Nachstellung, mangelnder Laichmöglichkeiten sowie auf Grund unvernünftigen Besatzes typischer Salmonidenseen mit Hechten (z. B. im Walchensee) selten geworden. Sie erreicht bis über 1 m Länge und 25 kg Gewicht und ist sehr raschwüchsig. Altersbestimmungen an Schuppen ergaben, daß 40pfündige Fische 5–6sömmerig sind. Ihre Tafelzeit liegt von März bis August.

Man findet den Fisch im Frühjahr hauptächlich an Flußmündungen und Bacheinläufen, namentlich da, wo das trübe und klare Wasser sich begrenzen; an Landzungen, wo das Ufer steil abfällt, an Krautbetten und großen Steinen; bei windigem Wetter suchen kleinere Fische (Schwebforellen) in den Schaumstreifen nach ertrunkenen Insekten. Die großen Forellen dagegen sind ständig auf der Jagd nach Beutefischen und können im zeitigen Frühjahr vom Ufer aus mit dem Köderfisch oder dem Blinker gefangen werden. Die beste Zeit ist März und April.

Im Verlauf des Mai geht die Seeforelle in das kalte Wasser der Tiefe.

Zum Spinnen benutzt man möglichst feines Zeug und als Köder kleine, recht silbern schimmernde Fische am System oder künstliche Spinnköder, Oval- und Delphin-Löffel, Heintzblinker, Perlmutter-Spinner, Comersee-Blinker und Holzköder mit Metallkopf.

Die Schleppangel und die Tiefseeangel (S. 133) sind die besten Geräte zum

Fang der Seeforellen. Für die Schleppangel ist dunkles, stürmisches Wetter am vorteilhaftesten. Die Schleppfischerei, manchmal mit Seehunden (Scherbrettern) und vier oder mehr Ködern, ist hauptsächlich bei kaltem Wasser wirksam, solange also die Seeforelle noch hoch steht. Sie beginnt nach Aufgang des Eises und endet im April oder im Mai. Mit zunehmender Erwärmung des Wassers gehen die Seeforellen in die Tiefe und sind dann fast nur noch mit der Tiefseeschleppangel (Abb. 230) zu fangen. Im Sommer steigen sie nur nachts oder bei Unwetter in Wasserschichten bis zu 10 m hinauf, um Laubenschwärme und Renken zu jagen. „La truite monte!" sagen deshalb z. B. die Fischer am Lac de Neuchâtel in der Schweiz, wo sie noch recht häufig ist. Als Köder eignen sich Löffel, Blinker, Perlmutterköder und Lauben an Hakenfluchten. Die Köder müssen so leicht bzw. so an der Flucht montiert sein, daß sie sich auch bei langsamer Fahrt waagerecht bewegen und gut spinnen.

Die Seeforelle kämpft im Drill je nach Größe mit äußerster Kraft und Ausdauer. Ihr Fang ist dem Lachsfang ebenbürtig. In hochgelegenen Seen der Schweizer Alpen sind Versuche mit dem Einsatz der nordamerikanischen Seeforelle (Salvelinus namaycush W.) geglückt. Dieser Salmonide ist ein Saibling und ausgesprochener Kaltwasserfisch, der mit der Spinnangel oder natürlichen Ködern gefangen wird.

Die Meerforelle, *Salmo trutta* forma *trutta* L.

Lachsforelle (Tafel III, Abb. 10)

Die Meerforelle ist dem Lachs so ähnlich, daß sie sehr oft mit diesem verwechselt wird. Der etwas gedrungenere Körperbau wird nur bei größeren Exemplaren und im direkten Vergleich mit einem gleichgroßen Lachs erkennbar, ist daher kein sicheres Erkennungsmerkmal. Deutlicher unterscheidet sich die Meerforelle vom Lachs durch den Hinterrand des Kiemendeckels, der bei diesem eine leichte Einbuchtung zeigt, während er bei der Meerforelle spitz zuläuft, und durch den Vomer. Die einzelnen Kiemendekkelknochen stoßen im Gegensatz zum Lachs bei der Meerforelle in einem Winkel zusammen. Die Vomerplatte hat bei der Meerforelle einen dreieckigen Umriß und ist am Grunde, bevor sie in den Stiel übergeht, mit einer Querreihe von Zähnen besetzt. Diese Querreihe fehlt beim Lachs. Auf dem Stiel steht eine Reihe abwechselnd nach links und rechts gebogener, im Alter ausfallender Zähne (weitere Unterschiede: s. Lachs).

Die Meerforelle ist, ebenso wie der Lachs, ein Fisch, der im Süßwasser geboren, als Jungfisch abwärts ins Meer zieht, nur mit dem Unterschied, daß der Lachs oft sehr weite Wanderungen – z. B. werden Lachse aus europäischen Flüssen vor Grönland gefangen – unternimmt, die Meerforelle jedoch vor unseren Küsten bleibt. Wie es Flüsse gibt, in denen Lachse bis nur 10 Pfund Gewicht aufsteigen, wobei sie meistens nur kurze Reisen von der See her machen, so gibt es Flüsse wie den Dunajec in den Karpaten, wo

Meerforellen von weit höherem Gewicht Wanderwege über 1000 km von der See bis zu den Laichgebieten haben. Was Lachse und Meerforellen bestimmt, gewisse Gewässer zu bevorzugen, wird wohl umstritten bleiben, doch sagt man der Meerforelle nach, daß sie moorige Gewässer bevorzugt. Sie laicht oft früher, allgemein jedoch zur gleichen Zeit wie die Bachforelle, kommt aber in den größten Exemplaren oft schon im Mai in die Flüsse, während der erste große Zug sich bis Mitte Juni Zeit läßt, um dann fortlaufend bis in die Laichzeit ergänzt zu werden. Die jungen Meerforellen wachsen etwa bis zu 20 cm Länge ab, bevor sie ins Meer ziehen und zeigen dort ein silbriges Kleid. Im Meer kann man sie auf steinigen Gründen vermuten. Bachmündungen haben auf Meerforellen Anziehungskraft, und erfahrene Sportangler wissen sie vor allem in der Ostsee zu finden.

R: 3/9. Br: 1/2–13
B:1/8–9. S: 19

Beim Fang der Meerforelle ist es wesentlich, ob dem Fisch im Meer oder im Süßwasser nachgestellt wird. Während sie im Meer großen Appetit entwickelt, hat sie im Süßwasser, wie der Lachs, kaum das Bedürfnis, Nahrung aufzunehmen. Ihr Fang kann also dann nur erfolgen, wenn sie wie der Lachs zum Anbiß gereizt wird. Köder, die an die zuletzt aufgenommene Nahrung erinnern, versprechen deshalb Erfolg. Irgendwie sind die meisten Meerforellenfliegen darum mit einem Glanzkörper versehen, wenn sie nicht z. B. wie die für den Meerforellenfang gut geeignete Garnelenfliege (Shrimpfly) statt ein Fischchen eine Garnele imitieren sollen. Wie eine große Bachforelle, fühlt sich auch die Meerforelle in der Dämmerung und bei bewegtem Wasser am sichersten, was nicht sagen soll, daß sie nicht in der größten Mittagshitze auch gefangen werden kann. Der Gezeitenrhythmus dürfte für sie nicht nur beim Angeln im Meer von Bedeutung sein. Die größten Meerforellen werden eher mit sogenannten Lures (z. B. Fliegen in Tandemstil) oder Blinkern erbeutet. Auch mit dem Wurm können sie gefangen werden, doch sollte das bei diesem Fisch, der den höchsten Sport bietet, wirklich gar nicht erst versucht werden. Da der Meerforellenfang oft weitaus schwieriger sein kann als z. B. der Lachsfang, gibt es die Möglichkeit zum Meerforellenfang oft noch zu sehr preiswerten Bedingungen. Gewiegte Kenner fangen sie ebenso vor der deutschen Ostseeküste wie vor Jütland oder Bornholm. Es gibt eine ganze Anzahl norddeutscher Bäche, in denen sie heute noch oder durch Besatz wieder vorkommt, ja, sie wird sogar im Nord-Ostsee-Kanal gefangen. Weit häufiger, dafür aber auch manchmal in kleinen Exemplaren, ist sie auf den Britischen Inseln, den Shetlands, Island und in Norwegen.

Die Flug- wie auch die Spinngerte zum Meerforellenangeln muß kräftiger und auch noch länger als zum normalen Bachforellenangeln sein, wenn auch nur eine 25er Schnur und entsprechendes Vorfach notwendig sind. Meerforellenköder sind nämlich verhältnismäßig klein, denn man wird viele kleinere Meerforellen bis 5 Pfund mit einem großen Köder gar nicht an die Angel bekommen, jedoch mit kleinem Köder genauso gut die größten Exemplare. Außerdem hat die Meerforelle gerade dann, wenn sie frisch aufgestiegen ist, ein noch weiches Maul und muß weich geführt werden. Schließlich braucht man die längere Rute, um den Fisch „marschieren" zu lassen, d. h. man führt ihn mit leichtem Druck stromauf, wobei der Angler mitgeht, bis er die beste Gelegenheit für den Endkampf und zum Landen hat. Hierbei kann mit einer längeren Rute der Fisch vom Ufer abgehalten werden, und Uferhindernisse sind besser zu umgehen.

Sicher ist, daß viele Möglichkeiten zum Fang der Meerforelle besonders in dunklen moorigen Bächen bei uns noch nicht genutzt werden, die dem Kenner aber die Möglichkeit geben könnten, „des kleinen Mannes Lachs resp. Huchen" zu überlisten. Derartige Bäche scheinen oft nur trüb, sind aber allgemein glasklar und haben häufig grobkiesigen Boden in den Bereichen, die von den Meerforellen zum Laichen angenommen werden und in denen die Brut aufwächst.

Wenn wie in Schottland, den Faröern usw. die Meerforellen auf den Weg zu den Brutbächen Seen durchwandern müssen, halten sie sich in diesen Seen oft noch längere Zeit auf. Um Inseln und in Ufernähe, besonders aber an den Bachmündungen, sind dort die besten Angelplätze. Vom Boot geschleppte Fliegen und Spinner an entsprechenden Ruten können gerade in den Seen prachtvolle Exemplare bringen. Wo dieses möglich ist, wird auch vom Ufer aus gewatet und gut gefangen, da die Meerforellen sich eher in flacheren als in tieferen Seengebieten aufhalten.

Grundsätzlich müssen die Köder im Süßwasser langsam, im Meer und in den Flußmündungen schneller geführt werden.

Die Regenbogenforelle, *Salmo gairdneri* Richds.

Teichlachs (Tafel III, Abb. 11)

Diese aus Amerika 1882 bei uns eingeführte Forelle hat heute in Deutschland und anderen Ländern weiteste Verbreitung. Sie ist weitaus widerstandsfähiger und robuster als die empfindliche Bachforelle und kommt in Forellenbächen ebenso gut fort wie in der Barben-, sogar Bleiregion, besonders unter Stauwehren, in Seen und Teichen, mitunter im Brackwasser, verträgt Wassertemperaturen bis zu 25 °C, auch selbst mäßige Wasserverunreinigungen, ist aber Zugfisch und neigt in manchen Gewässern dazu, talabwärts „auszureißen". Sie lebt nach der Art der Forelle. Ihr Rücken ist blaugrau mit vielen kleinen, schwarzen Flecken, die auf den Rücken und die eingeschnittene oder tief ausgerundete Schwanzflosse übergehen. Die Seiten sind bräunlich-gelb und tragen längs der Seitenlinie ein rötliches, verwaschenes Band, das in der Laichzeit beim Männchen besonders lebhaft in Regenbogenfarben schillert. Der Vomer ist auffallend kahnförmig eingebogen. Laichzeit je nach der Wassertemperatur vom Januar an, meist aber März bis Mai. Beste Fangzeit ist von Mitte August bis Ende Oktober. Sie eignet sich sehr gut für künstliche Zucht. Vom Laichgeschäft erholt sie sich rasch. Aus reinen Forellengewässern soll sie die Bachforelle verdrängen können; deshalb besetze man mit ihr besser den Mittel- und Unterlauf der Gewässer, wo er tief und nahrungsreich ist und starke Unterwasservegetation aufweist. Auch in Teichen und kleinen Seen wächst sie bei ausreichender Nahrung sehr gut. Kiesgruben können mitunter erfolgreich mit ihr besetzt werden.

Die Regenbogenforelle ist in nahrungsreichen Gewässern, die ihr zusagen, außerordentlich rasch- und großwüchsig. Viersömmerige Fische erreichen Gewichte von 3 kg. Im Titicacasee sollen viersömmerige Fische sogar Gewichte von 10 kg haben.

Länge bis über 1 m, Gewicht bis 20 kg (Kamloops-Forelle).

Sie fängt sich ausgezeichnet an der Flugangel, geht mit großer Beißlust auf die gleichen Fliegen wie die Bachforelle und kämpft im Drill oft ausdauernder als diese, so daß sie als Sportfisch allen unseren einheimischen Fischen, Lachs, Seesaibling, See- und Meerforelle ausgenommen, ebenbürtig ist.

Auch die Spinnangel ist besonders auf größere Exemplare wirksam, und in Seen bildet sie ein gutes Objekt für die Schleppangel. Man benutzt zum Spinnfischen auf die „Regenbogner" dieselbe leichte Spinnrute wie für die Bachforelle. Von den Ködern, die für die Bachforelle erwähnt werden, bevorzugt sie kleine Holzköder und den Perlmuttspinner.

Die Regenbogenforelle ist heute zu einem der Angelfische schlechthin geworden. Sie bietet vielen Anglern Freude, die sonst nicht die Möglichkeit haben, Salmoniden zu erbeuten. Denn sie hält sich überall auf, von reinen Flugangelgewässern bis zu Kanälen und Kiesgruben, wo sie mit allen möglichen Ködern wie auf Friedfische beangelt und gefangen wird.

Der Huchen, *Hucho hucho* (L.)

Rotfisch, Rothuchen, Heuch, Hüchl, Donaulachs (Tafel III, Abb. 12)

Der Huchen ist der größte Lachsverwandte der deutschen Gewässer. Er ist auf das Gebiet der *Donau* und außer auf Regen und Laaber, in denen er vereinzelt vorkommt, nur auf deren südliche Zuflüsse beschränkt. Der Huchen ist ausgesprochener Standfisch im oberen Teil der Barbenregion, wo auch noch Äschen zu Hause sind. Er geht im Frühjahr stromauf und laicht in kleinen, stark strömenden Bächen im März, April und Mai auf Kies und Steingrund, wird 20–30, ja 50 kg schwer und bis zu 2 m lang. Der schwerste Huchen, der in neuerer Zeit in Deutschland gefangen wurde, wog 26,5 kg (im Lech unterhalb Lechbruck). Der Leib des Huchen ist langgestreckt-walzenförmig, sein Kopf groß und flach; der kurze Vomer ist massiv und leicht gebogen, trägt 5 bis 7 Zähne an der Platte in einer Querreihe und hat einen kurzen zahnlosen Stiel. Die Schwanzflosse ist ausgeschnitten. Die Farbe des Huchen ist an Oberkopf und Rücken grünlich-dunkelbraun oder blaugrau, oft, besonders in der Laichzeit, mit rosigen oder kupferrotem Schimmer. Der Bauch ist silberweiß. Die Farbtöne gehen allmählich ineinander über. Kopf und Rumpf sind mit kleinen dunkelgrauen oder schwärzlichen Punkten und einzelnen größeren schwarzen Flecken besetzt, die nach dem Schwanz und

Bauch zu halbmondförmige Gestalt annehmen. Der Huchen ist ein ganz dem Süßwasserleben angepaßter Salmonide, der nie in das Meer geht, ein ausgezeichneter Schwimmer und ein Raubfisch ersten Ranges, der aber überall da *größte Schonung* verdient, wo außer ihm nur minderwertige Weißfische vorkommen. Seine Nahrung besteht aus Fischen und Insekten. Er liebt reißende Strömungen und Verstecke hinter Felsen, Steinen und versunkenem Holz. Tiefe Ausbuchtungen des Flusses, wo das Ufer unterspült wird und abstürzt, sucht er auf und steht dort oft dicht am Ufer oder in starken Strömungen, wo sie in Gumpen einmünden. Die beste Beißzeit ist der Winter, von Oktober, wenn es nachts reift, bis Ende Februar, solange das Wasser nieder und klar ist. Günstig sind trübes, nebliges Wetter mit leichtem Regen oder Schneegestöber sowie die frühen Morgen-, die Nachmittags- und Abendstunden und selbst helle Nächte. Leider wird der Huchen durch rücksichtslose Flußregulierungen und Abwässereinleitungen immer seltener. Seine Tafelzeit liegt von Juli bis Februar. Sein Fleisch ist sehr schmackhaft.

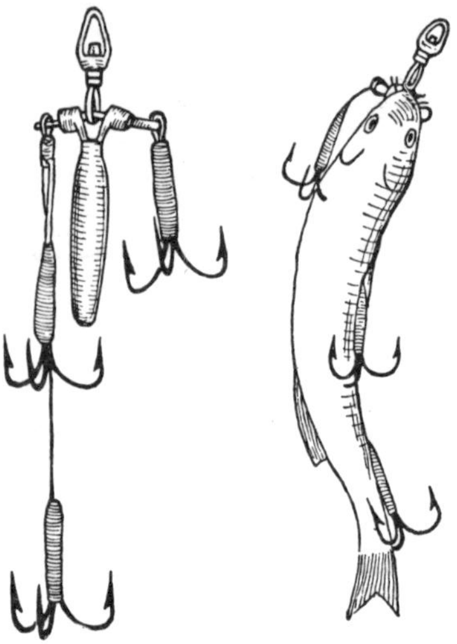

Abb. 250. Idealwobbler-Flucht

Die *Spinnangel* ist das bewährteste Gerät zu seinem Fang, namentlich im Winter; 0 °C und selbst Kälte bis zu 5 °C sind die besten Temperaturen für diese Fischerei. Man benutzt eine kräftige Spinnrute, eine in der Bremse gut regulierbare Stationärrolle, Schnur, die eine Tragkraft von 20–30 Pfund hat, und gute Vorfächer von Stahldraht.

Als beste Spinnköder kommen frische Fische von etwa 10–15 cm Länge, an Spinnfluchten angeködert, in Frage.

Von künstlichen Spinnködern bewähren sich am besten 10 cm lange Comersee-Blinker (Abb. 176) und Heintzblinker (Abb. 166), besonders wenn diese innen vergoldet und außen versilbert sind. Ferner: Z-Blinker (Abb. 165), Holzköder – hauptsächlich in der Froschfarbe – und Gliederwobbler, insbesondere der Mirrolure (Abb. 174).

In vielen Gewässern ist der Huchen heute so selten geworden, daß nur *der* Angler auf Erfolge rechnen kann, der alle, auch die schwierigsten Flußstellen sehr sorgfältig mit tief und langsam geführtem Köder abfischt. Dabei geht sehr viel Zeug verloren, und das Huchenfischen kann schon aus diesem Grund eine kostspielige Sache werden. In hindernisreichen Gewässern fischt man daher am besten mit Fischchen an einfachen Fluchten, die man sich selbst herstellt.

Die *Fliegenangel* mit kleinen Lachsfliegen ist nur von Juni bis Herbst und auf kleinere Exemplare wirksam, die besser geschont werden. Man benutze die verschiedenen Palmer in großen Exemplaren sowie große Mai- und kleine Lachsfliegen.

Zum *Heben* und *Senken* wird das Fischen mit dem „Zopf" (Abb. 186) empfohlen, d. h. mit mehreren unter einer Bleikappe mit einem Drilling befestigten Neunaugenquerdern, der auch wirksam durch den künstlichen Zopf ersetzt wird. Neuerdings sind Zöpfe aus Plastikwürmern im Gebrauch. In ähnlicher Weise kann mit dem Taucher nach H. G. Jentsch erfolgreich gefischt werden.

Manche Alpen- und Voralpenflüsse, die früher zu den besten deutschen Huchenwassern zählten, wie z. B. die Iller, sind heute auf lange Strecken durch Kraftwerke gestaut. In vielen dieser Staue haben sich Hechte und Döbel breitgemacht, daneben kommt aber auch noch der Huchen in stattlichen Exemplaren vor. Das Befischen dieser Staue mit der Spinnangel ist eine eintönige Beschäftigung, zudem stehen die Huchen so in der Mast, daß sie den Spinnfisch nur schlecht nehmen. Als einziges wirksames Mittel zum Huchenfang bleibt unter diesen Verhältnissen ein großer lebender Köder übrig, den man tief versenkt; in manchen Stauen hat sich auch das Heben und Senken mit einem großen Fetzen (s. Abb. 248) bewährt.

Ein flaches Boot kann beim Huchenfischen sehr nützlich sein, ebenso ein ortskundiger Führer, der die guten Standplätze kennt und womöglich die großen Huchen vorher bestätigt hat.

Zum Huchenfang bei Schnee ziehen sich *vorsichtige* Angler „Schneehemden" über die Kleider, um sich möglichst unsichtbar zu machen. Sorgfältige Beobachtung und dabei festgestellte raubende Huchen ermöglichen ihre systematische Befischung.

Der Seesaibling, *Salvelinus alpinus* (L.)

Saibling, Salbling, Rötel, Röteli, Rotforelle, Rotfisch, Ritter, Schwarzreuter (Tafel IV, Abb. 13)

Der Seesaibling lebt als Standfisch in den kalten Gebirgsseen der Alpen, Skandinaviens, Islands, Rußlands und Schottlands oft in großer Tiefe. Er darf als der edelste Fisch unserer heimischen Gewässer bezeichnet werden und sollte dort, wo er noch vorkommt (in einigen Seen der Alpen und des Alpenvorlands), ganz besonders gehegt und gepflegt werden. Deutschlands bekanntestes Seesaiblingsgewässer ist zur Zeit noch der Walchensee, in dem er durch zunehmende Eutrophierung des Sees in seinen Lebensverhältnissen bedroht ist, daneben der Hintersee und der Alpsee bei Füssen. Im Kochelsee kommt er erfreulicherweise wieder auf. In anderen Seen, in denen er früher häufig vorkam, wie z. B. im Starnberger See und Tegernsee, ist er wegen der Verschlammung der Seeböden nur noch vereinzelt anzutreffen. Der Seesaibling laicht in der Regel am Seegrund in der Zeit vom Oktober bis Dezember. Das Ablaichen weist jedoch unter Umständen große Zeitverschiebungen auf.

Es gibt in manchen Seen, so z. B. Walchensee, Seesaiblinge, die bereits im Juli und August laichen.

Der Leib dieses wunderschönen Fisches ist gestreckt, seitlich leicht zusammengedrückt bis rund, Bauchflossen unter die Rückenflosse gestellt, Schwanzflosse etwas eingeschnitten, Flossen lang, Vorderrand der Brust-, Bauch- und Afterflossen milchweiß gesäumt, Hauptteil der Flossen hellgelblich-braun bis rötlich. Färbung sehr wechselnd. Rücken blaugrau oder braungrün, Seiten in allmählichem Übergang gelblichweiß, Bauch oft orangerot, besonders in der Laichzeit. An den Seiten häufig runde weißliche, gelbliche oder rötliche Flecken. Vomer zart, gestreckt, kahnförmig, an der vorderen abgerundeten Platte eine Querreihe von drei bis sieben Zähnen und gewöhnlich noch einen daran anschließenden bezahnten, dreieckigen Zipfel tragend, Stiel zahnlos.

Die Normalform erreicht ein Gewicht bis zu 1 kg und lebt in den nahrungsreicheren Seen in 600 bis 1200 m Meereshöhe, bei günstigen Nahrungsverhältnissen auch noch in höher gelegenen Seen. Der Seesaibling ernährt sich von Kleintieren, Würmern, Muscheln, Schnecken, Plankton, Nymphen, Krebsen sowie Elritzen und anderen Fischen.

Ähnliche Verbreitung wie die Normalform hat auch der großwüchsige *Wildfangsaibling*, der bis fast 1 m lang wird, Gewichte bis zu 8 kg erreicht und überwiegend Fische, Mühlkoppen, Elritzen, Renken und Lauben jagt. In deutschen Gewässern ist der Wildfangsaibling nur noch ganz vereinzelt anzutreffen.

Ausgesprochene Zwergrassen sind der „*Schwarzreuter*" hochgelegener nahrungsarmer Alpenseen, der z. B. im Königssee in großen Massen vorkommt, stark parasitiert und fischereilich ohne Bedeutung ist, und der *Tiefensaibling* oder „Rötel", der im tieferen Wasser der großen, nahrungsreicheren Alpenseen lebt. Beide Formen erreichen meist weniger als 100 g Gewicht. Ein Saibling ist auch die in verschiedenen zum Teil sehr hoch gelegenen Schweizer Seen mit Erfolg eingebürgerte amerikanische Seeforelle oder *Namaycush.* Im Ursprungsland erreicht dieser Fisch sehr große Gewichte.

Für den sportlichen Fang mit der Angel kommt meist die Normalform in Betracht. Saiblinge leben gesellig und suchen kaltes, sauerstoffreiches Wasser mit einer Temperatur um 9 °C am tieferen Teil der Halde oder um Aufragungen des Seegrundes, den „Saiblingsbergen", auf. Bevorzugt wird auch steiniger oder feinsandiger Grund, vor allem wenn er mit Armleuchteralgen oder Moos bewachsen ist.

Von März bis Mai halten sich Seesaiblingsschwärme im flachen Uferwasser in Tiefen zwischen 4 und 10 m auf, wo sie sich insbesondere von kleinen Fischen, Bodennahrung und vom Seegrund massenhaft aufsteigenden Larven von Fliegen (Nymphen) ernähren. In dieser Zeit gehen Seesaiblinge am besten an die Angel, wo sie bis zur letzten Sekunde mit größter Kraft und Ausdauer kämpfen, weitaus stärker als alle anderen Fischarten vergleichbarer Größe.

In hochliegenden Seen, die erst im späten Frühjahr eisfrei werden, halten sich Saiblinge auch im Sommer im flachen Wasser auf und können mit der Flugangel und künstlichen Fliegen gefangen werden. Beste Fangaussichten bestehen bei schwülem Wetter, unmittelbar vor Gewittern. Im allgemeinen verspricht die Trockenfliege besseren Erfolg als die Naßfliege.

Für die Grundangel kommen tote Elritzen und Koppen sowie Fetzen von Fischen in Betracht. Der Köder muß dicht über dem Grund angeboten werden. Der beste Köder im späteren Frühjahr ist, je nach dem Schwärmen von Eintagsfliegen, die Hegene mit Nymphenimitationen (Abb. 253 und Abb. 253a). Um die Tiefe zu erreichen, in der die Saiblinge stehen, ist in der Regel ein Boot notwendig. Das Anfüttern mit Maden oder zerschnittenen Fischchen trägt zum Erfolg bei. Die Grundangel kann je nach der zu befischenden Tiefe mit oder ohne Floß verwendet werden. Auch Heben und Senken dicht über dem Grund ist wirksam.

Die Spinnfischerei wird je nach Jahreszeit vom Ufer oder vom Boot aus betrieben. Feines Zeug ist ebenso wie beim Grundangeln wichtig, und da im glasklaren Wasser meist auch weite Würfe notwendig sind, sollte mit Schnüren von nicht mehr als 0,20–0,25 mm gefischt werden. Das Spinnblei wird mindestens 50 cm vor dem Köder angebracht. Besser ist es, dem Köderfisch eine Bleiolive von 5–10 g Gewicht in den Schlund zu stecken und das Maul zuzunähen. Als Köder eignen sich Elritzen, Mühlkoppen oder Barsche von 4–5 cm Länge, die mit einem Drilling so angeködert werden, daß sie nicht spinnen, sondern sehr langsam und ruckweise dicht über dem Grund, aber auch im Freiwasser – vor allem im zeitigen Frühjahr – bewegt werden können. Das beste System letzterer Art dürfte das Planseesystem (Abb. 251) sein, wobei der Köderfisch lediglich durch ein asymmetrisch befestigtes Kopfblei beschwert ist. Beim Tupfenfischen bewirkt diese Befestigungsart unregelmäßige Bewegungen des Köders. Anbisse erfolgen beim Absinken.

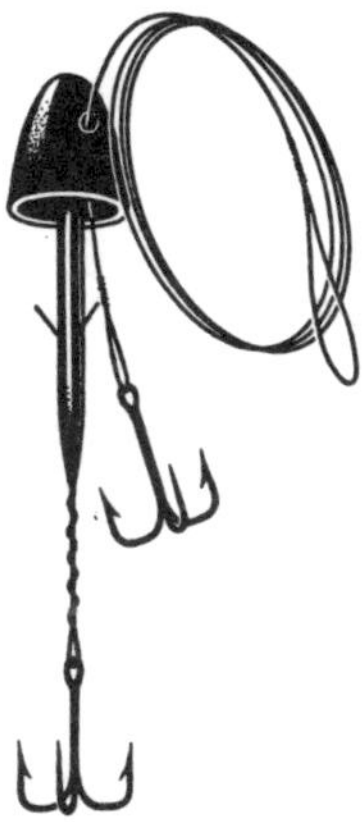

Abb. 251. Planseesystem

Sehr früh am Morgen oder am Abend oder an besonders günstigen Beißtagen mit etwas Wind und gekräuselter Wasseroberfläche nehmen die Saiblinge auch kleine Forellen- und Barschblinker. Wenn die Saiblinge dem Blinker nur nachlaufen ohne zuzupacken, verhelfen ein Wurm oder ein kleiner Fetzen auf dem Drilling des Kunstköders oft zu einem Fisch. Brauchbares Gerät zum Saiblingsfang ist die auf Seite 133 beschriebene Tiefseeschleppangel. Angeködert werden helle silberne oder goldfarbene Blinker oder Lauben an Hakenfluchten.

Aufschluß über die Standorte der Saiblinge kann das Angeln mit lebenden Köderfischen bei treibendem Boot geben. Voraussetzung ist langsames Eingewöhnen des Fischchens an immer größere Tiefe. Nur so bleibt es am Leben und bringt Erfolg. Sind die Fangplätze damit erkannt, kann z. B. mit dem Tupfen das Angeln erfolgreich fortgesetzt werden. Saiblingsangeln ist nicht zuletzt höchst reizvoll, weil man oft auf großen Tiefen fischt. Für viele Angler im Alpenraum ist der Seesaibling der schönste und interessanteste Fisch. Sein Fleisch ist sehr schmackhaft und zart.

Abb. 252. Skandinavisches Saiblingsfanggerät: Blinker mit nachgeschaltetem Haken, der beködert wird

Ein interessantes Fanggerät ist in Skandinavien beliebt (Abb. 252). Es wird vom Boot oder auf dem Eis verwendet. Hier ist der glänzendkupferne, mit rotem Innenkörper versehene „Blinker" als Lockmittel vor dem eigentlichen Köder gedacht.

Der Bachsaibling, *Salvelinus fontinalis* (Mitchill.)

(Tafel IV, Abb. 14)

Der Bachsaibling ist wie die Regenbogenforelle 1882 aus Nordamerika eingeführt worden und eignet sich ganz besonders für Quellbäche, da er noch kälteres Wasser als die Bachforelle liebt und sich bis in die kleinsten Rinnsale verbreitet. Vomer vorn zugespitzt, auf der vorderen Platte etwa acht Zähne in zwei nach hinten zusammenlaufenden Reihen. Rücken braun oder olivfarben mit Mäanderbändern gezeichnet. Seiten mit vielen kleinen gelben und einzelnen roten Flecken, R und S dunkelgefleckt. Die paarigen roten Flossen sind mit weißem Vorderrand – vgl. die Ausführungen über den Seesaibling auf S. 220 – versehen. Der Bauch ist schmutzig-orangefarben, wird aber beim Milchner in der Laichzeit schön orangerot. Sein Fleisch ist dem der Bachforelle ähnlich, gelblich-rosa. Er laicht je nach der Wassertemperatur zwischen Oktober und März. Schnellwüchsig bis zum dritten oder vierten Jahr. Gutes Objekt künstlicher Aufzucht und für den Besatz kalter Kiesgruben u. ä.

Lebensweise wie die der Forelle, nur weniger scheu und geselliger. Er steht freier, jagt lebhafter, und wo man einen gefangen hat, kann man unter Umständen noch eine ganze Anzahl erbeuten.

Größe 20–45 cm. Soll bis 5 kg schwer werden können, erreicht bei uns aber meist nur 1 kg. Wird wie die Forelle gefangen und gibt sehr gute Wasserwaid.

Die große Maräne, *Coregonus lavaretus* (L.)

(Schnäpel), Wandermaräne

Salmonide in weiterem Sinne, dem Felchen artenmäßig gleichzusetzen, jedoch größer, Maul etwas unterständig und Schwanzstiel gedrungener.

Laichzeit November und Dezember. Auch ihr Fleisch ist von großem Wohlgeschmack und arm an Gräten, doch läßt sie sich schwer hältern und nur tot auf weitere Strecken versenden. Tafelzeit April bis Oktober. Länge bis über 60 cm.

Sie lebt im Madüsee in Pommern, dem Schaalsee und Selenter See in Holstein und als Abart im Pulsee bei Bernstein sowie in einigen Seen bei Birnbaum, ferner im Peipus und Ladogasee usw., als „Bodenrenke" in größeren Tiefen. Tritt als Wanderform auch im Gebiet der deutschen Küsten, insbesondere in der Ostsee auf (Schnäpel). Sie wird in norddeutschen Seen mit der leichten Floßangel gefangen. Als Köder dienen Bündel von Zuckmückenlarven, Würmer oder Schnecken. Der Köder muß dicht über dem Grund hängen. Sie ist in oberbayerische Seen und in den Bodensee eingesetzt worden, wo sie auch als Bodenrenke bezeichnet wird und sich gut verbreitet hat. Im Frühling wird sie von Sportfischern besonders mit der Hegene (Abb. 253) und Nymphennachbildungen gefangen. Am frühen Morgen und späteren Abend ist auch der Fang mit der Trockenfliege möglich. Von ortskundigen Anglern wird sie besonders in der Maifliegenzeit mit der Fliege gefangen und gibt ausgezeichneten Sport. Auch läßt sie sich mit kleinsten Spinnern erbeuten.

Wohl zu unterscheiden von ihr ist die viel kleinere, mit oberständigem Maul versehene kleine Maräne, *Coregonus albula* L., die in vielen norddeutschen und russischen Seen vorkommt, aber als Angelfisch keine Bedeutung hat.

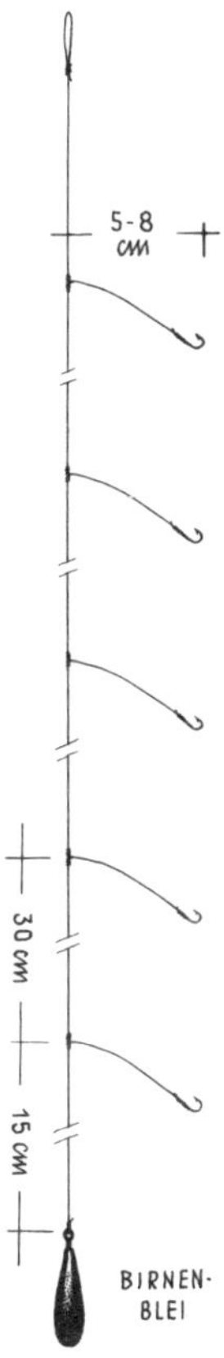

Abb. 253. Hegene für Felchen

Der Blaufelchen, *Coregonus lavaretus* (L.)

Renke, Große Schwebrenke (Tafel IV, Abb. 15)

Blaufelchen und Renken leben als Planktonfresser (Blaufelchen, Gangfisch, Reinanke) oder Verzehrer von Bodennahrung (Sandfelchen, Bodenrenken) meist in den größeren Seen der nördlichen Alpen, vor allem im Bodensee (Obersee), Chiemsee, Starnberger See, Walchensee und Ammersee, Kochelsee, und halten sich gewöhnlich in Tiefen zwischen 5 und 15 m im Freiwasser (Weitsee) auf. Der Blaufelchen oder die Renke ist, wie aus der gleichen wissenschaftlichen Namensgebung bei der vorher beschriebenen Fischart ersichtlich, der großen Maräne und dem Schnäpel artenmäßig sehr wahrscheinlich gleichzusetzen. Gehört in weiterem Sinne zu den Salmoniden. Hauptbrotfisch der Berufsfischer an bayerischen Seen, die ihn mit Stell- bzw. Schwebnetzen fangen. Maul endständig zugespitzt. Rücken- und Bauchlinie gleichmäßig gewölbt. Schwanzstiel schlank. Rückenflosse höher als lang. Große, zarte, leicht abfallende Schuppen. Kleid silberglänzend, Oberkopf und Rücken hellblau. Seitenlinie schwärzlich punktiert, Flossen gelblichweiß, breit schwarz gesäumt. Länge 50–60 cm, Gewicht 2–3 kg in oberster Grenze, meist nur ½ kg.

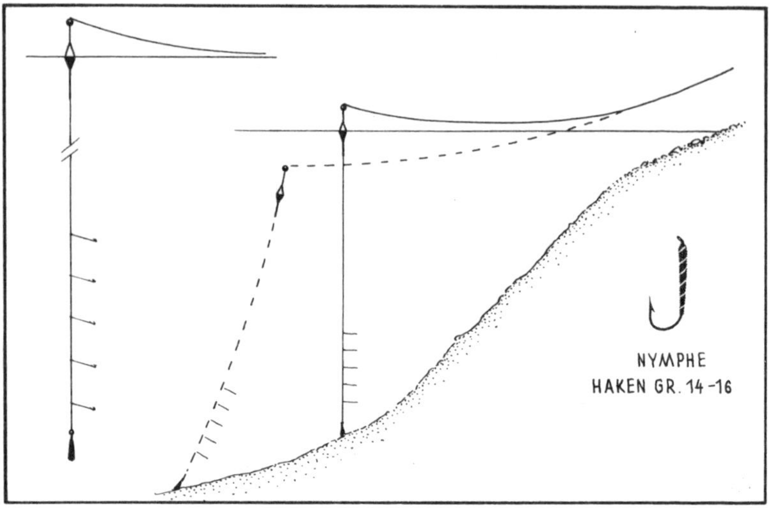

Abb. 253a. Hegene mit Posenmontage. Auf der linken Seite ist die Gesamtzusammenstellung der Hegene zu sehen. Unten das Blei, darüber an kurzen Seitenzweigen die fünf Nymphen und ganz oben eine große, möglichst auf große Weiten gut sichtbare Gleitpose. Man schiebt am besten eine Perle vor dem Schwimmer auf die Schnur. Den „Stopper" fertig man aus einem zwei- bis dreimal verknüpften Wollfadenstückchen. Die Befischungstiefen liegen im Frühjahr etwa zwischen 4 m und 15 m. Man muß ausloten. Wichtig ist das richtige Placieren der Hegene. Sie wird, am besten mit einer etwa 3 m langen Rute, so weit ausgeworfen, daß das Blei die Gleitpose unter Wasser zieht (s. Zeichnung). Nun zieht man, mittels Anhebens der Rute, die Hegene – halbmeterweise – so lange vorsichtig auf sich zu, bis die obere Hälfte der Gleitpose „gerade noch" aus dem Wasser herausschaut. Das Blei muß aber nicht so schwer sein, daß es die Pose unter Wasser zieht. Die Grundberührung erkennt man auch an der Posenstellung. Die Schnur mit den Nymphen wird dann nach oben hin durch die Gleitpose gestrafft, nach unten hin durch das Blei. Bei Wellengang bewegt sich die Pose und damit auch die Nymphen. Beim Anbiß eines Saiblings oder einer Renke haut sich der Fisch von selber an, wobei sich die Pose dann bewegt oder untergezogen wird. Damit man die Fische nicht verliert – dünne Seitenzweige – müssen sie überaus vorsichtig gedrillt werden

Laichzeit: Oktober, November und Dezember. Tafelzeit: April bis Oktober.

Im Züricher und Bodensee sowie in den oberbayerischen Voralpen- und Alpenseen wird er im Frühjahr und Herbst mit der Hegene (Abb. 253) gefangen. Letztere ist auch besonders geeignet zum Fang von Seesaiblingen. In manchen Seen gelingt der Fang der Renken mit der Grundangel oder Floßangel mit Würmern und Maden (z. B. am Ostufer des Starnberger Sees). Auch an der Flugangel soll er schon mit kleinen Fliegen erbeutet worden sein.

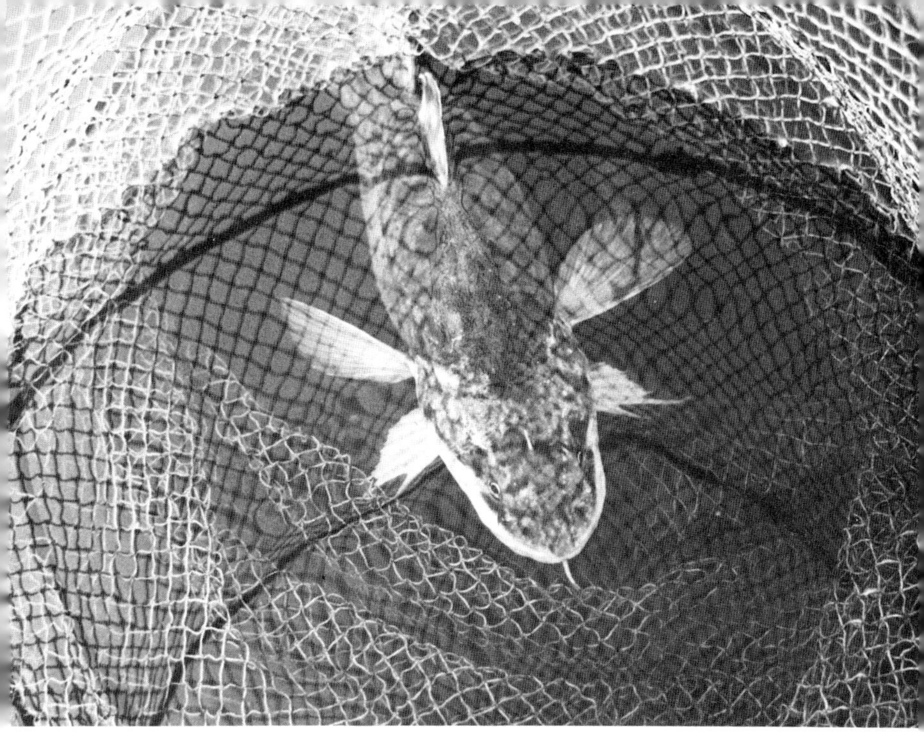

Quappe im Setzkescher. (Phot. H.-J. Wohlfahrt)

Barbe an der Laufbleiangel. (Phot. E. Wiederholz)

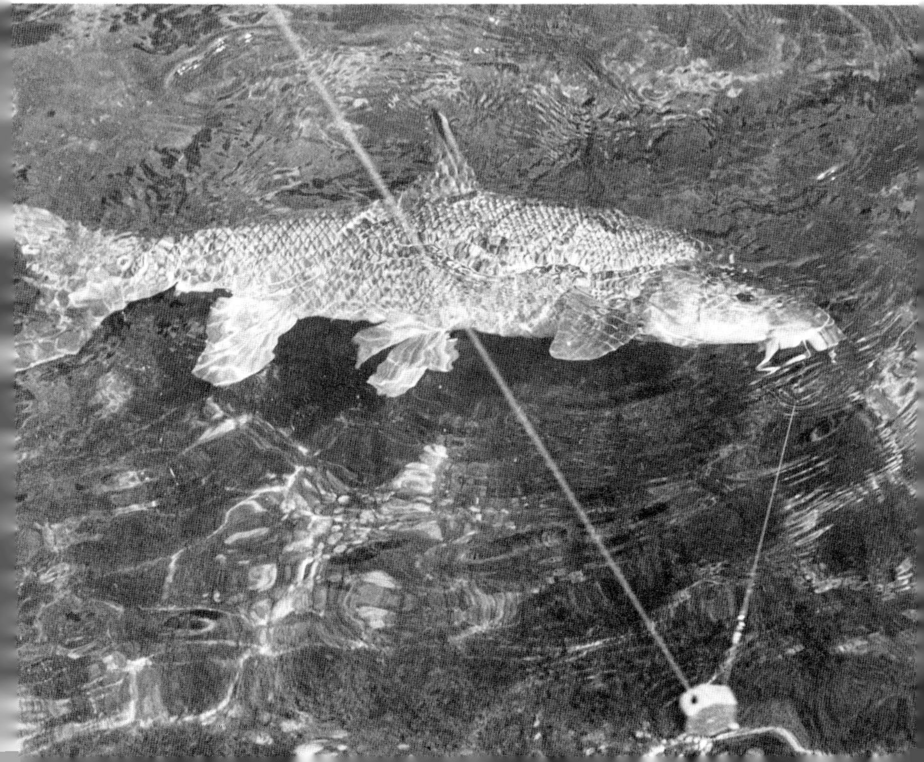

Am Krautgelege: der Hecht. (Phot. G. Lauckner)

Die Äsche, *Thymallus thymallus* (L.)

Der Asch, Äscher, Springer, Mailing, Spalt, Strommarän (Tafel IV, Abb. 16)

Die Äsche lebt gesellig in nicht zu schnell fließenden, kühlen, größeren Bächen und in Flüssen („Äschenregion") mit steinigem und kiesigem Grund, zum Teil mit der Forelle, zum Teil mit der Barbe zusammen. Sie liebt die Quellbäche nicht und kommt erst weiter unterhalb vor. Vereinzelt findet sie sich in Deutschland auch in Seen in der Nähe ein- und ausmündender Flüsse. In Skandinavien ist sie sowohl in Seen als auch im Brackwasser verbreitet. Sie ist in Deutschland in sehr vielen Flüssen anzutreffen, aber nicht überall häufig. Die Äsche laicht vom März bis Mai, erholt sich aber verhältnismäßig schnell und gibt in manchen Gewässern schon im Mai und Juni gute Wasserwaid. Im Juli und August läßt ihre Beißlust nach, ihre besten Fangzeiten sind Herbst und Winter. Sie beißt auch bei Frostwetter, besonders in den Mittagsstunden. Sie wird in der Regel $^1/_2$–1, selten über 1 kg schwer. Die Äsche ist ein schöngeformter, silberglänzender Fisch mit kleinen schwarzen, rautenförmigen Flecken, goldgrünem Schimmer auf den Schuppen, der in der Laichzeit auch purpurfarbig wird und zuweilen perlmuttartig glänzt. Durch die sehr große Rückenflosse und insbesondere die Fettflosse läßt sie sich leicht von einem gewöhnlichen Weißfisch unterscheiden und zeigt, daß sie den Salmoniden nahe verwandt ist. Die Schuppen sind ziemlich groß und bei stärkeren Exemplaren recht hart, können also vor der Zubereitung entfernt werden. Ihr Fleisch ist arm an Gräten und sehr wohlschmeckend. Sie besitzt einen ausgeprägten Duft, der an Thymian erinnert. In lebendem Zustand läßt sie sich nicht gut transportieren, da sie sehr schnell absteht. In manchen Gewässern sind die Äschen im Frühjahr sehr stark von Fischegeln befallen. In der Regel verschwindet dieser Befall, der offenbar nur Jungfischen schadet, im Laufe des Juni. R: 5–7/14–17. Ihr Mindestmaß für geschonte Sportgewässer sei 30–35 cm. Auf den britischen Inseln kommt sie natürlicherweise nur in England vor. Besonders nach dem 2. Weltkrieg wurde die Äsche durch Besatz in vielen deutschen Gewässern heimisch (z. B. Trave, Beste, Este, Wehre bei Eschwege, Ahre usw.) und hat sich auch vermehrt. Sie ist sehr empfindlich gegen Elektrofischen.

Der Äsche wird nachgesagt, daß sie die Forelle verdrängt. In dieser allgemeinen Form ist die Aussage jedoch nicht richtig. Ob die Äsche oder die Forelle in einem Gewässer vorherrscht, hängt von verschiedenen Umständen ab. Besonders wichtig ist die Art der Hauptnahrung. Man weiß, daß in Kalksteingewässern mit Flohkrebsen als Hauptnahrung der Fische die Äsche in erfolgreichen Wettbewerb mit der Forelle tritt. Sind dagegen Süßwasserschnecken besonders reichlich vertreten, so gewinnt die Bachforelle die Oberhand. Ein Fall ist bekannt, wo mit zunehmendem Bestand an Regenbogenforellen die Zahl der Äschen zwar nicht abnahm, die Äschen jedoch vollständig zur Grundnahrung übergingen und nicht mehr auf die Fliege stiegen (River Wye, England).

Die Äsche gewährt dem Angler ausgezeichnete, spannende und abwechslungsreiche Wasserwaid, besonders auch dann, wenn die Forelle Schonzeit hat und sonst mit der Flugangel am Wasser nichts zu machen ist. An schönen Wintertagen geht die Äsche mit Vorliebe an kleinste Trockenfliegen oder bei Trübung an tief geführte größere Naßfliegen, Streamer, Nymphen und Kleinstspinner. Die induziert zum Anbiß geführte Nymphe, wie sie Major Kite bekanntgemacht hat, ist z. B. auch in der kalten Jahreszeit eine sehr erfolgreiche Methode des Äschenfischens. Die besten Angelstellen sind 1–1 1/2 m tiefe Strömungen, wo man die meisten Fische am oberen Ende findet. Niedriger Wasserstand ist gut, steigendes Wasser nicht so gut geeignet wie fallendes. Geräumige Kolke und deren Ausläufe nach den Rollen zu, Wasserpflanzen, Krautbetten in Strömungen zwischen zwei Tümpeln liebt die Äsche sehr. Die größten Fische sind in tiefem Wasser zu finden. Im Sommer steht sie gern auf den Rollen, im Winter muß man sie im tiefen Wasser suchen. Sie lebt gesellig und macht keine größeren Wanderungen.

Angelköder: Steinfliegenlarven, Sprock, Maden, Wespenlarven, Fliegen, Heupferdchen, Regenwürmer.

Die Grundangel: empfiehlt sich nur für tiefes oder trübes Wasser und für die kalten Wintertage, wenn die Fliege ganz versagt. Die Äsche kann an der leichten Grundangel und mit feinstem Zeug hervorragenden Sport geben. Besonders in Gewässern mit Mischbesatz, die auch Nasen, Häslinge usw. aufweisen, werden gelegentlich besonders schwere Exemplare unverhofft gefangen. Da bei diesen kapitalen Äschen anzunehmen ist, daß sie kaum das nächste Frühjahr überstehen, kann ihre Befischung mit Naturködern besonders bei Verwendung widerhakenloser Haken und Beschränkung auf ein hohes Maß und geringe Stückzahl empfehlenswert sein, wenn alle anderen Methoden – und es gibt viele – versagen.

Auch in solchen Flüssen, die den ganzen Sommer trübes Wasser führen oder die dafür bekannt sind, daß die Äschen schlecht auf die Fliege steigen, ist gegen das Angeln mit natürlichen Ködern nichts einzuwenden.

Flugangel: Die künstliche Fliege ist ausgezeichnet für den Äschenfang geeignet. Gewöhnlich wird mit kleinen Haken gefischt. Zum Äschenfischen mit der Naßfliege im strömenden Wasser werden auch Doppelhaken empfohlen.

Die besten Äschenfliegen sind auf der Fliegentafel abgebildet. Die Äsche bevorzugt kleine Fliegen; Haken-Größe 14–16 ist angemessen. Da die Äsche schnell aufgeht, muß beim Angeln mit der Trockenfliege meist sofort angehauen werden, und weil sie häufig weniger scheu als die Forelle ist, ist das Stromaufangeln nicht so wichtig, und die Würfe können nach einem Fisch, den man aufgehen sah, öfter wiederholt werden; man kann auch an derselben Stelle mehrere fangen. Vergrämt wird die Äsche dagegen meist durch furchende Fliegen, man wirft die Trockenfliege daher im Schlangenwurf, doch kann – allerdings nicht immer – gerade die leicht furchende Fliege überlegen sein, vor allem, wenn diese nur wirklich leicht furchend stromab treibend angeboten wird. Das Vorfach wird nach dem Wurf dabei durch einen kleinen Ruck unter Wasser gezogen.

In starken Strömungen sind beim Angeln mit Naßfliegen die auf Seite 139 ff.

gegebenen Ratschläge über Rutenhaltung und Schnurführung zu beachten, da die Äsche oft schnell und leise die Fliege berührt, daß es dem Angler leicht entgeht. Die geringste Straffung der Schnur wird nicht mit einem Anhieb, sondern mit raschem Anheben der Rute beantwortet.

Das Heben und Senken mit Maden, künstlichen Kohlraupen, Steinfliegenlarven und Grashüpfern ist eine wirksame Angelmethode. In manchen Gewässern beißen große Äschen nicht selten auf kleine Blinker, Löffel, Kugelspinner und z. B. auch die beschwerte Tandem-Wurmfliege. In das gleiche Spezialgebiet fällt auch die Mormyschka, die ja große Ähnlichkeit mit einer Nymphe hat. Trotzdem suche man sich bei der edlen Äsche als fischgerechter Angler möglichst auf die Flugangel zu beschränken.

Während des Drills kommt die Äsche sehr viel häufiger ab als die Forelle, hauptsächlich wohl, weil sie mit kleineren Haken gefangen wird. Beim Drill verhält sich die Äsche in den einzelnen Gewässern ganz verschieden. In den Flüssen des Flachlandes und in den trägen, verkrauteten Karstflüssen der Schwäbischen und Fränkischen Alb gibt sie, ähnlich wie in den englischen Äschenflüssen, nach einigem Bohren am Grund oder im Kraut rasch klein bei. Ganz anders in raschfließenden Gebirgswässern, hier nutzt sie alle Vorteile, die ihr die Strömung bietet, aus und wehrt sich verzweifelt, ein erheblicher Teil der großen Äschen kommt hier auch bei geschicktester Handhabung der Rute und Schnur während des Drills ab. Auf dem Anhieb folgt meist eine wilde Flucht stromab, wobei die Äsche eigenartig drehende Bewegungen ausführt. Häufig endet die Flucht mit einem Luftsprung, der dem Fisch die Freiheit bringt. Mitunter fängt die Äsche auch gleich nach dem Anhieb an, sich in der Strömung zu wälzen, und stellt so die Nerven des Anglers auf eine harte Probe.

Man wird am ehesten mit der Äsche fertig, wenn es gelingt, sie in das ruhigere Wasser am Ufer oder gar in eine Rückströmung zu führen. Zu diesem Zweck übt man, sobald die erste Flucht beendet ist, einen stetigen Zug senkrecht zur Strömung, also gegen das Ufer aus, indem man die Rute, wenn nötig, fast bis auf den Wasserspiegel senkt.

Der Stint, *Osmerus eperlanus* (L.)

(Tafel V, Abb. 17)

Der Stint ist den Salmoniden nahe verwandt (Fettflosse). Er erreicht nur geringe Größe (8–15, höchstens 30 cm). Er hat ein weites Maul mit deutlichen Zähnen auf Gaumen und Zunge. Schuppen glanzlos, mittelgroß, zart, lose eingesetzt. Umrisse und Färbung der Schuppen sehr verschieden. Rücken gewöhnlich blaugrün. Seiten silberfarben mit bläulichem oder grünem Schimmer, Bauch rötlich, Körper durchscheinend. Er hat einen eigenartigen, an Gurken erinnernden Geruch, aber sein Fleisch ist von vortrefflichem Geschmack, R: 3/7–8. Der Stint lebt im Meer, in Flüssen und Seen und kommt im März und April in dichtgedrängten Scharen in Meerbusen und

Häfen sowie in die Flußmündungen, um an sandigen Stellen zu laichen. Während in von der Küste weit entfernten Binnengewässern eine kleine Form vorkommt, die für den sportlichen Fang kaum attraktiv ist, wird der Stint in Küstengewässern größer. Die größeren Exemplare ernähren sich sogar dort von kleinen Fischen. Die Brut hält sich an der Oberfläche, die älteren Fische in tieferem Wasser.

Er beißt sehr gut auf die Angel, namentlich an Flußmündungen und in Haffen, vom Juni bis November. Im Sommer ist der frühe Morgen und späte Abend die beste Zeit. Man fängt ihn über Tiefen 2–2 1/2 m unter der Oberfläche.

Angelköder: Kleine Regenwürmer, Stücke von Krebsen, Fleischstückchen vom Aal, namentlich vom Bauch dieses Fisches, erbsengroße Stücke von Garnelen oder glänzenden Fischchen, Nereidenstücke.

Der Haken ist in Größe 12 zu nehmen. Man angelt mit einem Paternoster, das vom Grund ab in Abständen von 22 cm mit fünf bis sechs Haken versehen ist. Mündungen von Bächen und im Meer kleine, felsige Buchten sind die besten Angelstellen. Da man den Biß der Fische nicht fühlt, so muß in Abständen von einigen Sekunden leicht angehauen werden.

Der Wels, *Silurus glanis* L.

Waller, Schaid, Schaiden, Schaden, Scharn (Tafel V, Abb. 18)

Einsam lebender Grundfisch, neben dem Stör der größte Fisch Mitteleuropas. Gewaltiger Räuber, der alles frißt, was er an Lebewesen überwältigen kann. Leib vorn rund und dick, hinten zusammengedrückt. Kopf breit mit mächtigem Maul, darin zahlreiche hechelförmige Zähne. An der Oberlippe zwei lange, weißliche, an der Unterlippe vier kurze, rötliche Bartfäden. Augen sehr klein. Färbung dunkelgrün, braun oder schwärzlich, oft marmoriert, unten weißlich. R sehr klein, A sehr lang. Länge bis 3 m, Gewicht bis 250 kg. Fleisch, besonders das kleiner Welse, wohlschmeckend, fett.

Der Wels ist im östlichen Deutschland und im Donaugebiet verbreitet, fehlt aber fast ganz im Weser- und Rheingebiet, wenn er dort nicht eingebürgert wurde. Er lebt in Seen und Flüssen des ebenen Landes auf schlammigem Grund, wo er ruhig in der Tiefe steht. Der Wels laicht im Mai und Juni an Wasserpflanzen. Köder sind: Fische, besonders kleine Schleien, Aale, Quappen, Frösche, Krebse, Bündel von Würmern, Pferdeegel, Geflügeldärme, Muschelfleisch usw. Ein örtlich besonders guter Köder ist die Maulwurfsgrille, die lebend mit Kupferdraht befestigt an einem Drilling angeboten wird. Meist wird der Wels an der Legeangel gefangen. Bei schwülem Wetter und nachts gelingt auch der Fang an der Grundangel mit lebendem Köder (Wurm, Fischchen) oder Geflügeldärmen. Zum Angeln mit lebenden Fischchen ist das festliegende Paternoster (Abb. 218 u. 219) dann besonders geeignet, wenn der Köder an einer bestimmten Stelle angeboten werden soll.

Ein besonderes Lockmittel für den Fang von Welsen ist der Buscalo, ein

Gerät, das aus Holz geschnitzt wird oder aus einem Holzstiel mit angeschraubter Blechbüchse besteht. Die jugoslawischen Fischer verwenden es mit Vorliebe in der Donau. Mit dem Buscalo werden nach einem gewissen Rhythmus Schallgeräusche im Wasser erzeugt, welche die Welse zum in Bootsnähe geführten Köder (meistens eine Maulwurfsgrille) führen und zum Anbiß verleiten.

Auch mit der Spinnangel wird der Wels bei günstigem Wetter erbeutet. Jedem Angler, der Gelegenheit hat, in einem mit Welsen besetzten Gewässer zu angeln, sei geraten, sich durch einige vergebliche Versuche nicht entmutigen zu lassen, denn der Fang schon eines 20pfündigen Welses an der leichten Spinnangel ist ein ganz besonderes Erlebnis. Am ehesten gelingt der Fang in den gut besetzten, nicht zu großen Seen und Flüssen Süd- und Ostdeutschlands. Die beste Zeit für den Welsfang mit der Spinnangel in Jahren mit normaler Witterung ist von Mitte Mai bis Mitte August. Am besten beißt der Wels an heißen windstillen und an gewitterschwülen Tagen oder bei trübem Wetter mit bedecktem Himmel, besonders gegen Abend. In Seen ist der Wels sehr empfindlich gegen Erschütterungen des Wassers, man verhalte sich also im Boot möglichst ruhig oder angle, wo das möglich ist, vom Ufer aus mit weiten Würfen. Die Schnur soll mindestens 9 kg Tragkraft haben, doch müssen mit ihr weite Würfe möglich sein. Die Blinker sollten nicht größer als 6 cm, nur mit einem Schwanzdrilling bewehrt sein und so viel Eigengewicht haben, daß sie ohne Spinnblei geworfen werden können. Zu empfehlen sind Heintzblinker, Z-Spinner und Wobbler, auch mit 4 cm langen fliegenden Löffeln können Welse gefangen werden. Wobbler haben den Vorzug, unter gewissen Umständen schwimmend wie auch tauchend dem Spinner überlegen zu sein. Schnur, Vorfach, Wirbel und Drillinge müssen von allerbester Beschaffenheit sein, denn der Wels ist ein äußerst kräftiger und ausdauernder Fisch, und man muß ständig damit rechnen, einen Kerl von einem halben Zentner an den Haken zu bekommen. Im Drill versucht der Wels, sich vor allem auf dem Grund festzukeilen und Hindernisse zu erreichen. Am ehesten kommt man ihm bei, wenn man mit der äußersten Kraft, die das Gerät erlaubt, ihn vom Grund zu heben versucht und nach jeder Flucht sofort erbarmungslos pumpt (s. S. 101).

An der Schleppangel mit Hechtködern wird der Wels in Seen nicht selten gefangen; wahrscheinlich ist aber die Fangart mit Weitwurf vom vorsichtig geruderten oder treibenden Boot aus ergiebiger.

Den Wels landet man mit genügend großem Unterfangnetz oder durch beherzten Griff am Unterkiefer.

Der Wels ist wie der Karpfen außerhalb des Wassers sehr lebenszäh und kann – in einem nassen Sack oder in feuchte Tücher gewickelt – viele Stunden am Leben erhalten und transportiert werden. Zum Glück – denn Welse aus Braunwasserseen moseln oft wie alte Karpfen und sind unmittelbar nach dem Fang ungenießbar. Wenn sie dann einige Tage im frischen, fließenden Wasser gehältert wurden, ist ihr Fleisch ein Leckerbissen.

Der Hecht, *Esox lucius* L.

Wasserwolf, Heekt, Schnök, Schnuk (Tafel V, Abb. 19)

Der Hecht ist Standfisch in allen nicht zu schnell fließenden Gewässern Nord- und Mitteleuropas, Sibiriens und Nordamerikas. Er lebt als Einsiedler und ist von Jugend an der gefräßigste Raubfisch der Uferregion des süßen Wassers, nimmt aber auch im Alter noch zeitweilig nur Kleintiere (Flohkrebs, Fischbrut). Der Hecht ist wohl unser schnellwüchsigster Wirtschaftsfisch. Bei guten Nahrungsverhältnissen nimmt er schon im ersten Lebensjahr mit jedem Jahr 1 Pfund zu. In Gebirgswässern findet man ihn nur vereinzelt. Wo er die Herrschaft gewinnt, da verschwinden Forellen und Äschen. Er muß deshalb in reinen Salmonidengewässern, auch in großen Alpenseen, die Forellen und Saiblinge beherbergen, so kurz wie möglich gehalten werden. Warmes Wasser zieht der Hecht kaltem, klares dem trüben, ruhig strömendes oder stehendes dem schnellfließenden vor. Er ist im allgemeinen Scharfisch, im Alter geht er erfahrungsgemäß in die Tiefe, wo er sich während der Winterzeit oft gesellig aufhält. Seine Gestalt ist torpedoartig, die Rückenflosse sitzt nahe am Schwanz, der Unterkiefer steht weit vor, das Maul ist bis unter die Augen gespalten, entenschnabelförmig und stark bezahnt. Die Färbung wechselt von grau- bis gelbgrün mit dunklerem Rücken und weißlichem Bauche. Seitlich helle, oft goldgelbe Flecken und Streifen. Länge bis 1½ m. Gewichte über 15 kg kommen in den letzten Jahren in Deutschland immer häufiger vor. 1971 war ein besonderes Jahr der Hechte. In diesem Jahr wurde auch in einem Baggersee bei Vienenburg/Goslar der deutsche Rekordhecht von 47 Pfd. und 200 g mit dem Köderfisch gefangen. Das Fleisch des Hechtes wird von vielen hochgeschätzt, nur ist es ziemlich reich an spitzen Gräten. Tafelzeit Juni bis Januar.

In allen Gewässern, die keine Edelfische beherbergen, sollte der Hecht viel weitergehende Schonung finden, als ihm meistens gewährt wird. Aus Forellen- und Äschengewässern dagegen fängt man ihn rücksichtslos heraus. Es ist völlig verkehrt, die ganze Fangzeit über nur den Forellen und Äschen nachzustellen und die Hechte und Weißfische im Wasser ungeschoren zu lassen. Manche Angler brüsten sich dabei, daß sie nur mit der Fliege fischen; kein Wunder, wenn ihre Gewässer völlig verwahrlosen. Man sollte es sich zum Grundsatz machen, mindestens die gleiche Zeit, die man für den Salmonidenfang verwendet, auch für den Hechtfang aufzubringen. Angler, die ihr Handwerk verstehen, sind sehr wohl in der Lage, den Hecht im Salmonidengewässer in Grenzen zu halten, und es ist ein Armutszeugnis für den Wasserbesitzer oder Pächter, wenn zur elektrischen Abfischung gegriffen werden muß, die doch auch nicht mehr an Hechten einbringt, als ein tüchtiger Sportfischer in wenigen Tagen fängt. Kaum ein Salmonidengewässer ist so verkrautet und verwachsen, daß es nicht mit der Spinn- und Trollangel oder dem Paternoster befischt werden könnte. Auf diese Weise kurzgehalten, wird der Hecht weniger zur Gefahr für den Forellen- und Äschenbestand.

Der Hecht laicht gleich nach der Schneeschmelze, von Mitte Februar bis Ende April. Die beste Zeit des Hechtfanges beginnt in Seen nach der Laichzeit im Juni, bisweilen schon im Mai, und in Flüssen im August; die besten Monate sind von Anfang September bis Ende November. Die günstigste Beißzeit des Hechtes ist in den einzelnen Gewässern verschieden. Hat man jedoch die Gewohnheiten des Hechtes in einem Gewässer erforscht, dann kann man damit rechnen, daß die besten Beißzeiten Jahr für Jahr die gleichen sind. In der warmen Jahreszeit nimmt er in der Regel früh morgens und abends die Angel am besten, im Herbst und Spätherbst dagegen vormittags bis mittags. Nachts geht der Hecht, im Gegensatz zu anderen Raubfischen, in der Regel nicht an die Angel.

Der Hecht liebt stille Plätze, Krautbetten, Gelege, Baumwurzeln, versunkenes Holz, Seerosenblätter und Wasserpflanzen in $1^1/_4$ bis 2 m tiefem Wasser, wo er als Oberflächenfisch steht und pfeilschnell hervorschießend alles faßt, was lebt und was er nur irgend bewältigen und verschlucken kann. Bisweilen erstickt er an zu großen Beutetieren oder er läßt einen Teil der Beute so lange aus dem Maule hängen, bis der im Magen liegende Teil verdaut ist und der Rest nachrutschen kann. Er verspeist mit Vorliebe auch seinesgleichen. Obwohl er meistens einzeln raubt, wird er hin und wieder zu mehreren gemeinsam beim Rauben angetroffen.

In Seen und Staubecken steht er gern an steil abfallenden Scharbergen und an Zuflüssen. Schwere Hechte halten sich mehr in der Tiefe und im freien Wasser auf. In Flüssen liebt er Stauwasser über Mühlen und Wehren, Wirbel zwischen zwei Strömungen, die Verschalungen unter den Mühlen und Wehren, tiefe Tümpel, krautreiches, nicht zu tiefes, ruhiges Wasser. Er steht gern an Buhnenköpfen im tiefen Wasser, an der Grenze starker Strömungen und ruhigen Wassers, am liebsten oberhalb der Buhnen. Im Bereich der Gezeiten beißt er gern bei ebbendem Wasser.

In großen Flüssen suchen die Hechte oft für längere Zeit die Strommitte auf, wo sie am Grund hinter Schwellenbauten, Steinblöcken, versunkenen Baumstämmen und anderen Hindernissen stehen.

Als allgemeine Regel kann gelten, daß man den Hecht mit der Angel in warmem Wasser in geringer Tiefe, in kaltem Wasser in größerer Tiefe zu suchen hat.

Köder: Plötze, Karausche, Gründling, Ukelei, kleine Döbel oder Hasel, die sowohl lebend als auch tot an Spinnsystemen verwendet werden. Gute Erfolge zeitigten auch die auf Seite 88 ff. gezeigten künstlichen Spinnköder. Kleine und mittlere Hechte beißen ab und zu auch auf Regenwürmer.

Der Hecht stürzt sich zu gewissen Zeiten blindlings auf alles, was sich bewegt, auf die wobbelnde Kartoffel, den Messingbeschlag eines Paddels oder eine schwimmende Jungente. Derartige Hauptbeißtage sind aber nicht sehr häufig, sie werden abgelöst von mäßigen Beißperioden oder durch Zeiten, in denen überhaupt kein Hecht zum Anbiß zu bewegen ist, weder durch künstliche noch durch natürliche Köder. Dann kommen Tage, an denen die meisten Hechte – ähnlich wie zeitweilig die Forellen – dem Köder zwar nachlaufen, aber nur zögernd danach fassen, so daß sich gelegentlich einer von außen fängt. Danach bleibt der Spinnköder dem Hecht wohl für eine gewisse Zeit als etwas Verdächtiges in Erinnerung, und deshalb kommt es oft vor, daß manche Spinnköder auf einige Zeit unwirksam werden. Für diesen Fall ist es ratsam, einige in Form, Farbe sowie in ihrer Bewegung abweichende Spinner in Reserve zu haben. Gute Fänge wurden in „verblinkerten" Gewässern mit Holzködern gemacht.

Der kluge Angler wird sich an Tagen, an denen die Hechte dem Köder nur nachlaufen, ihre Standplätze merken und diese Plätze an späteren, günstigeren Tagen besonders vorsichtig angehen und sorgfältig abfischen. Das ganze Geheimnis der erfolgreichen Spinnfischerei besteht darin, dem Hecht den Köder so verlockend wie möglich, aber nicht sich selbst zu zeigen.

Etwas umstritten ist die Frage der Ködergröße. Kapitale Hechte werden manchmal mit kleinsten Blinkern, ja sogar mit dem Wurm oder mit Maden gefangen. Trotzdem gilt aber wohl die Regel, daß schwere Hechte große Köder bevorzugen. Allerdings haben große Köder, vor allem Fische an Spinnfluchten, den Nachteil, daß sie mehr Fehlbisse einbringen.

Der englische Hechtspezialist Dennis Pye verwendet zum Fang großer Hechte einen ziemlich frei schwimmenden größeren Köderfisch (etwa ein pfündiges Rotauge oder dergleichen). Der kaum mit Blei beschwerte Fisch an seinem mit verhältnismäßig kleinen Haken bestückten System bestreicht ein großes Gebiet. Das ihn nur leicht hindernde Floß zeigt lediglich den Weg des Fisches an. Diese Methode wirkt besonders vom Boot aus auf großen stehenden Gewässern.

Zum Hechtfang verwende man eine starke Grundrute oder eine nicht zu steife kurze oder lange Spinnrute, eine Stationär- oder Multirolle mit Knarrbremse und nur feine, aber beste Schnüre sowie Drahtvorfächer. Vorfächer aus Kunststoff scheuern sich an den Hechtzähnen oft schon beim Anhieb, vor allem beim Anbiß kleinerer Hechte, durch. Auch die Haken zum Anködern lebender Fische werden zweckmäßigerweise an gedrehtem Stahldraht oder an Stahlseide befestigt.

Zum Hechtfang benutzt man starkdrähtige Haken mit sehr scharfen Spitzen, die besonders bei Spinnern und Spinnsystemen öfters auf ihre Schärfe geprüft werden müssen. Man treibe sie durch kräftigen Anhieb ein, da sie in dem eigentümlich gebauten Maul des Hechtes leicht ausschlitzen oder auf Knochen stoßen, so daß Hechte verhältnismäßig häufiger abkommen als andere Fische.

Wenn das Wasser nicht zu sehr verkrautet ist, so ist die *Spinnangel* vor jeder anderen Methode zu empfehlen. Sie wurde oben ausführlich beschrieben. Nachdrücklich sei nochmals auf die Bemerkungen über die Köderführung (S. 125 ff.) und die zweckmäßigste Rutenhaltung (S. 122 ff.) hingewiesen. Im Anfang der Saison benutzt man die künstlichen Spinner, später meist mit mehr Erfolg tote Fischchen an den verschiedenen Hakenfluchten. Besonders wirksam in stehenden Gewässern ist ein langsam geführtes Fischchen am v.-d.-Borne-System (s. Abb. 225). Das spinnende Fischchen reizt den Hecht fast noch mehr zum Angriff als ein lebendes Fischchen. Die Spinnangel bringt schon deshalb mehr ein als andere Methoden, weil man mit ihr große

Wasserräume abfischen kann. Ganz besonders wichtig ist es, jeden möglichen Standplatz sorgfältig durch viele Würfe in verschiedener Richtung und mit verschieden tiefer Führung des Köders, tiefe Stellen auch mit Heben und Senken abzusuchen; da, wie schon früher gesagt wurde, der Hecht oft, trotz größter Raubgier, fehlstößt. Im tiefen Wasser wird der Angler solche Fehlstöße zunächst gar nicht bemerken, sie machen sich aber durch einen Schwall bemerkbar, der mitunter erst Sekunden nach dem Fehlgriff an die Wasseroberfläche kommt. Schon mancher Hecht wurde mit dem vierten oder fünften Wurf über die gleiche Stelle gefangen. Es lohnt sich also beim Hechtfischen, sehr genau die Wasserfläche zu beobachten. Wichtig ist es, den Köder an tiefen Stellen auch tief zu führen. Leicht angetrübtes Wasser und trübes, regnerisches Wetter oder Nebel sind günstig; doch darf es nicht zu kalt sein. Fallender Barometerstand ist ungünstig.

Für krautreiches Wasser bedient man sich der Trollangel, bei der die Haken dicht an dem toten Köderfischchen anliegen. Diese Angelmethode ist sehr wirksam und bringt oft reiche Beute an großen Hechten; sie ist nur als sportlich anzusehen, wenn sie als Schnappangel montiert, das Schlucken des Köders durch den Hecht verhindern kann.

In Seen, größeren Flüssen und in den Binnengewässern der Ostsee wird mit großem Erfolg mit der Schleppangel von einem fahrenden Boot gefischt.

Mit der Schnappangel und lebenden Ködern wird sehr viel erfolgreich nach Hechten geangelt, doch gilt von ihr ziemlich dasselbe wie von der Trollangel. In stark verschilften Altwässern, an sehr kalten Wintertagen und in Seen und Staubecken auf tiefstehende Fische ist allerdings ein lebendes Fischchen an der Schnappangel oft das einzige wirksame Mittel. Bei hoher Wassertemperatur, vor allem in stehenden Gewässern, sind Karausche, Döbel, Hasel und Schleie die ausdauerndsten Köder, Rotauge und Rotfeder dagegen wenig geeignet.

Die *Paternosterangel* (Abb. 217) verwendet man in Wasser von rasch wechselnder Tiefe.

Man fischt damit dicht an Bretterbettungen und Mühlengerinnen und Wehren, unter denen sich gerne große Hechte verbergen, an überhängenden Ufern, an Gelegen von Binsen, Rohr oder Schilf, in ruhigen Strömungen und tiefen Tümpeln, wo rückläufige Strömung ist. Im Herbst, wenn das Kraut am Grund noch nicht abgestorben ist, fischt man so, daß sich der Köderfisch dicht über dem Kraut befindet, indem man die Entfernung zwischen Bleigewicht und Haken entsprechend einstellt.

Bisweilen, namentlich wenn das Wasser warm ist und viele kleine Fische vorhanden sind, ergreift der Hecht den Köderfisch und trägt ihn längere Zeit herum. Wenn sich dies öfters wiederholt, so führt man den Haken durch die Basis der Rückenflosse des Köders.

Der Fang mit der Hechtfliege. Bisweilen nimmt der Hecht eine künstliche Fliege sehr gern. Man benutzt sehr große bunte Fliegen mit dickem Leib, die eher einen kleinen Vogel darstellen, und wirft sie mit der Spinnrute nach Art eines Spinners. Eine besonders gute „Fliege“ arbeitet in der Art der Wormfly und besteht aus zwei hintereinander durch bewegliche Glieder verbundene

Palmer. Ein schaufelartig wirkendes flaches, rundes Blei vor der Fliege läßt sie in die Tiefe streben und ermöglicht die erforderliche Auf- und Abbewegung. Verschiedene Farbvariationen sind möglich. Bewährt hat sich ein Körper aus rotbraunen Hahnenhecheln, die an der Spitze in Weiß übergehen.

Zum Heben und Senken in tiefen Kolken und Buhnenfeldern eignen sich Zocker, Neunaugenzopf, Taucher und Tauchfliegen wie oben beschrieben. Ferner ist der Plastik-Frosch verwendbar. Er wirkt oft auf einen alten Räuber, bei dem alle anderen Köder versagt haben.

Anfütterung von Weißfischen hat schon oft zum Fang von Hechten geführt, die durch die Ansammlung von Futterfischen angelockt wurden.

Die *Grundangel* wird zum Hechtfang in Flüssen und Seen benutzt. In Flüssen eignet sich das Grundblei mit lebendem Fischchen zum Beangeln tiefer Löcher mit unregelmäßiger Strömung, von Mühlschüssen und ähnlichen Stellen. Auch in angetrübtem Wasser hat man damit noch Aussicht auf Erfolg.

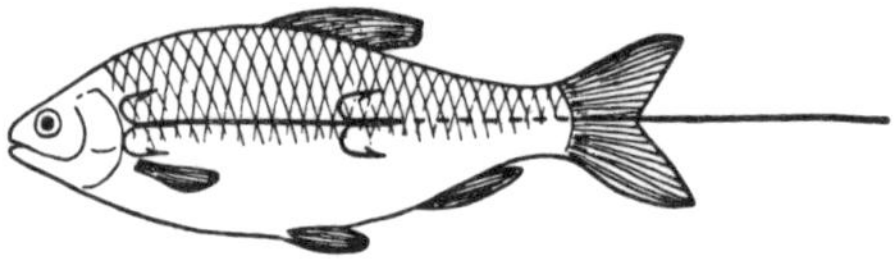

Abb. 254. Toter Köderfisch zum Grundangeln auf Hechte

In Seen und tiefen Flußstrecken ohne Strömung ist meist keine Bleibeschwerung nötig. Außerdem stellten englische Angler schon vor langer Zeit fest, daß der Hecht auch mit totem, am Grund liegenden Köder gefangen werden kann. Das Verfahren ist dann von den Brüdern TAYLOR noch vervollkommnet worden.

Als beste Art der Anköderung hat sich die in Abb. 254 gezeigte bewährt. Ein Drilling wird hinter den Kiemen, ein zweiter etwa in der Körpermitte eingestochen und das Vorfach mit der Ködernadel durch die hintere Körperhälfte und an der Schwanzwurzel herausgeführt. Nach dem Wurf läßt man den Köder auf den Grund sinken. Dem beißenden Hecht müssen vor dem Anhieb einige Meter Schnur gegeben werden. Als Köder eignet sich jede Art toter Fische, auch grüne Heringe. Vorsichtiges Anfüttern mit Fischstückchen wird empfohlen.

Der Hecht kämpft gut im Drill, obwohl er keine großen Fluchten macht, und kommt häufig wieder los, besonders wenn er Gelegenheit erhält, durch starkes Schütteln des Kopfes über dem Wasser den Haken wieder herauszuschleudern. Man schlägt deshalb zügig, nicht durch kurzen Ruck, und so oft an, bis der Hecht lebhafte Befreiungsversuche macht, und drille ihn nicht mit hochgehobener Rutenspitze, sondern halte die Rute nahe an den Wasserspiegel gesenkt – aber natürlich im rechten Winkel zur Schnur! –, damit er sich unter Wasser austoben kann, übe einen gleichmäßigen Zug, unter Umständen auch etwas Zwang aus und führe den Hecht schnell über das Netz. Kämpft ein Hecht an der Oberfläche des Wassers, so suche man ihn durch seitlichen Zug mit ins Wasser gehaltener Rute an das Landegerät zu bringen.

Der Karpfen, *Cyprinus carpio* L.

Spiegelkarpfen (Tafel V, Abb. 20)

Der Karpfen hat ein weites, endständiges Maul, mit dicken Lippen und 4 starken langen Barteln. Leib mäßig zusammengedrückt, Schuppen groß, regelmäßig verteilt, Seitenlinie vollständig, fast gerade. Körper mehr oder weniger hochrückig. Gestalt und Färbung wechseln je nach Rasse und Aufenthaltsort. Seiten goldgelb und braun bis blaugrün. Rücken mit Rückenflossen meistens blaugrün, braungrün oder dunkelgrün, andere Flossen grau bis blaugrün, oft mit rötlichem Anflug. Lippen und Bauch gelblich, R: sehr lang 3–4/17–22. A: 3/5–6. Dritter Knochenstrahl in R und A stark gezähnt. S: tief halbmondförmig ausgeschnitten. Schldz. 1·1·3-3·1·1.

Länge bis 1 m, Gewicht bis über 25 kg. Er ist in Gewässern, die reichlich Nahrung bieten und ausreichend hohe Temperaturen aufweisen, sehr raschwüchsig. Stücke von 10–20 Pfund sind in Flüssen und Seen keine Seltenheit. In Deutschland werden fast jedes Jahr Karpfen mit über 30 Pfund Gewicht an der Angel gefangen. Leider hat in vielen Seen Deutschlands der Bestand an Karpfen durch die ansteckende Bauchwassersucht stark abgenommen.

Abarten: Der schuppenlose Lederkarpfen, der mit wenigen Reihen großer Schuppen versehene Spiegelkarpfen und andere. Wichtigster Zuchtfisch für flache, warme Teiche. Laichzeit Mai bis Juni, in kalten Jahren auch noch später. Ihr gehen zuweilen Wanderungen flußaufwärts voraus, wobei Hindernisse übersprungen werden. Der Karpfen lebt in Flüssen und Seen. Im Winter nimmt er wenig Nahrung auf, doch sind Perioden wärmeren Wetters erfolgversprechend. Er wird auch an Kühlwasserzuflüssen geangelt, deren hohe Wassertemperatur ihn fast zu jeder Jahreszeit beißlustig macht. Im Sommer, wenn das Wetter warm ist, ist er bei bestem Appetit. Die Temperaturspanne, in der der Karpfen am besten an die Angel geht, liegt zwischen etwa 18° und 25 °C. Er hält sich gern in der Nähe des Einflusses von Kanälen, die Futterstoffe mitführen, in tiefen Tümpeln, an Wurzeln, hohlen Ufern, Krautbetten, unter Seerosen und Nixblumen und bei dem Einlauf trüben Wassers. Seine Anwesenheit verrät er oft durch streckenweise Trübung des Wassers, die er beim Wühlen nach Nahrung verursacht. Die von ihm dabei hervorgerufenen Blasen sind größer als diejenigen der Schleie. Günstig für den Fang sind dunkler Himmel, leichter Regen, frühe Morgen- und späte Abendstunden im heißen Sommer. In manchen viel befischten Wassern beißen die großen Karpfen überhaupt nur in der Dämmerung und bei Nacht an. Im übrigen lassen sich für den Karpfen weniger als für jeden Fisch Regeln über die beste Beißzeit aufstellen. Seine Freßlust ist in hohem Maße von der Wassertemperatur und der Witterung abhängig. Es wiederholen sich fast in jedem Sommer längere Perioden, in denen der Karpfen überhaupt keinen Köder nimmt. In diesem Fall hilft auch das Angeln bei Nacht nichts. Auch von der Regel, daß früher Morgen und später Abend am besten seien, gibt es viele Ausnahmen. Witterungsumschläge zum Wärmeren sind meistens vielversprechend, vor allem in der kühleren Jahreszeit. Wenn man einen Köderplatz vorbereitet hat, sollte man sich auch durch scheinbar ungünstiges Wetter nicht vom Angeln abhalten lassen.

Fangzeit: Juli, August und September sind die besten Monate, in Flüssen ist aber noch der Spätherbst bis in den November hinein gut und das Frühjahr von März bis zum Beginn der Schonzeit, also dann, wenn die Krautbetten absterben und ehe sie sich entwickelt haben. Im Winter beißt der Fisch in Seen kaum, in Flüssen werden jedoch an warmen Wintertagen mitunter Fänge gemacht.

Die Rute zum Karpfenfang soll unter normalen Verhältnissen, d. h. am nicht zu sehr verwachsenen Ufer, 3,20–3,60 m lang und zum Wurf mit einer Schnur von 6–8 kg Tragkraft geeignet sein. Wichtig ist, daß die Rute im Hand- und Mittelteil kräftig und in der Spitze verhältnismäßig weich ist. Da zum Angeln in Seen und Staubecken 80–100 m Schnur dieser Stärke notwendig sind, kommen für diese Angelart nur große Modelle der Stationärrollen in Betracht. Als Tragkraft der Schnur ist 5–6 Kilo für normale Verhältnisse ausreichend. Nur dort, wo ausgedehnte Seerosenbetten, versunkenes Gestrüpp und ähnliches Gewaltanwendung notwendig machen, nimmt man stärkere Schnüre. Als Vorfach eignet sich am besten einfädiges Perlon, die Haken müssen starkdrähtig sein. Da Knoten immer Schwächestellen der Schnur bilden, empfiehlt es sich, beim Angeln in hindernisreichen Gewässerstrecken den Haken mit Hilfe des verborgenen Knotens unmittelbar an die Schnur zu binden. Der Schwimmer, wenn er wirklich nötig sein sollte, muß auch am oberen Ende eine Öse tragen, damit er sich nicht in den Wasserpflanzen verhängt. Kartoffeln ködert man in diesem Fall so an, daß zunächst die Kartoffel mit der Ködernadel auf die Schnur gezogen, dann der Haken angebunden und schließlich die Kartoffel auf den Haken geschoben wird. Ein großes, geräumiges Netz mit langem Stiel gilt als bestes Landegerät für Karpfen.

Der Plan, nach dem man beim Karpfenfang vorgeht, ist verschieden, je nachdem, ob man in Flüssen oder Seen fischt. Allgemein gilt jedoch, daß regelmäßiges und über längere Zeit sich erstreckendes Anfüttern notwendige Voraussetzung für erfolgreiches Karpfenfischen ist. Ohne Anfütterung auf Karpfen zu angeln verspricht nur dann Erfolg, wenn man Karpfen ziehen sieht oder ihren Standplatz an aufsteigenden Blasen erkennt. Ebenso wichtig ist die geeignete Wahl des Futterplatzes. In Seen muß die Änderung der Wassertemperatur durch nächtliche Ausstrahlung, Wind und Strömungen berücksichtigt werden (Seite 168 ff.), außerdem hat man darauf zu achten, daß der Grund einigermaßen fest ist, damit der Köder nicht in Schlamm vergraben und versunken bleibt, und daß, sofern man vom Ufer aus angelt, eine Landemöglichkeit vorhanden ist. Zuweilen ist es notwendig, ein Stück Seegrund mit Hilfe eines eisernen Rechens oder einer Stange, die man mit

Stacheldraht umwickelt hat, vom Kraut zu säubern. Vorzuziehen sind Plätze in der Nähe von Krautbetten oder Seerosenbeständen, womöglich mit gegen den See mehr oder weniger steil einfallendem Grund. Sieht man in der Dämmerung warmer Sommer- oder Herbstabende in der Nähe solcher Stellen Karpfen aus dem Wasser springen, so darf man sicher sein, daß sie den Grundköder über kurz oder lang annehmen werden.

In Flüssen ist das Anfüttern an einem beliebigen Platz zumeist wertlos, und es ist nicht immer leicht, eine gute Stelle herauszufinden. Man muß wissen, daß die Karpfen je nach der Temperatur und dem Wasserstand ihre Pfade ändern. Im allgemeinen steht der Karpfen im tiefen, ruhigen Wasser mit weichem Grund und Kraut. Mit Sicherheit können daher die tiefen *und auch bei Hochwasser ruhigen Stellen* im Stauwasser und Unterwasser von Wehren als Karpfenstandplätze angesprochen werden. Zum Laichen zieht der Karpfen dagegen in flaches, ruhiges oder langsam strömendes Wasser, oft ein beträchtliches Stück flußaufwärts. Daher kommt es, daß man an warmen Junitagen oft Karpfen in Mengen im flacheren Wasser beobachtet und trotzdem nach dem Ende der Schonzeit an diesen Plätzen nichts fängt. Die Fische sind nach dem Laichen wieder an ihre alten Standplätze im tieferen Wasser gegangen. Steigt im Juli oder August die Wassertemperatur beträchtlich an, so ziehen in der Regel die Karpfen zur Nahrungssuche mehr ins flachere Wasser. Man sieht und hört sie dann in Krautbetten oft dicht am Ufer wühlen und schmatzen. Um diese Zeit kann man dann auch nach nur leichtem Anfüttern am Rand von Schilfbeständen in Ufernähe nennenswerte Beute machen.

Der einzige Weg, rasch in einer unbekannten Flußstrecke einen geeigneten Köderplatz ausfindig zu machen, ist der, daß man an Sommer- oder Herbstabenden das Flußufer begeht und auf springende Karpfen achtet. Sie sind leicht und auf weite Entfernung an der Goldfarbe und daran zu erkennen, daß sie ziemlich senkrecht oft mit der ganzen Körperlänge aus dem Wasser schnellen und sich, Schwanz voraus, wieder zurückfallen lassen. In möglichster Nähe des Platzes, wo man sie springen sah, wählt man eine tiefe, ruhige Stelle mit günstiger Landemöglichkeit als Köderplatz. Gut ist es, wenn die Stelle nicht zu nahe am Ufer liegt.

Als Grundköder eignen sich Weißbrot, gekochte Kartoffeln, Bohnen, Erbsen, Mais (Polenta), Brotteig, gequollenes Getreide und ähnliches. Weitaus der beste Grund- und Angelköder für große Karpfen während der warmen Jahreszeit ist in vielen Flüssen und Seen die gekochte Kartoffel. Zu Beginn und Ende der Fangzeit wird dagegen oft der Wurm besser genommen. Von der Anfütterung mit Tauwürmern ist dann, wenn man mit Würmern am Haken angeln will, abzuraten. Man lockt damit gleichzeitig Barben, kleine Aale, Barsche an, die den Angelköder viel rascher ergreifen als der Karpfen. Man werfe auch nicht zuviel Grundköder ein, in Seen genügen ein bis zwei Pfund täglich. Ratsam ist es, Grundköder in der Größe und Form des Hakenköders zu benutzen. Man gewöhnt so die Karpfen gleich an die richtigen Portionen und verhindert gleichzeitig, daß Kleinfische den Köder zu rasch wegfressen. Bei Anwesenheit von Brachsen und großen

Rotaugen sowie in Flüssen ist mehr angebracht, etwa 3–4 Pfund am Tag oder noch mehr. Im Fluß fressen vor allem Döbel große Mengen des Grundköders weg. Wenn die Fische schlecht oder gar nicht beißen, wirft man weniger ein, damit der Köder nicht liegenbleibt und verdirbt. In Seen genügt es, den Grundköder einfach einzuwerfen, in Flüssen ist es mitunter nötig, ihn zusammen mit Steinen in Lehm einzukneten, damit er von der Strömung nicht zu rasch vertragen wird.

In ruhigem verhältnismäßig klarem Wasser kann oft nur ein langsam sinkender Köder Erfolg bringen. Man erreicht dies mit einem Kloß aus Kartoffel und Weißbrot ohne Bleibeschwerung. In England heißt diese Methode „on the drop"-Fischen.

Als Fangmethode kommt das Angeln mit oder ohne Floß oder mit dem Grundblei in Betracht. Die Floßangel empfiehlt sich hauptsächlich an ruhigen Stellen im Fluß und in Seen vom Boot aus. Als Floß nimmt man am besten einen Federkiel, dessen Größe sich nach der erforderlichen Bleibelastung richtet, oder, wenn das Wasser erheblich tiefer ist als die Angelrute lang, ein Gleitfloß. Das Floß stellt man so ein, daß der Haken und 20–30 cm des Vorfachs mit einem Teil oder der ganzen Bleibeschwerung am Grund liegen. Ist die Wasseroberfläche sehr unruhig, so ist es angezeigt, die Entfernung zwischen Floß und Bleibeschwerung etwas größer als die Wassertiefe zu machen; das Floß liegt dann flach auf dem Wasser. Dadurch wird verhindert, daß das auf- und abtanzende Floß Blei und Köder auf dem Grund umherzieht. Auch Sturmfloße (Abb. 196h.) leisten dann gute Dienste. Die Bleibeschwerung durch Schrote oder Wickelblei muß so groß sein, daß der Köder ruhig auf dem Boden liegenbleibt. Da auch in Seen meist eine leichte Grundströmung vorhanden ist, so ist auch hier Beschwerung angebracht. Noch besser ist die Verwendung eines tropfenförmigen Bleies mit Öse am spitzen Ende, die der Fänger des britischen Rekordkarpfens Richard Walker empfiehlt. Die durch den Ring führende Schnur wird lediglich durch einen Stopper (Schrotkorn, Ventilgummi, Schnurstopper usw.) belastet. Der Karpfen hat also nur diesen beim Anbiß zu bewegen.

Nach dem Wurf legt man die Rute auf einen Rutenhalter oder den Bootsrand, aber mit so viel loser Schnur zwischen Rutenspitze und Floß, daß ein beißender Karpfen das Floß meterweit fortziehen kann und daß, wenn man die Rute ergreift, die durchhängende Schnur nicht gleich am Floß zieht. Dasselbe ist, nebenbei gesagt, auch beim Schleiangeln wichtig. Der Anbiß eines großen Karpfens ist ein prachtvoller Anblick: Das Floß beginnt in der Regel zuerst zu zittern und taucht dann ruhig und majestätisch schräg unter Wasser oder segelt gleichmäßig fort. Ruhe bewahren, der Anhieb eilt nicht! Man haue erst an, wenn das Floß gut untergetaucht oder ein gutes Stück fortgesegelt ist.

An die Floßangel werden Kartoffeln, Würmer oder ein Stück des Grundköders geködert. In manchen Flüssen werden Kartoffeln oder andere vegetarische Köder an der Angel erst nach längerem Anfüttern und hauptsächlich im Sommer und Herbst von den großen Karpfen genommen, die kleineren Karpfen sind an dem mit Kartoffeln usw. geköderten Platz, vor allem im zeitigen Frühjahr besser und schon nach kürzerer Zeit mit Würmern zu fangen. Kleine, bis 10 cm lange Tauwürmer und Goldschwänze eignen sich am besten. Man ködert ein bis drei Goldschwänze an Haken Nr. 6–8.

Im tiefen Wasser mit sehr gleichmäßiger, ruhiger Strömung kann man das Floß weglassen, das Vorfach wird mit so viel Blei beschwert, daß der Köder gerade noch liegenbleibt. Man ködert eine Kartoffel oder einen Wurm an und wirft schräg flußabwärts. Nach dem Wurf legt man die Angelrute auf einen Rutenhalter und läßt die Schnur ziemlich weit nach unten durchhängen oder legt, wenn die Strömung dies erlaubt, noch einige Klänge loser Schnur zwischen Rolle und Führungsring auf den Boden. Bißanzeiger für die Dämmerung wurden auf Seite 32 beschrieben. Angehauen wird, sobald die Schnur sich zu strecken beginnt oder wenn die losen Klänge anfangen auszulaufen. Nicht selten lassen sich große Karpfen, nachdem sie den Köder ergriffen haben, mit der Strömung flußabwärts treiben. Diese Art von Anbiß macht sich dadurch bemerkbar, daß die Schnur sich bewegt. Es ist sofort anzuhauen, wenn man dies bemerkt.

Der Anhieb beim Angeln ohne Floß hat, wenn viel Schnur im Wasser liegt, nicht durch einen kurzen Ruck, sondern durch zügiges Erheben der Rute bis in die Senkrechte zu erfolgen, da die Krümmungen der Schnur im Anhieb gestreckt werden müssen.

Man mache keinen Versuch, den Fisch vor dem Anhieb zu fühlen!

Der Karpfen ist heute so weit verbreitet, daß er auch in rascher fließenden, steinigen Flüssen vorkommt. In solchen Wassern gehen die Karpfen in ziemlich lebhafter Strömung auf Nahrungssuche z. B. dort, wo die normale Strömung in das Stauwasser von Wehren übergeht. Hier ist gewöhnlich das einzige Gerät, ihnen beizukommen, das Bodenblei. Man kann dasselbe Zeug benützen wie für die Barbe, nur muß die Rutenspitze weich, und der Köder, Wurm oder Kartoffel, darf nicht zu groß sein. Auf diese Weise wird zwar oft sehr gute Beute gemacht, aber die Erfolge sind sehr wechselnd; diese Art zu fischen sei hauptsächlich der Vollständigkeit wegen erwähnt.

An heißen, windstillen Tagen verlassen die Karpfen schon unter Tag ihre Verstecke im Kraut und stehen über die Mittagszeit in halber Wassertiefe oder an der Oberfläche im Schatten von Seerosenblättern oder Gebüsch, scheinbar schlafend. Um diese Zeit ist Fischen am Grund in der Regel zwecklos. Durch vorsichtiges Anpirschen gelingt es hin und wieder, einen hochstehenden Karpfen auf einen kleinen Wurm oder ein Brotkügelchen zum Anbiß zu reizen, indem man auf ein Seerosenblatt oder schwimmendes Holz mit unbeschwerter, gut gefetteter Leine wirft, den Köder einige Zeit liegenläßt und dann vorsichtig zu dem Platz zieht, wo ein Karpfen steht, so daß er einige Zentimeter unter der Wasseroberfläche spielt. Nebenbei sei hier erwähnt, daß dieselbe Fangart mit Insekten, vor allem Heuschrecken, als Köder vorzüglich ist zum Fang hochstehender Döbel, Rotaugen und Rotfedern.

Eine andere Angelart auf hochstehende Karpfen, besonders in Seen und Altwassern mit stark verkrautetem Grund, ist das Fischen mit der Treibschnur und Brotrinde (siehe Seite 102). Durch regelmäßiges Einwerfen von großen Brotscheiben gewöhnt man die Karpfen daran, Köder von der Oberfläche zu nehmen. Der Haken wird mit einem Brotwürfel beködert, den man aus frischem Weißbrot (Kastenbrot) so schneidet, daß er ein Stück von der Rinde und der Krume enthält, und dann mit der Ködernadel aufs Vorfach zieht. Das Brotstück soll so groß sein, daß es von der Stationärrolle geworfen werden kann. Stücke von der Größe einer Streichholzschachtel sind für mehrpfündige Karpfen nicht zu groß.

In nicht zu großen Seen, Baggerteichen und Staubecken ist der Karpfenfang wesentlich einfacher und führt in kürzerer Zeit zum Ziel als in den meisten Flüssen. Die besten Köder sind Kartoffeln und Brotteig; der Gebrauch des Wurms verbietet sich von selbst in Seen, die viele Barsche, Gründlinge, Rotaugen usw. beherbergen. Da in der Regel an den Köderplatz für Karpfen auch große Brachsen und Schleien gelockt werden, empfiehlt es sich, zwischendurch einen Versuch mit einem großen Tauwurm am Haken zu machen. Ist man gezwungen, vom Boot aus zu angeln, so ist die Floßangel, wie wir sie oben für den Fluß beschrieben haben, angezeigt, im sehr tiefen Wasser mit Gleitfloß. Angefüttert wird wie im Fluß, nur gibt man, wie gesagt, geringere Mengen. Es braucht wohl nicht betont zu werden, daß mit äußerster Vorsicht in die Nähe des Köderplatzes zu rudern ist. Das Boot wird besser nicht verankert, sondern etwas ins Schilf gedrückt oder dadurch festgelegt, daß man einige Schilfhalme um die Ruderzapfen wickelt. So wird vermieden, daß ein gehakter Fisch um die Ankerleine schwimmt. Man ist außerdem in der Lage, einem schweren Fisch rasch mit dem Boot zu folgen. Das wird mehr als einmal nötig sein, nicht um den Fisch zu landen, sondern um die Schnur aus einem Seerosenbett zu lösen, in dem sich der Fisch verfangen hat. Gerade Seerosenbetten und ihre nächste Umgebung sind der Lieblingsaufenthalt der Karpfen, und es wäre falsch, sie aus Furcht vor dem Verlust eines Fisches zu meiden und den Köderplatz ganz im freien Wasser anzulegen. Man nehme lieber Schnur und Vorfach etwas stärker, halte die Rute beim Drill hoch und folge, wenn man einen Begleiter hat, rasch mit dem Boot. Wenn erst mehrere gute Fische sich durch ein nicht allzu breites Seerosenfeld gekämpft haben, dann sind die gefährlichsten Stengel und Blätter weg, und man wird kaum mehr einen Fisch verlieren.

Wo die Seeufer nicht sehr bewachsen sind und die Wassertiefe gering ist, würden die Fische durch den Kahn zu sehr beunruhigt, man fischt in diesem Fall besser vom Ufer mit der Floßangel mit möglichst wenig Blei. Man stellt das Floß ungefähr 30 cm tiefer, als die Wassertiefe beträgt. Da mit tiefgestellter Angel schwierig zu werfen ist, so ist entweder ein Gleitfloß ratsam oder zusätzliche Beschwerung durch Lehm- oder Grundköderkugeln. Man wirft etwas jenseits des Futterplatzes ein und zieht den Köder mit einigen Rucken uferwärts an den richtigen Platz. Dadurch fällt der Hilfssenker vom Vorfach, und das Vorfach hängt nicht direkt über dem Köder.

Müheloser und sicherer als die Floßangel führt beim Angeln vom Seeufer aus die Angel mit der Wasserkugel bzw. die Grundangel ohne jeden Bißanzeiger und Bleibeschwerung zum Ziel. Auf vorsichtig beißende Karpfen ist dies zweifellos die verläßlichste Angelart. Den Köderplatz wählt man für

Bei kräftiger Brise: Ausfahrt zum Hochseeangeln. (Phot. C. W. Schmidt-Luchs)

Makrelen-Invasion. (Phot. C. W. Schmidt-Luchs)

Besonders schön gezeichneter Ostseedorsch. Der Drilling des großen Pilkers sitzt im Maulwinkel. (Phot. H. Brozio)

Beim Küstenangler sehr beliebt: der Hornhecht. (Phot. O. Volgmann)

diese Art zu angeln so weit von einem nicht zu stark verkrauteten und verschilften Uferstreifen seewärts, wie man die Kartoffelstücke, die als Grundköder dienen, eben noch mit der Hand werfen kann. Als Angelköder sucht man sich eine besonders appetitliche kleine Kartoffel oder einen Kartoffelwürfel von mindestens Walnußgröße aus. Es gibt Angler, die für die Anköderung von Kartoffeln einen Drillingshaken verwenden, ein großer einfacher kurzschenkliger Haken ist jedoch nicht weniger fängig, dafür aber fischgerechter und läßt keinen abgerissenen Fisch so leicht verludern. Die Kartoffel wird zuerst mit einer Ködernadel auf die Schnur gezogen und dann der Haken zur Krümmung fast ganz in die Kartoffel hineingezogen. Ein Stückchen Schale an der Kartoffel hindert den Haken daran, beim Wurf zu weit in diese einzudringen.

Geworfen wird die Kartoffel an ihren Platz entweder von einer Stationärrolle oder, wenn man mit einer Nottingham- oder einer Multirolle fischt, in der auf Seite 122 beschriebenen Weise. Damit sich die Schnurklänge beim Wurf nicht verwickeln, kann man einen großen Sack auf dem Boden ausbreiten und darauf die Schnurklänge auslegen. Diese Wurfmethode ist zwar reichlich altmodisch, aber da doch nur wenige Würfe zu machen sind, genügt sie vollauf, sie hat zudem den Vorzug, daß jeder Wurf genau die gleiche Entfernung erreicht. Es ist allerdings nicht nötig, daß man genau auf den Futterplatz trifft, der Karpfen findet die Kartoffel auch dann, wenn sie einige Meter daneben liegt. Nach dem Wurf wartet man zunächst, bis die Kartoffel auf den Seegrund gesunken ist, legt die Rute auf eine Gabel und zieht dann die überflüssige lockere Schnur zwischen Rolle und Führungsring so weit ein, daß die Schnur von der Rutenspitze noch stark nach unten durchhängt. Die eingezogene Schnur wird in Klängen vor die Rolle auf den Boden gelegt. Wenn die Schnur sich streckt und die ausgelegten Klänge auszulaufen beginnen, wird durch zügiges Erheben der Rute angehauen. Bei windstillem Wetter erkennt man die zarteste Berührung des Köders am Verhalten der Schnur. Weht dagegen ein kräftiger Wind, dann ist es besser, die Schnur zwischen Rolle und erstem Ring nur gerade bis zum Boden durchhängen zu lassen und die Schnur einen kleinen Ring aus Draht oder einen Gardinenring (Abb. 255) bzw. eine Klammer oder ein Stück Silberpapier einzuhängen. Sobald der Ring oder die Klammer nach oben geht, ist es Zeit für den Anhieb. Nicht selten haken sich die Karpfen bei dieser Art zu angeln von selbst. Man lasse deshalb die Rute keinen Augenblick aus dem Auge, sonst –! Wenn die Kartoffel am richtigen Platz liegt, bleibt dem Angler nichts mehr übrig als zu warten und zu warten! Neu eingeworfen wird erst dann, wenn Grund zur Annahme besteht, daß die Kartoffel nicht mehr richtig am Haken sitzt.

Der Hauptgrund für die Erfolge mit der eben geschilderten Methode ist das völlige Fehlen jeder Bleibeschwerung; das einzige, was den Karpfen noch stutzig machen kann, ist die Schnur, die aus der Kartoffel herausragt – aber ohne diese geht es eben nicht!

In vielbefischten Gewässern werden die Karpfen unter Umständen mißtrauisch gegen steifes Perlon. In diesem Fall kann man den Haken an ein Stück grüner geklöppelter Nylonschnur als Vorfach binden. Man kann dann auch gleich mehrere Vorfächer mit angeköderten Kartoffeln vorbereiten. Ist der Seegrund von sehr lockerem Schlamm bedeckt oder verkrautet, dann versagt leider manchmal auch diese gute Methode. Es gibt dann – abgesehen von der Treibschnur auf hochstehende Karpfen – nur noch ein weiteres Verfahren, das mitunter Erfolge bringt: Man nehme einen Würfel trockenes Brot und ziehe ihn mit der Ködernadel auf den Haken. Als Beschwerung wickelt man sodann einige Windungen Bleidraht an das Vorfach, und zwar so weit weg vom Haken, daß der Brotwürfel nach dem Einwurf über dem Schlamm oder Kraut schwebt. Das Blei soll also einerseits den Wurf ermöglichen und andererseits verhindern, daß der Brotwürfel auftaucht, hierfür eignet sich das vorerwähnte Birnen-Blei besonders gut.

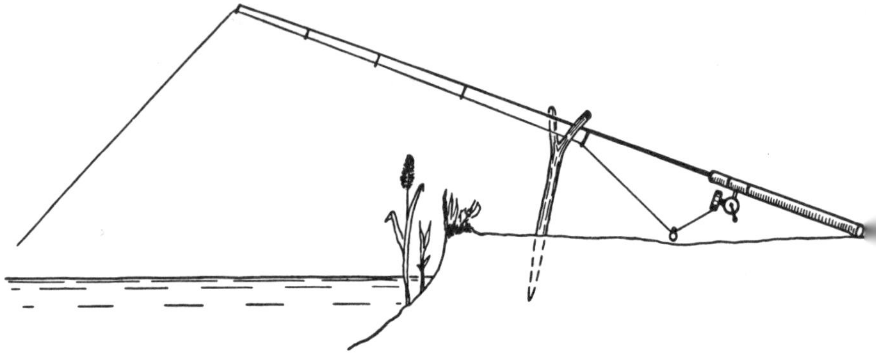

Abb. 255. Gardinenring als Bißanzeiger

Da in manchen Wassern die Karpfen hauptsächlich in der Morgen- und Abenddämmerung beißen, so ist eine Vorrichtung nötig, die einen Anbiß auch bei Nacht erkennen läßt. Ein weißer, flach auf dem Wasser liegender Federkiel ist zu Beginn der Dämmerung noch gut zu sehen. Weitere Bißanzeiger sind auf Seite 32/33 erwähnt. Für tiefe Dunkelheit ist eine Laterne zu empfehlen, die einen schmalen Lichtstreif auf die am Boden liegenden Klänge schickt, sonst aber gut abgeblendet ist.

Der Karpfen ist, wenn das Wasser erst eine gewisse Wärme erreicht hat, ein zwar launischer, aber mit viel Appetit gesegneter Geselle, der einen ihm vertrauten Köder, wenn er in unverdächtiger Weise an feinem Zeug angeboten wird, nimmt. Sein Fang ist meistens nicht so schwierig, wie manche Geheimniskrämer behaupten. Da der Karpfen heute in vielen Wassern der einzige Fisch ist, der kapitale Gewichte erreicht, so ist er auch die Mühe wert, die das Anfüttern verursacht.

Der gehakte Karpfen kämpft mit Ausdauer und Zähigkeit, seine Gewohnheit ist es, sich in Verstecke irgendwelcher Art zu flüchten. Nach dem Anhieb verhält er in der Regel einen Augenblick bohrend auf dem Platz, dann folgt eine lange Flucht gegen die Seemitte oder ins Kraut. Viel ist gewonnen, wenn man schon diese erste Flucht durch möglichst großen Bremsdruck auf die

Rolle erschwert. Manche Karpfen schwimmen schon bei der ersten Flucht nach oben und wälzen sich an der Oberfläche, das ist der vielbesprochene Karpfenschlag. Wer gewohnt ist, den Fisch nicht mit roher Gewalt zu behandeln, und eine federnde Rute führt, braucht ihn nicht zu fürchten. Immer erinnere man sich daran, daß seitlicher Zug den Karpfen am raschesten vom Kurs und zum Landegerät bringt.

Die Karausche, *Carassius carassius* (L.)

Karaß, Schneiderkarpfen, Moorkarpfen (Tafel VI, Abb. 21)

Dem Karpfen sehr ähnlich, aber Leib seitlich mehr zusammengedrückt, ohne Barteln und kleiner. Länge bis 50 cm, Gewicht höchstens 1,5 kg. Maul eng, schief nach oben gerichtet. Meist hochrückig. Kümmerformen häufig. R: 3–4/14–21. A:3/5–8. Schldz: 4–4. Färbung von grau bis messinggelb. An der Schwanzwurzel meist ein deutlicher, schwarzer Fleck. Lebt in Massen allenthalben in flacheren Seen, Sümpfen, Mooren, Tonlöchern, kleinsten Tümpeln, vor allem im östlichen Deutschland, sofern sie weichen, bewachsenen Untergrund haben, und selbst im Brackwasser der Ostsee als Grundfisch der flachen Uferregion und nährt sich von Kleintieren und Pflanzenstoffen. Laicht im Mai und Juni. Fleisch grätig, aber das der größeren Exemplare wohlschmeckend. Die Karausche ist sehr lebenszäh und hält langen Transport ohne Wasser aus. Sie kann leicht mit dem Giebel verwechselt werden, der keinen Fleck auf der Schwanzwurzel trägt, nur 29 statt 34 Schuppen in der Seitenlinie hat und sich durch ein fast schwarzes Bauchfell auszeichnet. Der Karschkarpfen ist ein Kreuzungsprodukt zwischen der Karausche und dem Karpfen. Wenn sie starken Modergeschmack zeigt („mooselt"), muß man sie nach dem Fang einige Tage in reines, leicht fließendes Wasser zur Reinigung einsetzen; das gilt auch für andere Karpfenarten und für Aale. Oft sind kleine Wasserlöcher übervölkert mit kaum fingerlangen Fischen, deren Wert für den Angler hauptsächlich in ihrer Verwendung als Köderfisch liegt. Aus einer kleinen Stelle im Kraut kann dort ohne Anfütterung Fisch auf Fisch mit einem Würmchen gefangen werden. Größere hochrückige Karauschen müssen wie Rotaugen angefüttert werden und werden auch so geangelt. Erbsen werden als Anköderung empfohlen und können auch als Hakenköder genommen werden.

Die Schleie, *Tinca tinca* (L.)

Schlüpfling, Schlammler, Schuster (Tafel VI, Abb. 22)

Die Schleie gehört zu den karpfenartigen Fischen (Cypriniden) und ist Bodentier- und Pflanzenfresser. Der Leib ist mäßig zusammengedrückt, mit kleinen, in der schleimigen Haut verborgenen Schuppen versehen. Das Maul ist endständig mit zwei kurzen Bartfäden. Farbe hellolivengrün bis schwarzgrün; Flossen dunkel, oft schwarz, dick, breit, abgerundet, R: 4/8–9. A: 3–4/6–7. Schldz: 4–5 oder 5–5. Länge bis 70 cm. Gewicht bis 6 kg. Das Fleisch, besonders junger Schleien, ist sehr wohlschmeckend. Eine bekannte Abart ist die Goldschleie.

Die Schleie lebt in Flüssen und Seen in ruhigem Wasser mit schlammigem Grund; sie liebt Krautbetten, besonders kleine offene Stellen im Kraut. In den Seen steht sie bei heißem Wetter in den Gelegen. Die Laichzeit ist Mai bis Juli. Sie ist nicht weniger lebenszäh als die Karausche, friert wie diese auch in kleinen Gewässern nicht so leicht aus und neigt ebenfalls zur Verbuttung.

Fangzeit. Besonders lebhaft beißt sie im zeitigen Frühjahr bei schönem, warmem Wetter im flachen Wasser der Seen und Teiche in weniger als 1 m Tiefe, schlechter dagegen nach der Laichzeit bis Ende Juli oder Anfang August. Man achte auf Stellen, wo Luftblasen aufsteigen, weil die Schleien im Schlamm wühlend nach Futter suchen und dabei Blasen aufstoßen, die wie Perlen dem Fisch folgen. Aber auch die Bewegung von Schilf, Wasserlilien und Wasserlinsenteppichen zeigen die Anwesenheit von Schleien an. Die Schleie ist ein wehrhafter Fisch, der nach dem Anschlagen mit Macht der nächsten Deckung zustrebt, und es kann deshalb erforderlich werden, bei größeren über 2 Pfund wiegenden Schleien unter schwierigen Verhältnissen stärkere Schnüre zu verwenden sowie eine kräftige lange Rute. Das gleiche gilt besonders, wenn direkt an verschilften, verkrauteten Ufern geangelt wird. Die Schleie gilt als heimlich und launisch. Sie zieht nicht so lebhaft umher wie der Karpfen und hält sich gern im dichten Kraut versteckt. Im Sommer beißt sie besonders frühmorgens und abends. Lockköder wird mindestens am Vortag eingeworfen, z. B. Kartoffeln, Weißbrot usw. Anfüttern ist für einen guten Fang meistens notwendig, und der Fang mehrerer größerer Schleien wird durch tägliches vorheriges Anfüttern um so sicherer. Ebenso wichtig ist das Entkrauten des Angelplatzes. In besonders krautreichen Gewässern müssen Schneisen durch das Kraut gelegt werden, die zum Angelplatz führen. Ein sehr wirksames Mittel zum Anlocken der Schleien ist das Aufwühlen des Bodenschlammes mit einer langen Stange, einem Rechen oder einem Backstein, den man an einem Strick ins Wasser wirft und über den Grund zieht. Auf die angetrübte Stelle wird Lockköder geworfen. Angelköder: Regenwürmer, Kartoffeln, Maden, Weißbrutkruste, Wespenlarven, Sprock, rohe Leber, Muschelfleisch, Mieterkrebse, Teig. Wird der Köder nicht leicht schwebend angeboten, so daß er möglichst lange fallend sichtbar ist, so kann man ihn auch so beschweren, daß der Fisch bei der Aufnahme den Schwimmer heben läßt. Der Haken kann klein sein, aber wenn schwere Fische zu erwarten sind, ist bei entsprechender Schnur, 0,30er Hauptschnur und 0,25er Vorfach meist richtig. Große Tauwürmer werden nur einfach eingehängt. Bei kleineren Ködern benötigt man feinere Haken und feinere Schnur. Kurzschenklige kräftige Haken eignen sich für große Schleien am besten.

Die Barbe, *Barbus barbus* (L.)

Barbine, Barme, Sauchen (Tafel VI, Abb. 23)

Cyprinide. Die Barbe hat unterständige, wulstige Lippen und vier dicke Bartfäden. Der Rücken ist einfarbig olivengrün, auch bräunlich und messingfarben, oft mit kleinen schwarzen Flecken. Seiten und Bauch lichter, grünlichweiß. Kehle weiß. R: bläulich, längster Stachelstrahl steif und grobsägig. 3/8–9. A: 3/5 gleichfarbig, die übrigen Flossen rötlich. Schldz.: 2 · 3 · 5 – 5 · 3 · 2. Gewicht bis 12 kg beobachtet. Ihr *Rogen ist giftig.*

Die Barbe lebt in größeren Flüssen und in Strömen mit schnellfließendem Wasser auf grobkiesigem Grunde, zwischen großen Steinen, unter Wasserpflanzen, gern auch unter Wehren und Mühlschüssen. Sie schwimmt und steht in großen Schwärmen beisammen und sucht ihre Nahrung am Grund. Die Barbe ist Bodentierfresser, kann aber auch als Laich- und Bruträuber dem Edelfischbestand gefährlich werden. Dem Angler gewährt sie ausgezeichnete Fischwaid.

Ein bis zwei Wochen nach der Laichzeit kränkelt die Barbe, dann geht sie in die stärksten Strömungen, um sich zu reinigen. Ende Juli und Anfang August wechselt sie in tieferes Wasser und bleibt dort das ganze Jahr mit Ausnahme von hellen, heißen Tagen, an denen sie flache Strömungen aufsucht. Mit dem Eintritt von Nachtfrösten, im Oktober, ist es um den Barbenfang vorbei; dann sucht der Fisch tiefes Wasser unter überhängenden Ufern und geschützte Stellen als Winterquartier auf und wird erst im Frühjahr wieder munter. Im Winter beißt die Barbe in der Regel nicht.

Die beste Fangzeit dauert von August bis Oktober. Im Frühjahr besteht bei warmem Wetter und Wasser Aussicht auf Erfolg. Der frühe Morgen und der späte Abend geben die beste Ausbeute. Landregen ist meist günstig.

Angelstellen sucht man in den tieferen, strömenden Teilen des Flusses. Steil abfallende, unterhöhlte Ufer auf der tiefen Flußseite, tiefe Rinnen mitten im Flußbett, Einmündungen von Seitenbächen sind gute Barbenplätze, wenn der Grund kiesig ist. Große Barben findet man meist auch in den tief ausgekolkten Löchern unter Wehren, Mühlrädern oder Turbinen.

Bei hohem, trübem Wasser steht die Barbe in geringer Tiefe auf Kiesgrund meist in Ufernähe dicht neben tiefem Wasser und starker Strömung. Hier steht sie auch oft in den frühen Morgen-, späten Abendstunden und nachts. Viele gute Barbenplätze in größeren Flüssen sind nur vom Boot aus zu befischen. Man verankert das Boot oberhalb eines solchen Platzes und kann dann entweder mit der Floßangel oder dem Bodenblei die Stelle sehr gründlich befischen. Vom Boot aus sind bei hellem Wetter und klarem Wasser auch leicht die Standplätze der großen Barben auszumachen. Nicht selten verraten sich Barben durch Schlagen an der Wasseroberfläche.

Köder: Tauwürmer sind am besten zu allen Jahreszeiten; man befestigt einen oder mehrere an einem großen, kräftigen Angelhaken. Gut ist ferner Anfang August Käse und im August und September Leberkäse, Fleischwurst, Teig, Brotflocken und Grieben. Köcherlarven sind vor der Laichzeit und 2 bis 3 Wochen nachher gut; in manchen Flüssen sind auch Maden wirksam, desgleichen Querder und nach der Laichzeit kleine Fischchen, besonders Koppen für schwere Barben. Gelegentlich nimmt die Barbe auch tief geführte, kleine Spinnköder. Ein vorzüglicher Köder ist dort, wo sie vorkommt, die Wollhandkrabbe, wobei die weiche bevorzugt wird.

Lockköder: Einen oder zwei Tage vor dem Angeln werden größere Mengen Tauwürmer oder Käse, in kleine Würfel geschnitten, eingeworfen. Während des Angelns wirft man zeitweise immer wieder etwas Lockköder aus (s. auch S. 103 f.). Für stärkere Strömungen knetet man den Lockköder in Lehmkugeln ein, die man, wenn nötig, noch mit Steinen beschwert. Wenn man das Laufblei mit Ködermasse umgibt, kann auch das Vorfüttern, das ja ohnehin nicht jedem möglich ist, entfallen. Gelegentlicher Platzwechsel erhöht die Fangchancen.

Die *Floßangel* mit leichtem Floß, bei rasch sich ändernder Wassertiefe auch ohne Floß, mit feiner Schnur ist angebracht bei niedrigem, klarem Wasser und schwächerer Strömung. Man läßt den Haken auf dem Grunde schleifen.

Das *Bodenblei* ist bei hohem, trübem Wasser und starker Strömung am wirksamsten. Für grobsteinigen, hindernisreichen Grund empfiehlt sich das Stachelblei (Abb. 67).

Festliegendes Floß für tiefe Kolke. Köder sind gewöhnlich Tauwürmer, Käse oder Grieben.

Große Barben beißen mit einem Ruck, der so leicht ist, daß ihn viele Angler, die mit grobem Zeug – zu steifen Ruten! – fischen, meist nicht fühlen. Dann folgt ein gleichmäßiger, stetiger Zug; erst jetzt ist anzuhauen. An anderen Tagen – sie sind nicht häufig – ist es besser, schon bei der geringsten Berührung anzuschlagen. Spürt man heftige, ruckartige Anbisse, ohne daß man einen Fisch an den Haken bringt, dann haben sich kleine Barben oder Nasen am Köder zu schaffen gemacht.

Der Anhieb muß kräftig gesetzt werden. Man nimmt allgemein Haken Größe 2–9, bei kleineren Ködern bis 12.

Die Barbe kämpft wütend und ausdauernd im Drill, sie bohrt sich gern am Grund fest und schlägt dabei mit dem Schwanz nach dem Vorfach. Man braucht deshalb festes, aber feines Zeug.

Eine riesige Barbenart ist der *Burapatra Tor mosal* (Ham.) oder *Mahseer Tor putitora* (Ham.), der Gebirgsflüsse Indiens und Ceylons, der bis zu 2 m lang und 45 kg schwer wird und dessen Schuppen handtellergroß sind. Er wird von Sportfischern viel erbeutet, am meisten mit der Spinnangel auf Löffel oder Fischchen, und soll großartigen Sport wie der Lachs gewähren.

Der Gründling, *Gobio gobio* (L.)

Greßling, Gringel, Grimpe, Läufer, Kresse, Grundel, Krebsfisch, Weberfisch (Tafel VII, Abb. 24)

Karpfenartiger Fisch. Leib drehrund, Schwanz seitlich zusammengedrückt. Kopf und Auge groß, Maul unterständig, zwei Bartfäden, Rücken graugrün mit vielen schwarzen Flecken, Seiten und Bauch silberglänzend. R und S tragen schwarze Fleckenbinden. R: 3/7–8. A: 3/6. Schldz.: 3 · 5 – 5 · 3 oder 2 · 5 – 5 · 2. Länge 10–15 cm. Sein Fleisch schmeckt gebacken sehr gut. Er ist ein ausgezeichneter Köderfisch für Barsch, Hecht und Zander. Der Gründling lebt gesellig, liebt sauberes, nicht stark strömendes, ½ bis 1½ m tiefes Wasser, festen, sandigen, kiesigen Grund. Er laicht im Mai und Juni und bevorzugt Stromstellen von 0,15–0,20 m Tiefe auf feinem Kies und Sand.

Fangzeit: Juli bis September ist am besten; er beißt das ganze Jahr, auch im Winter. Angelstellen: An der flachen Seite des Flusses, am Anfang oder Ende tiefen Wassers, in Strömungen von 0,60–1,20 m Tiefe mit Sand- oder Kiesgrund.

Lockköder: Aufharken des Grundes; Einwerfen von kleinen Maden und Regenwurmstückchen. Angelköder: Am besten sind Maden und kleine Regenwürmer; am liebsten nur in Stückchen. Der Rotwurm gilt als bevorzugter Köder. Maden am Anfang der Saison, Würmer die ganze übrige Zeit. Man nehme immer beide Köder mit, um zu probieren, welcher am besten wirkt. Floßangel, kleines Floß, Haken 16, der Köder liegt am Grund oder etwas darüber. Man muß schnell anhauen.

Der Blei oder Brachsen, *Abramis brama* (L.)

Brasse, Brassen, Bressen, Brese, Breitling, Parismännchen, Platteisel, Scheibpleinzen, Sunnfisch, Lesch, Klesch (Tafel VII, Abb. 25)

Der Blei gehört zu den karpfenartigen Fischen. Seine Kennzeichen sind: Körper hochrückig, seitlich stark zusammengedrückt. Rücken dunkelgraublau, Seiten grau bis gelblichweiß, schwach silberglänzend, Flossen stets grau. Maul fast unterständig, rüsselartig vorstülpbar. Schuppenscheitel vor R und die scharfe Bauchkante zwischen B und A nackt, A lang, 23–28 Weichstrahlen. Schldz. 5–5, Länge bis 70 cm, Gewicht bis 6 kg. Fleisch grätig, aber gut.

Der Blei lebt gesellig in Flüssen und Seen, liebt tiefes, ruhiges Wasser, schlammigen Grund und laicht im Mai bis Juli zwischen Wasserpflanzen oder auf Sandgrund in 1–1,2 m tiefem Wasser. Die Männchen tragen starken Laichausschlag. Der Blei ist scheu und vorsichtig. Die Standplätze erkennt man mitunter daran, daß die futtersuchenden Brachsen das Wasser trüben und Gasblasen, ja sogar Fetzen von Wasserpflanzen an die Wasseroberfläche kommen. In großen Seen ziehen die Brachsen gewisse Seeteile anderen vor, ihre Lieblingsplätze erfährt man am ehesten von Berufsfischern. Der große

Blei bevorzugt die Bodenregion, in der er sich von den dort siedelnden Zuckmückenlarven ernährt. Er ist der typischste Fisch der sogenannten „Bleiseen“ und der „Bleiregion“ im Unterlauf der Flüsse.

Fangzeit: Brassen sind das ganze Jahr über zu fangen. Während in der kühleren Zeit die Tagesmitte günstig ist, sind, je mehr es zum Sommer geht, die frühen Morgenstunden und die späten Abendstunden erfolgversprechend.

Angelstellen: In Flüssen: die Bogen, Wehrgumpen, verstackte Strecken mit tiefem, gleichmäßigem Wasser, die Grenzlinie zwischen Strömung und ruhigem Wasser. Bei Hochwasser verläßt der Blei die Tümpel und geht in sanfte Strömungen von geringer Tiefe. In Seen: der Abhang der Scharberge, womöglich 3–8 m Tiefe. In Bracks: die tiefen krautfreien Stellen. In Abzugsgräben und Kanälen: die tieferen Strecken. Man beachte vor allem die von Brassenschwärmen verursachten Trübungen. Lockköder: Zum Anlocken und Am-Platz-halten eines größeren Schwarmes kann sehr viel Anfütterung notwendig sein. Gut geeignet sind Kleie, Brot, Biertreber, Erbsen. Im Strom ist der Futterkorb, gefüllt mit Weißbrot oder alten, zerdrückten Semmeln, Haferflocken, Maden usw. das beste Anköderungsmittel.

Angelköder: Maden, Tauwürmer oder Tauwurmstücke, einzelne Rotwürmer, Weißbrotkruste und -flocken, Wespenlarven, Teig, Erbsen, Bohnen, Kartoffeln, Makkaroni usw. Grundangel: Der Köder muß auf dem Grunde aufliegen oder dicht darüber schweben (Strom). Beim Angeln im Strom wird eine Strompose, die viel Blei trägt und den Köder schnell absinken läßt, verwandt, in Seen jedoch die Schnur so beschwert, daß die Pose entweder beim Biß sinken muß oder den bekannten Brassenbiß durch „Plattwerfen“ anzeigt. Eine kräftige Rute, die für längere Belastung durch schwere Fische geeignet ist, versehen mit einer einfachen Achsenrolle, bei 20er Schnur und Haken bis Nr. 14 herunter, genügt. Bei Weitwürfen mit dem Bodenblei oder der Gleitpose ist allerdings eine Stationärrolle angebracht. Der Brassen läßt sich sogar auch mit dem kleinen Spinner fangen, wobei er Muster mit einem roten Farbeffekt bevorzugt (z. B. kleinstes Modell des Z-Blinkers mit roter Schwanzflosse). Auch beim Barschangeln mit der Gambe in größeren Seen werden oft schwere Brassen als Beifang erbeutet.

Die Zährte, *Vimba vimba* (L.)

Blau- oder Rußnase, Sindl

Karpfenartiger Fisch. Maul unterständig, Schnauze stumpf, vorragend, deshalb oft mit der Nase verwechselt. Leib zusammengedrückt, etwa viermal so lang wie hoch. Färbung: Rücken und der nackte Scheitel braungelb, Seiten heller, Bauch silberglänzend. R und S bläulich, B und A gelblichweiß, B an der Basis rotgelb. In der Laichzeit wie mit Ruß bedeckt und seidenglänzend, A und paarige Flossen dann oft orangegelb. A mäßig lang, 3/17–22. Länge bis 50 cm, Gewicht bis 1 kg, Schldz. 5–5.

Fleisch grätig, auch sonst wie der Blei. Läßt sich als Köderfisch verwenden. Sie scheint im Rheingebiet zu fehlen und kommt hauptsächlich in den unteren Flußläufen und in der Barbenregion vor, aber auch in der Ostsee, aus der sie in Schwärmen in die Haffe und Flüsse während der in den Mai, Juni und Juli fallenden Laichzeit zieht.

Angelköder: Erbsen, Teig, Maden, Fliegen, Regenwürmer; besonders gut ist geronnenes Blut. Sie beißt gelegentlich, wie der nachstehend besprochene Seerüßling, auch auf kleinste Blinker.

Eine Abart mit kürzerer und stumpferer Schnauze lebt in der Donau und den Seen des Alpenvorlandes unter dem Namen Seerüßling (*Vimba vimba v.* melanops Heckel). Dieser wird mit Wurm an der Floßangel oder dem Grundblei sowie versenkten Heuschrecken oder Fliegen geangelt und eignet sich gut als glänzender und ausdauernder Köderfisch, ist dazu nur etwas breit. Der Seerüßling erreicht ein Gewicht von über einem Pfund, und da er sich an der Angel kräftig zur Wehr setzt, bietet er an leichtem Zeug guten Sport.

Die Güster, *Blicca björkna* (L.)

Gieben, Breitfisch, Blicke, Plattfisch, Plieten, Halbbrachsen, Zobel Pleinzen, Scheiber, Pletten (Tafel VII, Abb. 26)

Karpfenartiger Fisch. Die Güster lebt in Seen und Flüssen. Sie ist dem Blei sehr ähnlich, aber durch die rote Basis von Br und B unterschieden. Das Maul ist halb unterständig, die Schnauze stumpf. Leib zusammengedrückt, etwa dreieinhalbmal so lang wie hoch. Verglichen mit dem Brassen eine kürzere A: 3/19–23, Schldz. 2 · 5 – 5 · 2. Länge bis 40 cm, Gewicht bis 1 kg, meist weniger. Der gefräßigste aller Karpfen, deshalb sehr leicht zu fangen. Laichzeit Mai und Juni. Die Güster wird leicht mit kleinen Brassen verwechselt. Wo sie häufig vorkommt, kann ihr Fang interessant sein. Wegen ihres Grätenreichtums und oft geringer Größe macht sie sich beim Angeln z. B. auf Brassen leicht unbeliebt.

Der Ukelei, *Alburnus alburnus* (L.)

Laube, Weißling, Albe, Dickfisch, Weißfisch, Wieting, Okel, Mundfisch, Schneiderling, Marienfisch, Blinke, Maiblecke, Schuppenfisch, Laugele, Pliete (Tafel VIII, Abb. 27)

Karpfenartiger Fisch. Maul wenig gespalten, nach oben gerichtet, klein. Bauchkante scharf. A. schon unter R. beginnend, Rücken blaugrün. Seiten und Bauch silberglänzend. Aus seinen Schuppen wurden früher die Guaninkristalle für die Fabrikation künstlicher Perlen gewonnen. Schldz. 2 · 5 – 5 · 2, seltener 3 · 5 – 5 · 3. R: 3/8. A: 3/19–23. Größe 12–20 cm.

Der Ukelei lebt in Flüssen und Seen in der Bleiregion gesellig und ist sehr lebhaft. Laichzeit April bis Juni. Bei warmem Wetter schwimmt er in der Nähe der Oberfläche, bei kaltem Wasser tiefer; im Winter zieht er sich in tiefe Tümpel zurück. Er ist ein vortrefflicher, aber empfindlicher Köderfisch. *Floßangel:* Haken Nr. 16, leichtes Floß, es wird flach gestellt. Oft hat man auch mehrere Haken an der Schnur.

Köder: Maden, kleine Regenwürmer, Teig, Speckstückchen, Brotkügelchen.

Wenn nötig, lockt man die Lauben mit Kleie oder Brotkrümelchen an den Angelplatz.

Die *Fliegenangel* ist sehr wirksam und eine nützliche Übung. Man fischt mit ganz kleinen Fliegen, hängt auch wohl noch eine Made an den Haken. Noch besser sind lebende Insekten, besonders Stubenfliegen.

Nahe verwandt mit der Laube und ihr sehr ähnlich ist die Seelaube oder Mairenke (*Chalcalburnus chalcalburnus* mento Ag.). Sie wird bis über 30 cm lang und 1/2 kg, in der Donau bis über 1 kg schwer und ist in ihrer Verbreitung auf die Seen und Flüsse des Donaugebietes beschränkt. Im Sommer, solange sie hochsteht, wird sie mit Teig und Brotflocken an der leichten Floßangel gefangen. Sehr gern nimmt sie die künstlichen Fliegen, gelegentlich auch kleine Spinner.

Der Rapfen, *Aspius aspius* (L.)

Schied, Raape, Zallat, Mülpe, Mäusebeißer (Tafel VIII, Abb. 28)

Karpfenartiger Fisch. Größere Rapfen leben meist einsiedlerisch in den größeren Seen und Flüssen Mitteleuropas, z. B. der Donau, Oder, den Zuflüssen der Nord- und Ostsee, Attersee, Chiemsee, den Haffen, fehlen aber in Weser und Rhein. Er gehört der Blei- und Barbenregion an. Die Laichzeit ist im April, Mai und Juni in den Flüssen. Der Rapfen kann ein Gewicht von 10 kg erreichen, ist also die größte aller Karpfenarten und gewissermaßen eine Riesenform der Lauben. Er liebt starke Strömungen und Wirbel, steht gern an Buhnenköpfen und nimmt, da er sich überwiegend räuberisch ernährt, eine Sonderstellung unter den karpfenartigen Fischen ein. Er frißt neben Fröschen und Würmern vor allem kleine Fische, besonders Ukeleis, Häslinge und dergleichen.

Der Rapfen hat ein oberständiges, großes, sehr weit gespaltenes Maul und kleine Augen. Schuppen klein. Rücken blaugrün, Seiten und Bauch weiß mit Silberglanz. Flossen rötlich, Baukante gerundet. In der Laichzeit (April bis Juni) bekommt das Männchen einen körnigen Ausschlag. Schldz. 3 · 5 – 5 · 3. R: 3/8. A. 3/14.

Der Fang mit der künstlichen Fliege ist im Juni, Juli und August in Flüssen angebracht, da der Rapfen in dieser Zeit meist an der Oberfläche raubt. Man fischt mit einer großen Forellenfliege, Heuschrecke, Alexandra, einem Palmer, einer ganz weißen, aus Wolle und Silberfaden gefertigten Fliege und vor allem Streamer.

Mit kleinen Fischchen an Fluchten, auch mit Löffeln, Heintzblinkern,

Schwinglöffeln an der Spinnangel usw. läßt sich der Rapfen gut fangen, ebenso mit der Schleppangel. Besonders gern nimmt er den „Fetzenköder" (Abb. 248).

Solange der Rapfen im Sommer und Herbst an der Oberfläche jagt, ist die Treibschnur mit lebender Laube als Köder (Seite 113) eine bewährte Fangweise.

Der *Tauwurm* ist ein vortrefflicher Köder, mit dem man den Fisch selbst im Winter fangen kann, wenn man den Gumpen weiß, wo er steht. Der Rapfen beißt schneidig an und wehrt sich tapfer im Drill. Er zählt zu unseren besten Sportfischen, sein Fleisch ist allerdings weich und grätig. Äußerst mißtrauisch und leicht zu vergrämen, erfordert sein Fang weite Würfe, entsprechende Ruten und leichte Schnüre. Durch sein lebhaftes Rauben selbst an den heißesten Sommertagen kann er sehr schnell auch das Jagdfieber des Anglers wecken. Die Köder müssen bei warmer Witterung dicht unter der Oberfläche geführt werden, während in der kälteren Jahreszeit bei tief geführten Spinnern die Einstände des Fisches bekannt sein müssen. Schlanke Seepilker ermöglichen weiteste Würfe und sind, schnell gezogen, oft sehr erfolgreich.

Der Aland, *Leuciscus idus* (L.)

Orfe, Nerfling, Göse, Jesen, Hartkopf, Dickkopf, Schwarznerfling, Gängling, Bratfisch, Goldorfe (Tafel VIII, Abb. 29)

Karpfenähnlicher Fisch. Der Aland hat einen gedrungenen, seitlich zusammengedrückten Körper mit mittelgroßen Schuppen. Das Maul ist endständig, schief-gespalten und eng. Rücken dunkelgraublau oder schwarzblau, Seiten und Bauch silberfarbig, Flossen rötlich. Hinterer Rand der Afterflosse zum Unterschied vom Döbel fast gerade. Schldz. 3 · 5 – 5 · 3 mit flachen, hakenförmigen Kronen. R: 3/8–9. A: 3/9–11. Eine Abart ist die Goldorfe. Gewicht bis 4 kg, Länge bis 70 cm. Meist aber nur bis etwa 50 cm Länge und bis 2 kg schwer.

Der Aland lebt, wie die meisten Karpfenarten, gesellig in den größeren Flüssen mit Ausnahme der Weser und schwimmt meist an der Oberfläche. Er liebt starke Strömungen, Buhnenköpfe, Wehre, sandige Untiefen, Kiesbänke sowie flache strömende Stellen in Ufernähe und laicht im April bis Juni mit großem Geplätscher. Zu dieser Zeit zieht er massenhaft aus starken Strömungen in ruhigeres Wasser. Eine ähnliche Wanderung findet oft Ende September statt; in diesen Zeiten wird er in Massen mit der Angel gefangen, wogegen bei seiner starken Vermehrung keine Bedenken bestehen. Im Herbst geht er in tieferes, ruhiges Wasser.

Man benutzt eine *Floßangel*, die sommers in der Regel flach gestellt wird, da der Aland in dieser Jahreszeit nur gelegentlich Bodennahrung aufnimmt. Im Frühjahr und Herbst wird am Grund geangelt. Im Sommer fängt man den hochstehenden Aland an der mit Brot beköderten *Treibschnur* (vergleiche Seite 113).

Bei warmem, sonnigem Wetter ist die *Flugangel* mit Trockenfliegen die beste Methode, sehr gut eignen sich im Sommer auch die *Tippangel* – wie für Döbel – und die *geblasene Leine* zum Fang des Alands.

Lockköder: Erbsen, Regenwürmer, gekochte Wollhandkrabben usw.

Angelköder: Erbsen, Bohnen, Teig, Regenwürmer, Stücke von Wollhandkrabben, große Fliegen, Heuschrecken, Käfer, Brot, Maden.

Der Aland beißt langsam, und man darf nicht zu schnell anhauen. Beim Angeln mit Erbsen oder Weizenkörnern dagegen muß bei der leisesten Bewegung des Floßes der Anhieb gesetzt werden. Sehr viele Alande werden beim Angeln hinter dem Futterkorb erbeutet. Günstigste Zeit in norddeutschen Flüssen: bei Ebb-Strom. Wie der Döbel, geht auch der Aland auf den fliegenden Löffel und andere Spinner. Als stattlicher, vielseitig zu erbeutender Fisch zählt er zu den beliebtesten Angelfischen.

Die Rotfeder, *Scardinius erythrophthalmus* (L.)

Unechtes Rotauge, Roddow, Furn, Weißfisch, Rotkarpfen
(Tafel IX, Abb. 30)

Karpfenartiger Fisch. Die Rotfeder ist der Plötze sehr ähnlich und wird mit ihr häufig verwechselt. Ihr Augenkreis ist goldglänzend, oben oft mit einem roten Fleck. Die endständige Maulspalte steht steil nach aufwärts. Der Körper ist zusammengedrückt; der Bauch bildet zwischen B und A eine scharfe, gekielte Kante mit dachfirstartigen Schuppen. Flossen meist blutrot. Die Rückenflosse liegt dem Zwischenraum zwischen Bauchflossen und Afterflossen gegenüber, während sie bei der Plötze den Bauchflossen gegenüberliegt. R: 2–3/8–9. A: 3/9–12. Schldz. 3 · 5 – 5 · 3. Laichzeit: April, Mai. Wird 20–30 cm lang. Sie ist träger als die Plötze, mehr an die Uferregion gebunden und darum vielfach Beute des Hechtes, der ihr schlechtes, grätiges Fleisch in sein besseres umsetzt. Sie liebt pflanzenreiches Gewässer. Ihre Nahrung besteht aus Pflanzen und Kleintieren der Uferregion. Große Rotfedern vergreifen sich auch an Fischchen.

Lockköder: Brotteig mit Kleie, zerquetschte Kartoffeln, gequollener Weizen, an der Wasseroberfläche Brotstücke, Insekten. Die Fangweisen sind ähnlich wie bei der Plötze. Im Sommer nimmt die Rotfeder sehr gerne Köder von der Wasseroberfläche. Sie kann dann an der mit Teig, Brot, Maden, Insekten beköderten und flach gestellten Floßangel, mit der Treibschnur oder der Flugangel und künstlichen Fliegen (Kutscher, Goldfliege) erbeutet werden. Anfüttern mit schwimmenden Brotscheiben ist in Seen sehr wirksam.

Die Plötze oder das Rotauge, *Rutilus rutilus* (L.)

Bleier, Rotteln, Rotaltel, Furn, Schmahl, Schwalen, Rockern
(Tafel IX, Abb. 31)

Karpfenartiger Fisch. Körper bei größeren Exemplaren häufig hochrückig, Rücken grüngrau oder blaugrau, Seiten silberglänzend, Schuppen groß, Augenkreis rot, Flossen mennig- bis blutrot. Bauch zwischen B und A gerundet, nicht kantig. R: 3/9–11. A: 3/9–11. Schldz. 6–5 oder 5–5, auf dem rechten Schlundknochen immer nur 5. Laichzeit April und Mai; das Männchen hat dann einen weißen Knötelausschlag. Fleisch ziemlich grätig, aber schmackhaft. Länge bis 45 cm, Gewicht bis 1,5 kg. Überall häufig, der „Brotfisch" vieler Angler in Gewässern, in denen es an edlerem Schuppenwild mangelt.

Die Plötze ist weit verbreitet in Seen und in der Barben- und Bleiregion. Sie ist gesellig, lebhaft und schlau, große Exemplare aber ziemlich lichtscheu. Sie ernährt sich neben Plankton und Luftnahrung von Insektenlarven, Schnecken und Pflanzen. Im Sommer hält sie sich gern in Krautbetten auf Untiefen, wo sie mit Vorliebe Algen aufnimmt. Sie beißt dann in den Flüssen nicht gut, die beste Zeit ist 2–3 Stunden nach Sonnenaufgang oder bei Tage im schäumenden Wasser unter Wehren und Mühlgerinnen. In den Seen kann man im Hochsommer an den Schar- und Barschbergen in tiefem Wasser große Plötzen in Mengen fangen. Im *September*, wenn die Wasserpflanzen absterben, sucht der Fisch tieferes Wasser auf, damit beginnt in den Flüssen die beste Zeit für die Plötzenfischerei, die den *ganzen Winter* dauert und in den letzten Wintermonaten, wenn die Kälte nachläßt, am besten ist. Wenn Schnee den Boden bedeckt oder während eines Schneefalls ist günstige Zeit; wenn aber bei Tauwetter viel Schneewasser im Fluß ist, beißen die Plötzen nicht gut. Die Fische lieben festen, sandigen und kiesigen Grund, ruhige Strömungen, tiefe Tümpel, Baumwurzeln. Wo sich in einem Fluß eine schnelle, flache Strömung auf 2–3 m vertieft, dann eine Strecke mit gleicher Tiefe verläuft und sich wieder verflacht, sind gute Angelstellen, namentlich da, wo das Ansteigen beginnt und das Futter zusammengetrieben wird. Bei *Hochwasser* gehen die Rotaugen in stille Buchten und auf überschwemmte Wiesen. Unter Floßholz ist stets guter Fang zu erwarten.

Anfüttern ist für reiche Ausbeute Voraussetzung; man benutzt Brotteig mit Kleie, Kartoffeln, gequollenen Weizen und Hanf, Regenwürmer, Malztreber, gekochte Gerste, Kleie, Garnelenschrot und dergleichen. Es ist gut, mehrere Plätze anzufüttern und abwechselnd zu befischen. Während des Angelns wirft man etwas Grundköder ein. Er darf aber nicht sättigen, sondern soll nur anlocken. Man nimmt darum beim Angeln die sog. „Wolke", die aus trockenem, feinst geriebenem Weißbrot besteht. Man füttert wenig, dafür oft.

Der *Angelköder* soll dem angefütterten Köder entsprechen. Man fischt mit Kartoffeln, Teig, Weißbrot, Maden (verpuppt und unverpuppt), Regenwürmern, gequollenem Weizen, Gerste, Erbsen, Hanfsamen, Engerlingen,

Wespenlarven, Mehl- oder Strohwürmern, Heuschrecken, Stubenfliegen, Bremsen, unter Floßholz besonders mit kleinen nackten Schnecken, wie sie dort vorkommen.

Das *Vorfach* muß so *fein wie möglich* sein, 0,10er bis 0,15er, Haken Größe 12 bis 14.

In der Regel nimmt die Plötze den Köder am Grund, bei sehr warmem Wasser jedoch in geringerer Tiefe oder an der Wasseroberfläche. Da Plötzen sowohl in ruhigem wie in stark strömendem Wasser und, je nach Tages- und Jahreszeit, in seichtem oder tiefem Wasser zu suchen sind, sind Art der Beschwerung und Floßgröße wichtig für den Erfolg. Abb. 193 zeigt die Anordnung von Blei und Floß für verschiedene Verhältnisse.

Die *Floßangel* wird mit möglichst leichtem Floß versehen. Die Plötze beißt sehr vorsichtig, ganz besonders im Winter, und es soll nicht zu spät angehauen werden. Angelt man dagegen mit großen Ködern, dem Tauwurm oder einer haselnußgroßen Teigkugel auf große Plötzen, so wartet man mit dem Anhieb, bis das Floß gut untergetaucht ist. Wenn die Plötzen sehr scheu beißen, bringt die auf Seite 103 geschilderte Angelart mit feststehendem Floß (Abb. 192/93) im ruhigen Wasser die besten Erfolge. *Heben* und *Senken* ist bei warmem Wetter sehr zu empfehlen. Man befestigt 30 cm über dem Haken ein großes Schrotkorn und fischt mit Heuschrecken, Schmeißfliegen, Wespenlarven, Maden und dergleichen. Auch das *Bodenblei* ist anwendbar. Selbst die Flugangel kann bei schwülem, klarem Wetter versucht werden. Am ehesten hat man damit Erfolg im nicht zu tiefen, fließenden Wasser, unter überhängenden Büschen und ähnlichen Stellen. Als besonders wirksam gilt der Kutscher, brauchbar sind außerdem die Goldfliege und Palmer, alle an Haken Größe 15. Der Drill großer Plötzen erfordert eine feine Hand, besonders wenn sehr feines Gerät verwendet wird. Sie sind auch mit der Nymphe und der ihr ähnlichen Mormyschka zu fangen. Beide werden unter der Wasseroberfläche, vorwiegend am Grund angeboten. Bei der Nymphe ist die Bewegung des Insekts zu imitieren, d. h., der Köder darf keine Geschwindigkeit haben, die solch ein kleines Insekt nicht haben kann.

Der Döbel, *Leuciscus cephalus* (L.)

Aitel, Diebel, Dickkopf, Dübling, Alet, Altl, Altfisch, Knilpse, Budd, Weißfisch, Möne, Münne, Fürn, Kühling, Fundling, Schuppfisch, Schupper, Bratfisch (Tafel IX, Abb. 32)

Der Döbel gehört zur Familie der Karpfen (Cyprinidae). Er ist am sichersten an seinen Schlundzähnen zu erkennen und von ähnlichen Fischen zu unterscheiden. Über die Unterscheidung vom Hasel siehe Seite 257, vom Aland Seite 251; Schldz. 2 · 5 – 5 · 2. Leib fast drehrund, Kopf breit, Maul endständig, weit gespalten. Schuppen netzartig, schwarz umsäumt. Br.: gelb, R. und S. schwärzlich, die übrigen rötlich. R.: 3/8. A: 3/7–9. Ist in Flüssen häufig. Lebt räuberisch, ist aber Allesfresser. Er wird über 3 kg schwer und bis 60 cm lang.

Der Döbel lebt gesellig und liebt strömendes Wasser, kommt aber auch genauso in Seen und Staubecken vor; er findet sich in der Forellen- und Barbenregion, seltener in der Bleiregion und ernährt sich von Insekten, Würmern, kleinen Fischen, Fröschen, Krebsen, Mäusen, Obst und Pflanzenstoffen. Magenuntersuchungen von Döbeln aus englischen Flüssen ergaben, daß seine Hauptnahrung im Sommer aus Fischnährtieren und Algen, im Winter aus Fischbrut und Fischchen besteht. In großen Seen im Alpengebiet, in denen der Hecht fehlt oder schlecht gedeiht, nehmen große Döbel die Rolle des Hechtes als Raubfisch ein und fressen vorwiegend Lauben. Markierungen haben gezeigt, daß der Döbel ziemliche Wanderungen ausführt. Er laicht im Mai und Juni. Dann geht er auf Tiefen und Stromschnellen und an die Ausläufe der Gumpen. Seine Vermehrung ist stark. Im warmen Sommer sucht er tiefe Löcher, hohle Ufer, Baumwurzeln und steht tagsüber unter überhängenden Zweigen nahe der Oberfläche. Er ist scheu und versinkt bei jedem Schatten, der ihn trifft, steigt aber bald wieder empor. Im Winter hält er sich in tiefem Wasser auf. Im April und bei Hochwasser beißt er gern in dem bewegten Wasser unter Wehren und Mühlgerinnen auf Tauwürmer. Sehr gut ist der Winter zum Fang in klarem Wasser, bei trübem Wetter. Man angelt dann im tieferen Wasser neben der Strömung auf dem Grund mit großen Tauwürmern oder Fischchen.

Lockköder wird beim Angeln eingeworfen, z. B. Regenwürmer, Kirschen, Käse, Grieben, Brotteig mit Kleie, Kartoffeln, gekochtes Blut. Der Döbel wird auch angelockt durch den „Pulverköder" aus fein geriebener gekochter Kartoffel.

Angelköder: Regenwürmer, Grieben, Rückenmark, Maden, Käfer, Wespenlarven, Heuschrecken, kleine Frösche, Stücke vom Salzhering, Querder, Pferdeegel, Fischchen, Stücke von Fischchen, Geflügeldärme, frisches Obst (besonders Kirschen, Zwetschgen, Traubenbeeren), Käse, Weißbrot, Brotrinde, Zuckerbrotteig, Teig, Makkaroni usw. Im Wildwasser und in Seen ist einer der wirksamsten Köder eine lebende Koppe an der Schnappangel.

Man kann mit diesen Ködern an der *Floßangel* fischen, weit ergiebiger ist aber, vor allem in viel befischten Wassern, die leichte Grundangelei ohne Floß und in stärkerer Strömung das Grundblei (Seite 36). Ein Köder, der im Winter und bis zum Beginn der Laichzeit im Frühjahr selten im Stich läßt, ist ein kleines lebendes oder totes Fischchen (Gründling, Laube, Elritze usw.) an der Floßangel, der Treibschnur oder dem Paternoster (Seite 116).

Sehr zweckmäßig ist auch die *Fliegenangel* mit einer großen künstlichen Fliege. Man fischt im Sommer auf Untiefen mit starker Strömung und unter überhängenden Zweigen. Bewährte Döbelfliegen sind Maifliegen, Schneiders Aitel- oder Ziegenfliege, die Alexandra, sämtliche Palmer, besonders aber der Rotschwanz, die Hexe und der Kutscher. Man kann sowohl „naß" flußabwärts, als auch „trocken" flußauf fischen. Die „nasse" Fliege ist hauptsächlich im Frühjahr und bei kühlem Wetter anzuwenden, die Trockenfliege bei klarem Wasser und warmem Wetter. Die Trockenfliegen sollten an Haken nicht größer als Nr. 12 gebunden werden; die Haken für nasse Fliegen dürfen wesentlich größer sein.

Die *Buschangelei* und Tippfischerei ist im Sommer unter Baumzweigen und Gebüsch sehr ergiebig; man fischt mit lebenden oder künstlichen Fliegen, Heupferdchen, Käfern, Motten, kleinen Fröschen und dergleichen. Käfer, z. B. Maikäfer, Juni-, Rosen-, Mist- und Kartoffelkäfer, sind sehr fängig.

Vom August bis Ende Oktober benutzt man auf ihn mit Erfolg die *leichte Spinnangel*, wie sie auf Forellen verwendet wird. Köder: Golddevonspinner, mittlere Löffel, kleine „Effzets", kleine Holzköder, *kleine Schwinglöffel*, Fischchen an Fluchten sowie an der Oberfläche langsam zu führende Fetzenköder. Es gibt allerdings Gewässer, in denen der Döbel den Spinnköder nicht nimmt. Der Döbel verfolgt den Spinnköder meist eine längere Strecke und schnappt wiederholt danach. Man lasse sich durch diese leichten Anbisse nicht zu einem Anhieb verleiten, spinne vielmehr gleichmäßig weiter und haue erst an, wenn man einen kräftigen Ruck spürt.

Eine ausgezeichnete Methode zum Fang scheuer, hochstehender Döbel ist die *Treibschnur* (siehe Seite 113). Die gut gefettete Schnur läßt man von der Strömung weit fortführen. Als Köder dienen Käfer, Fliegen, Heupferdchen, Brotrinde.

Der Döbel kann mit allen Angelmethoden gefangen werden und bietet fast das ganze Jahr über auch dem Angler mit bescheidensten Mitteln Sportmöglichkeiten. Er ist sehr scheu und vorsichtig und deshalb weit schwieriger zu fangen als Äsche und Forelle. Im Drill ist er allerdings nicht so gewandt und ausdauernd wie die Salmoniden, und sein Fleisch ist recht grätig. Trotzdem ist sein Fang, vor allem wenn er noch in großen Stücken im Wasser vorkommt, überaus spannend und reizvoll und eine ausgezeichnete Vorschule für den Forellen- und Äschenfang. In Wassern, die keine Salmoniden beherbergen, verdient deshalb auch der Döbel Schonung, man unterlasse die Massenfänge mit dem Maikäfer zur Laichzeit, setze alle Döbel, die man nicht verwerten kann, wieder ins Wasser zurück und mache es sich zur Regel, nur Döbel mit mehr als etwa 3/4 Pfund Gewicht mitzunehmen. Im Forellen- und Äschenwasser verdient er allerdings keine Schonung, er ist zweifellos Laich- und Bruträuber, aber der Schaden, den er hier stiftet, kann bei richtiger Befischung in erträglichen Grenzen gehalten werden. Man könnte eines bei der Bewertung des Döbel miteinbeziehen: In einem Salmonidengewässer, aus dem der Hecht nicht entfernt werden kann, kann der Döbel eventuell eine Art Puffer zwischen Hecht und Salmoniden sein. Der Döbel – und bis zu einem gewissen Grad auch die Äsche – fallen dem Hecht leichter ins Auge als die mehr versteckt lebende Forelle. Es ist allerdings klar, daß der Hecht trotzdem vor allem der Forelle nachstellt, weil sie ihm besonders gut mundet. Im übrigen sind die Gewässer der Forellen- und Äschenregion dem Döbel zu kalt. Während einer Folge von warmen Jahren breitet sich der Döbel in solchen Gewässern oft stark aus, verschwindet aber dann nach einiger Zeit ohne menschliches Eingreifen wieder.

Der Döbel nimmt den Köder langsam und vorsichtig und ist im Drill nicht allzu schwierig zu besiegen. Kleine Döbel sind vorzügliche Köderfische für große Raubfische wie Zander, Hecht und Waller.

Der Hasel, *Leuciscus leuciscus* (L.)

Häsling, Dase, Nestling, Rüßling, Schnottfisch, Urban, Springer, Märzling, Grätling, weißer Döbel (Tafel X, Abb. 33)

Der Hasel, ebenfalls ein karpfenartiger Fisch, hat große Ähnlichkeit mit dem Döbel und dieselbe Schlundzahnform. Sein Leib ist aber seitlich zusammengedrückt, der Kopf schmaler, das Maul unterständig mit vorragender Schnauze, die Flossen blasser, die Grundfarbe heller, der Silberglanz stärker. Mit Sicherheit ist der Hasel vom Döbel daran zu unterscheiden, daß der Außenrand der Afterflosse konkav, beim Döbel dagegen konvex ist. R: 3/7. A: 3/8–9. Schldz. 2 · 5 – 5 · 2, selten 2 · 5 – 5 · 3.

Der Hasel liebt schnellfließendes Wasser der Barbenregion, in der Bleiregion ist er seltener. Er laicht von März bis Mai in schwacher Strömung auf Sandgrund. Im Sommer hält er sich in starker Strömung, im Winter in ruhigerem, etwa 1 m tiefem Wasser auf Sand- oder Kiesgrund auf. Länge höchstens 30 cm. Er eignet sich gut als dauerhafter Köderfisch für die Spinnangel auf große Raubfische.

Fangzeit: von Juli bis Oktober; er beißt aber auch im Winter.

Angelstellen: klares, flaches Wasser, lebhafte Strömung, auch Krautbetten. Bei Hochwasser fischt man in schwacher Strömung nahe am Ufer oder in der durch den Rückstau ruhigen Mündung von Seitenbächen und Gräben.

Lockköder: zerschnittene Würmer, Brot oder Maden. Man fischt nahe am Grund und wirft von Zeit zu Zeit ein paar zerschnittene Würmer, Maden oder Weißbrot ein.

Man verwendet meist die *Floßangel* mit kleinem Floß mit Sprock, Maden, Wespenlarven, Käfern, Fliegen, Heuschrecken, Malz, Weizen und Weißbrot an Haken, Größe 12–16. Der beste Köder ist ein nicht zu großer, recht lebhafter Wurm.

Der Hasel ist vom Mai bis in den Oktober auch sehr geeignet für die *Fliegenfischerei.* Man nimmt ganz kleine künstliche Fliegen, die man am besten „trocken" fischt. Hakengröße 14. Gute Fliegen sind die Goldfliege und der Kutscher, doch nimmt der Hasel auch viele andere Forellen- und Äschenfliegen. Er muß schnell angehauen werden.

Der Frauennerfling, *Rutilus pigus virgo* (Heckel)

Frauenfisch, Donaunerfling, Dörnling, Erfle

Der Frauennerfling ähnelt dem Frauenfisch und Hasel. Körper schlank, seitlich zusammengedrückt, Maul unterständig. Schlundknochen sehr derb. Bauch- und Afterflossen an der Basis rötlich. R: 3/9–12. A: 3/10–12. Schldz. 6–5 oder 5–5. Er erreicht eine Länge von 50 cm und ein Durchschnittsgewicht von 1 kg, Höchstgewicht 2 kg.

Laichzeit April bis Mai, Männchen mit Laichausschlag. Der Frauennerfling bewohnt die Donau bis Ulm sowie ihre größeren Nebenflüsse und ernährt sich von Kleintieren der Bodenfauna.

Fangzeit: Juli bis Januar.

Angelstellen: Im Sommer in lebhafter Strömung in Ufernähe, im Winter im tieferen, ruhigen Wasser am Grund.

Lockköder: Würmer.

Zum Fang des Frauennerflings dient im Sommer die Floßangel, gut mit Blei beschwert und mit einfachem Haken, der mit einem Bündel Dungwürmer beködert wird. Im Winter soll der Köder am Boden treiben, in dieser Zeit sind neben der Floßangel auch das Bodenblei und die laufende Grundangel erfolgreich.

Der Frauenfisch, *Rutilus frisii meidingeri* (Heckel)

Perlfisch, Graunerfling, Maifisch

Der Frauenfisch ähnelt dem Hasel und Frauennerfling. Sein Körper ist drehrund, das Maul klein, etwas schief stehend, Bauch- und Afterflossen blaßrot. R: 3/8–9. A: 3/9–11. Er erreicht eine Länge von 70 cm und ein Gewicht von 5 kg. Laichzeit Ende April und Mai. Männchen mit körnigem Laichausschlag auf Kopf und Rücken.

Der Frauenfisch bewohnt nur den Chiemsee, Würmsee, Traun-, Atter- und Mondsee sowie die Zu- und Abflüsse dieser Seen. Er nährt sich in den Flüssen von Muscheln, Larven, Würmern, Insekten, Wasserpflanzen. In den Flüssen hält sich der Frauenfisch überwiegend an tiefen Stellen mit kräftiger Strömung auf. Der zuverlässigste Köder sind Teich- und Flußmuscheln, die, wie auf Seite 55 beschrieben, angeködert werden. Man angelt mit dem Bodenblei (Abb. 36), langer Rute und kräftiger Schnur. In den Seen ist sein Fang mit Muscheln an der unbeschwerten Grundangel zwar möglich, die Standplätze sind jedoch schwierig zu finden.

Der Frauenfisch ist ein ausgezeichneter Sportfisch, der an der Angel mit Kraft und Ausdauer in langen Fluchten kämpft.

Die Elritze, *Phoxinus phoxinus* (L.)

Pfrille, Pfelle, Butt, Piere, Maipiere, Spierling, Ellerling, Grimpel, Mutterlose, Zorscheli, Bitterfisch, Hunderttausendfischl, Rümpchen (Tafel X, Abb. 34)

Schnauze stumpf, Maul endständig, Körper spindelförmig mit winzigen Schuppen an den Seiten, während Rücken und Bauch meist nackt erscheinen. Rücken und Seiten dunkel-olivgrün, oft mit Binden und goldigem Längsstreif, Unterseite meist gelblich, R. hinter B. beginnend. Schldz. 2 · 5 – 4 · 2. Länge 7–14 cm. Von gutem, etwas bitterlichem Geschmack.

Die Elritze lebt als geselliger Oberflächenfisch in reinem, fließendem

Wasser über Sand und Kiesgrund, besonders in klaren Bächen der Forellenregion. Sie laicht im Mai und Juni.

Sie ist ein vorzüglicher Köderfisch, insbesondere für Forellen und Saiblinge. Man kann sie mit der Floßangel und einem Haken Größe 17 mit einem Wurmstückchen fangen, wenn man in etwa zwei Dritteln der Wassertiefe fischt. Meist beißt sie sich nur am Wurm fest, ohne den Haken zu nehmen. Andere Köder sind: Brotkügelchen, kleine Fliegen, Ameisenpuppen, Flohkrebse. Man beschafft sich Elritzen in größerer Menge am besten durch den Fang mit Köderfischreusen oder Glasflaschen (siehe Kap. Die Köder).

Die Nase, *Chondrostoma nasus* (L.)

Mundfisch, Schwarzbauch, Zapfen, Zuppe, Schnabel, Speier, Schweinchen, Rottfisch, Quermaul, im Rheinland Makrele
(Tafel X, Abb. 35)

Karpfenartiger Fisch. Maul stark unterständig quer, mit scharfen, kantigen Hornrändern, mit zähen Lippen. Schnauze weich, stumpf, nasenartig weit vorragend. Körper lang gestreckt, mäßig zusammengedrückt. Rücken schwärzlichgrün bis dunkelgraublau, Seiten silberweiß, Bauch gelblich. Bauchfell schwarz. Flossen rötlich, R dunkelgrau. Schldz. 7 · 6 oder 6 · 6. Länge bis 50 cm, Gewicht bis 2,5 kg. Fleisch mancherorts geschätzt, grätig.

Die Nase lebt in der Äschen- und Barbenregion, fehlt jedoch in der Weser und Elbe. Sie schwimmt in großen Scharen und steigt zur Laichzeit (März bis Mai) oft in ungeheuren Mengen in kleinere Flüsse. Sie lebt von Bodenfauna und -flora und weidet den Algenüberzug von Steinen und vom Grund ab. Beim Aufnehmen der Nahrung pflegt sie seitliche Wendungen zu machen und ist durch das bei klarem Wasser leicht sichtbare „Blitzen" ihrer silberweißen Seiten leicht anzusprechen und von der am Grund stehenden Äsche zu unterscheiden.

Anfüttern ist beim Nasenfang zu empfehlen. Man wirft einige Stunden vor dem Angeln eine Mischung von Brotteig mit Kleie, notfalls um Steine geknetet, ein und setzt dies während des Angelns fort. Zur *Floßangel* nimmt man das Vorfach fein, 1/2 m lang, ganz empfindlichen Schwimmer; sehr kleine Haken; Senker 10 cm vom Haken. Angelköder: Fleischmaden, kleine Würmer, Käse, Teig, Brotflocken, Fadenalgen, die auf dem Grund angeboten werden müssen. Auch Heben und Senken mit Wurmköder, Fadenalgen oder künstlichen Fliegen bringt mitunter Beute. Man haut sofort bei der leisesten Berührung an, da der Fisch den Köder nach dem Anbiß gern wieder losläßt. Angelplätze: ruhige Stellen neben starken Strömungen und die Strömung selbst, besonders unter Wehren und Mühlschüssen. Der Haken pflegt sehr fest zu sitzen, der Fisch wehrt sich energisch, besonders wenn er zwei Pfund und schwerer ist. Ein geschickter Angler kann auf diese Weise leicht Massenfänge machen. Eine wichtige Voraussetzung für den Erfolg ist die richtige Bleibeschwerung; das Vorfach muß so stark beschwert und das Floß entsprechend tragfähig genommen werden, daß der Köder in starker Strömung auch wirklich auf dem Grund schleift. In der scharfen Strömung unter Wehren kann man mit Vorteil auch das Bodenblei verwenden.

Besonders reizvoll ist die Fischerei auf Nasen, die im flachen, kaum 10 bis 20 cm tiefen Wasser die Steine abweiden und nur im Weitwurf zu erreichen sind. Der Angler erkennt den Fisch dann schon von weitem am Aufblitzen ihrer blanken Seiten. Man nimmt das Floß möglichst klein und unauffällig, entsprechende Bleibeschwerung, stellt auf mehr als Wassertiefe ein und ködert einen Goldschwanz an den Haken Nr. 14–16. Mit der leichtesten Grund- oder Spinnrute und der Stationärrolle mit dünnem Perlon wirft man den Köder von weit her etwas oberhalb der Stelle ein, wo man eine Nase aufblitzen sah, und lenkt dann das Floß mit der Rutenspitze so, daß es auf den Standplatz der Nase zutreibt. Den Anbiß erkennt man am Zucken des Floßes, angehauen darf bei dieser Fangweise aber erst werden, wenn das Floß gleichmäßig fortgezogen wird.

Die Nase ist durch ihre besondere Art der Nahrungsaufnahme ein launischer und zeitweilig schwierig zu fangender Fisch. In manchen Flüssen beißt sie im Sommer bei Niederwasser gut auf gequollenen Hanf an der leichten Floßangel und langer Rute. Wenn in dieser Zeit Hanf, Wurm und Maden versagen, dann bringt mitunter ein Bündel Fadenalgen Erfolg, das an der Grundangel ohne Floß hebend und senkend geführt wird.

ZWEITER TEIL

Angeln im Meer

Das Angeln im Meer wird immer beliebter. Viele tausend Kilometer Küstenlinie und davor ein schier unermeßlicher Freiwasserraum der Hohen See warten auf den Angler: Es gibt fast keine Reglementierungen, keine Fangbeschränkungen, nur geringe oder gar keine Lizenzgebühren, und man muß nicht irgendwelchen Vereinen oder Verbänden angehören, um fischen zu können. Fernab der städtischen Ballungszentren findet der Angler nicht nur gute Möglichkeiten für die Ausübung seines Angelsports, sondern auch für sich und seine Angehörigen Erholung im Reizklima der Küstenzonen. Obendrein fängt er Fische aus meist noch relativ reinem, unverseuchtem Wasser, Fische, die sich ausgezeichnet verwerten lassen und nicht – wie Fische aus manchen Binnengewässern – wegen Ungenießbarkeit wieder zurückgesetzt werden müssen.

Angelmöglichkeiten in Deutschland

Das Brandungsangeln (Fischen vom Ufer) ist entlang unserer Ostseeküste sehr beliebt. Es kann fast an jedem Ort des gesamten Küstenverlaufes mit Erfolg ausgeübt werden (näheres s. S. 274). Die beste Angelzeit reicht von Mai bis August.

Die Hochseeangelei (Angeln vom Boot) wird vor der Ostseeküste ebenfalls sehr intensiv ausgeübt. Vor allem werden Dorsche geangelt. Die Saison geht über das ganze Jahr mit Höhepunkten im Mai/Juni und Oktober/November. In fast allen Häfen der Ostseeküste liegen seetüchtige Boote (häufig Fischkutter), deren Eigner gegen Entgelt ganztägige Angelfahrten veranstalten. Teilnehmen kann jedermann. Die wichtigsten Ausgangshäfen sind Heiligenhafen, Kiel und Travemünde.

Entlang unserer Nordseeküste ist das Brandungsangeln wegen der Gezeiten auf jene Gebiete beschränkt, die während der Ebbe nicht trockenfallen. Das sind insbesondere Häfen, Flußmündungen, Molenbauwerke und die seewärts gerichteten Sandstrände der Ost- und Nordfriesischen Inseln. Das Angeln vom Boot beschränkt sich an unserer Nordseeküste in erster Linie auf Helgoland. In der Zeit von Mai bis Oktober werden bei günstiger Wetterlage von den Helgoländer Fischern 2- bis 3stündige Ausfahrten unternommen. Einige Fischer haben sich auf den Fang von Hundshaien (dem größten, regelmäßig vor unseren Küsten zu erbeutenden Fisch, s. S. 280), spezialisiert und bieten Pauschalarrangements an, die Unterbringung, Angelfahrten, Leihgeschirr und Leih-Regenkleidung einschließen. Bei günstiger Wetterlage bietet während der sommerlichen Badesaison eine wachsende Zahl von Kutterkapitänen von allen Nordseehäfen aus Hochseeangelfahrten an. Es werden dann vor allem Makrelen gefangen.

Während des Winters fahren bei geeigneter Wetterlage ständig große, seetüchtige Schiffe zum Dorschangeln nach Helgoland. Ausgangshäfen sind Cuxhaven und Büsum. Neuerdings fahren auch Boote von Borkum und Emden zum Borkum-Riff. Dort werden vom Juni bis in den Spätherbst Hundshaie erbeutet.

Angelmöglichkeiten in Europa

Das Mittelmeer gilt wegen seiner malerischen Ufer und des Arten- und Formenreichtums seiner Fischwelt zwar als reizvolles, aber schwierig zu beangelndes Meer. Die Beute wird in der Regel klein und bescheiden bleiben. Auf der Insel Malta hat sich eine Bootsangelei entwickelt, deren Höhepunkt im Juni liegt, wenn hauptsächlich Schwertfische gefangen werden.

Die Ostsee ist für Angler nur in ihrem Westteil, also etwa von der Insel Bornholm zunehmend bis zu unserer Küstenlinie als Angelgewässer zu empfehlen. Die dänische Ostseeküste darf als bestes Angelrevier dieses Binnenmeeres angesehen werden. Die Zahl mietbarer Angelboote nimmt ständig zu. Im Winter ist die Øresundangelei auf Großdorsche (Höhepunkt im Februar) berühmt. Etwa 20 Boote können dann zwischen Kopenhagen und Helsingør gechartert werden. Das Kattegat ist sowohl entlang der dänischen wie auch der schwedischen Küste als gutes Angelgewässer bekannt geworden. Besonders entlang der schwedischen Westküste hat sich eine hervorragend organisierte Bootsangelei entwickelt. Zwischen Malmö und Strömstad gibt es mehrere Dutzend mietbare Kutter.

Die europäische Atlantikküste ist im Vergleich zu den anderen europäischen Meeresküsten mit Abstand das beste Angelgebiet. Wenn man bedenkt, daß allein die norwegische Küste weit über 2000 km lang ist, die isländischen, britischen, französischen und portugiesischen Küsten zusammengenommen aber noch ein Vielfaches davon ausmachen, so wird offenbar, welch ein weites, fast ungenutztes Revier den Angler zum unbeschwerten Fischen einlädt.

Die norwegische Küste muß man mit zu den schönsten Angelrevieren in Europa rechnen. Entlang der Südküste werden im Sommer vor allem Makrelen gefangen, entlang der Westküste – nach Norden zunehmend –, Dorsche, Lengfische, Köhler und Schellfische. Rund um die Lofoten-Inselgruppe im Norden gibt es von Januar bis März die wohl größte Konzentration an Dorschen auf unserer Erde.

Ebensogut ist die Angelei vor Island zu betreiben. Der größte Teil der dortigen Inselbevölkerung lebt vom Fischfang. Auch die Gewässer um Großbritannien und Irland, namentlich die irische und die britische Westküste, sind hervorragende Angelreviere, genau wie die Färöer Inseln, die Hebriden, die Shetland- und die Orkney-Inseln im Norden Schottlands.

Die portugiesische Küste bietet einen großen Artenreichtum, eine Mischung aus atlantischen und mediterranen Fischformen. Bis hierher dringen regelmäßig die Großfische (Haie, Thune, Schwertfische) vor. Zentren für den Großfischfang sind in Portugal Sesimbra (bei Lissabon) und die Gewässer von Madeira und den Azoren.

An der irischen und britischen West- und Ostküste gibt es zahlreiche Mitfahrgelegenheiten zum Hochseeangeln. An der englischen Südküste werden regelmäßige Ausfahrten zum Haiangeln veranstaltet.

Vor der holländischen Nordseeküste hat sich eine rege Bootsangelei entwickelt. Zahlreiche Kutter laufen vor allem im Sommer zu Makrelenangelfahrten aus (Ijmuiden).

Die Hochseeangelzentren Frankreichs liegen entlang der bretonischen Küste. Von Le Croisic/La Baulle und vielen anderen Häfen werden Fangfahrten auf Seebrassen, Conger und Katzenhaie unternommen.

Auf Gran Canaria ist im Hafen von Puerto Rico ein Angelcentrum für das Big Game Fishing entstanden. Ganzjährig werden dort Thune, Haie und Marline erbeutet.

Auskünfte über das Angeln im Meer

Über die deutschen Verhältnisse erfährt man weitere Einzelheiten durch die Redaktionen und die Anzeigenteile der Angelfachzeitschriften und vor allem durch die Fremdenverkehrsvereine der Küstenorte. Ein Verzeichnis der Bootseigner, die Mitfahrgelegenheiten zum Hochseeangeln bieten, findet sich im Buch „Das Angeln im Meer vor westdeutschen Küsten", Band II (erschienen im Verlag Paul Parey).

Über die Verhältnisse an den übrigen europäischen Küsten informieren die nationalen Fremdenverkehrsämter, die fast alle in Deutschland eine Zweigstelle unterhalten. Die Adressen dieser Zweigstellen erfährt man beim örtlichen Reisebüro.

Eine Reihe von Anglern aus verschiedenen europäischen Ländern hat sich in der EFSA (European Federation of Sea Anglers) zusammengeschlossen. Die Adresse der deutschen Sektion lautet: Poststraße 14–16, 2000 Hamburg 36. Die EFSA veranstaltet alljährlich eine Europameisterschaft der Hochseeangler.

Für das Angeln im Meer genügt in Deutschland für die schleswig-holsteinischen Küsten der Besitz eines amtlichen Fischereischeines, der für Monate, für 1 Jahr oder mehrere Jahre ausgestellt werden kann. Die Gebühr ist gering. Den Angelschein erhält man beim örtlichen Ordnungsamt. An niedersächsischen Küsten ist kein Fischereischein mehr erforderlich. In vielen europäischen Ländern ist das Angeln im Meer völlig frei und weder an eine Gebühr noch an eine Lizenz gebunden.

Wer mit einem eigenen Boot in deutschen Küstengewässern angeln will, benötigt ab 5-PS-Maschinenkraft einen Motorbootführerschein. Einzelheiten über den Erwerb eines solchen Führerscheins erfährt man bei den örtlichen Jacht- und Motorsportklubs.

Ausrüstung

Rollen

Kernstück der Ausrüstung ist im Salzwasser die Rolle. Nur beste, möglichst gegen Salzwasser unempfindliche und korrosionsgeschützte Rollen sollten verwendet werden. Nach einem durchfischten Tag sollte man die Rolle in warmes, entspanntes Süßwasser tauchen und spülen, damit alle Salzspuren gelöst werden. Nach dem Abtupfen und Trocknen beginnt man mit dem Ölen und Fetten.

Die Stationärrolle, am Süßwasser der am häufigsten gebrauchte Rollentyp, ist für das Angeln im Meer nur bedingt geeignet. Der Einsatz dieses Rollentyps beschränkt sich auf das Brandungsangeln, auf das Spinnfischen und das leichte Hochseeangeln. Unter „leichtem Hochseeangeln" versteht man das Fischen mit Köder oder Bleigewichten bis zu 100 g, Wassertiefen bis zu 25 m, geringe Strömungen und Fische bis zu 10 Pfund. Solche Verhältnisse finden wir überall entlang der deutschen Küsten. Deshalb ist bei uns ausnahmsweise die Stationärrolle auch am Salzwasser in Gebrauch. Es kommen nur die größeren Rollen in Frage. Die unterste Grenze sollte bei einer Rolle mit einem Schnurfassungsvermögen von 100 m der Stärke 0,50 mm (monofil) liegen.

Unsere europäischen Nachbarn, die größtenteils über bessere Hochseeangelmöglichkeiten verfügen, benutzen vor allem Multirollen. Dieser Rollentyp ist für jegliches Fischen, das über die für die Stationärrolle genannten Grenzen hinausgeht, genau das richtige. Gewöhnlich wird an der Atlantikküste von Norwegen bis Portugal in 30 bis 80 m Tiefe gefischt, die Strömungen sind stark und die Blei- oder Ködergewichte 100 bis 1000 g schwer. Der in Küstennähe häufig steinige Meeresboden, oft von meterlangem zähem Tang bewachsen, birgt die Gefahr ständiger Hänger. Um den Verlust von Geschirr in erträglichen Grenzen zu halten, benötigt man starke Schnüre. All diesen Umständen entspricht die Multirolle am besten. Überdies hat man, bedingt durch das Fehlen des gewinkelten Schnurlaufes, beim Fischen mit der Multirolle ein feineres Gefühl für den Anbiß und Drill eines Fisches. Beim Fischen vom treibenden Boot und bei dauernd wechselnder Tiefe läßt sich außerdem der ständig erforderliche Schnurlängenausgleich viel bequemer mit der Multirolle durchführen.

Multirollen sollten stets mit einer Freilaufsperre und einer stufenlos einstellbaren Bremse ausgerüstet sein. Da das Werfen beim Bootsangeln entfällt, sind keine weiteren Extras erforderlich. Wer dennoch eine Multirolle sucht, mit der man auch den Köder weit und gefühlvoll werfen kann, ohne die gefürchteten Perücken auf der Schnurtrommel zu bekommen, der wähle eine Multirolle mit Fliehkraftbremse.

Gewicht und Umfang der gewöhnlichen Multirollen für die Meerangelei richten sich nach der Größe des erwarteten Fanges. Die unterste Grenze liegt bei einem Schnurfassungsvermögen von 150 m monofiler Leine der Stärke

0,70 mm. Werden schwere Dorsche oder wildkämpfende Köhler und Pollaks erwartet, soll in über 50 m Tiefe und mit Gewichten ab 250 g gefischt werden, so empfehlen sich Rollen der Größen 4/0, beim Fischen auf Rochen, Conger und kleinere Haie Rollen bis zur Größe 6/0. Der sichere Fang von wirklichen Großfischen (Haie, Thune, Schwertfische) wird erst möglich mit den Riesen unter den Multirollen, die mindestens 500 m geklöppelte Schnur von 50 bis 70 kg Tragkraft aufnehmen können, z. B. PENN-Senator, PENN-International oder EVEROL-Rollen in den Größen 9/0–16/0.

Im Vergleich zur Süßwasserangelei werden die Rollen beim Hochseeangeln viel stärker strapaziert. Schwere Fische und häufige Hänger werden nur von Rollen gemeistert, die über besonders bruchsichere Spulenachsen und erstklassige Spulenlager verfügen. Man sollte beim Kauf solcher Rollen auf diese Qualitätsmerkmale besonders achten.

Ruten

Ruten für das Angeln im Meer dürfen nicht zu weich, zart und biegsam sein. Die häufig schweren Bleie, langauslaufende, schwere Schnüre und das oftmals hohe Gewicht der Beute erfordern stabile Ruten. Hier die wichtigsten Qualitätsmerkmale:

- Hohlglas ist das bewährteste Material; es vereinigt größte Elastizität mit geringstem Gewicht.
- Schnurlaufringe müssen hart verchromt sein. Genügend groß dimensionierte Endringe erleichtern das Durchschlüpfen von Stoppern, anklappbare große Laufringe erleichtern den Transport.
- Kork- und Gummihandgriffe entziehen den Händen nicht soviel Wärme, Metallhandteile lassen die Finger erstarren, Holzteile quellen auf.
- Die größte Bruchgefahr für eine Rute liegt im oberen Handteil, etwas oberhalb vom Stützpunkt der drillenden Hand. Ruten, bei denen der Rohling durch das ganze Handteil läuft, sind dieser Bruchgefahr viel weniger ausgesetzt.
- Die Flexibilität sollte sich auf das obere Drittel beschränken. Meeresruten sollten in der unteren Hälfte steif wirken und dürfen in der Hand nicht vibrieren.
- Lange Rutenteile sind bei Reisen oft störend, man beachte deshalb die Angebote an stabilen, weit zusammenschiebbaren Teleskopruten.

Rute und Rolle müssen zueinander passen, beide müssen wie aus einem Guß und auf die erwartete Beanspruchung abgestimmt sein. Die Rutenlänge richtet sich nach der Angelmethode:

1,8 bis 2,4 m = Bootsrute, wichtigster Rutentyp für alle Angelmethoden, die vom Boot ausgeübt werden. Die unterste Grenze liegt bei Ruten für Blei(Köder-)gewichte von 50–100 g (leichtes Dorschangeln in deutschen Gewässern), die oberste Grenze bei Ruten für Gewichte bis 1000 g (für Haie, Thune usw.). Für das Fischen entlang der europäischen Atlantikküste empfehlen sich Ruten für Gewichte zwischen 150 und 350 g.

2,7 bis 4,5 m = Brandungs- und Spinnrute, für das weite Auswerfen vom Ufer oder vom Boot oder für das Angeln mit dem Floß. Ruten mit Wurfgewichten um 50 g stellen die unterste Grenze dar. Beim Brandungsfischen in wildbewegter See können Ruten für Wurfgewichte bis 100 g angebracht sein.

Schnüre

Monofile Kunststoff-(Nylon-)schnüre haben sich bis Stärke 1,0 mm gut bewährt. Farblose oder bläulich gefärbte Schnüre werden am häufigsten verwendet. Man benötigt folgende Schnurstärken:

0,35 mm – Vorfach für leichtes Makrelen- und Hornhechtangeln und Brandungsangeln vor der deutschen Küste, Hauptschnur für das Fischen im Mittelmeerraum (mit häufig noch feineren Vorfächern).

0,40 mm – Hauptschnur für das Dorschangeln vor deutschen Küsten und ganz allgemein für das Brandungsangeln.

0,60 mm – Hauptschnur für das Fischen mit Gewichten ab 200 g.

0,80 mm – Hauptschnur für das Fischen mit Gewichten ab 200 g bei gleichzeitiger häufiger Hängergefahr (steiniger Grund, Tangbewuchs), Hauptschnur beim Fang kleinerer Haie (Helgoland).

Geflochtene Kunststoffschnüre haben gegenüber der monofilen Leine den Vorzug der größeren Geschmeidigkeit. Sie werden vor allem zum Fang von schweren und schwersten Fischen verwendet. Dunkle Farben werden bevorzugt, helle Leinen machen selbst große Fische mißtrauisch.

Stahlvorfächer aus monofilem oder gedrehtem, geschmeidigem Stahldraht werden vor allem für den Fang von Haien, Congern und anderen Großfischen in Längen zwischen 2 und 6 m benutzt.

Haken

Einzelhaken werden überall dort verwendet, wo es gilt, mit natürlichen Ködern zu fischen. Bis Größe 1 verwendet man verzinnte, darüber hinaus vernickelte Haken. Haken mit Öhr werden bevorzugt.

Gr. 6–4 = kurzschenklig, vergoldet. Vor allem im Mittelmeerraum gebräuchlich (Meerbarben, Lippfische, Meerbrassen), auch an der portugiesischen Küste.

3 = verzinnt, mit überlangem Schenkel für das Brandungsfischen auf Aale und Plattfische (Ost- und Nordsee, Atlantikküste).

2–1 = für das Makrelen- und Hornhechtangeln mit dem Fetzenköder und dem Gleitfloß (s. S. 31) (Ostsee, Nordsee).
1/0– 2/0 = Dorsche, Schellfische, Köhler, Pollaks usw. bis etwa 5 kg (atlantische Küsten).
3/0– 5/0 = für große Dorsche, Lengfische, kleine Rochen.
6/0– 7/0 = für Dornhaie (bis zu 1 m Länge), Rochen (schwedische Westküste).
8/0– 9/0 = Hundshaie (bis 2 m, Helgoland), kleinere Haie, kleinere Thunrassen.
10/0–12/0 = für Großfische wie Schwert- und Thunfische, Haie.

Drillinge werden als Armierungen an Pilkern verwendet. Vernickelte und verchromte Haken sind sehr stabil und eignen sich nur für das Fischen über reinem Grund. Bei unreinem Grund mit großer Hängergefahr (was häufig den Verlust der kostspieligen schweren Pilker bedeutet) verwendet man besser dünndrähtige, gebräunte Haken und biegt die Hakenbögen noch zusätzlich etwas auf, damit sich der Haken beim Festsitzen im Gestein oder Tang leichter lösen oder brechen läßt.

Gr. 2–1 = für das Spinnangeln auf Makrelen, Pollak usw. und für das leichte Dorschpilken (Ostsee).
1/0–4/0 = für schwere Pilker ab 250 g.

Senker

Je nach Angelart verwendet man
- Sechskantbleie in Gewichten zwischen 40 und 80 Gramm beim Brandungsangeln auf Aale und Plattfische (Ostsee, Nordsee).
- Pyramidenförmige Bleie in Gewichten zwischen 40 und 100 g, mit und ohne Krallarmen, für das Brandungsfischen bei bewegter See und starker Strömung.
- Birnen- oder kugelförmige Bleie mit eingegossenen Ösen in Gewichten zwischen 50 g und 1 kg – je nach Tiefe und Strömung – für das Grundangeln vom Boot auf alle Fischarten.
- durchlochte kugelförmige Bleie zwischen 10 und 30 g zum Beschweren beim Fischen mit dem Schwimmer und zwischen 500 und 1000 g beim Schleppfischen.

Sonstiges

Wirbel (die bei der Seeangelei nur selten verwendet werden) und Springringe sollten aus bestem, nichtrostendem Stahl gefertigt sein, da sie, einmal angerostet, allzu leicht das schwächste Glied in der Kette zwischen Fisch und Angler werden können. Springringe werden zum Befestigen der Drillingshaken an den Pilkern benutzt.

Gleitposen in Längen zwischen 15 und 45 cm Länge werden dann verwendet, wenn es gilt, den Köder in einer bestimmten Tiefe zu halten, so z. B. beim Makrelen- und Hornhechtfang (Ostsee, Nordsee). Die Tragfähigkeit schwankt zwischen 10 und 40 g. Je rauher die See und je tiefer das Wasser, desto größere Schwimmer kommen zur Verwendung.

Die übrige Ausrüstung besteht vor allem aus regen- und winddichter Bekleidung. Ein breitkrempiger Südwester, eine Öljacke und eine Ölhose, die über die Gummistiefel gezogen wird, schützen bestmöglich vor Wind und Regen. Häufig findet der Angler weder beim Brandungs- noch beim Bootsangeln genügend Schutz vor den Unbilden der Witterung. Deshalb sollten Gummistiefel und komplettes Ölzeug unbedingt mit zur Ausrüstung gehören. Gutes Ölzeug besteht heute meistens aus einem mit Kunststoff überzogenen Gewebe. Es sollte besonders reißfest sein und in geringem Umfang Luftabtausch zulassen, vor allem unter den Achseln.

Gummistiefel müssen rutschfestes Sohlenprofil haben. Da es auf und an der See immer etwas kühler als am Land ist, empfiehlt sich die Mitnahme von wollenem Überzeug. Eine Sonnenbrille ist häufig sehr nützlich, ebenso Pillen gegen Seekrankheit. Wer zur Seekrankheit neigt, sollte wissen, daß starkes Rauchen und Trinken und wenig Schlaf vor Antritt einer Hochseeangelfahrt die Anfälligkeit zur Übelkeit fördern.

Köder

Natürliche Köder

Seeringelwürmer, Nereïden (Abb. 256 u. 257)

Die lebhaft umherkriechenden, borstigen Würmer mit dem scharfen, gut ausgebildeten Kopfzangenpaar bewohnen zumeist Röhren im Schlick oder in sandig-kiesigen Gebieten (Ostsee). Man findet die Tiere zwischen Steinen und Tangfeldern versteckt. Einige Arten verraten ihre Wohnröhre durch sternförmige Kriechspuren, die sich rings um die Wohnröhre ausbreiten (Nereïs diversicolor, in allen europäischen Meeren). Einige Nereïdenarten werden bis zu 1 m und darüber lang. Entlang der Adriaküste werden diese Würmer beispielsweise des nachts mit Fischfleisch angelockt und dann bei Scheinwerferlicht eingefangen. Die Tiere werden auf den Fischmärkten als begehrter Köder verkauft. Denn es gibt kaum einen zweiten Köder, der für den Fang fast aller Seefischarten gleich gut geeignet wäre. Die kleinen Würmer werden im ganzen, die größeren segmentweise angeködert.

Wattwurm, *Arenicola marina* (Abb. 258 u. 259)

Dieses Tier lebt in riesigen Mengen im Schlick der flachen Küstenregionen, vor allem entlang der Nordseeküste. Bei Ebbe verraten die kringelförmigen

Abb. 256.
Seeringelwurm
(Nereïde)

Abb. 257.
Angeköderter
Seeringelwurm

Abb. 258.
Wattwurm

Abb. 259.
Angeköderter
Wattwurm

Kothaufen weithin sichtbar die etwa 30 cm tiefen Wohnröhren der Würmer. Mit einer Grabeforke kann man die bis zu 25 cm langen Würmer ausgraben. Ist der Boden mit Wasser bedeckt, so verwendet man eine Wurmstampfe (Abb. 260). Der Wattwurm ist ein ausgezeichneter Köder beim Brandungsangeln für alle Fischarten. In manchen Ländern werden von Angelgeschäften konservierte (gesalzene) Wattwürmer angeboten. Dieser Köder steht dem lebenden Köder an Fängigkeit in nichts nach und hat obendrein noch den Vorzug der besseren Haltbarkeit am Haken.

Abb. 260. Wurmstampfe

Die Aufbewahrung von Nereïden und Wattwürmern erfolgt in flachen Kisten. Auf eine saugfähige, befeuchtete Unterlage (Sackleinen, Saugpapier) wird eine Lage Würmer so ausgebreitet, daß sie einander nicht berühren, darüber legt man wieder eine befeuchtete Zwischenlage aus Papier oder Stoff und so fort. An einem kühlen, schattigen Ort und halbtagsweise gut mit Salzwasser befeuchtet, halten sich die Würmer so einige Tage lebend. Das Anködern von Wattwürmern erfolgt am einfachsten mit einer Ködernadel.

Die Garnele, *Crangon crangon* (Abb. 261 u. 262)

Die Garnele (fälschlich oft Krabbe genannt) ist ein sehr guter Köder – roh oder gekocht und geschält – für den Fang von Plattfischen. Garnelen bekommt man während der Sommermonate überall entlang der Nordseeküste in den Häfen und an Bord der Garnelenfangboote. Garnelen verderben schnell und sollten sofort als Köder verwendet werden.

Abb. 261.
Garnele

Abb. 262.
Angeköderte Garnele

Abb. 263.
Wollhandkrabbe

Echte Krabben

Die Wollhandkrabbe (*Eriocheir sinensis,* Abb. 263) oder zum Beispiel die Strandkrabbe *(Carcinus maenas)* sind sehr gute Köder für den Fang von Dorschen und Aalen. Als Köder eignen sich besonders die kleineren, bis zu 3 cm großen Krabben, die lebend mit einem Zwirnsfaden oder Gummiband am Haken befestigt werden. Wenn man unter Antreibsel oder Steinen am Ufer frisch gehäutete („weiche") Krabben findet, so kann man auch von größeren Exemplaren einzelne Stücke als Köder verwenden. Es gibt entlang der Nordseeküste, insbesondere im Bereich der Flußmündungen, keinen besseren Aalfangköder.

Krabben kann man lange Zeit lebend in einem gut durchlüfteten, kühlen Gefäß (ohne Wasser!) aufbewahren.

Muscheln

Vor allem die Miesmuschel (*Mytilus edulis,* Abb. 264), die an fast allen europäischen Küsten zu finden ist, und die Taschenmesser-Muschel (*Ensis*

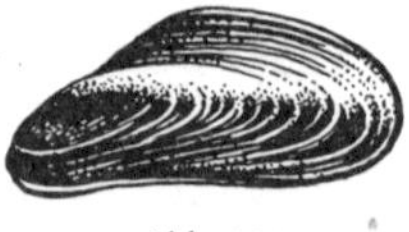

Abb. 264.
Miesmuschel

Abb. 265.
Taschenmesser-Muschel

ensis, Abb. 265), die wärmere Meeresgebiete bevorzugt, sind gute Köder. Die Miesmuschel wird einige Augenblicke in kochendes Wasser gelegt. Die Schalen öffnen sich dann, und der festgewordene Körper hält besser am Haken. Muscheln kann man stundenlang in luftigen Leinenbeuteln mit sich herumführen.

Kleine Fische

Lebend oder tot sind kleinere Fische immer ein sehr guter Köder für den Fang von Raubfischen. Heringe, Sardinen oder Sandspierlinge (Ammodytes lancea) werden bis zu einer Größe von etwa 10 cm im ganzen angeködert. Größere Fische werden halbiert (Abb. 266 u. 267).

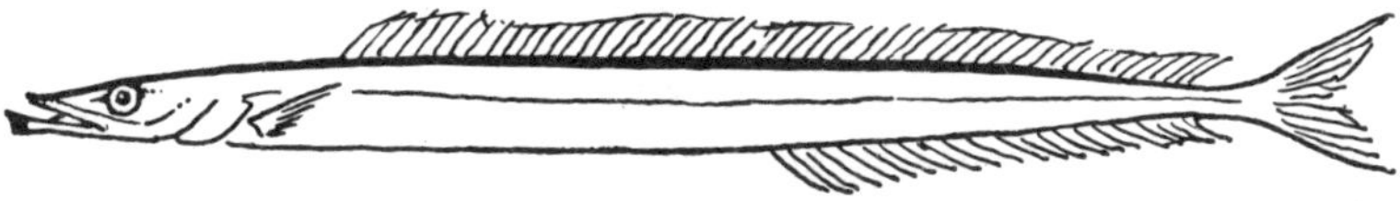

Abb. 266. Sandspierling oder Sandaal

Abb. 267. Angeköderter, halbierter Sandaal

Fetzenköder

Aus der silberglänzenden Flanke oder Bauchseite eines größeren Fisches wird ein Fetzen mit dem Messer so herausgeschnitten, daß er zum Ende hin immer dünner und schmaler wird. Sticht man den Haken durch das dickere Ende, so beschreibt der Köder unter Wasser lebendig wirkende Flatterbewegungen. Fetzenköder sollen etwa 6 bis 10 cm lang sein. Sie sind ein vorzüglicher Köder für den Fang vieler Seefische vor allem dann, wenn der Köder unter Wasser bewegt werden kann, sei es durch Wellenbewegung beim Angeln mit dem Floß oder durch Aufwinden der Schnur beim Spinnangeln.

Die Fängigkeit des Fetzenköders ist auch vom ausströmenden Geruch des Fischfleisches abhängig. Je frischer das Fleisch, desto besser. Aber nicht jede Fischart eignet sich als Köder; es gilt etwa folgende Reihenfolge in der Fängigkeit: Am besten geeignet sind Hering, Sprotte und Sardine, dann folgen Spierlingsarten, Hornhechte, Makrelen und Scholle. Ungeeignet sind Fetzen vom Dorsch.

Anfütterung

Fischfleisch als Anfütterung ist vor allem dann sehr sinnvoll, wenn vom verankerten Boot im strömenden Wasser geangelt wird. Fische, die ihrer Witterung folgen, z. B. Haie, werden damit ans Boot gelockt. Mehrere Kilo frisches Fischfleisch, vor allem heringsartige Fische, werden stark zerkleinert („Rubby dubby“), in einen engmaschigen Netzbeutel gepreßt und der Beutel so außenbords angebracht, daß er etwa zur Hälfte im Wasser hängt. Der Angelköder wird in der Strömung hinter dem Beutel gehalten (Schwimmer).

Künstliche Köder

Pilker (Abb. 183)

Entlang der gesamten europäischen Atlantikküste werden die verschiedenartigsten Pilkerformen verwendet. Ganz allgemein läßt sich sagen, daß Pilker in wärmeren Gewässern (Mittelmeer) weniger erfolgreich verwendet werden, der Angelerfolg nimmt jedoch zu, je kühler das Wasser wird und je weiter man nach Norden kommt (Ostsee/Nordsee, Großbritannien, Island, Norwegen). Man fischt mit Pilkern hauptsächlich in Grundnähe und erbeutet dabei vor allem Dorsche, Leng- und Schellfische. In halber Wassertiefe fängt man Köhler, Pollak, Makrelen. Am beliebtesten sind beidseitig verchromte Modelle mit rötlichen Armierungen oder Verzierungen. Gewicht und Form bestimmen die Absinkgeschwindigkeit des Pilkers. Man verwendet Pilker von

30 bis 50 g	für das Spinnangeln an der Oberfläche vom Boot oder vom Ufer (Makrelen, Hornhechte, Wolfsbarsch, Pollak);
50 bis 100 g	für das Fischen am Grund bei Wassertiefen bis zu 20 m (Ostsee-/Nordseeküstenbereich);
150 bis 250 g	für Tiefen bis etwa 50 m, aber auch bei flacherem Wasser, wenn stürmische See herrscht, um eine bessere Führung und Fühlung mit dem Köder zu haben.

Gummiaale (Abb. 268)

Die Glasaale, die alljährlich mit der nordatlantischen Drift in riesigen Mengen an die europäischen Küsten gelangen, bilden einen wichtigen Nahrungsbestandteil unserer Seefische. Das mag der Grund dafür sein, daß alle Seefische auf die unter Wasser sparsam hin und her bewegten Nachbildungen aus Gummi sehr gut beißen. In den Hakengrößen 3 bis 1/0 und in Längen von 6 bis 10 cm ist der Gummiaal einer der wichtigsten künstlichen Köder entlang der atlantischen Küste. Es gibt diesen Köder in allen Farben, vor allem die roten Nachbildungen haben sich gut bewährt. Die Gummiaale werden häufig als Springer mit einer nur wenige Zentimeter langen Mundschnur über dem Pilker an die Hauptleine geknüpft.

Makrelenpaternoster

Besonders in der Deutschen Bucht, vor der holländischen Küste sowie rund um Irland und England ist die mit 4 bis 8 „Makrelenfliegen" bestückte Paternosterangel sehr beliebt. Der Haken ist bei diesem Köder in einem bunten Büschel aus Kunststoffschnüren versteckt. Ans Ende des Paternosters knüpft man eine birnenförmige Bleibeschwerung, senkt die Köder in Bootsnähe auf 7 bis 15 Meter Tiefe ab und vollführt leichte Auf- und Abbewegungen. Mit dieser Ausrüstung fängt man in erster Linie Makrelen; gelangt man in einen Schwarm, sind nicht selten alle Haken mit Fischen besetzt.

Abb. 268.
Gummiaal

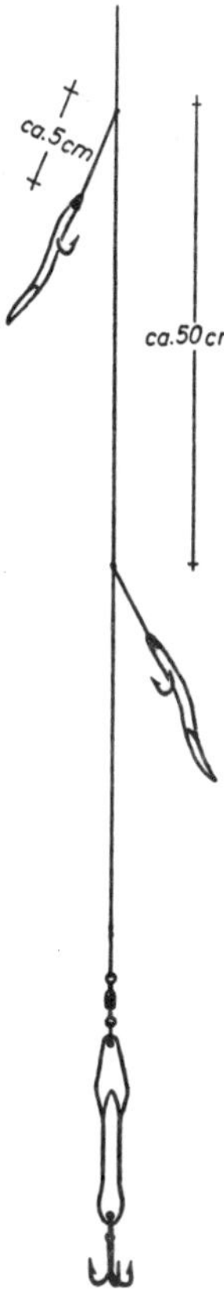

Abb. 269.
Paternoster
mit Pilker und Gummiaalen

Abb. 270.
Makrelenfliege

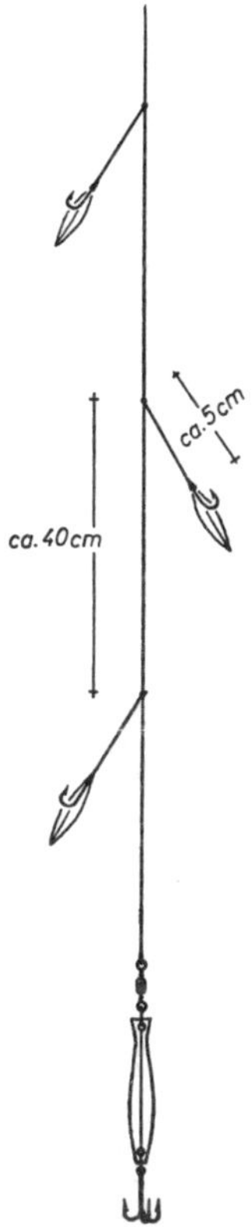

Abb. 271.
Paternoster
mit Pilker und Makrelenfliegen

Angelmethoden

Brandungsangeln

Unter Brandungsangeln versteht man das Fischen vom Ufer aus. Den Namen verdankt diese Art des Fischens sicherlich dem Umstand, daß es in erster Linie bei auflandigem Wind, also bei bewegter See und Brandung, in der Regel erfolgreicher ist als bei stillem Wasser.

Die Brandung reißt und spült zahlreiche Kleinlebewesen vom Grund los, und die Fische stehen häufig ganz in der Nähe der turbulentesten Stellen, um die hilflos umhertreibenden Beutetiere zu schnappen. Man sollte deshalb immer versuchen, in der Nähe der sich brechenden Wellen zu angeln. Die besten Stellen sind dort zu suchen, wo sich die anrollenden Wogen zum ersten Male überschlagen. Entlang der heimischen Ostseeküste ist das häufig in etwa 50 bis 70 m Entfernung vom Ufer. Diese Stellen können von einem geschickten Werfer erreicht werden. Die vielerorts steilen Felsufer der Atlantikküste bieten noch günstigere Ausgangspunkte für das Brandungsfischen, denn hier brechen sich die Wogen oft erst in unmittelbarer Nähe vom Ufer. Direkt am weithin sichtbaren Gischtsaum stehen die Fische.

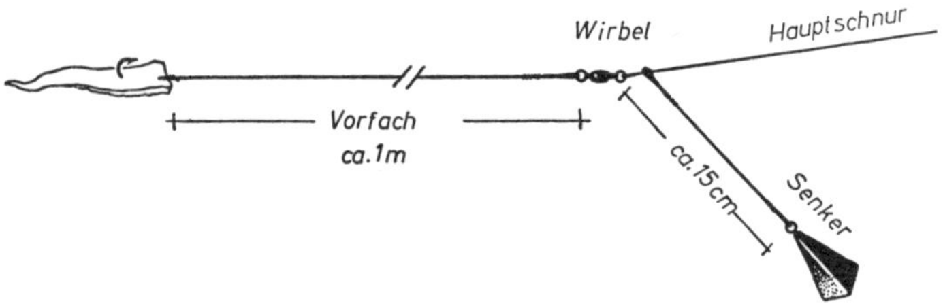

Abb. 272. Montage zum Brandungsangeln mit Fetzenköder

Anders sind die Verhältnisse in Flachwasserbezirken, z. B. in der Nordsee: Die oft viele Kilometer vom Ufer entfernten Barren und Bänke nehmen der anlaufenden Dünung die Wucht, die See bricht sich weit draußen, und die Fische bleiben dort in unerreichbarer Entfernung für den Angler. So ergibt sich im Gegensatz zum bisher Gesagten, daß das Angeln entlang der gesamten deutschen Nordseeküste nur dann aussichtsreich ist, wenn sich auf den Bänken keine Brandung bildet, sondern das Wasser still mit der Flut aufläuft. Die Fische finden dann draußen keine Nahrung und folgen dem steigenden Wasser bis ans Ufer.

Für alle Küsten gilt: Bei Flut, also bei auflaufendem Wasser, beißen die Fische am besten. Gute Angelplätze entlang unserer Küsten sind Buhnenbauten, Häfen, Molen und Flußmündungen. Vor deutschen Küsten erbeutet man vor allem Flundern, Kliesches, Aale und Dorsche. Besonders aussichtsreich ist das Brandungsangeln in den Dämmerungszeiten. Die Rute wird nach dem Auswerfen des Köders je nach Windlage mehr oder weniger steil am Ufer aufgestellt. Ein kleines, dicht am Endring befestigtes Glöckchen überträgt akustisch den Biß eines Fisches. Bei ruhigem Wetter kann man auch aus der Hand angeln und mit leicht gespannter Schnur den Biß fühlen.

Zur Ausrüstung gehört eine Brandungsrute (s. S. 265) und wegen der erforderlichen weiten Würfe eine Stationärrolle (s. S. 11, 264). Die Montage des übrigen Geschirrs ist aus Abb. 272 ersichtlich. Das Gewicht des Senkers sollte so bemessen werden, daß der Köder nicht ständig am Boden verdriftet werden kann.

Angeln mit Schwimmer

Überall dort, wo es gilt, den Naturköder in einer bestimmten Tiefe zu halten, werden bei der Salzwasserangelei Schwimmer verwendet. Vor unseren Küsten sind es insbesondere die Makrelen, die häufig zwischen 7 und 10 m Wassertiefe stehen, und die Hornhechte, die gern unmittelbar unter der Wasseroberfläche rauben. Etwa 1 bis 2 m über dem Grund gibt es ferner noch eine Anzahl von Fischarten, die oft nicht auf den Pilker beißen, sondern mit natürlichen Ködern an der Schwimmerangel gefangen werden (Wittling, Plattfische, Aale).

Man fischt entweder vom treibenden oder verankerten Boot mit einer Rute, wie sie beim Brandungsfischen gebräuchlich ist. Je nach Größe der erwarteten Fische verwendet man eine Stationär- oder Multirolle. Kernstück dieser Angelmethode ist der Schwimmer. Besonders beliebt sind die charakteristischen, bis zu 45 cm langen Makrelenschwimmer mit einer Tragfähigkeit von 15 bis 40 g Blei. Die Schwimmer werden so montiert, daß sie auf der Schnur gleiten und werden mit einem „Stopper" an der gewünschten Stelle auf der Schnur festgehalten. Der „Stopper" besteht aus einem Nylonfaden oder einem Gummiband, die einfach an die Schnur geknotet werden, und zwar so, daß ein Verschieben auf jede gewünschte Tiefe möglich ist. Je rauher die See oder je größer die Tiefe ist, in der gefischt werden soll, desto länger und tragfähiger wählt man den Schwimmer.

Als Köder bevorzugt man kleine tote oder lebende Fischchen oder den Fetzenköder (s. S. 271).

Knallfarbig bemalte, runde, apfelsinengroße Schwimmer werden entlang der Atlantikküste für den Fang von Haien, hauptsächlich Blauhaien, verwendet. Die schweren Haihaken und das Stahlvorfach ersetzen dabei das Blei.

Pilken

Das Pilken hat seinen Namen von den dabei verwendeten Pilkern (s. S. 93). Es stellt nichts weiter dar als eine stark vergröberte Form des Spinnfischens, wie es viele Angler vom Süßwasser her kennen. Die Angelmethode gilt vor allem jenen Fischen, die räuberisch in Grundnähe leben, also Dorsch, Lengfisch u. a. Bei geschickter Führung lassen sich aber auch in halber Wassertiefe damit Makrelen, Pollak und Köhler erbeuten.

Das Gerät besteht lediglich aus einer Multirolle und einer steifen Bootsrute. Rute und Rolle werden passend zum Pilkergewicht gewählt. Entlang unserer Ostseeküste wird das Dorschangeln hauptsächlich mit Pilkergewichten um 100 g ausgeübt. Manche Angler bevorzugen dabei das Auswerfen vom treibenden Boot und verwenden dafür schwere Stationärrollen. Unsere europäischen Nachbarn benutzen dagegen fast nur Multirollen, zumal sie meistens in größeren Tiefen mit Pilkern über 150 g fischen.

Der Pilker muß unter Wasser ähnlich einem fliehenden oder taumelnden Fischchen geführt werden. Das geschieht durch geschicktes Heben und Senken der Rute, sobald der Pilker die gewünschte Tiefe erreicht hat. In der Ostsee werden z. B. von 100 Dorschen 95 in unmittelbarer Bodennähe gefangen, woraus sich ergibt, daß man den Pilker dort zunächst bis zum Boden absinken läßt. Das Pilken gilt im Ostseeraum als die weitaus erfolgreichste Angelmethode.

In Gebieten mit Hängergefahr und starkem Bewuchs läßt man den Pilker zunächst bis zum Boden absinken, nimmt dann aber etwa 2 m Schnur auf und beginnt nun erst mit dem Heben und Senken. Kommt der Pilker beim Driften des Bootes achteraus, so muß gefühlvoll Schnur ausgegeben werden, damit der Pilker möglichst immer in der gewünschten Fangtiefe bleibt.

Spinnangeln

Diese Methode unterscheidet sich in nichts von der am Süßwasser gebräuchlichen Angelart: Es gilt, einen Spinner (oder leichten Pilker) vom Ufer oder vom Boot auszuwerfen, absinken zu lassen und geschickt wieder einzuholen.

Das Gerät besteht aus einer Brandungsrute und einer Stationärrolle. Die Spinnangelei verspricht vor unseren heimischen Küstenabschnitten keine großen Erfolge. Die Felsküsten Norwegens und vor allem der britischen Inseln sind dagegen viel besser geeignet. Bei dunklem Wetter oder während der Dämmerungszeiten ist es hier vor allem der kämpferische Pollak, der in Gebieten mit starkem Tangbewuchs in Stückgewichten bis 2 kg, gelegentlich auch bis 5 kg gefangen wird. Von Irland und England südwärts bis Portugal werden in Dämmerungszeiten damit auch Wolfsbarsche gefangen.

Paternosternangeln

Mit Paternostersystemen wird entlang unserer Ost- und Nordseeküste nur im Hochsommer auf Makrelen geangelt. Unsere Nachbarn entlang der Atlantikküste benutzen dagegen viele Paternostersysteme. Diese Angelmethode gilt auch dort den schwarmweise auftretenden Fischen, vor allem den Makrelen, Wittlingen, kleinen Köhlern und Dorschen. Man will mit dem Paternoster aus einem rasch vorbeiziehenden Schwarm möglichst viele Fische herausfangen und damit für das oft stundenlange Suchen nach einem Schwarm entschädigt werden.

Die Geschirrmontage ist einfach. Ans Ende der Hauptschnur wird entweder ein Blei oder ein Pilker geknüpft. Das Gewicht richtet sich nach der Wassertiefe und der Strömung bzw. Driftgeschwindigkeit des Bootes. Über dem Senker werden in regelmäßigen Abständen 3 bis 6 Haken montiert. Besonders beliebt sind Gummiaale (s. Abb. 269) und Makrelenfliegen (s. Abb. 271). Aber auch blanke Haken, mit natürlichen Ködern wie Würmern, Muschelfleisch oder Fischstückchen bestückt, können verwendet werden.

Eine kräftige Bootsrute und eine Multirolle vervollständigen die Ausrüstung. Geangelt wird stets unmittelbar am Boot, das Auswerfen entfällt.

Schleppfischen

Schleppangelmethoden, bei denen ein Fetzenköder (s. Seite 271), Spinner oder Blinker mit und ohne Gewicht hinter dem Boot bei 2 bis 4 Knoten Geschwindigkeit hergezogen werden, sind bei uns kaum in Gebrauch. Im Mittelmeerraum und vor der portugiesischen Atlantikküste gelingen dagegen bei dunklem Himmel und unruhiger See oftmals überraschende Fänge (vor allem an Wolfsbarschen und Meerbrassen). Der Köder wird in unmittelbarer Ufernähe, hart an der Brandungslinie entlanggeschleppt.

Vor Malta, Madeira und den Kanarischen Inseln wird das Schleppfischen mit unterarmlangen Jigs, die einen Tintenfisch imitieren sollen, ausgeübt und auf Marline und Thunfische geangelt. Die Schweden schließlich fischen im Kattegat auf originelle Weise mit einem „Surfing-Paravan" auf Makrelen. Das Schleppgerät läßt sich so einstellen, daß es nach dem Anbiß eines Fisches zusammen mit dem Fisch an die Wasseroberfläche kommt.

Für das Schleppangeln werden kurze Bootsruten in Verbindung mit Multirollen verwendet.

Die Fische

Etwa 90 % des Fanges entlang unserer heimischen Ost- und Nordseeküste beschränken sich auf den Fang jener Fische, die in der Saisontabelle (s. Abb. 273) aufgeführt werden. Wer Glück hat, kann insbesondere beim Bootsangeln in der Nordsee eine Reihe weiterer Fische fangen. Blickt man über die Grenzen zu unseren europäischen Nachbarn, so erweitert sich die Liste der fangbaren Fische beträchtlich.

Der Aal, *Anguilla anguilla* (L.)

Bis zu 1 m lang, deutscher Küstenrekord 3250 g (Hooksiel/Nordsee). Häufig entlang der Nord- und Ostseeküste, meistens bis zu 500 g schwer. An allen europäischen Küsten, sogar am Nordkap und bei Island.

Der Aal wird bei uns am häufigsten beim Brandungsangeln gefangen, oft unmittelbar am Ufer, auch im Brackwasser der Flußmündungen. Beste

Köder: Stückchen von Wollhand- oder Strandkrabben, Seeringel- und Wattwürmer. An der Nordseeküste werden Aale gepöddert. Der Pödder besteht aus Wattwürmern, die auf eine ungefähr 1 bis 2 m lange faserige Kunststoffleine gezogen und zu einem Knäuel zusammengelegt werden. Dieser Köder wird in Grundnähe vom verankerten Boot aus angeboten. Die Aale beißen sich am Köder fest, werden vorsichtig an die Wasseroberfläche geholt und unterkeschert (Cuxhaven, Jadebusen).

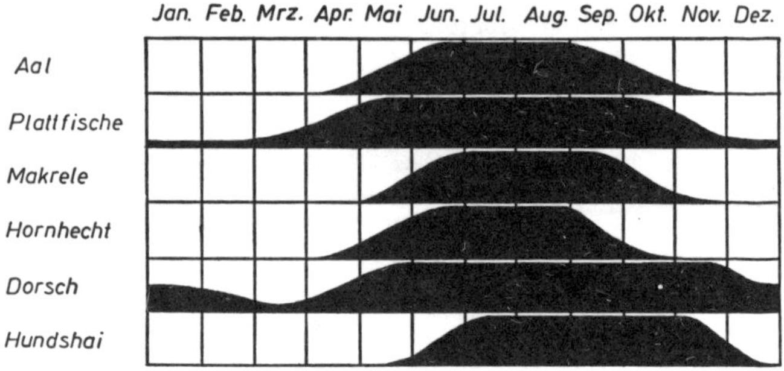

Abb. 273. Saisontabelle

Die Aalmutter, *Zoarces viviparus* (L.)

Selten über 30 cm lang. Mancherorts (in Häfen) häufig. Bringt im Winter lebende Junge zur Welt. In der Flensburger Förde besteht Artenschonzeit vom 1. 10. bis 31. 1. Sehr schmackhafter Fisch. Wird an der Grundangel mit Würmern oder Garnelen gefangen.

Der Blauhai, *Prionace glauca* (L.)

Bis zu 4 m lang, gefährlicher Hai, weltweit verbreitet. In Europa nur im Mittelmeer, portugiesische Küste (Rekord 105 kg), englische Süd- und Westküste. Lebendgebärend (bis zu 50 Fische à 60 cm Länge). Kleine, bis zu 1,5 m lange Blauhaie sind besonders vor der portugiesischen Küste häufig. Die Fische werden in 5 bis 10 m Tiefe mit halbierten frischen Makrelen gefangen. Geschirr: geflochtene Leine (25 kg), Stahlvorfach 3 bis 6 m, Einzelhaken 9/0 bis 12/0, Schwimmer.

Die Brachsenmakrele, *Brama brama* (Boanaterre)

Bis zu 70 cm bei 6 kg. Schwarmfisch ab 70 m Tiefe, im westlichen Mittelmeer und im Atlantik. Offenbar ein wichtiger Futterfisch von Thun- und Schwertfischen. Das massenhafte Vorkommen an der portugiesischen Küste, insbesondere bei Sesimbra, von Juni bis Oktober, lockt Schwertfische an. Brachsenmakrelen können lebend viele Stunden in Tiefen zwischen 50 und 100 m als Köder für Haie und Schwertfische verwendet werden, sie gelten als bester Köder.

An der Handangel wilder Kämpfer. Köder: Sardinen, Tintenfische, kleine Gummiaale.

Der Conger, *Conger conger* (L.)

Bis zu 2 m, selten 3 m lang (Weibchen) bei max. 65 kg Gewicht. Scharfes Gebiß und äußerst zählebig. Vorsicht bei gefangenen Fischen! Lebt in Gebieten mit Schlupfwinkeln (Felsen, Wracks) in Küstennähe in 20 bis 100 m Tiefe. Bei uns sehr selten (Helgoland), hauptsächlich im Mittelmeer, Portugal (häufig!), Biskaya, Bretagne-Küste, Britische Inseln, Südnorwegen. Wird nachts am Grund gefangen. Köder: tote Heringe, Sardinen, Tintenfische. Wilder Kämpfer, Stahlvorfach und Wirbel unbedingt notwendig.

Der Dornhai, *Squalus acanthias* L.

Bis zu 1,2 m lang bei maximal 12 kg Gewicht. Vor jeder Rückenflosse sitzt ein sehr spitzer, kräftiger Dorn. Sehr schmerzhafte Verletzungen kann es beim unsachgemäßen Hantieren mit noch lebenden Dornhaien geben.

Vor den deutschen Küsten wird der Dornhai nur sehr selten um Helgoland gefangen. Häufig ist der Fisch im Skagerrak und Kattegat. Er lebt schwarmweise und wird in Grundnähe mit Stücken von Makrelen an Haken der Größe 6/0 bis 9/0 gefangen.

Aus dem Fleisch des Dornhaies werden „Schillerlocken“ (geräucherte Bauchlappen) und „Seeaal“ (Rückenstücke geräuchert oder mariniert in Gelee) hergestellt.

Der Dorsch (Kabeljau), *Gadus morhua* L.

(Tafel XI, Abb. 1)

Bis zu 50 kg (Nordmeer, Lofoten) bei 1,6 m Länge. Deutscher Rekord: 25,1 kg (Fehmarn/Ostsee). Kleinere, bis zu 2 kg schwere Fische nennt man Dorsche, die größeren Kabeljau.

Der Fisch kann sich der Färbung des Bodens anpassen, es gibt deshalb braune, grünliche, graue und goldschimmernde Exemplare. Kaltwasserfisch, von der Biskaya bis zum Eismeer, um Island und Norwegen. In der Nordsee häufig bei Helgoland, entlang unserer Ostseeküste wichtigster Sportfisch. Wird vom treibenden Boot mit dem Pilkergeschirr gefangen (s. Seite 273).

Die Flunder, *Platichthys flesus* (L.)

30 bis 60 cm, bis zu 3 kg schwer. Deutscher Rekord: 2750 g (Kieler Förde). Aussehen ähnlich der Scholle, mit rötlichen Punktierungen, jedoch mit dornigen Verdickungen entlang der gesamten Seitenlinie; Fisch fühlt sich, von hinten nach vorn gestrichen, rauh an. Überall in Europa entlang der Küste, bevorzugt sandige Zonen. Liebt Brackwasser, geht in die Häfen und Flußmündungen. Häufigster Fang beim Brandungsangeln an unseren Küsten. Köder: Garnelen, Würmer, Muschelfleisch.

Der Heilbutt, *Hippoglossus hippoglossus* (L.)

Größte Plattfischart, maximal 4 Meter bei 300 kg Gewicht. Lebt einzeln ab 50 Meter Tiefe, meistens jedoch ab 200 m Tiefe. Kaltwasserfisch, Island, Schottland, Skagerrak, Kattegat und vor allem norwegische Küste. Sportliche Fänge von großen Heilbutts sind selten.

Der Hering, *Clupea harengus* L.

(Tafel XI, Abb. 2)

Schwarmfisch des kalten Wassers, Ostsee, Nordsee, Nordatlantik, vor allem Norwegen und Island. In der Nähe der Heringsschwärme sind immer Raubfische, vor allem Makrelen und Dorsche. Man kann Heringe an Paternostersystemen mit blanken Haken (Größe 4 bis 6) fangen (Kiel, Øresund). Kleinste Blinker, Federhaken oder bunte Fliegen sind ebenso fängig.

Der Hornhecht, *Belone belone* (L.)

Hornfisch (Tafel XI, Abb. 3)

Bis zu 1 m lang bei 1,5 kg Gewicht. Häufiger Schwarmfisch an allen europäischen Küsten, bei uns vor allem an der Nordseeküste. Jagt zusammen mit der Makrele Jungfische in der Nähe der Küsten von Mai bis September. Gräten grasgrün. Häufiger Beifang beim Makrelenangeln. Wird am besten mit dem Fetzenköder (s. Seite 271), beim Spinnangeln oder beim Angeln mit dem Schwimmer gefangen.

Der Hundshai, *Galeorhinus galeus* (L.)

(Tafel XII, Abb. 4)

In deutschen Gewässern einzige, regelmäßig vorkommende Haiart (Helgoland, Borkum Riff). Bis zu 2 m lang bei 50 kg Gewicht. Haiangelunterneh-

Meeresfische

Tafel XI

1. Dorsch (Kabeljau)
2. Hering
3. Hornhecht

Tafel XII

4. Hunds- oder Grundhai
5. Grauer Knurrhahn
6. Makrele

Tafel XIII

7. Scholle
8. Wolfsbarsch

Die Fische zeichnete Erwin Staub

Tafel XI

1. Dorsch, *Gadus morhua* L.

2. Hering, *Clupea harengus* L.

3. Hornhecht, *Belone belone* (L.)

4. Hunds- oder Grundhai, *Galeorhinus galeus* (L.)

5. Grauer Knurrhahn, *Trigla gurnardus* L.

6. Makrele, *Scomber scombrus* L.

7. Scholle, *Pleuronectes platessa* L.

8. Wolfsbarsch, *Roccus labrax* (L.)

mer veranstalten in Helgoland und Borkum-Hafen von Juni bis Oktober Ausfahrten und erbeuten pro Jahr 300 bis 400 Fische. Der Fisch fehlt in der Ostsee, ist aber im Mittelmeer häufiger. Immer in der Nähe größerer Fischvorkommen. Wird mit gedrittelten Makrelen an 2 m langem Stahlvorfach in unmittelbarer Grundnähe (20 bis 50 m) gefangen. Das Anlocken mit Fischfleisch in Netzbeuteln (s. Seite 271) ist beim nächtlichen Fischen (Adria) sehr wirkungsvoll.

Die Kliesche, *Limanda limanda* (L.)

30 bis 40 cm, bis 1 kg schwer. Häufigster Plattfisch in der Nordsee, nicht selten in der Ostsee. Rote Punktierungen fehlen, Farbe sehr wechselnd, die Seitenlinie beschreibt einen ausgeprägten halbkreisförmigen Bogen über der Brustflosse, Schuppen fühlen sich wie bei der Flunder rauh an, es fehlen aber dornige Verdickungen.

Liebt stark salziges Wasser, wird im Brackwasser selten gefangen. In Küstennähe meistens nur kleine Exemplare. Sehr schmackhaft, verdirbt aber schnell. Hälterung nicht möglich.

Knurrhähne, *Triglidae*

(Tafel XII, Abb. 5)

Beifang beim Fischen mit dem Fetzenköder in der Nordsee in Grundnähe. Der Graue Knurrhahn (*T. gurnadus* L.) wird an allen europäischen Küsten gefangen (Ostsee selten), der Rote Knurrhahn (*T. lucerna* L.) an der atlantischen Küste (Biskaya, Portugal). Meistens bis zu 50 cm lang, in Schwärmen am Grund.

Der Köhler, *Pollachius virens* (L.)

Bis zu 1,3 m lang und 40 kg schwer. Kaltwasserfisch, Verbreitung dem Dorsch ähnlich. Der Köhler ist jedoch ein ausgesprochener Schwarmfisch, der in allen Tiefen vorkommt, im Sommer vorzugsweise zwischen 20 und 50 Meter über flachen Bänken einige Meilen von der Küste entfernt. Bei uns ist er selten, um die Britischen Inseln, Island und vor der norwegischen Küste sehr häufig. Wird mit dem Pilker gefangen, großer Kämpfer, der sich bis an die Oberfläche wehrt. Kleine, bis zu ½ kg schwere Köhler werden im Sommer vor der norwegischen Küste in Massen sogar vom Ufer gefangen.

Lippfische, *Labridae*

Große Familie der wärmeren Meere, viele Arten im Mittelmeer. Außerordentlich bunt gefärbt mit wulstigen Lippen, leben im Flachwasser der

Küstenzonen zwischen Tang und Algen. Größe bis zu 40 cm. Fehlen in Ost- und Nordsee fast ganz. Etwa fünf Arten dringen bis Mittelnorwegen vor; die häufigste ist der Gefleckte Lippfisch (*Labrus bergylta* Asc.).

Fang in Grundnähe mit natürlichen Ködern, große Lippfische nehmen gelegentlich auch kleine Blinker und Pilker.

Der Leng, *Molva molva* (L.)

Bis zu 1,8 m lang bei 30 kg Gewicht. Kaltwasserfisch, selten in Ost- und Nordsee. Beste Fangplätze norwegische und isländische Küste. Kleinere Exemplare zwischen Dorschen in 20 bis 30 m Tiefe nahe der Küste, größere am Rande der Bänke einige Meilen von der Küste entfernt zwischen 50 und 200 m Tiefe. Beißt auf Pilker.

Der Makohai, *Isurus oxyrinchus* Rafinesque

Bis zu 4 m und 500 kg Gewicht. Atlantischer Angelrekord etwa 390 kg. Dieser Haifisch ist ein Warmwasserfisch des offenen südlichen Atlantik. Er ist als Feind des Schwertfisches bekannt und wird alljährlich vereinzelt in der Bucht von Sesimbra vor der portugiesischen Küste erbeutet, besonders in Jahren mit größerem Schwertfischvorkommen. Dortiger bisheriger Rekord-Makohai: 262 kg (1960) Köder: Brachsenmakrele in 20 bis 50 Meter Tiefe lebend angeboten.

Die Makrele, *Scomber scombrus* L.

(Tafel XII, Abb. 6)

Bis zu 50 cm lang, deutscher Rekord 1675 g (Flensburger Förde). Massenhaft auftretender Schwarmfisch, überall entlang europäischer, vor allem atlantischer Küsten. Bei uns in der Nordsee ab Ende Mai bis September, in der Ostsee ab Juni bis Oktober. Auf der Futtersuche (kleine Heringe, Spierlinge) wandern sie unstet umher, dringen in manchen Jahren bis in die flachsten Uferstreifen vor und bleiben in anderen Jahren völlig aus. Ein Fisch, der wild an der Angel kämpft. Wird in der Ostsee mit Heringsfetzenköder an der Schwimmerangel vor allem in 7 bis 10 m Wassertiefe gefangen. Die besten Angelplätze liegen in der Lübecker Bucht, vor Pelzerhaken und Neustadt, in der Kieler und Flensburger Außenförde sowie vor Surendorf ausgangs der Eckernförder Bucht.

Entlang der Nordseeküste meidet die Makrele das trübe Wasser der Wattenmeerzone. Sie wird an der Westseite und Nordspitze von Sylt (List), vor den Ostfriesischen Inseln und weiter draußen (Helgoland) mit der Posenangel (Fischfetzen), leichten Blinkern, mit der Schleppangel und mit der Paternosterangel, die mit Makrelenfliegen ausgerüstet ist (s. Abb. 271), gefangen.

Die Makrele ist ein ausgezeichneter Köder für den Fang zahlreicher Großfische (Haie, Conger, Rochen, Thunfische). An den deutschen Küsten ist sie jedoch selbst der wohl beliebteste Angelfisch, dessen Fang sowohl vom Ufer als auch vom Boot aus sehr viel Freude macht.

Meeräschen, *Mugilidae*

Bewohner der wärmeren Meere, über 60 Arten. Häufige Schwarmfische des Mittelmeeres. Bei uns in der Nordsee Sommergast die Dicklippige Meeräsche (*Mugil chelo* Cuv.). Wird bis 70 cm lang bei 4 bis 5 kg Gewicht (Sylt).

Meeräschen zu fangen gilt als große Kunst. Die Tiere ernähren sich von Algen und Kleinstlebewesen der Brandungszone, sie nehmen keine großen Köder, weder natürliche noch künstliche. Am besten gelingt der Fang in den trüben, brackigen Gewässern von Häfen und Flußmündungen. Man füttert mit zerriebenem Sardinen- oder Heringsfleisch reichlich an und angelt ohne Blei und Schwimmer mit Haken der Größe 8 bis 12 und allerkleinsten Ködern aus Wattwurmstücken oder Sardinenfleisch. Der Drill am feinen Zeug ist aufregend und dem einer Süßwasseräsche ähnlich.

Meerbrassen, *Sparidae*

Es gibt über 200 Arten in den wärmeren Meeren, im Mittelmeer leben allein 26 Arten. Dort sind die räuberischen und energisch an der Angel kämpfenden Meerbrassen die wichtigsten Sportfische. Einige Arten werden bis zu 60 cm lang und 5 bis 6 kg schwer. Fehlen in der Ost- und Nordsee.

Meist in kleineren Trupps, oft in Revieren zwischen felsigen Buchten, die größeren in der Nähe unterseeischer Berge etwas von der Küste entfernt. Der Fang gelingt am besten mit Sardinenstückchen an der Paternosterangel in Grundnähe; Hakengröße 3 bis 8.

Das Petermännchen, *Trachinus draco* L.

Bis zu 40 cm lang. Überall in Europa außer in der Ostsee und im Norden Norwegens. Häufig im Kattegat und im Mittelmeer. Lauert zwischen Felsen und Bewuchs auf Beute, die er mit blitzschnellem Vorstoßen packt.

Die beim Fang meistens steil aufgerichteten schwärzlichen Stachelstrahlen der ersten Rückenflosse und Stacheln auf den Kiemendeckeln enthalten ein gefährliches Lähmungsgift; man hüte sich vor Verletzungen, die sehr schmerzhaft sein können. Auch beim getöteten Fisch ist das Gift noch gefährlich. Man sollte diesen Fisch nur mit Handschuhen anfassen.

Geschmacklich stellt der Fisch eine Delikatesse dar. Fang in Bodennähe mit kleinen Pilkern oder Fetzenködern.

Der Pollack, *Pollachius pollachius* (L.)

Mit Dorsch und Köhler nahe verwandt, bis zu 1 m lang bei 12 kg (selten). Lebt nur in der Nähe stark bewachsener Küstenzonen, fehlt deshalb vor unserer Küste (außer bei Helgoland, dort nur in Jugendformen). Häufig im Kattegat, vor der norwegischen Küste, den Britischen Inseln, in der Biskaya, vor Portugal, Spanien. Bis zu 2 kg schwere Fische kann man vom Ufer aus mit der Spinnangel erbeuten (Norwegen), größere Fische über unterseeischen Bänken mit dem Blinker. Wilder Kämpfer, der an Gegenwehr und Kraft einem gleichgroßen Salmoniden in nichts nachsteht.

Rochen, *Batoidei*

Von den zahlreichen, weltweit verbreiteten Rochenarten leben auch viele entlang der europäischen Küsten. An unserer Ost- und Nordseeküste gehören Rochenfänge zu den Seltenheiten. Der jährliche Beifang an Rochen beim Haifischangeln um Helgoland beläuft sich auf 50 bis 100 Stück. Dabei handelt es sich meistens um kleinere, bis zu 70 cm lange Tiere.

Das Hauptvorkommen großer Rochen erstreckt sich auf die Gebiete rund um die Britischen Inseln, vor allem im Westen und Süden Irlands werden große Rochen gefangen. Auch entlang der schwedischen Westküste werden viele Rochen erbeutet; der schwedische Rekord von 111 Pfund wurde 1970 bei den Europameisterschaften der Hochseeangler in Strömstad aufgestellt.

Rochen werden am Grund vom verankerten Boot gefangen. Als Köder benutzt man ganze Heringe oder halbierte Makrelen, sehr kräftige Haken und Leinen ab 0,80 mm Stärke. Der Drill kann sehr anstrengend sein, ist jedoch wenig aufregend, denn die Fische stemmen sich lediglich mit ihrer ganzen Kraft und gelegentlichem dumpfen Rucken gegen den Leinenzug.

Die Scholle, *Pleuronectes platessa* L.

(Tafel XIII, Abb. 7)

Bis zu 50 cm, ganz selten bis zu 100 cm (offene See). Der Flunder sehr ähnlich, es fehlen jedoch die dornigen Verdickungen, nur einige Höcker entlang der Seitenlinie oberhalb des Kiemendeckels sind zu fühlen. Der übrige Fisch ist glatt („Glattbutt"). Auffallende rote Punktierung.

Häufig in Ost- und Nordsee, aber seltener Fang beim Brandungsangeln, da die Scholle tieferes und salzhaltiges Wasser bevorzugt. Wird mit dem Fetzenköder am Grund vom verankerten Boot gefangen. Beißt gelegentlich auf den Pilker.

Der Schwertfisch, *Xiphias gladius* L.

Ein weltweit verbreiteter Riese der wärmeren Meere. Bis zu 4,5 m lang, bei Chile wurde ein Fisch von 590 kg gefangen.

In europäischen Gewässern wird der Fisch vor allem bei Malta im Mittelmeer erbeutet (Juni/Juli) und in der Straße von Gibraltar. Südlich von Lissabon haben sich Unternehmer auf den Fang dieser Fische von September bis Oktober spezialisiert. Der schwerste bisher dort erbeutete Schwertfisch wog 259,5 kg (1958) (Sesimbra).

Der Fisch wird mit lebenden Brachsenmakrelen in 50 bis 80 m Tiefe erbeutet. Es wird mit 6 m langen Stahlvorfächern, Schnüren von 45 kg Tragkraft und 500 m Länge geangelt.

Der Wolfsbarsch, *Roccus labrax* (L.)

(Tafel XIII, Abb. 8)

Bei uns außerordentlich selten, im Mittelmeer, vor Portugal und rund um die Britischen Inseln jedoch beim Brandungsangeln einer der wichtigsten Sportfische. Wird bis zu 1 m lang und lebt in Küstennähe, liebt flaches Wasser. Wird bei dunklem Wetter und bewegter See vom Ufer mit der Spinnangel, vom Boot mit der Schlepp- oder Spinnangel und mit lebenden Köderfischchen (Spierlinge, Stichlinge) an der Schwimmerangel erbeutet.

In der Adria Beute beim nächtlichen Fischen in den Häfen und Flußmündungen. An der atlantischen Küste beißt der Fisch am besten bei aufkommendem Wasser (Flut). Guter, ausdauernder Kämpfer.

Der Stöcker, *Trachurus trachurus* (L.)

Der Fisch, auch Bastardmakrele genannt, ist Beifang beim Makrelenangeln. Er fehlt in der Ostsee. In der Nordsee ist er in manchen Jahren sehr häufig. Die Stachelstrahlen seiner Flossen können schmerzhafte Verletzungen verursachen.

Thunfische, Gattung Thunnidae

Mehrere Arten bevölkern die europäischen Warmwassergebiete, vor allem das Mittelmeer, die portugiesische Küste, die Biskaya und die Gewässer um Madeira, die Kanarischen Inseln und die Azoren. Madeira darf als das beste europäische Fanggebiet bezeichnet werden. Der ostatlantische Rekord wurde jedoch in der Bucht von Sesimbra vor der portugiesischen Küste aufgestellt: 352 kg (1959).

Thunfische werden beim Schleppen vom fahrenden Boot erbeutet. Als Köder benutzt man Einzelhaken der Größen 3/0–9/0, die mit Federn umkleidet sind („Jigs"). Ebenso erfolgreich kann das Fischen mit lebenden Makrelen oder Brachsenmakrelen vom treibenden Boot sein.

Der Wittling, *Merlangius merlangus* (L.)

Bis zu 40 cm lang, häufig in der Nordsee, entlang unserer Ostseeküste über Schlammgründen von mindestens 20 m Tiefe in größeren Schwärmen. Sehr schmackhafter Fisch.

Wird in Grundnähe mit Würmern oder Fischstückchen gefangen, entweder mit dem Paternostersystem oder mit der Schwimmerangel (Ostsee). Hakengröße 3 bis 1.

DRITTER TEIL

Verschiedenes

Beißwetter und Beißlust

Jeder erfahrene Sportfischer weiß, daß es zwischen Himmel und Erde, besonders aber im und am Wasser Dinge gibt, von denen der sogenannte exakte Naturwissenschaftler sich nichts träumen läßt, die aber dennoch wirklich sind. Wenn es sogar noch unter den Menschen, den der Natur am meisten entfremdeten Lebewesen dieser Erde, viele gibt, die wetterfühlig sind, wenn in Kliniken die Operationstermine von Großwetterlagen abhängig gemacht werden, dann ist es mehr als selbstverständlich, daß tierisches Verhalten wetterabhängig sein muß. Wenn es aber schon schwierig ist, das Wetter richtig vorherzusagen, dann ist es noch schwieriger, aus den wechselhaften vier Komponenten – Temperatur, Luftdruck, Wind und Niederschlag – und daneben aus Tag und Nacht, Sonnenschein, Mondschein und Wolkenbedeckung auf Zusammenhänge mit dem tierischen Verhalten zu kommen, oder gar gesetzmäßige Abhängigkeiten daraus abzuleiten, denn dem schwer überschaubaren Komplex „Wetter" oder gar „Wetterentwicklung" steht der viel umfangreichere Komplex tierischen Daseins und Verhaltens gegenüber.

Eigentlich ist es kein Wunder, daß wir noch nicht mehr wissen, denn die Mehrzahl der Angler denkt nicht wissenschaftlich und wohl nur wenige Zoologen denken „anglerisch". Und für das Thema Beißwetter brauchen wir nicht nur angelnde Zoologen, sondern auch angelnde Meteorologen.

Fangen wir mit der Temperatur an, so ist zwar von vornherein klar, daß der Stoffwechsel eines wechselwarmen Tieres mit der Temperatur steigt, daß einer stärkeren Gewichtszunahme bei höheren Temperaturen auch eine verstärkte Nahrungsaufnahme vorausgeht, daß also bei höheren Temperaturen ein größerer Appetit vorliegt – aber schon hier scheiden sich die Geister, denn Freßlust muß nicht gleich Beißlust sein. In Zeiten hohen Luftdrucks, also im Sommer bei blauem Himmel und strahlendem Sonnenschein und im Winter bei krachendem klaren Frost, erwartet der Angler instinktiv schlechtere Ergebnisse als bei bedecktem Wetter, also bei meist niedrigem Luftdruck.

Wer sich mit natürlichen Umweltfaktoren beschäftigt hat, weiß, daß sie oft ohne jeden Einfluß auf das Lebewesen bleiben, solange sie unverändert bestehen. Sobald aber eine Änderung in der einen oder anderen Richtung einsetzt, tritt eine spontane Reaktion ein. Sinkt der lange Zeit konstant gebliebene Luftdruck nach einer Schönwetterperiode plötzlich ab, so registriert der Fisch das mit Sicherheit. Vor einem Gewitter fällt das Quecksilber-Barometer leicht um 10 mm. Für ein druckempfindliches Wasserlebewesen –

dank seiner Schwimmblase ist der Fisch das –, welches während der Zeit des Druckabfalls in einer bestimmten Wassertiefe bleibt, „fühlt sich das so an", als vermindere sich die Wassersäule über ihm um 40 cm! Steht dieser Fisch aber nur 30 cm unter der Wasseroberfläche und ist das Gewässer an dieser Stelle nur 35 cm tief, dann ist dergleichen zweifellos ein Grund zur Panik, der die gewitterbedingte Unruhe erklären könnte. – Ein Zusammenhang mit der Beißlust, der die Fische dann plötzlich wie in beiläufigem Umsichschnappen zu verfallen scheinen, ist damit aber kaum hergestellt.

Der Hauch des Kontinentalklimas, der Ostwind, steht oft in Verbindung mit einem Hoch. Es gibt Huchenfischer, die frühmorgens nach einem Blick aus dem Fenster wieder in die warmen Federn kriechen, nachdem sie die kahlen Äste sich im Ostwind haben bewegen sehen. Ebenso reagieren viele Friedfischangler, denen ihre häufig gemachten schlechten Erfahrungen gar nicht abgestritten werden sollen. Vorurteil aber kann zum Fehlurteil führen. Wer meint, bei Ostwind nichts zu fangen und deshalb gar nicht erst ans Wasser geht, wird bei Ostwind mit Sicherheit ja nun wirklich nichts fangen. Seine Fangstatistik wird also schon durch einfache konsequente Unterlassung der Fangbemühung bei bestimmten Verhältnissen empfindlich verfälscht.

Nicht unbedingt muß auch stets ein unmittelbarer Zusammenhang mit meteorologischen Faktoren bestehen. Planktonfresser folgen dem Plankton, wie überhaupt das Verhalten der Nährtiere dasjenige der Freßtiere bestimmen kann; wird also das Plankton durch windbedingte Zirkulationen des Wasserkörpers eines Sees verdriftet, so hat der Wind Einfluß auf den Standplatz auch der Freßtiere, und zwar bei tiefstehendem Plankton womöglich in der Weise, daß es in der Gegenströmung der tieferen Wasserschichten gegen den Wind treibt und die Fische dann unter dem Luv-Ufer stehen.

Niederschläge können eine mannigfache Wirkung auf andere Umweltfaktoren, wie Trübungsgrad, Wassertemperatur, Sauerstoffgehalt und Wasserstand haben, wirken also jedenfalls mittelbar auf das Verhalten des Fisches.

Für die Trennung von Freßlust und Beißlust wird man die durch Ausnahmen bestätigte Regel aufstellen können, daß ein standortgerechter Köder nur bei vorhandener Freßlust Aussicht hat, aufgenommen zu werden. Da es aber auch in einer Fischansammlung einer einheitlichen Art Spezialisten und Feinschmecker gibt, ist das Vorhandensein der Freßlust noch keine Garantie für das Angenommenwerden eines Köders. Wird er gerade nur von den auf andere Nahrung Spezialisierten wahrgenommen, bleibt er erfolglos. Der Erfolg des Anfütterns liegt im Anlocken derjenigen Individuen, die diesem Köder nicht abgeneigt sind. Sehr oft kommt es allerdings vor, daß es alle Mitglieder eines Schwarms nach etwas anderem gelüstet, als man anbieten kann. Dann hat man Pech gehabt.

Das Annehmen eines Köders ohne Freßlust, wie etwa beim Hecht, ist durch Verhaltensnormen bedingt, die nichts mit der Nahrungsaufnahme zu tun haben. Es handelt sich dann zumeist um Angriffs- oder Abwehrreaktionen; sie sind im voraus kaum kalkulierbar.

Helligkeit und Dunkelheit, Sonne und Mond sind keine Witterungsfaktoren, aber sie haben großen Einfluß auf das Verhalten unserer Fische. Der

Brandungsangeln mit Grundblei und Wattwurm. Wo sich die Wellen brechen, stehen die Fische. (Phot. M. Hebekerl)

Eine Scholle. Die Flossensäume sind typisch für den Plattfisch. (Phot. H. Brozio)

Meeresgroßfische werden in Europa vor allem bei den Kanarischen Inseln gefangen. Hier ein dramatischer Luftsprung eines Marlins im Drill. (Phot. AISP)

Einfluß „des Mondes" auf bestimmte Verhaltensweisen bei Tieren, so auf die Wanderintensität der flußabwärts ziehenden Blankaale und damit auch auf den Fangerfolg, ist statistisch bewiesen. Da das Mondlicht bei diesen und anderen lunarperiodischen Phänomenen als Ursache ausscheidet und auch Gezeiten nicht in Betracht kommen, müssen andere physikalische Einflüsse wirksam sein. Welche, ist noch gänzlich unbekannt.

Leider fehlt eine umfassende, auf zuverlässigen Fangbüchern fußende Untersuchung über die Brauchbarkeit der Solunartabellen. Der einzelne Angler wird finden, daß sie manchmal zutreffen und manchmal nicht. Wissenschaftler, die über lunare Rhythmen gearbeitet haben, sind der Meinung, daß Gesetzmäßigkeiten dieser Art möglich sind. Der Begründer der „Solunartheorie", John Alden Knight, vermochte jedoch noch kein überzeugendes statistisches Material beizubringen, vor allem nicht, als er die Anwendbarkeit seiner Hypothese – das Gewicht einer Theorie hat sie noch nicht – nicht nur auf den Fischfang beschränken, sondern auch auf die Jagd ausdehnen wollte. – Immerhin wird aber etwa der Fliegenfischer nachdenklich, wenn nach mehrstündigem vergeblichem Werfen plötzlich Biß auf Biß erfolgt, eine Viertelstunde später ebenso abrupt wieder völlige Ruhe einkehrt. Zweifellos gewinnt der Angler mit den Jahren neben der verstandesmäßigen Erfahrung auch an Instinktsicherheit, die aus seiner zunehmenden Verbundenheit mit der Natur erwächst. Diese individuellen Erkenntnisse sind aber keine objektiven, exakt belegbaren Meßergebnisse, die deshalb anderen nur sehr schwer glaubhaft und nutzbar gemacht werden können. Liegt nicht aber für den Erfahrenen ebenso wie für den Erfahrenden gerade in dieser Instinktanwendung oder Instinktschulung im Zeitalter der Elektronenrechner ein unübertrefflicher Reiz? Wer im Fangerfolg das echte Naturerlebnis findet, bleibt ohne Hochmut demjenigen gegenüber, der mit leerem Korb heimkehrt.

Indessen sollte man das eine tun und doch das andere nicht lassen, das soll heißen, daß jeder, sei er instinktsicher oder nicht, stets genaue Aufzeichnungen über jeden Fangtag anfertigen sollte, um so die objektive Erfahrung ständig zu bereichern.

Laichzeiten und Fangzeiten der Süßwasserfische

Januar

Laichzeit: Quappe.

Fangzeit: Huchen, Äsche, Barsch, Plötze, Döbel, Rapfen beißen. In den norddeutschen Seen werden unter dem Eis an den Gelegen Hechte gefangen, ebenso in der Ostsee.

Februar

Laichzeit: Quappe, Flunder, Mitte des Monats – bei milder Witterung – fängt der Hecht an zu laichen.

Fangzeit: Für den Huchen die beste Zeit. Der Lachs nimmt die künstliche Fliege. Barsch, Plötze, Döbel, Äsche, Rapfen beißen.

März

Laichzeit: Hecht, Huchen, Bachsaibling, Regenbogenforelle, Äsche, Barsch, Nase, Stint, Hasel, Zwergwels.

Fangzeit: Der Lachs steigt gut nach der künstlichen Fliege, ebenso die Bachforelle an warmen Tagen. Sehr gut geht die Seeforelle auf Blinker und Köderfisch. Der Saibling beißt gut. Döbel und Plötzen beißen.

April

Laichzeit: Hecht, Regenbogenforelle, Barsch, Zander, Huchen, Äsche, Aland, Plötze, Rotfeder, Kaulbarsch, Maifisch, Flunder, Nase, Rapfen, Zwergwels.

Fangzeit: Der Lachs steigt gut. Beste Fangzeit für die Seeforelle. Die Bachforelle nimmt den Spinner sehr gut und steigt an warmen Tagen nach der Fliege. Saiblinge beißen lebhaft auf Blinker und Fischchen. Der Aland geht in die Altwässer, um zu laichen, und beißt nach dem Laichen am besten im ganzen Jahre. Döbel beißen.

Mai

Laichzeit: Äsche, Barsch, Zander, Kaulbarsch, Rapfen, Plötze, Döbel, Rotfeder, Aland, Barbe, Blei, Karpfen, Schleie, Karausche, Nase, Nerfling, Hasel, Wels, Zwergwels, Gründling, Ukelei, Elritze, Maifisch, Huchen, Hecht (nach sehr langen Wintern).

Fangzeit: Im wärmeren Teil des Mai beginnt die günstigste Zeit für die Fliegenfischerei auf Forellen. Große Forellen gehen immer noch gut auf den Blinker, Saiblinge hervorragend auf Nymphen an der Hegene.

Der Lachs steigt sehr gut nach der künstlichen Fliege. Die Äsche nimmt die Fliege gut, sobald sie abgelaicht hat. Aland wie im April. Aal beginnt sehr gut in Ufernähe (Fischlaich) zu beißen.

In den norddeutschen Landseen können in nicht sehr tiefem Wasser Barsch und Plötze gefangen werden, wenn die Laichzeit vorüber ist. Auch der Hecht beginnt sehr gut zu beißen. Ebenso gut beißen Karpfen und Schleie.

Juni

Laichzeit: Karpfen, Schleie, Barbe, Blei, Gründling, Stichling sowie noch andere Mailaicher.

Fangzeit: Für die Forelle dauert die beste Zeit für Fliegenfischerei bis Mitte oder Ende Juni, wenn die Maifliege verschwindet.

Die Äsche steigt sehr gut nach der Fliege.

Rapfen, Döbel, Hasel, Ukelei nehmen den Spinner bzw. die Fliege sehr gut. Der Fang mit der Grundangel beginnt, namentlich auf Barsch und Plötze. Der Barsch nimmt lebende Köderfische jetzt besonders gern. Der Hecht beißt gut, ebenso der Zander. Der Aal geht in Ufernähe hervorragend an die Angel. Für Karpfen und Schleie ist jetzt die beste Beißzeit.

Juli

Laichzeit: Stichling.

Fangzeit: Die Fliegenfischerei auf Forellen ist morgens und abends noch erfolgversprechend. Man machte in Quell- und futterarmen Bächen gute Beute.

Rapfen, Döbel, Hasel, Ukelei nehmen die künstlichen Fliegen sehr gut. Die Äsche nimmt die Fliege nicht so gut wie im Juni und beißt am besten an kühlen Tagen.

Döbel werden seit Juni mit Kirschen besonders gefangen.

Karpfen, Schleie und Barbe beißen gut. Für Blei beginnt die beste Beißzeit zu Jakobi (25. Juli). Der Zander beißt lebhaft. In großen Seen ist die beste Zeit zum Fang großer Barsche und Plötzen (8–10 m Tiefe). Ebenso für den Barschfang an den Molen der Ostsee.

Der Aal beißt sehr gut.

August

Fangzeit: Die Forelle nimmt die künstliche Fliege etwas besser als im Juli.

Für Spinnangelei ist gute Zeit.

Die Äsche steigt wieder besser nach der Fliege.

Aal, Barbe, Karpfen, Brachsen, Zander, Stint beißen sehr gut bis gut. Für die Angelfischerei in tiefen Landseen ist die günstigste Zeit für Barsch, Plötze, Brachsen.

September

Laichzeit: Lachs.

Fangzeit: Der Saibling beißt noch einmal sehr lebhabt. Die Bachforelle nimmt zwar die künstliche Fliege wieder sehr gut, ist aber schon laichschwer; man unterläßt es, noch auf sie zu angeln.

Döbel und Aal beißen sehr gut. Der Aal steht bereits mehr auf der Tiefe. Die Plötze verläßt in den Flüssen die absterbenden Krautbetten, geht in das tiefe Wasser. Ihre beste Beißzeit hat damit in den Flüssen begonnen. Der Barsch fängt an, in den Flüssen besser an die Angel zu gehen.

Auf Rapfen beginnt die beste Zeit für die Spinnfischerei.

Hecht fängt an, hervorragend zu beißen.

Zander und Barbe: die beste Zeit.

Karpfen, Blei, Äsche und Stint beißen gut.

Der Aland tritt Ende September nochmals massenhaft in die Altwässer und beißt lebhaft.

Oktober

Laichzeit: Lachs, Meerforelle, Kilch, Bachforelle, Seeforelle, Saiblinge, Schnäpel.

Fangzeit: Hecht und Zander: die beste Zeit. Der Hecht bevorzugt jetzt aber meist den Stellfisch oder den toten Fisch am Spinnsystem vor dem künstlichen Spinner, besonders gegen Ende des Monats wie auch in den folgenden Monaten. Nach Eintritt kälterer Tage nimmt der Huchen den

Spinnköder gut. Rapfen werden mit Regenwurm und Spinnköder gefangen. Äsche, Barbe, Barsch, Plötze, Döbel, Blei, Stint beißen gut. Karpfen, Schleien und Aale hören auf zu beißen.

November

Laichzeit: Lachs, Meerforelle, Bachforelle, Seeforelle, Marmorforelle, Saiblinge, Schnäpel, Madü-Maräne, Felchen, Quappe.
Fangzeit: Die beste Zeit für Huchen, Hecht, Plötze.
Äsche, Barsch und Döbel gehen gut an die Angel.
In Seen kann in tiefem Wasser noch reiche Beute gemacht werden.

Dezember

Laichzeit: Bachforelle, Marmorforelle, Seeforelle, Saiblinge, Felchen, Madü-Maräne, Quappe.
Fangzeit: Hecht, Huchen, Äsche, Barsch, Plötze, Döbel, Rapfen beißen gut.
In Seen ist die beste Zeit, unter dem Eis an den Gelegen Hechte zu angeln. Auch Barsche und Plötze werden unter dem Eis gefangen.

Fischereirechtliches

Fischereirecht ist Landesrecht. Das bedeutet, daß jedes Land in der Bundesrepublik Deutschland ein eigenes Fischereigesetz erläßt und daß die Bundesregierung, jedenfalls was die Binnengewässer anbetrifft, kein einheitliches Bundesfischereigesetz erlassen kann. Die Länder sind derzeit dabei, neue Landesfischereigesetze zu verabschieden. In Nordrhein-Westfalen, in Rheinland-Pfalz, in Niedersachsen und in Baden-Württemberg sind die neuen Gesetze schon in Kraft getreten. Zwar hat eine fischereirechtliche Arbeitsgruppe aller Länder einen einheitlichen Entwurf als Richtschnur erarbeitet, dem im wesentlichen das bewährte bayerische und das bewährte preußische Fischereigesetz zugrundelagen, jedoch ist dann schließlich in vielen Einzelheiten von diesem Entwurf wieder abgewichen worden, müssen doch die Gesetze auf regionale und örtliche Besonderheiten Rücksicht nehmen. Das gilt sowohl für Besonderheiten der Lebensräume als auch für rechtshistorische Eigenarten eines jeden Landes. Der Bestand alter Fischereirechte läßt die Fischereiverhältnisse vielerorts auch unter den neuen Fischereigesetzen recht kompliziert bleiben.

Der zuweilen hörbare Ruf nach bundeseinheitlichen Schonzeiten und Mindestmaßen zeugt von Unkenntnis darüber, daß geographische Unterschiede auch unterschiedliches Wachstum und Verschiebungen der Laichzeiten bedingen. Demzufolge können Schonzeiten und Mindestmaße nicht einheitlich sein. Wer sich mit der Kenntnis der örtlichen Verhältnisse nicht zufriedengeben will, findet im „Fisch und Fang"-Taschenkalender die in jedem Jahr auf den neuesten Stand gebrachten Vorschriften der Länder.

Künftig wird man überall, wie in Bayern und im früheren Preußen schon seit jeher, zwischen dem *Fischereirecht* und dem *Fischereiausübungsrecht* unterscheiden. Das Fischereirecht ist entweder mit dem Eigentum am Gewässer (meist durch Uferbesitz) verknüpft oder es ist ein selbständiges Recht. Letzteres wird wie ein Grundstück in das Grundbuch oder in das Wasserbuch (Fischereibuch) eingetragen und gehört jemand anderem als dem Eigentümer des Gewässergrundstücks, der dann nicht fischereiberechtigt ist. Fischereirechte sind sogenannte dingliche Rechte. Die selbständigen Fischereirechte werden außerdem wie Sachen, wie Dinge oder Grundstücke behandelt. So unterliegt der Verkauf eines Fischereirechts beispielsweise den Vorschriften des Grundstücksverkehrsgesetzes und bedarf der Zustimmung der Landwirtschaftsbehörde. – Das Fischereirecht befugt seinen Inhaber, sich Fische, Krebse, Muscheln und in Bayern und Schleswig-Holstein auch Schildkröten anzueignen. Das Fischereirecht ist also ein Aneignungsrecht, ein Recht zur Aneignung „herrenloser Tiere“. Es ist darüber hinaus aber auch ein Hegerecht; die damit verbundenen Pflichten werden in den neueren Fischereigesetzen stärker als bisher herausgestellt.

Der Fischereiberechtigte kann sein Recht selbst ausüben, dann ist er Fischereiberechtigter und Fischereiausübungsberechtigter in einer Person. Wenn von einer Übertragung des Fischereirechts auf Dritte die Rede ist, dann ist dabei ein Verkauf, eine Übertragung im Erbgang usw. gemeint. Bei einer Übertragung des Fischereiausübungsrechts dagegen handelt es sich immer nur um eine zeitweilige Gestattung des Fischfangs entweder durch Verpachtung (Übertragung in vollem Umfang) oder durch Erlaubnisscheinausgabe (Übertragung in beschränktem Umfang), wobei das Fischereirecht als solches ungeschmälert beim Verpächter oder Erlaubnisscheinerteiler bleibt.

Ratschläge für Pachtungen

Als Pächter soll man bei Vertragsabschluß darauf achten, daß die Pachtzeit der im Gesetz vorgeschriebenen *Mindestpachtzeit* (meistens 12, Bayern z. Z. noch 10 Jahre) entspricht. Andernfalls ist der Vertrag nichtig, also ungültig, und man erlebt ein böses Erwachen, wenn einem – etwa in einem Abwasserprozeß – der Rechtsanwalt des Schädigers wegen zu geringer Pachtdauer die Nichtigkeit des Vertrages und damit die Nichtigkeit eines Schadensersatzanspruches nachweist.

Meistens wird ein vorgedrucktes Pachtvertragsformular verwendet. Die darin genannten Rechtsvorschriften sind nicht selten völlig veraltet! Besondere Aufmerksamkeit widme man aber den zusätzlich eingetragenen Bedingungen. Der Pächter sollte sich zum Beispiel genau überlegen, ob er einen Vertrag unterschreiben kann, in dem er von vornherein auf Abwasserschadensersatzansprüche gegenüber der Abwasser liefernden, verpachtenden Gemeinde verzichten soll. Das gleiche gilt für Anspruchsausschlüsse für den Fall eines Gewässerausbaus. Derartige Ausschlüsse verstoßen nicht selten gegen Treu und Glauben.

12 Jahre ist wirklich die Mindestzeit, die man für eine sinnvolle, nutz- und freudebringende Bewirtschaftung des Gewässers braucht. Zunächst einmal ist damit zu rechnen, daß der Vorpächter seit dem Zeitpunkt, zu dem er wußte, daß ihm die Pacht nicht mehr verlängert werden würde, das Wasser nicht mehr gehegt, sondern herausgeholt hat, was herauszuholen war. Es bedarf also zunächst dreier weiterer Jahre, damit der Fischbestand wieder auf eine normale Höhe kommt, unter Berücksichtigung der auf Seite 160 gegebenen Ratschläge. Dann stehen hoffentlich 9 buchstäblich ungetrübte Jahre zur Verfügung. Um nicht selbst dem Torschlußschlendrian zu verfallen, sollte der Pächter sich lange vor Ablauf des Vertrages dessen Verlängerung sichern, wobei – jedenfalls nach der bisherigen Rechtsprechung – eine Verlängerung nur dann nicht nichtig ist, wenn sie wieder auf 12 Jahre abgeschlossen wird.

Keinesfalls soll der Pachtinteressent die Katze im Sack kaufen. Dazu ist es erforderlich, das Gewässer nach der Ausschreibung vor Abgabe des Gebots abzugehen, womöglich in Begleitung eines erfahrenen neutralen Anglers oder gar Sachverständigen. Bei staatlichen Gewässern liegt vor der Neuverpachtung meistens ein Gutachten des Bezirkssachverständigen vor. Man muß dann wissen, welchen Liebhaberzuschlag man über den rein fischereiwirtschaftlichen Wert hinaus zu zahlen bereit oder in der Lage ist. Das amtliche Gutachten berücksichtigt örtliche Nachteile. Wenn kein Gutachten vorliegt, muß man selbst sehen, wo Abwässer einfließen, wo der Fischaufstieg behindert ist, wo das Gewässer mit technischen Mitteln ausgebaut und wertlos ist und wo sich schließlich der Fischereiausübung selbst in Gestalt von eingezäunten Anlagen, Uferverbauungen und -verwachsungen Hindernisse entgegenstellen.

Bei Pachtungen, die nur die halbe Gewässerbreite umfassen, wo also mit der Konkurrenz eines anderen Pächters am gegenüberliegenden Ufer zu rechnen ist, sei man äußerst zurückhaltend. Das gleiche gilt, wenn noch Küchenfischereirechte oder Vorbehalte des Verpächters bezüglich der Fischereiausübung Dritter bestehen.

Markierte Fische

Fängt der Angler Fische, die an der Rückenflosse, am Kiemendeckel oder sonstwo (z. B. *in* der Leibeshöhle) mit Metall- oder Plastikmarken gezeichnet sind, so sollen diese Fische, zweckmäßig verpackt, in der Regel an die für den Regierungsbezirk zuständige Fischereidienststelle geschickt werden. Man fördert dadurch wichtige wissenschaftliche Versuche über die Wanderungen der Fische, über das Wachstum von Besatzfischen und über den Erfolg von Besatzmaßnahmen.

Zweckmäßig verpackt heißt hier, anders als bei Fischsterben und Fischkrankheiten: Bauch aufschneiden, den Fisch in einen mit Formalin oder Spiritus getränkten Lappen einwickeln, von dem auch Teile in die Leibeshöhle gestopft werden, dann hinein in einen Plastikbeutel und dies alles wieder in einen mit Holzwolle oder Zeitungen gepolsterten Pappkarton. Hat man hierzu keine Möglichkeiten, soll wenigstens die Marke eingeschickt werden. Das Begleitschreiben soll Angaben über Art, Geschlecht, Länge und Gewicht des Fisches sowie die Bezeichnung des Fangtages und Fangortes enthalten.

Altersbestimmung an Fischen

Die Zahl und die Anordnung der Schuppen im Schuppenkleid des Fisches sind bei allen Individuen einer bestimmten Art nahezu gleich. So ist z. B. die Zahl der Schuppen in der Seitenlinie ein wichtiges Unterscheidungsmerkmal bei der Bestimmung der Weißfischarten. Da sich die Zahl der Schuppen nicht ändert, müssen sie, wenn der Körper des Fisches wächst, ebenfalls mitwachsen. Als wechselwarme Tiere nehmen die Fische im Sommer an Gewicht zu, im Winter läuft der Stoffwechsel „auf Sparflamme", d. h., daß der Fisch von der Substanz lebt, also nicht oder doch nur wenig weiterwächst.

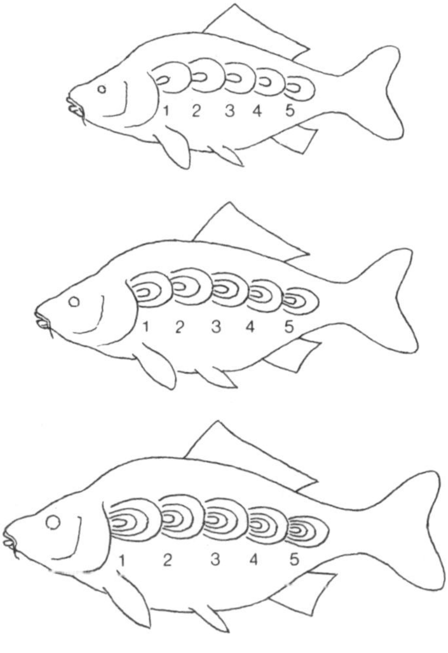

Abb. 274. Die Wachstumszonen der Schuppen lagern sich wie die Jahresringe eines Baumes an

Diese Jahresrhythmen, der Wechsel zwischen stärkerem und verhaltenem Wachstum prägt sich deutlich in der einzelnen Fischschuppe ab. Es bilden sich Wachstumsringe aus, wie man sie bei den Pflanzen als Jahresringe im durchgeschnittenen Baumstamm kennt. Auch die Pflanze unterliegt ja dem Wechsel von sommerlichem Wachstum und winterlicher Wachstumsruhe.

Breite Sommerzonen und schmalere Winterzonen lagern sich um den gemeinsamen Mittelpunkt immer weiter nach außen an und lassen sich, wenn man die Fischschuppe gegen das Licht hält, abzählen. Zuvor reibt man die in Wasser eingeweichte Schuppe zwischen den Fingern, um das Häutchen zu entfernen. Die durchbohrten Schuppen der Seitenlinie sind für die Altersbestimmung nicht geeignet, auch ist das Schuppenzentrum bei den Forellenartigen häufig degeneriert, so daß bei diesen Fischarten die Altersbestimmung mit Hilfe der Schuppe erschwert ist. Sehr gut lassen sich jedoch die Zonierungen an den Kammschuppen der Barschartigen, an den glatten Schuppen des Hechts, an den runden Schuppen des Karpfens oder der Weißfische ablesen.

Gut ausgebildete Schuppen des Lachses und der Meerforelle lassen den sprunghaften Wachstumsschub erkennen, der beim Wechsel in das Meer einsetzte. Der Streß der Laichzeit vieler Fischarten ist an einer Verengung der Zuwachszonen erkennbar. Auch andere Besonderheiten lassen sich ablesen, so beispielsweise nahrungsarme, kühle Sommer. Bei einem Fisch, der große Teile seines Lebens im Bereich der winterarmen Kühlwasserausläufe von Industrieanlagen verbracht hat, wird man möglicherweise überhaupt keine Ordnung in die Zonierungen der Schuppenringe bringen können.

Für die Betrachtung kleinerer Schuppen muß man die Lupe oder gar ein schwach vergrößerndes Mikroskop zu Hilfe nehmen. Die Aalschuppe ist zur Altersbestimmung nicht geeignet.

Keine Schuppen haben die Neunaugen, die Koppen (bei der Mühlkoppe sind am hinteren Ende der Seitenlinie einige verkümmerte Schuppen vorhanden), Wels und Stichling. Hier wie auch bei anderen Fischarten, deren Schuppen sich im Einzelfall nicht eignen, gibt es noch andere Hilfsmittel. Alle Organe oder Organteile, deren Zahl sich beim Individuum nicht vermehrt, wachsen mit dem ganzen Tier mit. Zur Altersbestimmung sind deshalb von diesen Organen alle diejenigen geeignet, die sich gewissermaßen durch Schichtenbildung vergrößern. Das ist zum Beispiel bei den Knochenplatten des Kiemendeckels der Fall, dessen größter Wachstumszonen ausbildet. Ähnliches gilt für die Wirbelkörper, also die einzelnen Glieder der Wirbelsäule. Die trichterförmigen Vertiefungen an den beiden Enden der Wirbelkörper sind oft deutlich geschichtet. Schließlich kann man auch die Gehörsteinchen in der Mitte durchbrechen und die Bruchfläche schleifen. Man wendet diese Methode bei Meeresfischen an, wie überhaupt die genannten Methoden immer nur für einen Teil aller Fischarten brauchbar sind.

Im übrigen ist das Sammeln von Fischschuppen eine lehrreiche Beschäftigung, über die im Kapitel über das Präparieren noch einiges gesagt werden wird.

Behandeln gefangener Fische

Gefangene Fische tötet man schnell, indem man mit einem Fischtöter aus Hartholz mit Bleieinlage auf den hinteren Teil des Kopfes schlägt. Der weiter vorn gesetzte Schlag führt nur zur Betäubung. Erst wenn der Fisch tot ist, löst man den Haken aus. Größeren Fischen sticht man außerdem das

Rückgrat unmittelbar hinter dem Schädel durch und läßt sie ausbluten. Solange die Totenstarre eines Fisches andauert, soll man ihn nicht zubereiten.

Aale lassen sich nicht abschlagen. Man tötet sie durch festes Werfen auf Steinboden (nach vorherigem Einschlagen in ein dünnes Tuch oder Papier) und durch einen bis auf die Wirbelsäule reichenden Schnitt. Dem Erfahrenen gelingt das mit dem Einstich einer schlanken Klinge. Danach wird die Leibeshöhle bäuchlings aufgeschnitten, die Eingeweide einschließlich des Herzens, das im abgestochenen Aal noch mehrere Stunden schlagen würde, werden herausgenommen. Größere Fische (Huchen, Hechte) sowie alle Salmoniden und Karpfen waide man nach dem Fang sofort aus und entferne die Kiemen. Die Hechtleber und das Fett, das sich gut verwenden läßt, verwahre man zum Transport in verschraubbaren Plastikbehältern. Schwere Fische müssen vor dem Zubereiten abhängen; wie lange, das ist Geschmackssache. Man spreizt die Bauchwände des ausgewaideten Fisches mit kleinen Hölzchen auseinander und hängt ihn, gut trockengerieben, in einen Kühlraum (Keller). Will man gefangene und geschlachtete Fische unbedingt versenden, um einem befreundeten Fischesser eine Freude zu machen, und handelt es sich um einzelne Tiere, so gilt es zu bedenken, daß heute nahezu jedes Postamt und jede Umschlagstelle der Bundesbahn gut beheizt sind. Die früher empfohlenen Verpackungsmethoden kann man heute nicht mehr guten Gewissens weitervermitteln. Wer die Fische nicht selbst im Kraftwagen ans Ziel bringen kann, bevorzuge einen Boten. Andernfalls kommt nur Bahnexpreß in luftiger, gleichwohl hygienisch abgeschlossener (Pergamentpapier und Plastikbeutel) Verpackung im Spankorb in Frage.

Größere Mengen werden ebenfalls per Expreß in flachen Obstkisten auf Pergamentpapier und auch mit Pergamentpapier zugedeckt verschickt. Ehe man die Fische zudeckt und über die Kiste Sacktuch oder Plastikfolie bindet, bedecke man die Fische mit einer dünnen Schicht stückigen Eises.

Zeichen der Frische eines Fisches sind: klares, glänzendes, nicht eingesunkenes Auge, kirschrote Kiemen (sofern noch vorhanden), blankes gutes Aussehen des Fisches, Fehlen fauligen Geruchs. Eine mit der Fingerkuppe in die Seitenmuskulatur eingedrückte Delle gleicht sich schnell wieder aus. Ist der Fisch nicht mehr frisch, so bleibt die an der Druckstelle entstandene Vertiefung längere Zeit bestehen. Einen Fisch, bei dem das Muskelfleisch anfängt, sich von den Rippen zu lösen, kann man keinesfalls mehr zubereiten.

Präparieren von Fischen

Das Präparieren von Fischen oder auch nur von Teilen davon ist eine Kunst, die bis zu einem gewissen Grade auch vom Laien erlernbar ist. Immerhin, Kunst kommt von Können. Man muß nicht gleich danach streben, Ganzpräparate anzufertigen.

Die Sammlung von Schlundknochen der Karpfenartigen bringt bereits reiche Befriedigung. Eine lückenlose Zusammenstellung aller im heimischen Gewässer vorkommenden Arten hat nicht nur dokumentarischen Wert. Die

Einzelobjekte sind als Lehrmaterial bei Schulungen ungleich wertvoller als wenn lediglich Bilder gezeigt oder gar nur Schlundzahnformeln hergeleiert werden.

Aus dem abgeschnittenen Fischkopf, der eine Viertelstunde lang in leicht kochendem Salzwasser gelegen hat, lassen sich die Schlundknochen leicht herauslösen. Es wird sachte zu Werke gegangen, damit man später noch weiß, was oben, unten, was vorn und hinten war. (Oft sieht man auf den Kopf gestellte Präparate.) Die saubergebürsteten Schlundknochen werden im Benzinbad entfettet (Marmeladenglas, fingerhoch mit Autobenzin gefüllt) und einige Tage in Wasserstoffsuperoxyd gebleicht. Nach gutem Trocknen werden lockere Zähne mit Alleskleber neu eingesetzt, und die kleine Trophäe kann aufgestellt werden. Das Eingießen in einen Kunstharzblock ergibt zwar ein dauerhaftes Präparat. Dabei geht aber von der plastisch-knöchernen Wirkung etwas verloren. Sehr wirkungsvoll ist es, das Schlundknochenpaar auf einen schwarzlackierten Bierdeckel zu kleben. Eine auf diese Weise zusammengestellte Sammlung hat auch eine eigenartige dekorative Wirkung. Ein Etikett trägt die charakteristischen Daten (Größe, Gewicht, Fangdatum und -ort). Die Haltbarkeit der Knochen wird durch Behandlung mit farblosem Lack gesteigert, und der Staubansatz ist geringer.

Von hohem Aussagewert ist eine Schuppensammlung. Die Schuppe eines Barsches sieht ganz anders aus als die eines Hechts oder einer Äsche. Der Kriminalbiologe kann beim Anblick einer sichergestellten Schuppe sofort bestimmen, welcher Fischart ein Wilderer nachgestellt hat. Da fast alle Fische ein Schuppenkleid tragen, kann die Sammlung umfangreicher als die Schlundknochensammlung werden. – Die für das Präparieren vorgesehenen Schuppen werden 10 Minuten in verdünnter Kalilauge vorsichtig gekocht (bei zu hoher Konzentration lösen sie sich auf), damit die zumeist pigmentierte Haut entfernt wird. Dann die Schuppen gut mit klarem Wasser spülen und zwischen den Fingern blankreiben. Beim anschließenden Trocknen müssen sie plattgepreßt werden, sonst krümmen sie sich. Die schönsten Exemplare werden herausgesucht und entweder zwischen kleinen Glasplatten (Objektträger für die Mikroskopie) trocken eingelegt oder in Kanadabalsam oder Kunstharz auf dem Objektträger unter einem Deckgläschen eingegossen. Auch eine solche Sammlung ist nur dann nützlich und wertvoll, wenn jedes Präparat sorgfältig beschriftet ist.

Das Präparieren eines ganzen Kopfes oder gar des ganzen Fisches erfordert sehr viel mehr Geduld, Arbeit, einige Werkzeuge und Chemikalien. Wer glaubt, den Hecht seines Lebens gefangen zu haben, sich zuvor aber noch nicht in der Kunst des Präparierens versucht hat, der vertraue seine Beute besser einem Präparator an. Nur wer schon einige Übung hat, sollte sich auch an der seltenen Trophäe versuchen.

Das Überbringen des frischen Fisches zum Präparator bietet die beste Gewähr für ein gelungenes Präparat. Ist eine vorübergehende Konservierung erforderlich, nimmt man dazu hochkonzentrierten Alkohol, z. B. Brennspiritus. Formalin ist nicht geeignet. Es härtet nämlich das Material. Der Fisch kann nicht mehr aufgeweicht werden, und Verformungen lassen sich nicht wieder korrigieren. Will man nur den Fischkopf präparieren lassen, so trennt man ihn etwa 8 cm hinter dem Nacken ab. Wenn kein Gefäß zum Einlegen vorhanden ist, wird der Fisch oder der Kopf in Leinwand gewickelt, die reich mit Spiritus getränkt ist.

Demjenigen, der sich selbst ans Ausstopfen machen will, sei eine kurze Beschreibung gegeben. Wer aber tiefer in die Kunst des Präparierens eindringen möchte, dem sei das große Präparierbuch der Fische empfohlen (Alfred Hutterer-Niedereder: Das große Präparierbuch der Fische, Verlag Paul Parey).

Die Haut der Fische balgt sich viel leichter ab, als man denken sollte. Den eröffnenden Schnitt macht man am besten von einer Seitenlinie aus, an der man dann später den Fisch auf einem Brett montiert. Man benutzt dazu eine spitze Schere und präpariert die Haut darauf mit einem Skalpell und dessen Griff möglichst stumpf ab. Die Wurzeln der Flossen schneidet man scharf ab, entfernt von innen her Kiemen, Gehirn und durch Schaben möglichst alle kleineren Fleischteile und bildet aus leicht schnitzbarem Material nach dem herausgeschnittenen Fleischrumpf den künftigen Fischkörper, den man mit Ton- und Lehmgemisch vollends ausmodelliert. Früher stand als leicht schnitzbares Material eigentlich nur Torf zur Verfügung. Sehr viel leichter ist heutzutage Styropor erhältlich. Hat man nur Styroporplatten, so kann man sich mit Weißleim einen Klotz zusammenkleben und diesen dann zurechtschneiden. Das „Fell“ des Fisches wird in einer gesättigten Salzlösung, der man ganz wenig Alaun zusetzt, gegerbt, was je nach Größe des Fisches etwa $1/2$ bis $1\,1/2$ Tage dauert. Dann wird das Fell innen mit einer gesättigten Lösung von arseniksaurem Kali bepinselt und vorsichtig über den Torf- oder Styroporkörper gestreift, Lücken und Maul mit Werg oder Watte ausgestopft, Glasaugen eingesetzt, die Flossen durch Kartonstückchen, Fäden und Stecknadeln gespannt und der Schnitt mit Stecknadeln geschlossen, indem man die Haut längs des Schnitts auf dem Innenkörper feststeckt, worauf das Ganze zum Trocknen aufgestellt wird. Später folgen noch die farbige Bemalung und ein Lacküberzug.

Sehr eindrucksvolle und sehr viel einfacher herzustellende Erinnerungen an einen kapitalen Fang lassen sich durch einen Abguß schaffen. Außerdem braucht die Anglerfrau dabei nicht auf die Zubereitung eines unversehrten Fisches für die Mittagsmahlzeit zu verzichten. – Für den Abguß wird der Fisch in einen flüchtig zusammengenagelten Rahmen aus vier Brettern gelegt (Abb. 275). Der Platz zwischen dem Fischkörper und dem Rahmen wird mit Sand soweit aufgefüllt, daß gerade eine Körperhälfte aus der durch den glattgestrichenen Sand gebildeten Ebene herausschaut. Unpaare Flossen liegen dem Sand direkt auf, paarige Flossen liegen etwas mit Sand unterlegt. Ist die Bauchpartie unnatürlich eingesunken, wird von unten her etwas mit Sand aufgefüttert, schlimmstenfalls nimmt man den Fisch schon aus und stopft die Leibeshöhle mit geeignetem Füllmaterial vorübergehend aus. Der Fisch wird dünn mit Speiseöl eingerieben, dann der Rahmen mit dem Fisch darin mit Gips ausgegossen. Nach einer Stunde kann der Rahmen vorsichtig gelockert, der Sand zusammengefegt und der Fisch in die Küche gebracht werden. Die

Gipsform läßt man mindestens zwei Tage lang stehen und gut trocknen. Dann wird der Holzrahmen wieder zusammengefügt, die Gipsform, jetzt mit dem Fischabdruck nach oben, hineingelegt. Die nunmehr nach oben zeigende Fläche einschließlich des Abdrucks bestreicht man mit Wasserglas. Zur Not tut es auch Schuhcreme. Nun wird der Rahmen wieder mit Gips oder auch Zementmörtel (1 Teil Zement und 2 bis 3 Teile feiner Sand) ausgegossen. Durch Farbzusatz zu diesem Guß läßt sich nicht nur später ein besonderer Effekt erzielen, sondern die Färbung des Kerns erleichtert auch das Trennen der Form vom Gußkern. Aufhänger für dieses Halbrelief werden am besten gleich mit eingegossen. Der Guß muß gut erhärten und trocknen (Gips mindestens 3 Tage, Zement mindestens 8 Tage). Dann wird die Form vorsichtig abgeschlagen, und man besitzt ein sehr schönes dauerhaftes Gußpräparat, das sich in der Regel wirkungsvoller ausnimmt, wenn es weiß oder nur in einem Ton eingefärbt ist, als wenn man versucht, es naturgetreu anzumalen.

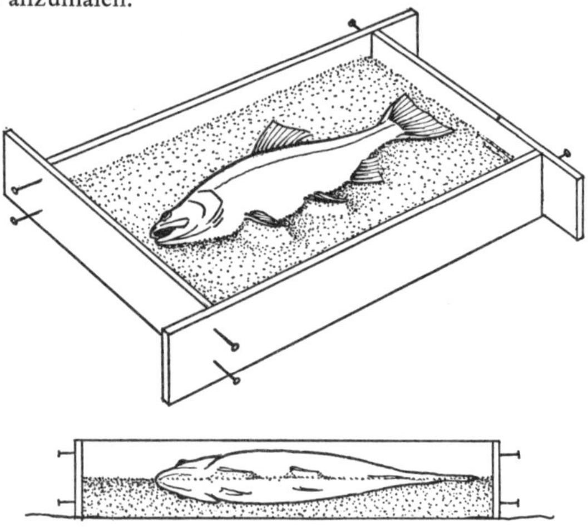

Abb. 275. Abguß-Herstellung

Kleinere Fische kann man in Gläsern flüssig konservieren. Damit sie gut zu betrachten sind, werden sie mit zwei Fäden auf einer Glasplatte befestigt, die genau in das Schauglas hineinpassen soll. Bei der Konservierung in Flüssigkeiten gehen die natürlichen Farben schnell verloren. Dem Verblassen der Farben im Alkohol begegnet man zunächst dadurch, daß man den Schleier, mit dem im Konservierungsmittel der Fischschleim den Körper überzieht, vorsichtig mit einem trocknen Lappen abreibt. Dazu muß der Fisch schon einige Zeit in Spiritus gelegen haben. Der Spititus sollte anfangs einigemal gewechselt werden, weil er Wasser und Farbstoff aus dem Präparat aufnimmt.

Sehr viel eindrucksvoller als Knochen nehmen sich ganze Tiere in Kunstharzeinguß aus, wozu jedenfalls kleine Fische geeignet sind. Damit sich der

Kunststoff nicht trübt, muß der Fisch gründlich entwässert werden. Dem in Formalin konservierten und gehärteten Fisch wird in einem mindestens dreitägigen Spiritusbad, das täglich einmal gewechselt werden soll, das Wasser entzogen. Nach einem anschließenden ebenfalls dreitägigen Styrolbad kann mit dem Einbetten begonnen werden. Dabei hält man sich an die Gebrauchsanweisungen, die den Materialpackungen beigefügt sind.

Erste Hilfe

Am Wasser gibt es Gefährlicheres als den Angelhaken. Aber wenn er denn schon in den Handballen des Anglers, ins Ohrläppchen oder in die Wade des Spaziergängers geraten ist, müssen wir auch da helfen können.

Selbst Ärzte neigen in solchen Fällen zum Herausschneiden. Das ist falsch. Man führt den Angelhaken im Bogen in der Richtung seiner Spitze weiter, bis Spitze und Widerhaken wieder von innen aus der Haut herausgekommen sind, dann bricht man Spitze und Widerhaken mit einer Zange ab und zieht den Rest des Hakens nach rückwärts heraus. Die so entstandene kleine Doppelwunde schmerzt wenig und heilt schneller als ein Schnitt. Voraussetzung ist allerdings, daß man nicht damit rechnen muß, beim herzhaften Weiterführen des Hakens durch das Fleisch auf wichtige Adern oder Nerven zu stoßen.

Der Gefahr des Nassen Todes begegnen Angler und Wassersportler häufiger als andere Menschen. Man lese deshalb immer wieder über erste Hilfe bei Bootsunfällen, Ertrinken und Unterkühlung nach. Es gibt einige neue Erkenntnisse. Ältere Anweisungen sollte man kritisch lesen. Die Schädlichkeit des Rums oder anderer harter Getränke, seit Jahrhunderten in der christlichen Seefahrt Medikament Nummer eins, ist längst erwiesen.

Bootsunfälle: Ruhe bewahren. An Überbordgefallene mit dem Heck voran heranfahren und sie über das Heck bergen. – Nach Kenterungen immer beim Boot bleiben.

Ertrinken: Bekleidung des Oberkörpers des Geborgenen entfernen. Zähne auseinanderpressen (Holzstück). Mund und Rachenraum von Sand und Schlamm befreien. Geborgenen übers Knie legen und vorsichtig auf den Rücken klopfen oder an den Hüftknochen heben und wie einen Kartoffelsack ausschütteln, um Wasser aus Luftröhre und Lunge zu entfernen. – Künstlich beatmen. Puls und Atmung kontrollieren. – Nach Wiederkehr des Bewußtseins ganz entkleiden, einhüllen in Decken, laue Wärmflaschen. Warmen Tee. Kein Alkohol! – Notruf.

Unterkühlung: An windstillen Ort, besser in Raum mit Zimmertemperatur bringen. Nasse Kleidung entfernen. Abseits von Heizquellen flach lagern. Kontrolle von Puls und Atmung. Bei Atemstillstand Atemspende. Bei Bewußtlosigkeit Seitenlagerung. Wolldecke. Bei Bewußtsein Anregung zur Muskelarbeit. Zu trinken geben: lauwarmes süßliches Getränk, niemals Alkohol! – Notruf.

Schlangenbiß: Ruhig lagern, keine Muskeltätigkeit, betroffenes Glied abbinden, ggf. durch Schnitt im Bißbereich offene Blutung erzeugen. – Notruf.

Insektenstich (Wespen, Bienen, Hornissen) im Mund und Rachenraum: Erstickungsgefahr. Ständig Eis lutschen lassen. Dringender Notruf.

Verbandspäckchen und Pflaster gehören in jede Anglerausrüstung.

Angelboote

Je nach der Art des Angelsports und dem Standort der Fische ist ein Boot oft wichtig und manchmal unerläßlich. Das gilt in erster Linie für das Angeln in küstennahen Gewässern, wenn es nicht als Brandungsangeln oder von Uferbauten aus betrieben wird. Ferner beim Befischen von Seen, die vom Ufer aus wegen Vermoorung, Bewuchs, Flachheit und anderen Gründen nicht zugänglich bzw. befischbar sind. Das gilt auch für viele Tieflandflüsse, deren Ufer, durch Strauchwerk und Bäume besetzt, das Beangeln hindern.

Die in der Berufsfischerei noch üblichen Kähne (Flachbodenboote) können dem Angler nur behelfsweise dienen, so z. B. bei einem Ferienaufenthalt, wenn keine anderen als diese meist schwerfälligen Fahrzeuge zur Verfügung stehen. Im Grunde aber sind sie in vieler Beziehung für den Angelsport recht unpraktisch.

Nach dem Material lassen sich Angelboote in Holz-, Kunststoff- und Gummiboote unterteilen. Metallboote, etwa aus Aluminiumblech, gibt es kaum mehr.

Holzboote, nach alter Bootsbautradition gefertigt und im Handel angeboten, sind aus Eichen-, Kiefern, Gabun- oder Teakholz über Rundspanten auf Kiel gebaut, mit scharf zulaufendem Bug und meist breitem, plattem, ausladendem Heck. Vorteile: Durch das verhältnismäßig hohe Eigengewicht haben sie genügend Stabilität, die für alle Bewegungen des Anglers im Boot, besonders beim Werfen, von Vorteil ist. Bei richtiger Bauform lassen sie sich leicht gegen Strom und Wellenschlag rudern. Sie bleiben kursstabil und treiben bei Wind nicht so schnell ab. Auch nehmen sie nicht leicht Wasser über und sind daher bedingt seetüchtig. Nachteile: Pflegebedürftigkeit, witterungsanfällig, Neigung zum Verrotten, erforderliches Winterlager, hohes Eigengewicht. Für Autodachtransport sind sie, da die höchst zulässige Belastung von 80 kg meist überschritten wird, kaum geeignet. In der Regel ist deshalb ein Anhänger (Trailer) erforderlich. Werden sie aus wasserfest verleimtem Sperrholz hergestellt, kann das Bootsgewicht jedoch stark herabgesetzt werden. Diese Typen werden meist als sog. „Knickspanter“ gebaut, d. h. der Kahnform angenähert. Solche Boote werden als Angelboote zum Rudern oder mit Motor angeboten. Leider geht durch das Einsparen von Gewicht und die angenäherte Plattbodigkeit die Seitenstabilität ziemlich verloren.

Kunststoffboote (jetzt überwiegend im Angebot), werden nicht „gebaut“, sondern nach Formmodellen „gegossen“. Sie sind daher unabhängig von althergebrachten Bindungen an bestimmte Konstruktionen und ahmen

Boots- und Kahnformen nach. Zuweilen werden beide Typen kombiniert. Neuerdings kommen auch Mehrrumpfboote in Gebrauch, bei denen 2–3 schmale Rümpfe zu einem pontonartigen Gesamtrumpf verschmolzen sind. Sie haben den Vorzug, recht stabil zu sein. Bei Hantierungen außenbords mit Fischkästen, Setzkeschern, Leg- und Schleppangeln ist das von Nutzen. Auch das Landen an flachen oder versumpften Uferstellen ist relativ leicht. An Nachteilen stehen diesem Typ gegenüber: meist niedriger Bord, schwerfällig bei Gegenstrom und -wind. Daher sind sie für das Meerangeln kaum geeignet. Hierzu kommen der meist wenig oder nicht gedeckte Platz binnenbords und die ziemlich laute Geräuschentwicklung bei Wellenschlag gegen die Bootskörper. Fischkästen (Hälter) fehlen fast immer bei Pontontypen. Kunststoffboote sind relativ leicht, für Dachtransport meist geeignet, ferner witterungsbeständig, pflegeleicht, aber oft nach Länge und Breite zu klein und für den Angelsport nicht steif genug.

Gummiboote, sog. Schlauchboote, haben den großen Vorzug des geringen Gewichts, der Raumersparnis und der minimalen Pflege. Sie lassen sich zusammengelegt oft im Kofferraum des Autos mitführen. Dem Sportangler werden sie jedoch nur ein Notbehelf bleiben, denn sie sind in vielfacher Hinsicht sehr unpraktisch: schlechte, in der Regel zu niedrige Sitzmöglichkeit, kein fester, begehbarer Boden, keine gute Rudermöglichkeit; meist sind diese Boote nur mit Paddeln ausgerüstet. Bei Wind werden sie sehr leicht abgetrieben, anfällig für Beschädigungen durch scharfe Unter- oder Überwasserhindernisse.

Ein für Binnengewässer und Meerangeln optimal geeignetes Boot sollte folgende beim Kauf zu beachtende Merkmale haben: Genügend Eigengewicht; etwa 80–250 kg, zum Erreichen der erforderlichen Steifheit. Aushilfsweise kann das Bootsgewicht durch Ballast binnenbords in Form von Sandsäcken oder fest (am Boden) eingebauten Wassertanks erhöht werden.

Genügend Seitenstabilität. Größte Breite von Bord zu Bord nicht unter 1,40 m; beim Meeresangeln erwünscht 1,60–1,80 m. Überbreiten machen das Boot wieder plump und fahrträge; besonders anfällig sind sie bei Gegenwind und Seegang. Bordhöhe nicht weniger als 35 cm, damit das Rudern in gebückter Stellung nicht anstrengend und ermüdend wird. Anzustreben sind 45–55 cm absolute Bordhöhe, auch wegen der Übernahme von Wasser bei Wellengang.

Die Bordoberkante (Dollbord) muß Einrichtungen zum Einbringen von zwei Rudergabeln für die Ruder (Riemen) besitzen, auch bei nur für Motorantrieb vorgesehenen Booten. Gut sind Einrichtungen für vier Rudergabeln für einen Mitangler an Bord.

Die Länge sollte wegen der Tragfähigkeit und Längsstabilität 3,20 m nicht unterschreiten. Für das Meeresangeln sind 4,20–5,30 m zweckmäßig.

Die Ruderbank (Ducht) muß unverrückbar im Boot befestigt, steif und betretbar sein. Falls vier Rudergabeln vorgesehen sind, gehören zwei Ruderbänke hinein.

Am Bug und Achterschiff ist ein gegen Boden- und Regenwasser abgeschotteter und verschließbarer Raum erwünscht. Er dient nicht nur der

Unterbringung von Angelgerät, Brennstoff, Kleidung und Proviant, sondern auch als Sitzplatz. Von Nutzen sind im bereiteren Heckteil des Bootes auch zwei seitliche Duchten.

Auftriebskörper müssen dem randvoll mit Wasser gefüllten Boot noch so viel Schwimmfähigkeit verleihen, daß es die Besatzung trägt. Einen Fischkasten, der seitlich und möglichst auch vom Boden her mit Frischwasser durchflutet ist, schätzt jeder Angler. Wenn vorhanden, sollte er, um größeren Fischen Bewegungsfreiheit zu bieten, von Bord zu Bord reichen und genügend Breite haben. Gut, wenn der Deckel zugleich Sitzbank ist. Bodenbretter (möglichst keine Holzroste, in denen sich Fische und Angelgerät leicht verfangen) müssen eine breite, sichere und gut begehbare Bodenfläche bilden. Gegen Rutschgefahr helfen Kunststoffbeläge. Um Bilgenwasser und Schmutz entfernen zu können, müssen die Bodenbretter leicht herauszunehmen sein. Gutes Material hierfür ist wasserfestes Sperrholz.

Bei Booten mit Außenbordantrieb soll die Heckwand durch eine Holzauflage, welche die Klemmschrauben des Motors besser hält, verstärkt sein.

Ausrüstung und Zubehör

Ein Paar *Ruder* (seemännisch *Riemen* genannt), aus einem Stück gefertigt, sollten 2,20–2,50 m lang sein. Häufig sind sie zu kurz. Dann erschweren sie das Rudern, bringen nicht voran und sind bei Seegang völlig unzureichend. Außer den beiden obligaten Riemen sollten mindestens ein Paddel, ein Riemen und eine *Rudergabel* (Dollen) als Reserve an Bord sein.

Ein aushängbares, aber durch Splinte gesichertes *Steuer* (Ruder), das bei Booten für Außenbordantrieb nicht mitgeliefert wird, ist von Nutzen beim Rudern allein oder Treiben vor Wind und unter Segeln. Bei reinem Außenbordmotorantrieb erübrigt es sich, weil mit dem Motor gesteuert wird.

Ein *Anker* (besser zwei) im Gewicht von 2–6 kg gehört dazu. Wenig Raum beansprucht der Faltanker. Besser jedoch hält der vierflunkige, umsetzbare Draggen. Eine etwa 2 Meter lange *Kette* soll der *Ankerleine* vorgeschossen sein, die je nach der Größe des Bootes und der möglichen Beanspruchung durch Seegang 8–12 mm stark und schwimmfähig sein sollte. Nylonmaterial ist vorzuziehen. Sie soll jeweils die dreifache Länge der Tiefe haben, über der das Boot steht. Vor dem Ausgeben ist ihr Ende stets an Bord zu befestigen. Als Ersatz, für Schleppen und Anlegen, sollten einige *Ersatzleinen* stets mitgeführt werden.

Der *Rettungsring* in der alten, hartsteifen Ringform ist in einem kleinen Boot recht hinderlich und unpraktisch. Besser ist es, für jedes Besatzungsmitglied (auch Kinder!) eine von der Seeberufsgenossenschaft zugelassene und getestete *Schwimmweste oder -jacke* mitzuführen. Zustand und Schwimmfähigkeit sollten von Zeit zu Zeit überprüft werden.

Eine wasserfeste, schwimmfähige *Taschenlampe* an Bord ist zu empfehlen. Sie kann z. B. einem bei Dunkelheit über Bord Gefallenen zugeworfen werden, um die Suche nach ihm zu erleichtern. Beim Meeresangeln vom Boot

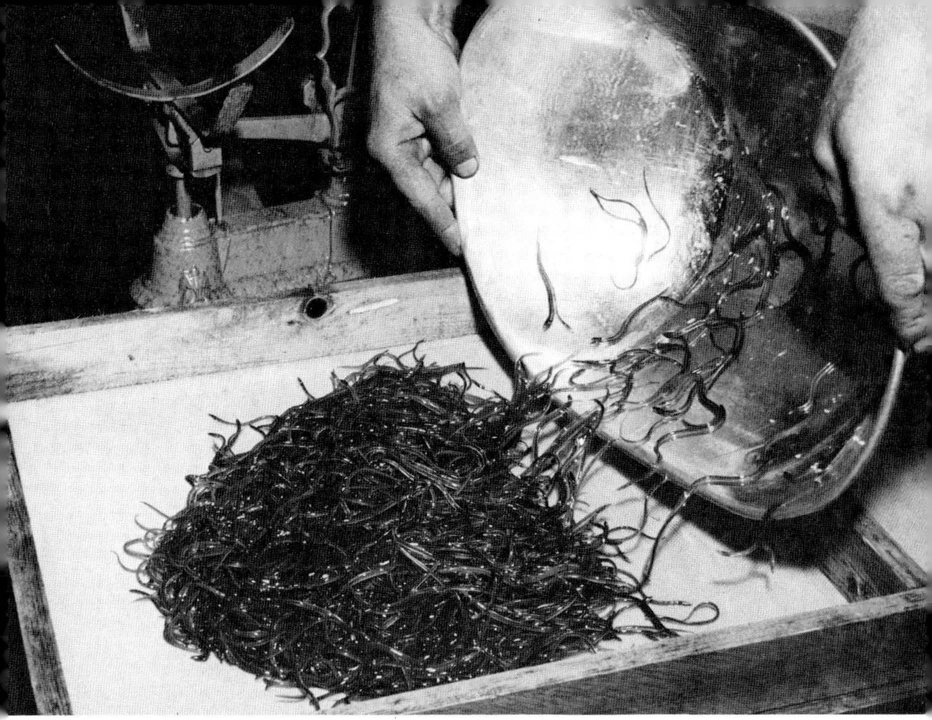

Glasaale sind als Besatz begehrt. (Phot. W. Witters)

Oft traurige Wirklichkeit: ein ehemals sauberes Gewässer wurde zur Müllkippe. Sportfischern muß es ein besonderes Anliegen sein, die Natur vor fortschreitender Verschmutzung und Verseuchung zu schützen. (Phot. H. Merten)

Wettfischstrecke, vorbildlich hergerichtet. (Phot. C. W. Schmidt-Luchs)

Fischer-Kurs. (Phot. E. Wiederholz)

aus sollte auch ein *Nebelhorn (Tute)* nicht fehlen. Man kann Hilfe damit herbeirufen. Es ist unerläßlich in von Seeschiffen befahrenen Gewässern. Die Bedienung bei Nebel ist Vorschrift.

Bei Angelfahrten im küstennahen Seeraum ist es ratsam, einen *Kompaß* (eventuell auch eine *Seekarte*) und ein *Seenotsignalgerät* mit Leucht- und Rauchzeichenmunition mitzuführen.

Ein fußballgroßer, schwarz gefärbter *Ankerball* ist erforderlich für das Ankern auf Seeschiffahrtsstraßen, in Häfen, Flußmündungen und auf offener See. Über dem Vorschiff frei aufgehängt, verpflichtet er andere Schiffe notfalls zum Ausweichen.

Mitzuführen sind betriebsfertige *Laternen* (seemännisch Lichter), wo sie vorgeschrieben sind. (Siehe folgenden Absatz!)

Ein *Reservekanister mit Brennstoff*, ein kleiner *Verbandskasten* und ein Mehrvorrat *(Eiserne Ration)* sollten von einem seegehenden Angler mitgeführt werden, wenn er wegen guter Fangaussichten oder widriger Umstände bei der Heimfahrt länger als vorgesehen auf See verweilen muß.

Eine *Besegelung* wird im Angelboot nur von Nutzen sein, wenn man sich bei leichtem, gleichmäßigem Wind beim Pilken, Spinnen oder Schleppangeln an andere Plätze treiben lassen kann. Für Mast und Takel muß im Boot eine sichere Befestigung vorhanden sein. Beides muß sich schnell richten und abbauen lassen, sonst ist hinderlich, was Nutzen bringen sollte.

Außenborder sind zum Angeln auf dem Meer nicht nur nützlich, sondern fast erforderlich zum Aufsuchen entfernterer Angelgründe. *Elektromotoren* haben den Vorzug des fast lautlosen Laufes, der den Fischen wie der Umwelt gleicherweise sympathisch ist. Außerdem halten sie dem Boot und Angler unerwünschte Gerüche und Schmutzereien fern. Ihr schwer zu behebender Nachteil ist die Langsamfahrt und der durch die Energiequelle (Batterie) begrenzte Aktionsradius. Was anfangs nur spielerisches Experiment war, hat seit dem Erscheinen der 14. Auflage der „Angelfischerei" praktikable Fortschritte gemacht. Für strömungsfreie Binnengewässer mögen sich die inzwischen von verschiedenen Herstellern entwickelten elektrischen Antriebsaggregate mit verbessertem Vorschub und verlängerter Leistung empfehlen. Auf manchen Binnengewässern sind sie nur allein zugelassen. Der leidige Transport und das Laden von bis zu 12 Batterien steht einer bequemen Handhabung entgegen. Auf dem Meer und in den Mündungen der Flüsse, wo mit stürmischer See oder Gezeitenstrom zu rechnen ist, wird man weiterhin auf sie verzichten.

Auf dem deutschen Markt sind folgende Marken angeboten: Accumot/ Albers/ Elektromobil-Technik/ Fischer / Hagen / John / Mariner / Mercury / Michels. – Der stärkste unter diesen bringt es auf 9,3 Stundenkilometer bei einem Preis von rund 4000 DM ohne Batterien. Die übrigen bewegen sich zwischen 3–5 Stundenkilometern und Preisen zwischen 300–900 DM (ohne Batterien).

Aus Sicherheitsgründen und zur Erreichung höherer Geschwindigkeiten wird sich der Meerangler auf benzingetriebene Außenborder einstellen, die nach bisheriger Bezeichnung 2–6 DIN-PS erbringen sollten. Eine Zusammenstellung solcher Motoren, Stand 1978/79, nach KW gegliedert, bringt die folgende Tabelle:

Leistung in KW	Marke	Zylinderzahl	Hubraum in ccm	Zündung	Tankinhalt	Gewicht kg Normalschaft
1,4	Evinrude	1	43	m	0,9	10,9
1,4	Johnson	1	43	m	0,9	10,9
1,5	Mariner	1	43	m	1	9
1,5	Seagull	1	64	m	2,27	12
1,5	Suzuki	1	50	m	1,2	10
1,5	Yamaha	1	43	m	1	9
1,8	Tomos	1	60	m	2	15
2	Carniti	1	69	e	9	10
2,2	Seagull	1	64	–	2,27	13
2,2	Tomos	1	60	m	12	16
2,5	Archimedes	1	80	m	1,9	14
2,5	Volvo	1	80	m	1,9	14
2,6	Mariner	1	63 L	m	2,5	16
2,6	Selva	1	85 L	e	10	18
2,6	Suzuki	1	70	m	1,5	19
2,6	Terhi	1	86	m	11	15
2,6	Yamaha	1	63	m	2,5	16
2,8	Chrysler	2	82 L	m	2,3	15,9
2,8	Evinrude	2	86	m	1,4	15
2,8	Johnson	2	86	m	1,4	15
2,8	Mercury	2	90 S	e	1,6	16,3
3	König	1	60	m	12	15
3	Seagull	1	102	m	2,27	16
3	Suzuki	1	70 S	m	2,5	22,7
3,2	Mercury	1	90 S	e	11,4	24
3,3	Terhi	1	94 L	m	11	18
3,4	Mercury	2	179 S	e	11,4	29
3,5	Carniti	1	87 L	m	9	20
3,5	Selva	1	130	e	10	18
3,6	Evinrude	2	145 S	e	11	24,5
3,6	Johnson	2	145 S	e	11	24,5
3,7	Mariner	1	92 S	m	12	24
3,7	Seagull	1	102	m	2,27	17
3,7	Suzuki	2	113 S	m	15	21,5
3,7	Terhi	1	94 L	m	11	18
3,7	Yamaha	1	92 S	m	3,5	24
3,7	Zündapp	1	82 S	m	13,5	19,2
4,2	Archimedes	2	140 S	m	11	23
4,2	Chrysler	2	164 S	m	9,5	24
4,2	Volvo	2	140 S	m	11	23

Alle Motoren haben Handstart. – 1 KW = 1,35962 PS. – Schaltung: S = vorwärts/rückwärts, Leerlauf: L = vorwärts, Leerlauf. Zündung: m = magnetisch, e = elektronisch.

Anschriften von Herstellerfirmen und Importeuren

Verschiedene Firmen unterhalten auch Auslieferungen in Orten mit wassersportlichen Aktivitäten an der Küste und im Binnenland.

Archimedes: Redderkoppel 5, 2300 Kiel 17
Chrysler Marine Deutschland: Schillingsrotter Str. 49, 5000 Köln 50
Evinrude: Outboard Marine Motoren/Deutschland GmbH: Verbindungskanal Linkes Ufer 18, 6800 Mannheim 1
Yamaha: Yamaha Motor N. V. Prof. E. M. Meyerslaan 3, NL Amstelveen, Holland
Zündapp: Zündapp-Werke GmbH. Anzinger Str. 1–3, 8000 München 90
Volvo-Penta:/Deutschland GmbH/Redderkoppel 5, 2300 Kiel 17
Tomos:/Tomos GmbH/Ubierring 41, 5000 Köln 1
Selva: Hesse GmbH & Co./Otto-Hahn-Str. 2, 4006 Erkrath 1
Mariner: Brune Marine Motoren GmbH/Industriestr. 109, 6700 Ludwigshafen
Mercury: Dr. Ernst Röhl/Dieselstr. 59, 6052 Mühlheim/Main
Johnson: Outboard Marine Motoren/Deutschland GmbH/Verbindungskanal Linkes Ufer 18, 6800 Mannheim 1
König: König-Motorenbau KG, Dieter König/Friedrich-Olbert-Damm 72, 1000 Berlin 13, (Charlottenburg Nord)

Wegen der jährlich schwankenden Preise, wurde auf Preisangaben verzichtet. Sie differieren in obiger Typenreihe zwischen 700,– und 2000,– DM.

Verkehrsvorschriften und Verhaltensregeln

Im Bereich der küstennahen Gewässer, in den Unterläufen der Küstenflüsse, in den Förden und auf einigen Kanälen schreibt die Seeschiffahrtstraßenordnung für Wasserfahrzeuge bindende Verhaltensregeln vor. Sie betreffen auch die Kleinschiffahrt.

Für das Führen von Booten mit Motor von *mehr* als 3,7 KW (5 PS) an der Propellerwelle ist der Sportbootführerschein erforderlich. Auf Binnengewässern (im Bereich der Binnenschiffahrtsstraßen-Ordnung) der Sportbootführerschein-Binnen. – Bei Dunkelheit und unsichtigem Wetter müssen kleine Ruder- und Segelboote bis 7 m Länge ein weißes Rundumlicht, am Vorschiff befestigt, führen, das eine Sichtweite von 2 Seemeilen hat. Wenn ein Befestigen nicht möglich ist (z. B. an Schlauchbooten), muß ein Rundumlicht zum Zeigen mit sich geführt werden. Motorgetriebene Boote bis 7 m Länge müssen mindestens ein Rundumlicht führen, wenn andere Lichter nicht zu befestigen sind. Regel: ein weißes Topplicht, die Seitenlichter grün/rot und ein weißes Hecklicht, alle mit 2 Seemeilen Reichweite. – Ruderboote dürfen bei Dunkelheit und unsichtigem Wetter nicht fahren. Bei unvorhergesehenem Eintreten dieser Umstände müssen sie ankern und an Stelle des schwarzen Ankerballes (bei Tage) ein weißes Ankerlicht auf dem Vorschiff setzen. Alle Laternen müssen eine Baumustergenehmigung des Deutschen Hydrographischen Instituts in Hamburg haben. – Als Folge von Seeunfällen und zur Erhöhung der Verkehrssicherheit auf dem Wasser, wurde die Bewegungsfreiheit für Sportangelboote durch die Schiffssicherheitsverordnung vom 26. Oktober 1978 eingeschränkt. Artikel 1 § 39 bestimmt:

(1) Sportanglerfahrzeuge dürfen nur zwischen Sonnenaufgang und Sonnen-

untergang, in jedem Fall aber zwischen 8.00 und 17.00 Uhr fahren. Sie dürfen sich nur soweit von der deutschen Küste entfernen, daß der nächste Hafen innerhalb von zwei Stunden erreicht werden kann. Bei aufkommendem Starkwind (6 und 7 Beaufort) oder bei Sturm- oder Starkwindwarnungen muß unverzüglich Landschutz aufgesucht, bei aufkommendem Sturm (8 Beaufort und mehr) unverzüglich der nächste Hafen angelaufen werden.

(2) Sportanglerfahrzeuge dürfen die Fahrt nicht antreten
1. bei Sturm oder Sturmwarnung,
2. bei auflandigem Starkwind oder
3. bei Nebel mit einer Sichtweite
   a. von weniger als 500 m.
   b. Betr. *größere Fahrzeuge mit Radargerät.*

(3) Sportanglerfahrzeuge, die die Fahrt bei ablandigem Starkwind antreten, dürfen im Bereich der windgeschützten Küste einen Abstand von 5 Seemeilen von der Küste nicht überschreiten.

Es besteht, wie auf den Landstraßen, Rechtsfahrgebot, Rechtsausweich- und Linksüberholpflicht. Die Kleinschiffahrt ist gehalten, der Berufsschiffahrt nicht hinderlich zu sein, insbesonders stark befahrene Schiffahrtswege zu meiden. Nur Segelboote (ohne Motor) sind gegenüber Motorfahrzeugen nicht ausweichpflichtig. – Für Rhein, Mosel, Donau, den Nord-Ostsee-Kanal, den Bodensee und für einige bayrische und Berliner Gewässer gelten Sonderbestimmungen, mit denen sich der Sportangler vor Ort vertraut machen muß.

Ob ein Angelboot bei der Wasserschutzpolizei oder einer örtlichen Ordnungsbehörde (Hafenmeisterei) registriert sein muß, ist wegen der unterschiedlichen Handhabung von Fall zu Fall zu erfragen.

Angelboote der berufsmäßigen Vermieter, insbesondere solche, die zum Hochseeangeln auslaufen, unterliegen den Bestimmungen der Seeberufsgenossenschaft. Vereinseigene Boote, die nur von deren Mitgliedern benutzt werden, sind davon ausgenommen. Jedoch nicht von den Bestimmungen der Seestraßenordnung und der Seeschiffahrtstraßenordnung.

Die jedes Jahr auftretenden und sich häufenden Seeunfälle, ausgelöst durch Meeresangler, die vom eigenen Boot aus fischen, müßten allen Sportanglern, insbesondere den aus dem Binnenland kommenden, eine Warnung sein. Sie sollten die Gefahren der offenen See nicht unterschätzen, sich auf Wetterstürze einrichten und die Empfehlungen oder den Rat der eingesessenen Küstenbewohner nicht in den Wind schlagen. Was in Dänemark bereits praktiziert wird, ist künftig auch an den deutschen Küsten zu erwarten: Für die aufwendigen und kostspieligen Maßnahmen einer Rettungs- und Bergeaktion wird man den fahrlässigen Verursacher zur Kasse bitten.

Wettfischen

Das Wettfischen hat in den letzten Jahren auch in Deutschland zunehmend weitere Verbreitung gefunden. In Frankreich und Belgien wurde das Friedfischangeln mit feinstem Gerät dagegen schon immer als Nationalsport ausgeübt. Nach dem Kriege nahmen erstmals deutsche Mannschaften an den offiziellen Weltmeisterschaften der CIPS (Internationale Vereinigung der Sportfischer) teil, was diesem Sport in Deutschland allgemein starke Impulse gab. Es fanden alljährlich Deutsche Meisterschaften statt, ihnen vorangehend viele Vereins-, Bezirks- und Landesmeisterschaften. Immer mehr begeisterte Wettfischer fanden sich zusammen. Nicht zuletzt die teilweise sehr guten Fangerfolge spornten viele Sportfischer zur Teilnahme und zur Erprobung der verschiedensten Wettfischmethoden an.

Allgemeines: Im Gegensatz zu herkömmlichen Preis- oder Königsangeln werden bei Wettfischen (offiziell genannt „Wettbewerbe im Sportfischen“) nur Friedfische gewertet. Auf ausgelosten Plätzen wird über einen Zeitraum von drei bis vier Stunden wettgeangelt. Genaue Bestimmungen, niedergelegt in der BWS (Bestimmungen für Wettbewerbe im Sportfischen), sorgen für gleichmäßige und einheitliche Ausrichtung dieser Veranstaltungen. Jeder beteiligte Sportfischer muß sich an dieses Reglement halten. So ist z. B. vorgeschrieben, daß nur mit einer Posenangel (schwimmende Angel) mit einem einfachen Haken geangelt werden darf. Auch das Anfüttern und die Art des Fütterns sind reglementiert. Die genauen Bestimmungen sind für jeden Interessierten beim Verband Deutscher Sportfischer erhältlich.

Es gibt heute Vereine in Deutschland, deren Interesse sich fast ausschließlich auf das wettkampfmäßige Friedfischangeln konzentriert. Teilweise ist dies aus Not entstanden, und zwar bei den vielen abwasserüberlasteten Gewässern, wo nur noch ungenießbare Kümmer-Rotaugen und ein paar andere Weißfische vorkommen, die nach Schluß des Angelns lebend gewogen und schnell wieder zurückgesetzt werden. Vielfach fischt man aber auch aus reiner Freude um die Wette, in der Gewißheit, daß das Friedfischangeln bei einiger Kenntnis stets recht kurzweilig ist; eine Anzahl Fische fängt man immer. Verständlich, daß bei dieser intensiven Beschäftigung mit solcher Art des Fischens Methoden gefunden und Geräte entwickelt werden, die diesen Sport immer stärker perfektionierten und verfeinerten.

Eine weitverbreitete Meinung ist, daß der Erfolg eines Wettfischers im wesentlichen vom Raffinement des Anfütterns abhängt. Das ist sicher übertrieben. In Wirklichkeit sind es wohl die vielen Kleinigkeiten des Gerätes, die, richtig aufeinander abgestimmt und richtig eingesetzt, den Erfolg bringen. Selbstverständlich gehören natürlich Erfahrung, Technik sowie das den jeweiligen Gewässerverhältnissen angepaßte Anfüttern auch dazu.

Einiges zu den Geräten

Ruten: Während viele Sportfischer heute noch beim normalen Friedfischangeln die beringte, verhältnismäßig kurze Rute bevorzugen, benutzen bei Wettfischveranstaltungen die meisten Beteiligten ausschließlich 6–10 m lange, meist unberingte Ruten. Da in der Hauptsache kleinere Weißfische gefangen werden, kommt es darauf an, diese exakt und schnell zu landen. Ein superleichtes Rotaugengeschirr läßt sich mit einer langen Rute am besten auswerfen, und es kann ständig ohne mühevolle Kontrolle genau am selben, angefütterten Platz gefischt werden. Die lange Rute ist vor allem in fließendem Wasser unentbehrlich: Nur die Distanz kann erfolgreich befischt werden, die mit der Rutenspitze erreichbar ist. Wenn weiter gefischt werden soll, als die Rute lang ist, kann es dazu kommen, daß der Köder „furcht", der Fisch mißtrauisch wird und auch der Anhieb weit weniger präzise gesetzt werden kann. Auch bringt eine Rute ohne Ringe den Vorteil, daß niemals, wie bei der beringten, die Schnur lose in den Ringen hängt und beim Anhieb erst gespannt werden muß, was oft zu ungenauem, zu hartem oder zu weichem Anhieb führt. Da beim Wettfischen extrem dünne Schnüre verwendet werden, ist eine auf diese Schnurstärke abgestimmte extraweiche Rutenspitze sehr wichtig, um jeden festen Stoß oder jede harte Flucht eines Fisches federnd abzufangen und einen Schnurbruch zu vermeiden. An einer beringten Rute würde diese Spitze härter sein müssen, da sie ja Ringe tragen muß. Würde man eine sehr dünne Spitze mit Ringen versehen, würde die Rute in der Spitzenaktion zu unruhig und schwippig. Im allgemeinen werden Teleskop- und Einsteckruten aus Hohlglas oder Kohlefaser benutzt. Während die Teleskoprute schneller montiert und demontiert ist, besitzt die Einsteckrute in der Regel besseres Rückgrat. Sie hat außerdem den Vorzug, daß sie auch schnell verkürzt oder verlängert werden kann. Die Spitzen beider Rutentypen bestehen durchweg aus Hohlglas. In diese Spitze ist als Ende eine dünne (Endstärke 0,8–1,5 mm) Vollglasspitze eingeschoben (sog. Mixed-Spitze). Die Spitze besitzt entweder eine Endschlaufe, an die die Schnur geknotet wird, oder die Schnur wird mit einer mehrfachen Schlinge zwischen zwei kleinen angewickelten Erhöhungen an der Spitze festgemacht.

In letzter Zeit hat sich immer stärker die Gummizugspitze, die aus Frankreich stammt, durchgesetzt. Es handelt sich um eine gebogene, meist aus Aluminium gefertigte Spitze, die statt der herkömmlichen auf Einsteckruten aufgesetzt wird. Da die Spitze keinerlei Elastizität besitzt und zudem die speziellen Stippruten recht viel Rückgrat haben, um einen schnellen Anhieb ohne Nachschlagen der Rute zu gewährleisten, wird die Funktion einer elastischen Rute mit weicher Spitze von einem Stück Spezialgummi übernommen, welches zwischen Spitze und Schnur geschaltet wird. Je nach Schnurstärke wird dieses Gummi einfach bis vierfach in verschiedenen Durchmessern verwendet. Es kann sich bei Belastung stark dehnen und fängt auch starke Fluchten eines Fisches ab.

Ein Wettfischer, der für alles gerüstet sein will, benötigt insgesamt sechs Ruten, und zwar je eine unberingte Rute in den Längen 4 m, 5 m, 6 m, 7 m, 8 m oder länger und eine beringte Rute in der Länge von 5 bis 6 m für Ausnahmesituationen. Um ohne Zeitverlust sein Gerät den jeweiligen Gewässerverhältnissen und vorkommenden Fischarten anpassen zu können, hat der erfahrene Wettfischer auch einige Dutzend fertige Angeln auf Wickelbrettchen bei sich. Sie werden nur in den seltensten Fällen fertig von ihm gekauft, da die im Handel erhältlichen meistens nicht seinen spezifischen Vorstellungen entsprechen. Um das zu jeder Rutenlänge passende Geschirr auf einen Blick finden zu können, werden die Ruten mit farbigen Klebestreifen markiert; die dazugehörigen Fertigangeln befinden sich auf Wickelbrettchen gleicher Farbe. Sie sind beschriftet mit Angaben der Schnurstärke, Hakengröße und Gewicht der Bebleiung.

Schnüre: Beim Wettangeln sind Schnüre mit möglichst hoher Trag- und Knotenfestigkeit besonders wichtig. Man sollte darauf achten, daß die Schnur nicht zu stark glänzt, da die Reflektion der Schnur bei starker Sonneneinstrahlung in klaren Gewässern den Fisch vertreiben kann. Die dünnsten Schnüre (0,08) werden in der kalten Jahreszeit verwendet, wenn die Fische klamm und nicht sehr kampfstark sind, sowie zum Angeln auf Lauben oder sonstige Kleinfische. Die gängigste Schnurstärke beim Wettfischen auf Rotaugen ist heute in der Regel 0,10 mm. In stark fließenden oder angetrübten Gewässern geht man auch auf 12 mm hinauf. In Ausnahmefällen, bei Vorkommen stärkerer Fische (Brassen oder Nasen über 2 bis 3 Pfund) kommen auch noch 0,14-mm-Schnüre zum Einsatz.

Das Angeln mit diesen dünnen Schnüren verlangt einige Fertigkeit. Ungeübte Angler, die noch nicht den Umgang mit einer langen Rute gewohnt sind, sollten anfangs lieber stärkere Schnüre verwenden. Wesentlich ist natürlich die richtige Abstimmung der Rutenspitze mit der Schnurstärke. Ob ein Vorfach benutzt wird, liegt im Ermessen eines jeden Fischers selbst. Viele angeln ohne, also mit durchgehenden gleichstarken Schnüren. Mit einiger Übung ist auch ein Haken genauso schnell angebunden wie ein neues Vorfach eingeschlauft.

Haken: Allgemein werden langschenklige Rundbogenhaken oder auch Limerikhaken aus Rundstahlmaterial, die nicht verschränkt sind, benutzt. Über die Einfärbung der Haken gehen die Meinungen dahin, sie farblich (Gold, Nickel, Brüniert, Blau, Rot) soweit wie möglich den jeweiligen Ködern anzupassen.

Blei: Nur noch wenige Wettfischer verwenden das normale Schrotblei. Vorgezogen wird Schlitzbleidraht, da dieser wesentlich weicher ist und die dünnen Schnüre nicht beschädigt. Auf die allgemein übliche Kette von Bleien wird verzichtet und das Austarieren der Pose mit einem Blei bevorzugt. Dazu eignet sich vorzüglich das sogenannte Tropfenblei, das, von einem kleinen Stopper über dem Haken gehalten, lose auf der Schnur gleitet. Diese Bleie gibt es in Gewichten von 0,2–3,0 g, was für alle Arten des Weißfischangelns ausreichend ist. Das Blei sollte beim Wettfischen so knapp wie möglich über dem Haken sitzen, um auch ein leichtes Anheben des Köders durch den Fisch an der Pose sichtbar werden zu lassen.

Schwimmer: Beim Schwimmer ist das Wichtigste, daß bei möglichst geringem Volumen größte Tragkraft und geringes Eigengewicht zusammentreffen. Das Austarieren der Pose bis an die optimale Grenze der Belastung ist selbstverständlich, und ein gutes Auge ist für einen Wettfischer unerläßlich.

Köder: Die Made ist beim Wettfischen der wohl meistgebrauchte Köder. In schwierigen Gewässern hat sich dagegen die rote Zuckmückenlarve als bester Köder erwiesen. Die Larven werden wegen der geringen Größe meist mit Spezialkleber angeklebt oder auf kleinste Haken (18–20) geködert.

Alle anderen gängigen Friedfischköder sind aber auch verwendbar.

Anfüttern: Zum Anfüttern beim Wettfischen, dieser angeblichen „Geheimwissenschaft“, soll hier nur das Wesentlichste gesagt werden. Der Hauptbestandteil eines jeden Futters ist allgemein Paniermehl (Semmelbrösel). Auch Maismehl, kleingemahlene Haferflocken oder geringe Mengen Kleie werden zugesetzt. Zu dieser Grundsubstanz kann man diverse im Handel erhältliche Lockmittel, die es in unterschiedlichen Duftstoffen und Färbungen gibt, zumengen. Das Futter sollte sehr fein und auf keinen Fall klumpig sein, da es den Fisch nicht sättigen, sondern nur seinen Appetit anregen soll. In fließendem Wasser ist es wichtig, daß das Futter schnell absinkt und sich am Grund fein auflöst.

Dies kann durch den Zusatz von Sand, Lehm oder im Notfall auch Erde erreicht werden. In stehenden Gewässern dagegen sollte das Futter sehr langsam in breiter Wolke absinken. Immer wieder geschieht es, daß ein Wettfischer sich sicher ist, endlich das bestwirksame Futter entdeckt und entwickelt zu haben. Dieser Glaube dauert in der Regel aber nur bis zum nächsten weniger guten Fangtag. Dann fängt das große Probieren und Mischen wieder von vorne an.

Sonstiges Zubehör: Als Anstand bei einem Wettfischen ist am Wasser auch eine gute Sitzgelegenheit wichtig. Ein Kescher, Hakenlöser, Meßlatte mit Anschlag und ein großer textiler Setzkescher vervollständigen die Ausrüstung.

Castingsport

Beim Druck der ersten Auflage der „Angelfischerei“ war der Castingsport – auch Wurfturniersport genannt – noch unbekannt. Erst Anfang der 20er Jahre begann eine kleine Gruppe prominenter Sportangler unter der Leitung von Altmeister Max Piper das Werfen mit der Spinn- und Flugangel auf Ziele und Entfernungen.

Inzwischen hat sich der Castingsport zum Leistungssport entwickelt, der, auf höchster Leistungsebene betrieben, intensivstes körperliches Training, vollendete Technik und eine perfekte Zusammenstellung des Gerätes verlangt, um erfolgreich bestehen zu können. Aber auch auf der Vereinsebene bietet sich für jeden Freund des Castingsportes in der Regel ausreichend Gelegenheit, sein Können in den verschiedenen Alters- und Leistungsklassen

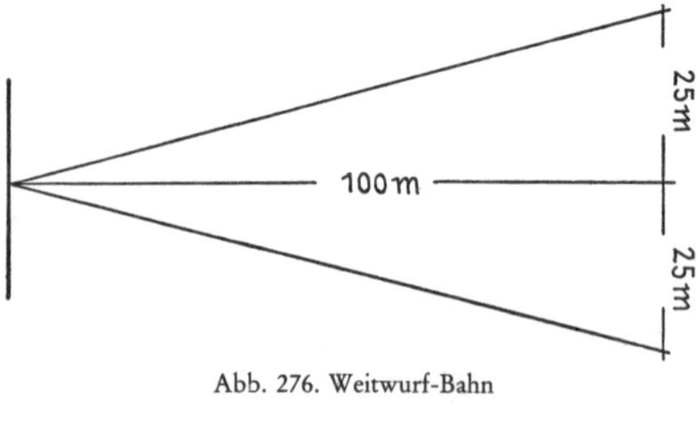

Abb. 276. Weitwurf-Bahn

mit seinesgleichen zu messen. Nicht zuletzt zahlt sich dann seine Fertigkeit im Umgang mit der Spinn- und Flugangel auch am Fischwasser aus.

Die Disziplinen im Castingsport sind in 2 Hauptgruppen unterteilt: in die Gebrauchsgeräteklasse und in die Turniergeräteklasse (GG. u. TG.). Die Unterscheidung liegt beim Spinnerwerfen – besser Gewichtwerfen – darin, daß beim Gebrauchsgerät der Schnurdurchmesser vom Wurfgewicht bis zum Ende der Schnur meistens gleich stark ist im Gegensatz zum Turniergerät, vor der bei der eigentlichen Schnur eine stärkere Vorschnur zum kräftigen Abwerfen des Gewichtes verwendet wird. Die heute im Castingsport verwendete Flugschnur ist so beschaffen, daß sie in beiden Klassen gleichermaßen Höchstleistungen bringt. Zur Durchführung gelangen folgende Disziplinen, wobei sämtliche Weitwurfbahnen für Fliege und Gewicht gleich aufgebaut sind:

GG.-Disziplinen

1. Fliege-Skish, Trocken- und Naßfliegenwürfe

Gerätevorschrift: Ruten-Höchstlänge 3 m, Flugschnur-Mindestlänge 15 m, Höchstgewicht 38 g. Vorfach beliebig, Mindestlänge 1,80 m. Von einem 50 cm hohen Podest aus erfolgen 10 Trockenfliegenwürfe auf 5 mit Wasser gefüllte Schalen im Durchmesser von 76 cm in der Reihenfolge 3–1–4–2–5–3–1–4–2–5. Linke Scheibenentfernung 8 m, die rechte 13 m. Wertung je Treffer = 6 Pkte, insgesamt = 60 Pkte (Abb. 277).

Nach Beendigung der Trockenwürfe beginnen die Naßfliegenwürfe. Nachdem der Werfer einen Meßwurf auf die erste Scheibe getätigt hat, erfolgen jetzt in 2 Durchgängen je Scheibe ein Wurf in der Reihenfolge 1–2–3–4–5–1–2–3–4–5. Wertung je Treffer = 4 Pkte, insg. = 40 Pkte. Gesamt-Disziplin = 100 Pkte.

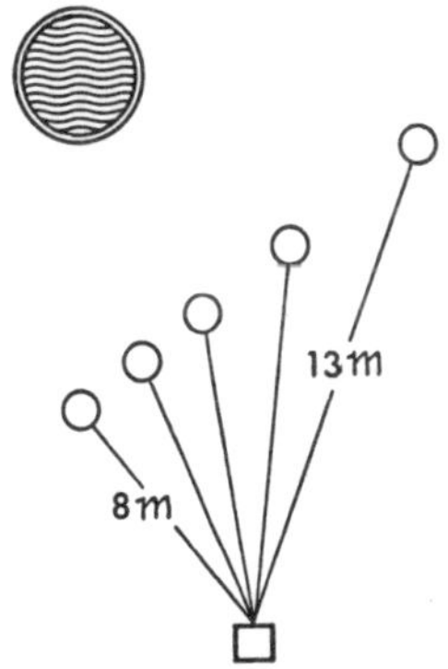

Abb. 277.
Trocken- und Naßfliegen-Würfe
auf 5 Wasserschalen in unterschiedlicher
Entfernung

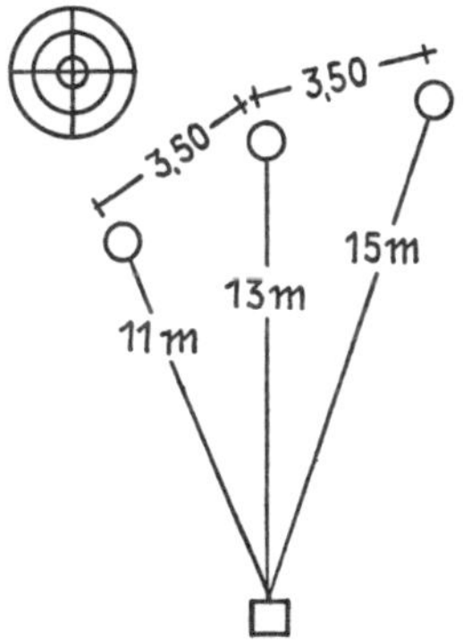

Abb. 278
Fliege-Zielwerfen auf 3 Scheiben

2. Fliege-Kombination (Ziel- und Weitwürfe mit gleichem Gerät)

Gerätevorschrift: wie bei 1.

1. Teil: Zielwerfen auf 3 Scheiben. Von einem Podest aus, 50 cm hoch, 1,20 m breit und 1,50 m lang beginnt der Werfer mit dem Zielwerfen auf 3 Ringscheiben mit je 3 Ringen im Durchmesser von 60–120–180 cm in der Reihe 1–2–3–2–3–1–3–1–2. Wertung von der Mitte her 10–8–6 Pkte. Höchstpunktzahl = 90.

Unmittelbar nach den Zielwürfen beginnen die Weitwürfe. Gewertet werden die zwei weitesten Würfe. Gesamtdauer der Disziplin = 10 Min. Wertung der Disziplin: Zielpunkte und Meter der 2 weitesten Würfe. 1 Meter = 1 Punkt (Abb. 277).

3. Gewichtwerfen auf Arenbergscheibe mit dem 7,5-g-Kunststoffgewicht

Gerätevorschrift: Einhandrute, Länge 1,37–2,50 m, mindestens 3 Schnurführungsringe, Höchstdurchmesser des Führungsringes 50 mm. Stationärrolle mit Gebrauchsspule, Schnurdurchmesser beliebig, keine Vorschnur erlaubt (Abb. 279).

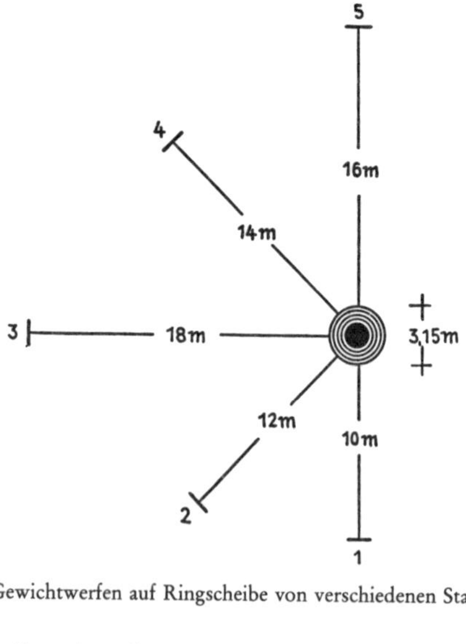

Abb. 279. Gewichtwerfen auf Ringscheibe von verschiedenen Standplätzen aus

Die Ringscheibe besteht aus 5 Ringen im Durchmesser von 75–135–195–255–315 cm und wird von 5 Startplätzen aus beworfen, je Start 2 Würfe. Für jeden Start ist eine bestimmte Wurftechnik vorgeschrieben:

Start 1: 2 Pendelwürfe unter der Hand
Start 2: 2 Seitenwürfe von rechts
Start 3: 2 Überkopfwürfe. Wertung von der Mitte her: 10–8–6–4–2 für sämtliche Würfe
Start 4: 2 Seitenwürfe von links

Start 5: 2 Würfe beliebig
Mögliche Punktzahl 100.

4. Gewichtwerfen auf 5 Zielscheiben mit dem 7,5-g-Kunststoffgewicht (Gewicht Skish)

Gerätevorschrift: wie bei 3.

Die Wurfbahn besteht aus 5 Scheiben im Durchmesser von 76 cm. Der vordere Scheibenrand ist um 5 cm, der hintere um 17 cm vom Boden erhöht. Von 5 Startplätzen aus erfolgt das Bewerfen der Scheiben (Abb. 280/281).

Linke Scheibenentfernung 10 m, rechte 18 m. Je Scheibe 1 Wurf in 2 Durchgängen. Wertung: 1 Treffer = 5 Pkte.

Mögliche Punktzahl 100.

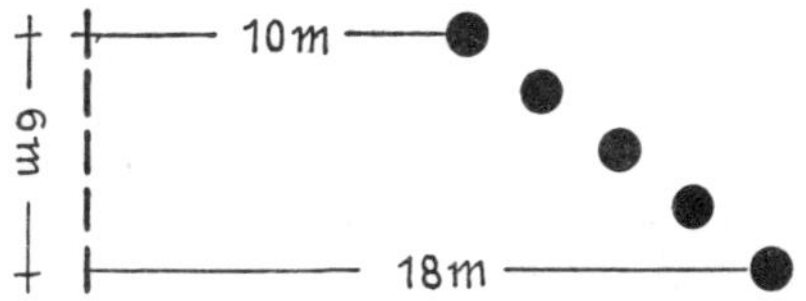

Abb. 280. Gewichtwerfen von verschiedenen Startplätzen auf unterschiedlich entfernte Zielscheiben

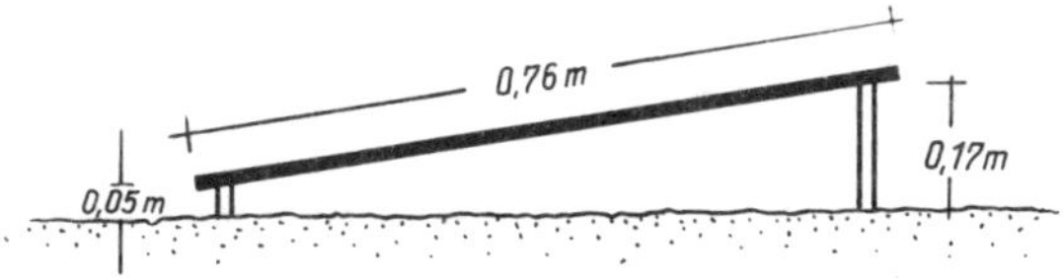

Abb. 281. Lage der Skishplatte

5. Gewicht-Weitwerfen, einhändig, Stationärrolle, 7,5-g-Aluminium-Gewicht

Gerätevorschrift: wie bei Disziplin 3.

Der weiteste Wurf wird gewertet, 1 m = 1,5 Pkte.

Die Turniergeräteklasse

6. Fliege-Distanz, einhändig

Ruten-Höchstlänge 3 m, Schnur-Mindestlänge 15 m, Schnur-Höchstgewicht = 42 g. Vorfach-Mindestlänge 1,80 m. Podest wie bei Disziplin 2. Der innerhalb von 5 Min. erzielte weiteste Wurf wird gewertet. 1 m = 1 Pkt.

7. Fliege-Distanz, zweihändig (Lachsfliegewurf)

Ruten-Höchstlänge 5,20 m, Schnur beliebig, doch Höchstgewicht = 120 g. Vorfach beliebig. Podest wie bei Disziplin 2. Der innerhalb von 7 Min. erzielte weiteste Wurf wird gewertet. 1 m = 1 Pkt.

8. Gewicht-Distanz 18-g-Aluminium-Gewicht, Stationärrolle, zweihändig

Rute beliebig, Schnur-Mindestdurchmesser 0,25 mm, Vorschnur erlaubt. Der weiteste von 3 Würfen wird gewertet. 1 m = 1,5 Pkte.

Disziplinen mit der Multiplikatorrolle (Multirolle)

9. Gewicht-Skish mit dem 18-g-Kunststoffgewicht

Beliebige Einhandrute, Schnur in der gesamten Länge von gleichem Durchmesser. Geworfen wird auf 10 Scheiben im Durchmesser von 76 cm, die in Dreiecksform aufgebaut sind. Linke Scheibenentfernung = 12 m, weiteste Scheibenentfernung = 24 m, rechte Entfernung = 10 m. Je Scheibe erfolgen zwei Würfe in der Reihenfolge 1–10. Wertung: je Treffer = 5 Pkte, Höchstpunktzahl = 100 (Abb. 281).

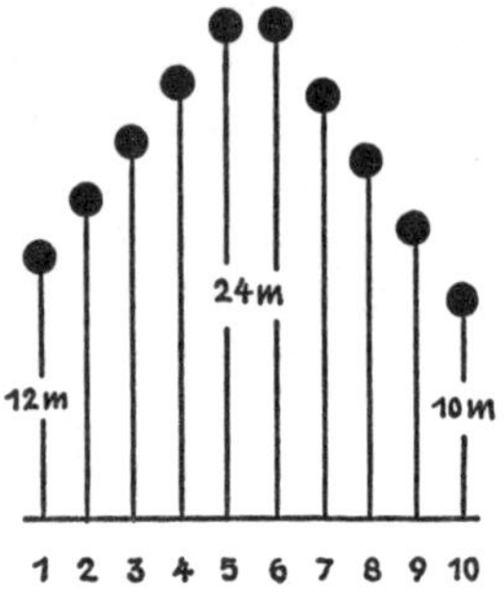

Abb. 282.
Gewicht-Skish-Werfen
auf 10 Ringe

10. Gewicht-Distanz mit 18-g-Aluminium-Gewicht, zweihändig

Rute beliebig. Schnur beliebig, doch keine Vorschnur erlaubt. Von 3 Würfen wird der weiteste gewertet. 1 m = 1,5 Pkte.

11. Gewicht-Distanz mit dem 18-g-Aluminium-Gewicht, einhändig

Alles erlaubt, allein das einhändige Werfen vorgeschrieben. Von 3 Würfen zählt der weiteste Wurf. 1 m = 1 Pkt. Die Spezialrollen haben Schnurspulen im Gewicht von ca. 2 g, die aber 200–300 m Schnur aufnehmen können. Allerdings bewegt sich der Schnurdurchmesser um 0,03 mm.

Historisches aus der Sportfischerei

Hier soll ein wenig aus der Geschichte des Angelns erzählt werden. Wie fischten unsere Ururahnen, ältesten Vorfahren, Großväter und Väter? Welche berühmten Angler prägten die Geschichte der europäischen und deutschen Sportfischerei? Wann und wie entstanden die ersten Angelvereine? Da ist natürlich klar, daß unsere Darstellung nur ein Abriß sein kann, eine „historia piscatoris" im Zeitraffer. Wen dieses Thema näher interessiert, der beschaffe sich das Buch „Der unsterbliche Angler" von Hans-Heinrich Welchert, der diese Geschichte 1963 mit liebenswürdiger Feder aufgezeichnet hat. Diese Darstellung beruht im wesentlichen auf Welcherts Buch.

Eine ausführliche Angelgeschichte müßte man eigentlich bei Adam und Eva beginnen lassen. Denn die Geschichte des Angelns ist so alt wie die Geschichte der Menschheit. Am Anfang war der Mensch Jäger, Fischer und

Sammler. Die ältesten Angelhaken, die in Deutschland und Europa gefunden wurden, stammen aus der Jungsteinzeit, etwa 3500 bis 2000 Jahre vor Christus. Sie sind vorwiegend aus Feuerstein gefertigt und ähneln mehr Gesteinsplittern als geformten Haken. Aber unsere Vorfahren angelten damit, und sie fingen offensichtlich auch Fische damit. In den Metallzeiten, der Bronze- und der Eisenzeit entwickelte man bereits erheblich feingliedrigere Fanggeräte, die Haken besaßen Bogen, Widerhaken und Ösen. Besonders anschaulich sind solche ältesten Angelhaken im baden-württembergischen Landesmuseum in Stuttgart ausgestellt.

Ob es unter den Menschen der Stein- und Bronzezeit, die mit der Angel Fische fingen, um sich und die Ihren zu ernähren, auch schon einen gab, der um des Vergnügens willen angelte? „Dieser Mann wäre dann der Urvater des Sportfischers", hat WELCHERT geschrieben. Was zweifellos stimmt, natürlich kann aber niemand einen wissenschaftlichen Nachweis der Existenz dieses Ursportfischers erbringen.

MAX VON DEM BORNE ging, als er sich in der Einleitung der ersten „Angelfischerei" von 1875 über den Ursprung des Angelns äußerte, zwar nicht bis zur Steinzeit zurück, berichtete jedoch wahrheitsgemäß, daß die Fischfangmethode mit einer Schnur und einem mit Köder versehenen Haken „schon den Bewohnern der Pfahlbauten nicht fremd war". Die Bibel führte er als Beweis dafür an, „daß das Fangen der Fische mit Schnur und Haken so alt ist wie die älteste jüdische Geschichte". Auch wußte VON DEM BORNE zu berichten, daß die alten Ägypter perfekte Angler waren, daß Antonius und Cleopatra sich neben anderem besonders am Angeln „ergötzten" und daß auch Kaiser Trajan ein leidenschaftlicher Petrijünger war.

Schon sehr früh wurde dem Fisch eine Bedeutung als mythisches Zeichen zuerkannt. Das war bereits vor Christi Geburt der Fall; als jedoch die ersten Christen ihn mit Jesus und seinen Jüngern verbanden, wurde der Fisch für die kommenden Jahrtausende zur großen Symbolfigur für die christlich gewordenen Völker.

Darüber, wie im Mittelalter gefischt wurde, wußte MAX VON DEM BORNE 1875 nur weniges. Er meinte lediglich in einem Satz, daß über diese Zeit nur „spärliche Nachrichten" bekannt seien. Hier wissen wir heute wesentlich mehr. Die „Fischgerechtsame" waren im Mittelalter in fast allen Orten genau urkundlich geregelt und niedergelegt, sie zählten auch zu den königlichen Rechten, wie eine Urkunde von Kaiser Otto III. beweist. Aus dem Mittelalter stammt auch der Begriff „Fischwaid". Der Raum in einem Fischwasser, in dem ein einzelner oder mehrere das Recht zum Fischen hatten, wurde Fischweide genannt. Dieser Begriff wiederum leitete sich ab aus einer Vorrichtung zum Fang der Fische, die aus Flechtwerk und Reisig gebildet wurde; im Wasser befestigt, suchten die Fische darunter Schutz. Sobald die Weide gehoben wurde, flüchteten die Fische wieder hervor und verfingen sich in ringsum aufgestellten Netzen. Auch wurde im Mittelalter vielerorts schon eine sehr intensive Fischhege betrieben. Es gab z. B. Beschränkungen des Fischfangs nach Jahreszeiten, und es durfte nicht an allen Wochentagen gefischt werden, um die Fische zu schonen. An der Mosel mußten die

Fuhrleute an den Furten mit der Geisel mehrere Male auf das Wasser schlagen, bevor sie mit ihren Pferdegespannen den Fluß überquerten, damit kein Fisch zertreten wurde. Fischdiebe wurden sehr streng bestraft. Ihnen wurde Arbeitszwang und eine hohe Geldbuße auferlegt. Zur Abschreckung der Wildfischer wurde später im 16. Jahrhundert bei Witzenhausen an der Gelster sogar ein Galgen errichtet. Kein geringerer als Kaiser MAXIMILIAN, „der letzte Ritter", der um die Wende vom 15. zum 16. Jahrhundert regierte, war es schließlich, der ein grundlegendes Werk über die Fischerei schreib. Die Abhandlung des Kaisers, der ein leidenschaftlicher Fischer war und besonders für die Schonung der Gewässer plädierte, liegt in der Hofbibliothek in Wien.

Das zuvor Gesagte bezog sich hauptsächlich auf die Fischerei zum Zwecke des Nahrungserwerbs. Wie stand es nun um die Sportfischerei im Mittelalter und der frühen Neuzeit? Gab es damals schon Angler, die aus Freude an der Sache fischten, die es taten, weil es ihnen Spaß machte? Es gab sie. Die Lieder der Minnesänger sind die sprechendsten Beweise dafür, auf welch hohem Niveau das Angeln vor allem in der Blütezeit des Mittelalters gepflegt wurde. Das älteste Dokument, in dem uns ein Angler begegnet, ist die Liederhandschrift des Ritters RÜDIGER MANESSE und seines Sohnes JOHANNES aus dem beginnenden 14. Jahrhundert. Darin gibt es das Bild des Ritters Pfeffel, der angelnd am Bach steht und gerade mit Schwung einen schönen Fisch – wahrscheinlich eine Forelle – aufs Land befördert. Neben ihm, auf der Uferböschung, sitzend eine zierliche junge Dame, die ihn mit anmutiger Geste zu diesem schönen Fang gratuliert. Der erfolgreiche Fischer schaut freudig zu ihr hinüber mit einer Miene, die besagt: „Na, ist das nichts? So wird das gemacht!" Im vorbeifließenden Wasser sind verschiedene Fische zu erkennen, die sich in den Wellen tummeln.

Ein noch interessanteres anglerisches Dokument aus dem Hochmittelalter enthält WOLFRAM VON ESCHENBACHS Dichtung vom Gralkönig Titurel. Sie beweist nämlich, daß schon zu dieser Zeit das Fischen mit der künstlichen Fliege bekannt war. Es ist also durchaus keine Erfindung der Neuzeit. Denn in der Dichtung wird beschrieben, wie der Ritter Schionatulander am Bach mit der „Federangel" Äschen und Forellen fängt, während seine Begleiterin, die Königstochter Sigune, in der Nähe sitzt und in einem Buch liest. Schionatulander steht, während er große und kleine Fische mit der Angel fängt, mit nackten Beinen im kühlen, schnellfließenden Bachwasser. In der mittelhochdeutschen Sprache des 11. und 12. Jahrhunderts lautet die Schilderung dieser Anglerszene so:

> Schionatulander mit einem Vederangel
> vienc äschen unde vörhem
> die wile sie las
> und der fröude den mangel
> Schionatulander die grozen und die kleinen
> vische mit dem angel vienc
> da er stoont uf blozen beinen
> durch die küele in luter snellen bache . . .

Sehr interessant ist auch eine hessische Urkunde von 1283, die „Hantangele“ und „Vlotangele“ nennt, auch von Aalangeln ist in diesem Dokument die Rede. In dem bereits erwähnten Fischereibuch des Kaisers MAXIMILIAN tritt der Angler gleichberechtigt neben dem Berufsfischer auf. Eine Illustration des Buches zeigt einen Gebirgssee, an dessen Ufer zwei Angler den Fischen nachstellen. Einer der Angler trägt an der linken Seite ein Schwert, während er mit beiden Händen die Rute hält. Das Angeln war also im Mittelalter nicht nur eine Belustigung des gemeinen Mannes, sondern gehörte bis zum beginnenden 17. Jahrhundert auch zum ritterlich-adeligen Lebensstil wie die Jagd.

Der 30jährige Krieg, der den Untergang des Heiligen Römischen Reiches Deutscher Nation einleitete und zu seinem allgemeinen Niedergang und Verfall der Sitten führte, zerstörte die bisher geübten Tugenden beim Fischgang. Zwar fischten sehr viele, aber nicht mehr zum Vergnügen, sondern aus Gewinnstreben. Viele entwurzelte Handwerker, Bauern und Söldner, die keiner geregelten Arbeit nachgingen und sich in Wirtshäusern herumtrieben, angelten täglich und lebten vom Erlös der verkauften Fische von der Hand in den Mund. Man schoß die Fische auch unter Wasser mit Harpunen, fischte nachts mit Lampen, stach die Fische mit Speeren und machte sie mit Extrakten aus bestimmten Pflanzen „toll“. Viele Landesherren der Reichsterritorien sahen sich deshalb bald genötigt, dieser Raubfischerei durch strenge Erlasse zu begegnen, um die Fischbestände vor schweren Schäden zu bewahren. Sie bewirkten auch eine zusehende Besserung, aber die Eindrücke, die diese herumlungernden Angler bei den Bürgern hervorriefen, wirkten lange nach. Das Image des Anglers war ins Zwielicht geraten. Man hatte längere Zeit keine besonders hohe Meinung von ihm und seinem Tun. Es sei eine Beschäftigung für solche Leute, „die in der Welt nicht gar viel verdienen können oder nicht wollen“, hieß es noch in dem 1724 erscheinenden Buch „Der wohlunterrichtete deutsche Fischer“ des Adelsherren HANNS FRIEDRICH VON FLEMING. Das Buch beschrieb recht ausführlich, wie die verschiedenen Angeln herzustellen seien, und zwar u. a. aus „langen Ruthen“, als Schnur „Pferdehaaren“ und einem „Federkiel“ als Schwimmer. Auch wurde mitgeteilt, wie man an Regenwürmer am besten herankäme: „Darf man nur hin und wieder, wenn es geregnet hat, in das Erdreich in einem Garten oder auf einer Wiese oder anderm Orte ein wenig eingraben und mit den Füßen stark stampfen und herumtrampeln, da wird sich denn durch solche starke Erschütterung das Gewürme bald wieder hervorbegeben.“ Zum Fang von Forellen, so wurde berichtet, nahm man als Köder Heuschrecken, große Fliegen oder „gekümmelt Brot“.

Ein weiteres interessantes Buch, aus dem endenden 18. Jahrhundert, nahm sich des Angelns jedoch bereits wieder in liebenswürdiger Weise an, wie schon sein Titel besagt: „Kleine Lustfischerey oder die Kunst zu angeln.“ Verfasser des Buches, das 1799 in Leipzig erschien, war der Garn- und Fischermeister J. B. MEISSNER. Mit dem Wort „Lustfischerey“ betonte er die eigentliche Motivation des Angelns, nämlich die Freude und das Vergnügen am Fischen: Wolle man dabei Erfolg haben, so gelte es „munter und wachsam“ zu sein: „Wegen der Fische Geschwindigkeit, wegen ihrer Hin-

und Herschweifung und wegen der selben schlüpfrigen Natur und Eigenschaft", meinte MEISSNER. MEISSNER teilte seinen Lesern auch eine Menge von Angelrezepten und Kunstkniffen mit.

Doch verlassen wir nun am Ende des 18. Jahrhunderts das europäische Festland, wo das Angeln zwar bekannt, aber doch nach wie vor von der Allgemeinheit als nicht übermäßig interessante oder erstrebenswerte Tätigkeit erachtet wurde und gehen hinüber auf die Britischen Inseln. Dort war der Gedanke des sportlichen Fischens, der sich später über ganz Europa ausbreiten sollte, schon viel eher im Volk gewachsen und gediehen. In England war bereits im Jahre 1653 in erster Auflage ein Buch erschienen, das richtungweisend wurde in seiner und in der darauffolgenden Zeit und das bis auf den heutigen Tag als klassisches Werk der anglerischen Welt lebendig geblieben ist (WELCHERT). Es ist IZAAK WALTONS „The Complete Angler or the Contemplative Man's Recreation" (Der vollkommene Angler oder eines nachdenklichen Mannes Erholung). Über 300 Auflagen des Werks sind bisher erschienen, in viele Sprachen ist es übersetzt worden, in manchem Land, u. a. in Japan, hat es Geschichte gemacht, in dem es dem sportlichen Angeln überhaupt erst den Weg bereitete. Eine deutschsprachige Ausgabe, herausgegeben 1958 vom Verlag Paul Parey, macht WALTONS Werk heute dem deutschen Angler zugänglich.

WALTON, ein Zeitgenosse Shakespeares, den er möglicherweise sogar näher kannte, betrieb nach einer Kaufmannslehre ein Eisenwarengeschäft in London und widmete sich in seiner Freizeit der Literatur und dem Angeln. Im 60. Lebensjahr schrieb er seinen „Complete Angler". WALTON sah und schilderte das Angeln als herrlich erholsamen, unterhaltsamen und glückhaften Zeitvertreib in der Natur, der dem geplagten Menschen den Alltag vergessen lasse:

> Die Sorgen treibt es weg, bin ich am See zum Fischen
> Am Strome oder Bach, mich köstlich zu erfrischen.
> Der still bewegte Fluß mit seinem regen Leben
> Möcht wohl uns Menschen auch ein rechtes Beispiel geben.
> Geduld und Zuversicht enthüllen manche Nichtigkeit
> Die uns zuerst erschien von übergroßer Wichtigkeit.

Mit WALTONS Buch begann im 17. Jahrhundert eine enorme Verbreitung des Angelns in England. Es angelten Lords und einfache Leute gleichermaßen begeistert, und sie schrieben auch begeistert darüber. Eine große Angelsportliteratur erschien im Gefolge von WALTONS Werk im Laufe der nächsten Jahrzehnte und Jahrhunderte. Zu nennen sind u. a. ROBERT BLAKELEY, Vollständiger Angelführer zu den Flüssen und Seen Englands, 1859, R. BROOKES, Die Kunst zu angeln, 1790, MOSES BRAUN, Angelsport, 1773, T. F. SALTER, Des Anglers Führer, 1815, T. C. HOFLAND, Des britischen Anglers Handbuch, 1839. Wer heute das Buch HOFLANDS, nach dessen Namen die Kunstfliege „Hofland's fancy" benannt ist, erwerben wollte, müßte dafür mehrere hundert Mark ausgeben. Einige englische Autoren des 19. Jahrhunderts, die auf WALTON aufbauen, aber wesentliche neue Erkenntnisse hinzufügen, haben die weitere Entwicklung des sportlichen Fischens nachhaltig beeinflußt. Es waren der Zeitungskorrespondent FITZ-GIBBON, der unter dem Pseudonym „EPHEMERA" ein Taschenbuch der englischen Angelfischerei schreib; FRANCIS FRANCIS, nach dem ebenfalls eine von ihm erschaffene künstliche Fliege benannt wurde, verfaßte ein Werk mit dem Titel „Ein Buch über die Kunst des Angelns". Sir HENRY DAVY, der Naturforscher, hob eingangs seines Buches all die Schönheiten hervor, die sich dem Angler am Forellenbach offenbarten: „Wie schön ist es im ersten Frühjahr, wenn der trübe, langweilige Winter vorbei ist, wenn der Frost aufhört und der Sonnenschein Erde und Wasser erwärmt – wie schön ist es dann, an einem klaren Bache zu wandeln, zu sehen, wie das Blatt die braune Knospe sprengt, den Duft des Veilchens einzusaugen und den Schmelz von Primeln und Tausendschön am Ufer zu sehen, auf frischem Rasen unter dem Schatten von Bäumen zu gehen, wenn die Blüten von summenden Bienen umschwärmt sind, die glänzenden Fliegen zu sehen, wie sie auf der Oberfläche des Wassers, im Sonnenschein Edelsteinen gleich, schwimmen, wie die schöne silberne Forelle sie aus der Tiefe beobachtet."

Kehren wir nun wieder auf das europäische Festland zurück. Dort hatte sich die Angelkunst inzwischen auch weiterentwickelt. Eines der ersten umfassenden Bücher, das uns darüber unterrichtet, wie man zu Beginn des 19. Jahrhunderts angelte, heißt „Der wohlerfahrene Fischermeister oder ausführlicher Unterricht in der gesamten Angel- und Netzfischerei und dem Krebse- und Fröschefang". Es erschien 1821, also zu Beginn des Deutschen Bundes, zur Zeit des Biedermeier, und führte als „die nothwendigen Gerätschaften, die ein Angelfischer bey sich haben muß", folgende an:

„Verschiedene Angelhaken. – Angelleinen. – Angelruthen. – Ein Senkbley zum Abmessen der Tiefe des Wassers. – Ein Ring, um die Angelleinen los zu machen, wenn sie sich am Grund an irgend einen Körper angehängt haben. – Eine blecherne Büchse, welche inwendig recht glatt pollirt seyn muß, zum Aufbewahren der Regenwürmer. – Ein Fischhamen, um die an den Angelhaken hängenden schweren Fische damit heraus nehmen zu können. – Eine lederne Tasche oder Futteral, um die verschiedenen nöthigen Kleingkeiten darin aufzubewahren, und endlich verschiedene natürliche oder künstliche Insecten, die als Köder gebraucht werden."

Der Hamen war „ein kleines sackförmiges Netz, welches an einem mit einem hölzernen Stile versehenen Reifen angemacht ist". Hervorzuheben ist, daß es zu dieser Zeit schon mehrteilige zusammensteckbare Ruten aus Rohr-, Eschen- oder Nußbaumholz gab, zum Teil sogar dreiteilige. Die Schnur befestigte man an einer oben angebrachten Schlaufe. Die Leine wurde aus Pferdehaaren und neapolitaner Seide gefertigt, wobei die Seide vor der Verarbeitung 24 Stunden in Öl gelegt wurde.

Ein rollenähnliches Gebilde, eine Winde aus Metall, war auch schon im Gebrauch, mit einer Schnurfassung von „50–100 Ellen".

Die Größe der Angelhaken ging von der Kleinsten Nr. 16 bis Nr. 1 und darüber hinaus bis zu einer 0/5, es gab also schon eine große Auswahl. Als Ratschlag wurde beispielsweise gegeben: „Wenn man mit Weinbeeren, Kirschen oder Maikäfern ködert, so nimmt man einen Haken Nr. 0, ködert man Blut, Grillen usw. an, so nimmt man einen Haken Nr. 2, und zu den Fliegen und Würmern nimmt man eine Angel Nr. 6." Selbstverständlich verwendete man auch schon Schwimmer und Floß, damals „Flosse" genannt, das den heutigen Formen schon ziemlich glich, sowie Wirbel und Einhänger, gespaltene Bleischrote, Senkblei, Setzkescher. Als beste Köder galten alle Arten Würmer, als erstes Maden, zweitens Regenwürmer und drittens Käsewürmer.

Wie man zu Beginn des vorigen Jahrhunderts mit der künstlichen Fliege fischte, wurde im „wohlerfahrenen Fischermeister" auch beschrieben, obwohl man es nur ganz vereinzelt tat. Wie sehr die Flugangelei in Deutschland noch Neuland war – allgemein war sie so gut wie überhaupt nicht bekannt, was angesichts der vielversprechenden Anfänge im Mittelalter besonders erstaunt – zeigen die folgenden Zitate.

Einleitend heißt es da zunächst: „Man hat bemerkt, daß es unter den Fliegen und Insekten einige gibt, die von den Fischen besonders gerne verzehrt werden. Da aber diese Insekten meist nur in den Sommermonaten zu bekommen sind und im Spätherbste und im Winter nicht zum Vorschein kommen, sie auch selbst im Sommer nicht immer nach Bedürfnis zu erhaschen sind, so ist man auf die Erfindung gekommen, künstliche Insekten, welche den natürlichen so viel wie möglich gleichen, zu verfertigen. Diese Erfindung gehört den Engländern, welche die Angelfischerei mit besonderer Vorliebe betreiben. Doch wenn auch diese Insekten mit noch so viel Fleiß verfertigt werden, so gleichen sie dem ungeachtet den natürlichen nicht sehr; dies scheint aber von den Fischen wenig beachtet zu werden, da man mit den künstlichen Insekten beinahe ebensoviele Fische fängt wie mit den natürlichen." Zum Fliegenfischen selbst benutzte man Ruten aus gut getrocknetem Eichenholz mit einer kupfernen Winde zum Einholen und Schnurgeben. Weit konnte man mit dieser Rute und Schnur nicht werfen, sondern hatte meist nicht viel mehr Schnur draußen, als die Länge der Rute betrug.

Fliegenmuster gab es auch schon, und man benutzte zur Herstellung Seidenstoffe, gesponnene Wolle, gedrehte Gold- und Silberfäden, gefärbte Pferdehaare, Haare von Eichhörnchen, Hunden, Katzen, Füchsen und Hasen sowie Federn vom Hahn, der Ente, des Regenpfeifers oder des Pfaus. Wie man die Forelle am besten betören könne, wurde so beschrieben: „Wenn die Angel mit einem künstlichen Insekte beködert ist, so nähert sich der Fischer so leise wie möglich dem Wasser und sucht, daß ihn ja der Fisch nicht gewahr werde. Man wird öfter die Bemerkung gemacht haben, daß ein natürliches Insekt, sobald es ins Wasser fällt, alle mögliche Versuche macht, herauszukommen, wobei es oft fünf- bis sechsmal aufsteigt und, durch die Nässe schwergemacht, wieder hinabfällt; dies muß man auch mit den künstlichen so viel als möglich nachzuahmen suchen, damit diese äußerst schlauen Fische getäuscht werden. Selbst jene Bewegungen, die das schon geschwächte Insekt macht, um sich aus dem ihm unzuträglichen Elemente zu befreien, suche man nachzuahmen, und man wird die Forelle um so eher täuschen." Weiterhin belehrte der „wohlerfahrene Fischermeister", müsse der Angler oft den Platz wechseln, er dürfe „beim Forellenfang nie lange auf dem nämlichen Platze bleiben, und muß dabei immer längs dem Ufer hingehen, weil die Forellen durch keinen eingeworfenen Köder an einen bestimmten Platz gelockt werden ..."

Ein Bild über das Angeln in der Mitte des 19. Jahrhunderts vermittel ein Angelbuch des Barons von Ehrenkreutz, das 1845 erschien. Aus seinen einleitenden Betrachtungen geht hervor, daß auch zu dieser Zeit in Deutschland das Angeln noch allgemein als kein besonders schätzenswertes Vergnügen angesehen wurde und als ein ziemlich geistloser Zeitvertreib galt, mit dem sich „Kinder oder Leute aus niedrigem Stande" beschäftigten. Dies bedauerte Ehrenkreutz, der auch ein Journal der Fischerei herausgab, sehr. Er hob deshalb auch immer wieder die grundlegend anderen Verhältnisse in England und Frankreich hervor. „In England, Frankreich, Schweden und anderen Ländern ist das Vergnügen des Angelns hauptsächlich der höheren Stände und man sieht selbst Damen damit sich die Zeit vertreiben. Wir haben gelesen, daß in Frankreich selbst ein Minister in frühen Morgenstunden sich diesem Vergnügen hingab, um später um so freudiger das Ruder des Staates lenken zu können; ... Daher kommt es, daß man nirgends so weit und zu einer so vollkommenen Besonderheit das Angelfischen gebracht hat als namentlich in England und Frankreich." Ehrenkreutz berichtete auch, daß die Angelgeräte in Deutschland um die Mitte des 19. Jahrhunderts sich in der Güte und Qualität in keiner Weise von den in England und Frankreich verwendeten messen konnten. Verglichen mit der bewundernswerten Ausrüstung eines englischen Anglers stellte man den Fischen in Deutschland mit „unpassend gearbeiteten" Prügeln nach, meinte Ehrenkreutz. Zwar gab es in verschiedenen deutschen Geschäften zwei- bis dreiteilige englische und französische Angelruten zu kaufen, doch waren sie sehr teuer. Also blieb man lieber bei Weiden- und Haselnußstöcken, benutzte auch Hölzer der Silberpappel, Winterlinde, Tanne und Lärche. Auch eine „gewöhnliche, schöne, gerade Bohnenstange" wurde für würdig gehalten, eine Angelgerte abzugeben. Der Baron selbst pflegte sich einer solchen zu bedienen und zwar als wichtiges Teil der sog. „Schmeißangel", die er zum Hechtfang bevorzugte. Diese bestand aus besagter „gerader Bohnenstange" mit einer starken, verhältnismäßig kurzen Leine. An einem einfachen Haken von der größten Nummer kam ein lebender, nur unter der Rückenflosse befestigter Köderfisch, darüber ein Floß. Dann, so schrieb Ehrenkreutz, hatte sich der Fischer, nach dem die Angel langsam ausgelegt worden war, besonders stille und versteckt zu halten. Ging sie in die Tiefe, war sofort der Anhieb zu setzen und der Raubfisch „ohne Verzug auf's Land zu schmeißen". Ein einziger glücklicher Fang mit dieser Schmeißangel sei viel spannender als viele andere mit der „Klitsche", der Friedfischangel, der Ehrenkreutz persönlich wenig abgewinnen konnte. Dennoch beschrieb er auch diese Angel, „der sich die Dilettanten bedienen", und berichtete, daß man zum Friedfischangeln Insekten, Regenwürmer, Maden, Früchte oder Pasten verwendet. Als weitere Angeln zu dieser Zeit gab es die „Schnappangel", die von der „Klitsche" dadurch unterschieden wurde, daß der Federkiel zur Einstellung der Tiefe ganz dicht am Angelhaken stand, der Köder also an der Oberfläche des Wassers schwamm; man bot auf diese Weise Fliegen, Würmchen, Käfer und andere Köder bei warmer Witterung den Karpfen, Döbeln und anderen dort Nahrung aufnehmenden Fischen an. Zu den Tagangeln gehörte noch die Laufangel, eine zwölf bis fünfzehn Fuß lange Stange mit Ringen und einer Rolle am Handende. Die Schnur mußte mit heißem Leinöl überzogen sein, als Vorfach diente für den Fang der Raubfische ein Kettchen aus Messingdraht oder einer übersponnenen Gitarren- bzw. Violinsaite. Weitere damals gebräuchliche Angeln: die Pfahlangel. Am Standort starker Fische wurden Pfähle eingerammt, an diese die Angelschnur gebunden; „an die Angelschnur wird aber in einiger Entfernung vom Haken eine andere Schnur gebunden, welche kürzer als die Angelschnur ist, damit das Stück Angelschnur, welches zwischen dem Pfahl und der zweiten Schnur ist, nicht gespannt wird; an das andere Ende der Schnur wird ein Stein befestigt, den man oben auf den Kopf des Pfahles so legt, daß er bei mäßiger Bewegung des Fisches an dem Haken vom Pfahl herunterfällt; durch seinen Fall rückt er den Haken tiefer in das Maul des Fisches ein, so daß er nicht entkommen kann." So machte man das also. Dann gab es noch die Schwimmangeln; eine an einem Kahn befestigte oder von einem Menschen im Kahn gehaltene Angel, am Haken ein Stück rotes Tuch mit einem Haken oder statt des Tuches ein hellglänzendes Blech in der Form eines Fischchens; „der Kahn darf dabei nicht stille stehen, sondern muß beständig schnell herumgefahren werden". Die Spottangel: Sie wurde so genannt, weil der Raubfisch durch einen künstlichen Fisch, also einen Spottfisch, an der Nase herumgeführt wurde. Demnach der Köder, der heute Tunkfisch oder Kosak genannt wird. „Man ziehe ihn mäßig schnell bald rechts, bald links, bald hoch, bald lasse man ihn sinken. Der gierige Raubfisch schnappt nach ihm." Die Hochangel: Der daran befestigte Köderfisch kam kaum eine Spanne unter die Wasseroberfläche. Also eine Schnappangel für Raubfische. „Man bedient sich dieser Hochangeln zur Zeit, wo die Raubfische die erste Wärme der Sonne aufsuchen und daher hoch zu stehen pflegen." Schließlich kannte man noch die Rollangel, die Setzangel und die Grundangel, von welcher es hieß: „Hat man keinen Stock zur Grundangel, so bindet man das eine Ende der Leine ins Knopfloch oder an einen am Ufer stehenden Strauch und gibt acht, wenn die Leine stark angezogen wird." Und natürlich kannte man auch die Nachtschnur.

Besonderen Erfolg, vor allem beim Angeln auf Friedfische, glaubte man noch in der Mitte des 19. Jahrhunderts durch die Anwendung von Lockmitteln bzw. „Wittrung" zu erzielen. Der Aberglauben trieb dabei die kuriosesten Blüten. Man tränkte und beschmierte die Köder mit den absonderlichsten Ölen und Salben, so u. a. mit Maikäferöl, Biberöl und Reiheröl, wobei diese Sekrete meistens so bestialisch stanken – das letztgenannte wurde z. B. aus einem zerstückelten und völlig verwesten Reiher gewonnen – daß man den infernalischen Geruch durch Waschen kaum loswerden konnte. Diese Duftwolke wird damals nicht gerade das Ansehen des Anglers gefördert haben. Der arme Reiher wurde deshalb massakriert und diente zu derlei Zwecken, weil man seine Fischerkünste sehr wohl kannte und glaubte, er locke seine Beute durch seine Ausdünstung an. Noch im 18. Jahrhundert hatte man auch ernsthaft an die Existenz von „Nixen, Geistern und anderen Gespenstern" geglaubt, „die sich auf dem Wasser sehen lassen". Auch verwendete man verschiedene Teile von Fischen als Arzneimittel. Vom Hecht z. B. berichtete MEISSNER, daß von ihm sieben Teile der Arznei dienlich seien, darunter „das Kreutzbein", welches am Hals getragen, „soll viel sympathische Wirkungen haben".

Erst in den siebziger Jahren des 19. Jahrhunderts war es mit dem Glauben an die Wirkung der genannten Duftmittel ziemlich vorbei, und nur vereinzelt wurden noch Moschus, Anis, Kampfer, Gewürznelken oder andere Stoffe verwendet. In der Literatur wurden sie nicht mehr angepriesen, womit die Lage an der Geruchsfront sich in etwa auf den Stand eingependelt hatte, wie er sich heute zeigt.

In der Mitte des 19. Jahrhunderts begann in Deutschlands Geschichte des Angelns der Umbruch zur Neuzeit. Den Engländern gebührt daran ein erhebliches Verdienst. Sie kamen zu uns von ihrer Insel als Gäste herüber, und führten hierzulande eine Angelei vor, die, wie gesagt, an deutschen Gewässern trotz der verheißungsvollen Anfänge im Mittelalter bis dato immer noch kaum ausgeübt wurde: die Flugangelei. Das Gros deutscher Petrijünger schüttelte zunächst ungläubig und belustigt den Kopf und sprach von „verrückten Engländern", die da mit langen Gerten ans Wasser stolzierten, wo sie ohne jeglichen Wurm angeln wollten. Als diese Verrückten zurückkamen, schüttelte man den Kopf noch kräftiger, diesmal jedoch vor Staunen, denn in den Fischkörben der englischen Gäste lagen mehr stattliche Forellen, als mancher brave deutsche Angler mit Wurm oder „gekümmelt Brot" sonst in einer Woche fing. Man entschloß sich deshalb, diese Angelei mit der Kunstfliege nun schnellstens zu erlernen. Zu denjenigen, die sich dabei besonders anstrengten, gehörte der Gastwirt Lang aus Augsburg, der in seinem Gasthaus „Zum weißen Lamm" den berühmten englischen Fliegenfischer JOHN HORROCKS beherbergte. JOHN HORROCKS, der uns schon im Geleitwort begegnet ist, lebte lange in Deutschland (Weimar) und schrieb hier auch ein Buch über „Die Kunst der Fliegenfischerei auf Forellen und Äschen", das 1874 erschien. HORROCKS messianische Absicht war, wie er selbst bekundete, die Deutschen mit der Kunst der Fliegenfischerei „bekannter zu machen", da diese „in Deutschland noch immer keinen festen Fuß hat fassen können".

HORROCKS Buch trug sicher wesentlich dazu bei, daß sie nun endlich fassen konnte. Die Flugangelei gewann in Deutschland immer mehr Anhänger, und viele zogen sie bald allen anderen Angelmethoden vor. HORROCKS lehrte vor allem, möglichst mit einer Fliege zu fischen, die die gerade schwärmende „natürlich, genau nachahme" – eine These, die in seiner Heimat zu dieser Zeit bereits ziemlich umstritten war. Dort behauptete mittlerweile eine Reihe von Fliegenfischern, daß es weniger auf die naturgetreue Nachahmung, als vielmehr auf die Farbe und Führung des nachgebildeten Insekts ankomme. HORROCKS wurde jedoch wiederum von gewichtigen Kollegen wie EPHEMERA, RONALDS und FRANCIS unterstützt.

Horrocks „Kunst der Fliegenfischerei auf Forellen und Äschen" wurde der Leitfaden für die Flugangelei in Deutschland. Das Buch, das der Verfasser seinem hohen Freunde, dem Großherzog Carl Alexander von Sachsen „in tiefer Ehrfurcht" gewidmet hatte, trug zweifellos auch zu einer allgemeinen, erheblichen Aufwertung des Angelsports überhaupt in Deutschland bei. So bildete es einen glänzenden Wegbereiter für Max von dem Bornes ein Jahr später erscheinendes „Illustriertes Handbuch der Angelfischerei", das erste große deutsche Angellehrbuch, das über alle Arten der Sportfischerei informierte, aber wohl nicht von ungefähr auf seinem inneren Titelblatt die Abbildung einer überdimensionalen künstlichen Fliege zeigte.

Über den Erfolg des „Ur-Bornes" von 1875 wurde im Geleitwort berichtet. Nach seinem Erscheinen überstürzten sich sozusagen die angelsportlich historisch bedeutsamen Daten und Ereignisse in Deutschland.

1875, im gleichen Jahr, eröffnete Fritz Ziegenspeck in Berlin eine kleinere Firma, die in bescheidenem Umfang Angelgeräte produzierte, aber rasch immer größer wurde und um 1902 in „Deutsche Angelgeräte Manufaktur (DAM)" umbenannt wurde. Sie entwickelte sich zur größten deutschen Angelgeräte-Fabrik und ist heute eine der führenden Firmen der Branche in der Welt. Anfang der achtziger Jahre wurde in München von Jacob Wieland, dem späteren Inhaber der Firma Hildebrand, die erste „deutsche Gesplißte" maschinell gefertigt. Bisher hatten die bestehenden deutschen und österreichischen Angelläden solche Ruten entweder aus England bzw. Frankreich eingeführt oder in Handarbeit nachgebaut. Anfang der achtziger Jahre zog auch eine bereits 1856 in Ulm gegründete, sehr renommierte Firma für den Verkauf und die Anfertigung von Angelgeräten von Ulm nach München um: die Firma H. Stork.

Am 31. Mai 1900 wurde der Deutsche Anglerbund gegründet, die erste überregionale Organisation deutscher Sportfischer, nachdem sich kleinere örtliche Anglervereine schon in der zweiten Hälfte des 19. Jahrhunderts gebildet hatten (als ältester gilt der Münchner Fischerklub von 1854). Am 15. Oktober 1900 erschien die erste Ausgabe der Deutschen Anglerzeitung, herausgegeben vom Deutschen Anglerbund für seine Mitglieder, in der besonders zu Schutz und Hege der deutschen Gewässer aufgerufen wurde. Die führenden Männer des Bundes waren Schriftsteller, Dichter und Maler, wie Fritz Skowronnek, Johannes Trojan, Friedrich Spielhagen oder Hanns Fechner, sein erster Präsident war der Berliner Arzt Dr. Horst Brehm, Sohn des berühmten Zoologen Alfred Edmund Brehm. Dr. Horst Brehm, der auch später als Herausgeber der 3., 4. und 5. Auflage der „Angelfischerei" von dem Bornes verantwortlich zeichnete, war vor allem ein exzellenter Fliegenfischer, der auch in die permanente Diskussion eingriff, ob eine naturgetreue Nachbildung der Fliege oder ihre richtige Placierung und Führung entscheidend für den Erfolg sei. Brehm urteilte salomonisch, keine Seite solle ihren Standpunkt überbewerten und zur Doktrin erheben. Er selbst neigte aber zur zweiten Auffassung. Fritz Skowronnek, der große ostpreußische Jagd- und Naturschriftsteller, nahm in seinem 1904 erscheinenden „Handbuch der Fischerei, Fischzucht und Angelei" auch zu diesem

Thema Stellung, war sonst aber mehr ein Experte und Liebhaber des Grundangelns.

Die Entwicklung neuerer Geräte und Köder ging sprunghaft vorwärts, 1906 entdeckte der Münchener Arzt Dr. KARL HEINTZ, einer der berühmtesten deutschen Huchen-, Hecht- und Fliegenfischer, jenen silbernen, blinkenden Metallköder, der seinen Namen in der Geschichte des Angelsports unsterblich machte, den Heintz-Blinker, welcher bis heute einen ersten Platz unter den Kunstködern einnimmt und den fast jeder Raubfischangler besitzt. HEINTZ schrieb ebenfalls ein Buch mit dem Titel „Der Angelsport im Süßwasser". Sein Sachgehalt, vor allem basierend auf dem dort mitgeteilten persönlichen Erfahrungsschatz, machen dieses Buch noch heute – ebenso wie Erlebnisberichte und Aufsätze von HEINTZ – für jeden Sportfischer lesenswert. Als Dr. KARL HEINTZ am 10. 1. 1927 starb, trauerten um ihn besonders seine vielen, nicht minder prominenten Freunde aus der Münchner Angelvereinigung „Die Gesplißten", deren Vorsitzender er gewesen war. Die „Gesplißten" bildeten in den Jahren vor und nach dem ersten Weltkrieg mit ihren Mitgliedern Professor LUTZ, Obermedizinalrat WOHLGEMUTH, Architekt DEIGLMEIER, dem Maler Professor PAUL BÖHM, dem Bildhauer Professor W. VON RÜHMANN, dem Maler Professor FALKENBERG UND DEM JUSTIZRAT ARTHUR SCHUBART so etwas wie ein anglerisches Kulturzentrum in Deutschland. Die „Gesplißten" gehören zu den traditionsreichsten Vereinen der Bundesrepublik. Oberstes Ziel dieser Sportfischergemeinschaft ist die bestmögliche Hege und Pflege der Gewässer und Fischbestände. 1979 feierten die „Gesplißten" ihren 75. Geburtstag und veröffentlichten aus diesem Anlaß eine Festschrift mit für die Sportfischerei richtungsweisenden Beiträgen.

Mitte der zwanziger Jahre unseres Jahrhunderts wurden in Deutschland auch die ersten Wurfturniere von Anglern abgehalten, die mit ihrem Wettkampfcharakter das Angeln als Sport betonten. Auf dem ersten deutschen Wurfturnier in Bad Pyrmont 1925 erzielten die drei besten Werfer mit der Fliegenrute eine Weite von 19 Metern. Vergleichen wir diese Ergebnisse mit dem heutigen Leistungsstand, so erscheinen sie recht bescheiden.

Der Deutsche Anglerbund zählte Mitte der zwanziger Jahre ca. 20 000 Mitglieder und hatte sich zu dem bedeutsamsten Zusammenschluß der Sportfischer entwickelt. Daneben gab es den 1926 gegründeten Allgemeinen Schutzverband Deutscher und Österreichischer Sportfischer und den Schutzverband Bayerischer Sportangler. Dazu waren landschaftlich begrenzte Verbände entstanden und natürlich eine Vielzahl örtlicher Vereine und Klubs. Nach 1933 wurden alle Organisationen der Angler im Reichsbund Deutscher Sportfischer vereinigt. In der anglerischen Fachpresse gab es damals zwei gute Zeitschriften, in Berlin erschien. „Der Angelsport", herausgegeben von PAUL RAUSER, der später auch die Verbandszeitschrift des Reichsverbandes Deutscher Sportfischer, genannt „Der Deutsche Sportangler" redigierte; in München gab Dr. HANNS SCHINDLER, der aus dem Kreis der „Gesplißten" kam, den „Sportfischer" heraus. Letztere anspruchsvolle Zeitschrift trug den Zusatztitel „Kunstzeitschrift". In ihr kam nicht nur das Angelfachliche, sondern auch bildende Kunst und Literatur, die sich mit dem Fischen beschäftigte, zur Geltung. 1943 erschien ihre letzte Ausgabe.

Nach dem zweiten Weltkrieg, in dessen Verlauf sich außer örtlichen Vereinen alle angelsportlichen Organisationen aufgelöst hatten, riefen am 18. Januar 1946 sieben hamburgische Vereine den Verband Deutscher Sportfischer e. V. ins Leben und schufen mit ihm wieder eine Sportfischervereinigung. Sie gehört dem Deutschen Sportbund und der Conféderation Internationale de la Pêche Sportive (CIPS) an und ist seit 1970 Mitglied im Deutschen Fischereiverband, Union der Berufs- und Sportfischer.

Verbandsorgan des VDSF wurde die „Fischwaid", die sich vor einigen Jahren mit der traditionsreichen „Allgemeinen Fischerei-Zeitung" aus München (gegründet 1876 als „Mittheilungen über das Fischereiwesen") zur AFZ Fischwaid vereinigte. Im Mai 1960 erschien im Hamburger Verlag Paul Parey „Fisch und Fang", eine „Zeitschrift für Angler und alle Freunde des Fischwassers". Die Auflage dieser populären, neutralen Angelzeitschrift steigt ständig; sie ist mittlerweile zur größten kontinentaleuropäischen Zeitschrift ihres Fachs geworden. Ihre Leser sind sowohl organisierte Mitglieder in Vereinen und Verbänden als auch nichtorganisierte Angler, deren Zahl in Deutschland etwa doppelt so groß ist wie die der organisierten.

Die Technik des Angelns hat sich in den letzten Jahren ständig weiterentwickelt und verfeinert, die Zahl der angebotenen Geräte vervielfacht. Aus der Bohnenstange des Barons von Ehrenkreutz, mit der dieser die Hechte aufs Land „schmiß", wurden elegante, sportliche Glas- und Kohlefaserruten, aus der primitiven Kupferwinde eine technisch perfekte Stationärrolle, die die weitesten Würfe ermöglicht. Die handwerklichen Angelgerätewerkstätten des 19. Jahrhunderts haben sich heute zu einer Industrie entwickelt, die nicht nur die einheimischen Angler, sondern darüber hinaus den Weltmarkt beliefert. Zu den alten Firmen haben sich neue hinzugesellt, deren Namen immer wieder in den Fachzeitschriften zu lesen sind. Ausländische Firmen beliefern den deutschen Markt mit umfangreichen Importen, so daß dem Angler ein fast schon erdrückendes Angebot zur Verfügung steht.

Angeln ist ein internationales Vergnügen geworden, würde Max von dem Borne heute konstatieren. Uns Anglern steht die ganze Welt offen, und jeder kann diesem herrlichen Vergnügen je nach Laune und Geldbeutel frönen, wo er will und kann, ob am heimischen Bach, Fluß, Kanal, Staubecken oder Baggerloch, am Alpensee oder am Meeresstrand, in Irland, Lappland, Grönland, Jugoslawien, Kanada, Australien oder Südafrika. Wer es sich leisten will, kann als Anfänger sogar die ersten Wurfübungen mit der Fliegenrute gleich an norwegischen Lachs- und Forellenflüssen beginnen, es wird alles geboten. Doch vergessen wir bei allem Vergnügen nicht auch die große Aufgabe und Verpflichtung, die uns Anglern in der heutigen Zeit und Gesellschaft in besonderem Maß gestellt ist. Wir müssen alle Anstrengungen unternehmen, um die Natur und besonders das Lebenselement Wasser vor jeglicher weiteren schädlichen Beeinträchtigung und Zerstörung zu schützen. Unsere wunderschöne Erde wird es uns danken.

Sachregister